基于智能视觉计算的
学习者行为分析与理解

马 苗 著

科 学 出 版 社
北 京

内 容 简 介

本书从学习者行为特征入手，利用智能视觉计算的方法研究学习者行为分析与视频理解关键技术，构建学习者行为的系列专用数据集，在此基础上提出基于智能视觉计算的目标检测、身份认证、行为识别、时序动作检测和视觉场景描述新技术、新模型和新方法，在传统教室、计算机实验室、标准化考场等真实教育教学场景进行仿真实验和方法验证。

本书既有系统的理论性，也有较强的实践性，可供视频分析、图像处理、智慧教育等领域的科研工作者、教育教学信息化的管理人员，以及视觉计算、行为分析方向的高新科技企业研发人员参考。

图书在版编目（CIP）数据

基于智能视觉计算的学习者行为分析与理解 / 马苗著. -- 北京 : 科学出版社, 2025. 1. -- ISBN 978-7-03-080705-2

Ⅰ. TP302.7

中国国家版本馆 CIP 数据核字第 20241P82V4 号

责任编辑：陈 静 董素芹 / 责任校对：胡小洁

责任印制：师艳茹 / 封面设计：迷底书装

科学出版社 出版

北京东黄城根北街 16 号

邮政编码：100717

http://www. sciencep. com

北京中科印刷有限公司印刷

科学出版社发行 各地新华书店经销

*

2025 年 1 月第 一 版 开本：720×1 000 1/16

2025 年 1 月第一次印刷 印张：20 1/2 插页：3

字数：403 000

定价：198.00 元

（如有印装质量问题，我社负责调换）

作 者 简 介

马苗，博士，博士后，教授，博士生导师，陕西省青年科技新星，陕西师范大学校级教学名师。中国体视学学会理事，陕西省计算机学会常务理事，陕西省计算机教育学会常务理事，中国自动化学会智慧教育专业委员会委员，中国计算机学会(CCF)高级会员，陕西省计算机学会教育数智化专业委员会副主任，IEEE SMC 灰色专业系统委员会理事，陕西省信号处理学会理事，*The Journal of Grey System* 编委，曾任陕西省高校教师资格考试面试评委、陕西省中小学教师资格考试信息技术首席考官、CCF 西安执行委员、CCF YOCSEF 西安 AC 委员。

2005 年于西北工业大学获信号与信息处理专业工学博士学位，同年人才引进到陕西师范大学计算机科学学院从事教学科研工作，2009 年于西北工业大学博士后流动站完成博士后研究工作；2010～2011 年参加教育部高等学校青年骨干教师国内访问学者项目，在山东大学计算机科学与技术学院访学一年；2013～2014 年参加国家留学基金委青年骨干教师出国研修项目，在美国卡内基·梅隆大学访学一年；2014～2024 年任陕西师范大学计算机科学学院副院长。

主持国家自然科学基金项目、陕西省重点研发计划项目等十余项，在 *IEEE Transactions on Industrial Informatics*、*IEEE Transactions on Computational Social Systems*、《软件学报》、《电子学报》等国内外重要学术期刊发表学术论文百余篇，获国家发明专利 64 项且多项成果转化，出版专著、教材 4 部，获陕西省科学技术进步奖二等奖、陕西高等学校科学技术奖 4 项。

序

马苗教授的新作请我作序，但我不是这方面的专家，所以很是迟疑。但转念一想，作为一段历史的见证人，如果能对国家自然科学基金委当年启动对教育信息科学与技术领域研究工作的资助有点滴回顾，也许对读者来说会有所裨益。

回想 2016 年上半年我参与组织国家自然科学基金“十三五”规划调研开始，到 2017 年末由信息科学部牵头落实教育信息科学与技术（申请代码 F0701）资助管理工作的调研期间，我与众多教育专家、科技专家反复交流、论证，相互碰撞、相互启发，使我对教育改革发展中的很多问题有了更多了解，让我突然意识到科技与教育结合真是一片蓝海！为我的职业转型提供了思想依据。我坚信信息科技、脑科学、认知科学对教与学过程的研究大有可为，教育规律的研究和理解太需要科技赋能了！

2018 年，国家自然科学基金委正式启动教育信息科学与技术（申请代码 F0701）基金项目，标志着我国的教育科学研究适应智能时代发展，在理念革新和研究范式方面开始转型，产生了里程碑式的影响。通过项目资助，一大批信息科技的专家与教育领域的专家深度融合，利用新一代信息技术“理解学习的发生过程”“挖掘真实的教育规律”“提供精准的教育服务”“重构科学的教育模式”，迅速形成了一支体量不大但朝气蓬勃的新兴学科队伍，锚定教育现代化的目标，直指教育基础研究的前沿。其中，马苗教授是第一批教育信息科学与技术（申请代码 F0701）基金项目获资助的研究者，她的申请书撰写质量很高，科学问题凝练很明确，研究的技术路线非常清晰，有很好的研究设计。经她本人允许，我多次把她的申请书在全国的基金申请动员会上作为范例给予介绍，之后还到陕西师范大学专门拜访过她。

马苗教授所著的《基于智能视觉计算的学习者行为分析与理解》一书对学习者行为进行了较为系统的介绍，特别是对学习者的行为特征分析问题进行深入探索，从视觉计算角度提出若干学习者目标检测、行为识别和行为描述的新模型和新方法，构建了多个学习者行为分析和理解的专用数据集，设计了端到端的行为分析和描述的深度网络模型，为有效解决学习者动作变化幅度小、相似度高、出现频繁及个体差异和背景干扰等难点问题提供了重要的理论和方法，特色鲜明。希望该书的出版对从事智慧教育、视频分析、图像处理领域研究的科研人员和工程技术人员提供重要参考。

在加快建设教育强国、科技强国、人才强国的时代背景下，国家自然科学基金是国家投资未来、创造未来的开放平台，是助力科技工作者展身手、建功业的竞技舞台。借此机会，谨向积极投身教育信息科学与技术基础研究、曾经和正在服务全国科研工作的国家自然科学基金管理工作者表示诚挚敬意！

北京师范大学科学教育研究院院长
郑永和
2024 年岁末

前　言

获取学习者的个性特征是实现以学生为中心的精准化、个性化和智能化教育的重要前提，而行为是分析学习者个性化特征的重要依据。长期以来，由于学习者行为的动作变化幅度小、相似度高、出现频繁，加上个体差异和背景干扰，利用计算机自动理解学习者的行为非常困难。

针对此问题，本书将人工智能中的智能视觉计算技术引入教育教学场景中来，通过目标检测、身份认证、行为识别的深度学习网络模型探究学习者行为分析与理解关键技术，构建学习者行为的系列数据集，提出学习者行为分析和理解的新模型、新方法。研究成果可用于分析教育教学过程中学习者的个性特征和共性规律，为现代教育科学中学习者的个性化分析、科学化评价和精细化管理等新型应用提供有力的技术支撑。

全书共 9 章，主要内容包括学习者行为研究背景、学习者目标检测与身份认证、学习者行为识别与时序动作检测、学习者行为的视觉场景描述和总结与展望共 5 个部分，分别对应第 1～2 章、第 3～4 章、第 5～6 章、第 7～8 章和第 9 章。

第 1 章主要论述学习者行为分析研究的背景、意义，重点从学习者行为表征、目标检测与行为分析、行为动作的内容描述几个方面归纳总结国内外的研究现状。

第 2 章简述计算机视觉和机器视觉与人类视觉的区别和特点，论述智能视觉计算的定义、组成和应用领域，梳理学习者行为分析与理解相关的智能视觉计算技术，最后给出与视觉计算相关的部分国内外科技名企及代表性产品。

第 3 章论述学习者目标检测技术，总结目标检测的常见方法与模型、相关基准数据集和性能评价指标，构建考试场景下的学习者目标检测专用数据集，在此基础上，提出多种学习者目标检测方法。

第 4 章论述学习者身份认证技术，总结身份认证的常见方法与模型、相关基准数据集和性能评价指标，分析学习场景下的学习者面部特征，构建学习者身份认证专用数据集，在此基础上，提出多种学习者身份认证方法。

第 5 章论述学习者行为识别技术，总结行为识别的常见方法与模型、相关基准数据集和性能评价指标，构建学习者行为识别专用数据集，在此基础上，提出多种学习者行为识别方法。

第 6 章论述学习者时序动作检测技术，总结时序动作检测的常见方法与模型、相关基准数据集和性能评价指标，分析学习场景下的学习者动作特征，构建学习者时序动作检测专用数据集，在此基础上，提出多种学习者时序动作检测方法。

第 7 章论述学习者行为图像描述技术，分别从单句描述和密集描述两种角度，总结图像描述的常见方法与模型、相关基准数据集和性能评价指标，构建学习者行为图像描述专用数据集，在此基础上，提出多种学习者行为图像描述方法。

第 8 章论述学习者行为视频描述技术，总结视频描述的常见方法与模型、相关基准数据集和性能评价指标，构建学习者行为视频描述专用数据集，在此基础上，提出多种学习者行为视频描述方法。

第 9 章对本书研究工作进行总结，提出未来需要进一步深入研究的相关问题和面临的挑战。

本书研究成果是陕西师范大学视觉计算科研团队武杰、裴炤、杨楷芳、任杰、高子昂、陶丽丽、陈小秋、王哲、宋辰阳、田卓钰、刘士昌、邱佳宝等师生共同完成的，得到了国家自然科学基金面上项目“事件驱动的学习者行为认知与视频理解关键技术研究”(61877038，首批 F0701)和陕西省自然科学基础研究计划项目“标准化考场监控大数据中视觉场景的自动描述方法研究”(2018JM6068)的资助。本书出版获得了陕西师范大学学术著作出版项目一类资助。

感谢西北工业大学张艳宁教授、北京师范大学郑永和教授、浙江工业大学王万良教授、华中师范大学刘三女牙教授、华东师范大学顾小清教授和西安电子科技大学苗启广教授长期以来的指导，感谢李雨桐博士为本书统稿。本书的相关研究尚处于探索阶段，加上作者学识经验有限，书中疏漏之处在所难免，恳请专家、同行和读者批评指正。

作　者

2024 年 12 月

目　录

第一篇　学习者行为与智能视觉计算

第二篇　学习者目标检测与身份认证

第三篇　学习者行为识别与时序动作检测

第四篇 学习者行为的视觉场景描述

第一篇

学习者行为与智能视觉计算

第1章 绪 论

1.1 研究背景

随着现代教育向数字化和智能化发展，利用互联网、大数据、人工智能和虚拟现实等新一代信息技术为学习者提供高效的个性化服务，实现教学资源精准化、教学分析即时化、管理过程精细化、教育评价主体多元化、决策支持科学化，已成为现代教育科学的重要趋势和标志。推动人才培养模式与教学方法改革，构建新型教育体系，开发智能教育助理，开展教育大数据分析与应用的研究已成为教育科学领域和人工智能领域的国际前沿研究热点，其内容涵盖了个性化资源匹配、教育质量精准测评、学习效果自动评价、学习者建模与分析、学习分析与评测、智能化教育服务等诸多迫切需要解决的科学问题。

其中，如何通过大数据分析和人工智能技术自动认知与理解学习者在学习过程中的各种行为，实现在无意识、非侵入、非配合情况下，准确掌握学习者的个性化特征，从而对其进行综合分析、判断和干预，是基于大数据开展个性化教学、科学化评价、精细化管理和智能化决策等内容迫切需要解决的关键科学问题。解决该问题将为提高教育质量、促进教育公平和培养创新人才提供关键技术支撑，具有重要的研究意义和广泛的应用价值。

得益于网络与通信技术、计算机软硬件与存储能力的不断发展，以各类视频监控系统为代表的现代化教育设施迅速普及，并在传统教室、网络教室、标准化考场等各类学习场景中产生了海量的与学习者行为、活动及状态有关的原始数据。这使得准确捕获学习者的个性化特征和综合分析不同学习者的共性特征，进而提供有针对性的评估、引导与干预成为可能。

据估计，在未来3～5年内，基于大数据分析的学习者行为分析及视频理解将极大地提高教育过程中的洞察发现力、流程优化力和精准决策力。例如，在智慧课堂教学中，利用计算机自动识别学习者行为，帮助老师及时掌握每位学习者的学习状态；在军训等集体活动中，预判学习者可能发生的危险行为，提高安全防范能力；在中小学课堂教学中，实时记录学习者的行为，为家长提供子女的学情报告；在课堂纪律管理方面，通过行为分析对学习者的不良行为予以及时警告，避免其因课堂不当行为导致学业预警；在过程式的课程考核评价中，通过及时统计学习者积极表现的行为频次，可将学习者评价落实到其学习的一举一动；在标准化考场中，通过视频内容智能分析每个考生的状态，实时标注并记录与考试无关的异常行为，避免人眼视觉疲劳等因素导致的疏漏等。因此，学习者行为分析与理解的相关理论、方法、模型等关键技术研究具有重要的研究意义和实用价值。

另外，随着深度学习技术的发展，基于计算机视觉的目标检测、行为识别、时序动作检测、视觉场景描述以及视频内容分析技术获得了突破性进展，为教育大数据应用奠定了良好基础。但是，在海量视频数据中实现对学习者、场景对象及其内在关系的自动认知，进而挖掘学习者的行为特点和规律，获得有关学习者学习活动的个性化特征，并提供与之匹配的判断、评价和干预及精准服务还较为困难。

主要问题包括以下几点。

(1)目前人类行为、动作的研究所依托的基准数据集多源于日常生活中的行为、特定体育项目中的动作、厨房烹饪相关的行为或电影人物中的行为，与学习场景中学习者的行为差异较大，不足以支撑对学习者的行为认知与理解。

(2)现有人类行为检测与识别方法多是根据动作特征判定特定动作的存在性或识别动作的类别标注，属于分类问题。而学习场景中的学习者的行为动作具有变化幅度小、相似度高、出现频繁，且存在个体差异和背景干扰的特点，使现有的视觉计算技术自动理解学习者行为难以取得理想效果。

(3)学习者的一些行为动作具有并发性(如“边看边读”)，而且部分动作转瞬即逝，因此充分挖掘学习场景中学习者、潜在对象之间的内在关系，实现学习者行为活动的语义解析是正确认知和理解学习者行为并提供个性化教育的前提，而目前还未形成学习者行为语义的成熟理论和方法体系。

基于智能视觉计算的学习者行为分析与理解技术涉及教育学、信息科学、语言学及认知科学等多种学科，属于计算机视觉、自然语言处理、情感计算、图像处理与模式识别等领域的交叉研究。2018年始，国家自然科学基金委员会在国家自然科学基金项目中增设“F0701 教育信息科学与技术”，鼓励和支持教育大数据分析与应用、学习分析与评测等相关研究。希望本书能够为个性化学习、过程式评价和精准化管理的相关重要应用提供有力依据和技术支撑，助推《中国教育现代化2035》和全球教育4.0的发展。

综上所述，随着现代教育的数智化发展，以学习者为中心的行为分析理论和技术必将扮演越来越重要的角色。目前，国内外对特定环境下学习者行为认知及视频理解技术的研究还处于起步阶段，系统性创新成果较少，其新理论和新方法研究已受到国际学术界和教育领域的广泛关注。

1.2 国内外研究现状

《新一代人工智能发展规划》《中国教育现代化2035》等国家战略的实施[1]，以及以“教育大数据应用技术国家工程实验室”“国家智慧教育公共服务平台”为代表的教育大数据平台建设成果表明，利用新一代信息技术“理解学习的发生过程”“挖掘真实的教育规律”“重构科学的教育模式”“提供精准的教育服务”，促进教育规模化和个性化的有机统一已成为我国教育科学发展新时期的重要标志和必然趋势。目前，国内外学习者行为的相关研究可以归纳为学习者行为表征、目标检测与行为分析、行为动作的内容描述三个方面。

1.2.1 学习者行为表征

1. 学习者特征分析研究

根据学习者特征建立学习者模型是个性化教育及科学评价学习成效的前提。针对学习者特征分析问题，国内外学者进行了理论和实践的双重探索，由最初的简单特征逐步聚焦于学习者背景、知识基础、学习动机、学习策略、学习风格、认知特征、情感态度，甚至价值体系，使用了包括人工神经网络、决策树、回归分析、规则归纳模型、遗传算法、Web 日志挖掘等相关理论和方法，并成功用于配置学习资源、预测未来学情等[2-4]。

早期的学习者特征来源有调查表、学习者模型和 Web 日志三类。例如，Manoharan[2]利用事先设计好的调查表评估学习者个性化特征，减少了抄袭行为；该类方法需要每个学习者都完成调查表，且效果好坏受调查表设计的合理性和学习者参与程度的影响。Dębiec[3]依据学习者模型库记录的“学习者模型信息”，提出以学习者为中心的课程教学法，帮助每个学习者选择最合适的学习方式，其前提是需要事先人工建立所有学习者模型。不同于上述思路，Cohen[4]根据学习者在网络课程学习中 Web 日志的分析结果，预测其辍学可能性，然而这只适用于在线网络课堂的学习结果预测。综上，这些特征均不适用于现行主流学习环境(如传统教室、实验室、体育馆)中大样本学习者的特征分析、认知与理解。

2. 人类行为识别数据基准研究

作为计算机视觉领域的挑战性问题之一，实现视频中人类动作和行为的有效表征是正确分析与理解人类活动的基础和前提。然而，由于人体行为及相关场景的复杂性与多样性，从现有行为样本中获得有关行为活动表征知识是当前解决该问题的主要途径。因此，针对学习场景，如何选择和构建合适的学习者行为数据集是后续正确理解学习者行为的关键和基础。

2004 年由瑞典皇家理工学院发布的 KTH 动作数据集(https://www.csc.kth.se/cvap/actions/)，被视为计算机视觉领域的一个里程碑。它包括 4 个不同场景中 25 个人完成的走、跳、跑等 6 类动作，但其不足在于背景单一且样本量小。此后，Weizmann 数据集(https://www.wisdom.weizmann.ac.il/~vision/SpaceTimeActions.html)提供了走路、快跑、向前跳、弯腰等 10 类动作，Hollywood2 数据集(https://www.di.ens.fr/~laptev/actions/hollywood2/)提供了接电话、开车、打架等 12 类动作。显然，这些基准数据集的动作类型仍不够丰富，且其动作特征与学习场景中学习者的行为特征相差甚远，不能直接用于分析和识别学习者行为。

随后，针对特定场景或应用中的行为识别问题，人们提出了一些专用数据集，例如，以“体育运动”为主题的 UCF Sports 数据集(https://www.crcv.ucf.edu/research/data-sets/ucf-sports-action/)和 Olympic Sports 数据集(http://vision.stanford.edu/Datasets/OlympicSports/)；以“厨房烹饪”为主题的 YouCook 数据集(https://web.eecs.umich.edu/~jjcorso/r/youcook/)和 MPII 数据集(https://www.mpi-inf.mpg.de/departments/computer-vision-and-machine-learning/software-and-datasets/mpii-human-pose-dataset)；源于电影题材的 Hollywood 数据集(https://www.di.ens.fr/~laptev/actions/)和 HMDB51 数据集(https://serre-lab.clps.brown.edu/resource)，前者涉及 12 类动作，后者包括 51 类动作。

目前，主流的行为识别数据集包括人类行为活动中的更多动作类型。例如，包括 101 类动作的 UCF101 数据集(https://www.crcv.ucf.edu/research/data-sets/ucf101/)和涵盖人类日常生活中 203 类动作的 ActivityNet 数据集(http://activity-net.org/index.html)，为组建更多类别和更大样本量的基准数据集提供了参考价值[5]。

与之类似，关于人类动作的描述也更为细致。例如，在 ActivityNet 数据集基础上发布的 ActivityNet Captions 数据集(http://activity-net.org/challenges/2021/tasks/anet_captioning.html)[6]，将只有一个类别标注拓展到含动作、行为、状态等相关场景信息的文本描述。以人为中心的视觉关系检测(human-centered visual relationship detection，HCVRD)数据集(https://ojs.aaai.org/index.php/AAAI/article/view/12260)提供了 927 类动作，且每一类动作都有相互作用的目标物体[7]。

这些数据集为学习者行为的精细表征和以学习者为中心的学习行为模型构建提供了重要参考。然而，学习者的学习过程通常发生在传统教室、实验室、标准化考场和计算机机房等特定的学习场景中，场景中的对象相对固定，可能出现的活动和行为也有其自身的规律和特点。因此，如何挖掘学习场景中的特定关系，并以此建立能够准确刻画学习者行为动作的网络模型，使之能够准确区分学习者动作的细微差别，有待于进一步深入研究。

综上分析，基于调查表、学习者模型或 Web 日志的学习者特征不适合表征主流学习场景下的学习者行为，而目前行为识别数据基准多服务于日常行为或特定场景下的行为分类研究，不能充分体现学习者行为变化幅度小、相似度高、出现频繁、存在个体差异和可能出现并发动作的特点，并且难以反映以人为中心的学习场景中各对象间的内在关系，因此不足以支撑学习者行为认知与视频内容理解的任务。

1.2.2 目标检测与行为分析

1. 目标检测

目标检测是计算机视觉任务的基础内容，能够为实现图像精细识别等研究提供可靠信息。学习者目标检测技术的目的是在学习场景中，快速找出学习者的位置，这是进一步分析学习者行为的基础，也是学习者异常行为识别的前提。然而，目前国内外关于学习场景下的学习者目标检测技术的成熟方法和理论报道较少。

在智能视觉计算中，广义的目标检测对象可能为人、动物、车辆等特定物体，常见目标检测可分为两阶段方法和单阶段方法两类，如图 1.1 所示。其中，前者包括区域的生成和分类两步，速度慢，但精度高；后者利用深度神经网络提取图像特征，并直接预测回归目标的类别与位置，精度高、速度快，适用于检测密集目标，详见 3.2.1 节。

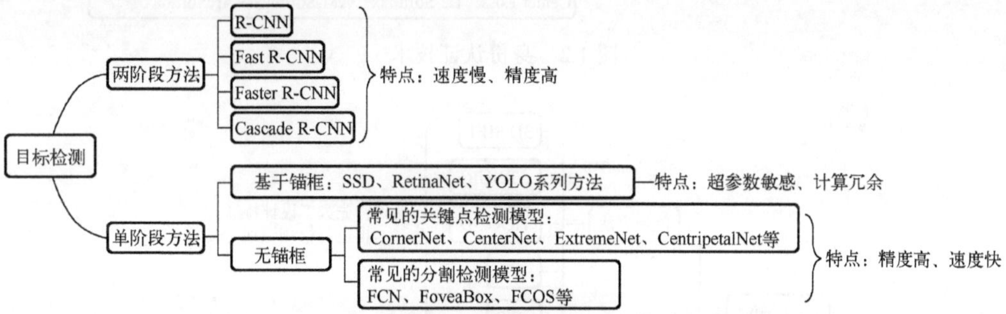

图 1.1 目标检测技术

2. 身份认证

在获得学习者的位置之后，接下来的任务是明确学习者的身份，即学习者的身份认证问题，一般借助在校生注册信息完成。现有的人类身份认证技术中，可用的生物特征信息有一维的脱氧核糖核酸(deoxyribonucleic acid，DNA)和声纹，以及二维的指纹、掌纹、虹膜、人脸、步态等。在实际应用中，往往根据具体环境、精度与时间的要求，部署和使用相关的采集设备。由于人脸识别、声纹识别、步态识别技术所用数据为非侵入式采集，操作方便，易于被识别者接受，因此后续我们以人脸识别为例，重点探究基于人脸的学习者身份认证技术，如图 1.2 所示，详见 4.2.1 节。

3. 行为识别与时序动作检测

目前，针对学习者的行为进行识别与检测的研究相对较少，但是以人为对象的研究已取得了一系列进展，如图 1.3 所示。

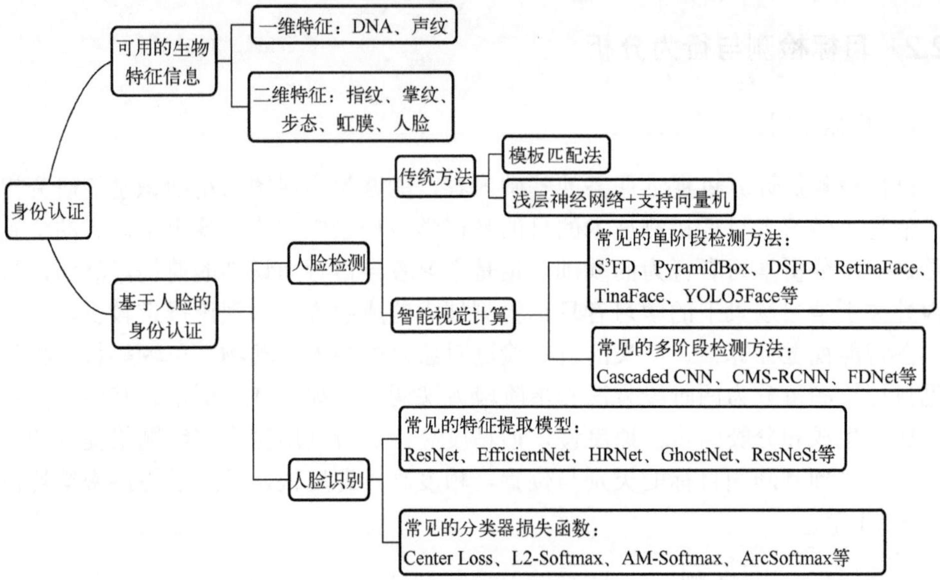

图 1.2　身份认证技术

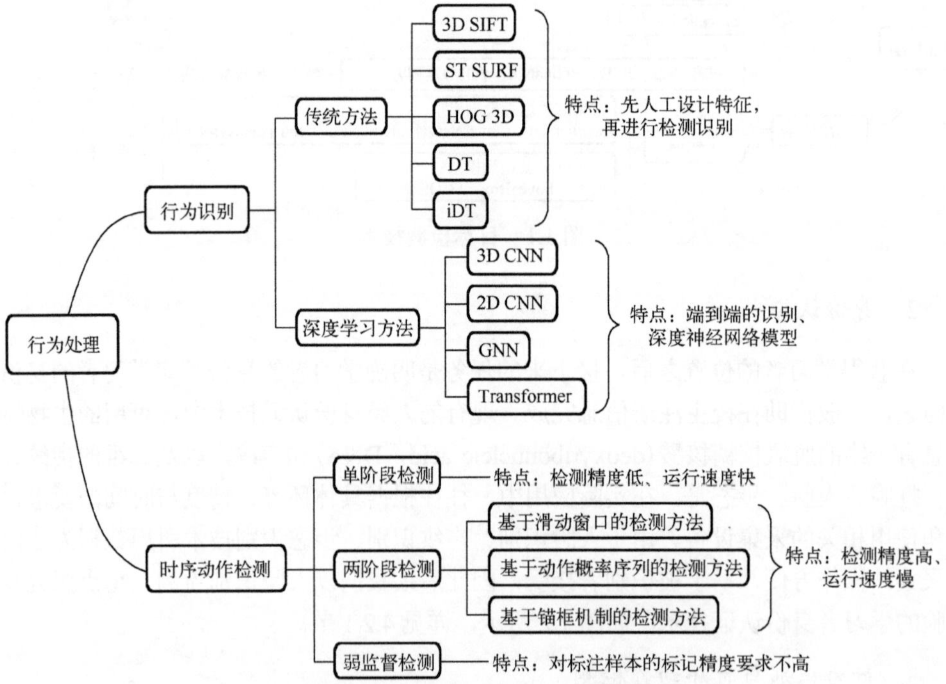

图 1.3　行为识别与时序动作检测技术

在行为识别方面，可分为“先特征设计，再检测识别”的传统方法[8-10]和基于智能视觉计算的“端到端”的深度学习方法[11-18]。第一类方法的特点是先人工设计行为特征，再进行检测或识别，在实际应用中难以计算，所涉及的复杂而细微动作间的辨别力也有待验证。第二类方法一般依赖于大样本数据集的支撑，通过深度网络模型自动学习行为特征，并完成图像或视频的行为识别，是近年来该领域研究的热点，详见5.2.1节。

在时序动作检测方面，依据任务的执行顺序，“动作提议生成(确定动作起止时间)”与“确定动作类型”的技术可分为两阶段和单阶段两类方法。与传统的有监督机器学习方法不同，利用视频自带的弱标注信息探索弱监督的时序动作检测策略，在仅依赖弱标注的情况下进行时序动作检测已成为近年来的研究热点，具体内容详见6.2.1小节。

综上所述，深度学习中深度学习网络模型的应用极大地推动了人类行为检测与识别研究的发展，尤其是以UCF101数据集为代表的101类行为识别效果已经逼近人眼性能。然而，以课堂教学为代表的学习场景中，学习者行为主要集中于上半身或个别部位，动作幅度小、重复率高，且部分动作间的相似性很大。因此，如何准确标注学习者行为所触发的事件，使深度学习网络模型能够具备细微动作的刻画能力和区分能力是我们拟解决的主要问题之一。

1.2.3 行为动作的内容描述

视觉场景描述技术的理想目标是通过对样本视频的学习，能够产生以事件为单位的描述语句序列，为后续的语义分析，如检索、查询、排序及可视化等任务提供文本形式的数据表征。按照视觉场景的载体不同，视觉场景描述技术可分为两类：一是用文本语言描述图像的场景内容，即图像描述；二是用文本语言描述视频的场景内容，即视频描述。目前的主流模型和方法如图1.4所示。

主流的图像描述技术基于编码器-解码器(encoder-decoder)框架[19-34]。早期方法在描述一幅图像时只产生一个文本语句，存在场景内容描述不细致的问题。近年来，研究人员将注意力机制引入图像描述技术中，代表性成果主要有文献[24]～文献[29]，详见 7.2.1 节。这些研究成果取得了较好的效果，但是在实际运用中如何对学习场景中的对象及其关系进行更深入的刻画还需要进一步研究。

视频描述技术可看作在图像描述技术基础上加入了图像序列描述技术。目前主流方法也是基于编码器-解码器框架，如卷积神经网络(convolutional neural network，CNN)+循环神经网络(recurrent neural network，RNN)[35-39]。为了更好地描述细节信息，研究者开始致力于用更多的文本语句表达视频内容的视频密集描述方法研究，详见8.2.1节。该类方法对于长视频中学习者行为的描述生成具有重要意义，然而，此类模型只考虑了事件间的时序关系，直接应用于学习者行为分析时，未考虑场景中学习者动作的复杂性和高度相似性，易导致网络模型性能下降。

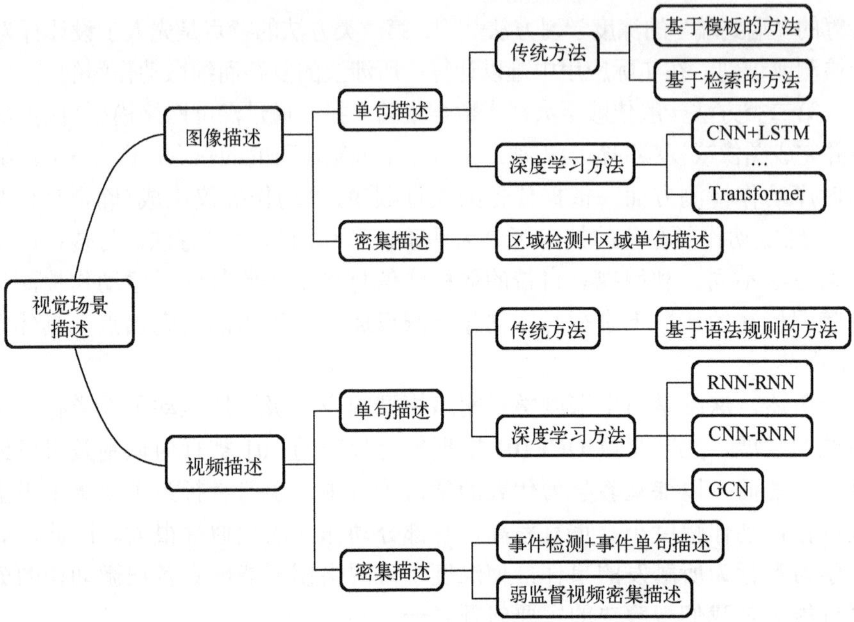

图 1.4　视觉场景描述技术

我们对学习者行为认知与视频理解的研究思路是利用人工智能中的智能视觉计算技术建模学习者行为，根据自动识别的学习者行为及描述语句实现自动的学习场景描述、行为检索、查询、排序及可视化等学习者行为的认知与理解。

近年来，我们发挥师范院校在教育教学中的优势，依托现代教学技术教育部重点实验室在教育学、认知科学、心理学、信息科学等学科中的交叉优势，通过大量教学视频探究学习者行为特征，初步实现了标准化考场的内容描述生成方法，并提出客观评价视觉场景生成效果的新指标[40]，为考试场景中的行为认知与描述部分的研究提供了重要的参考。然而，在传统教室、报告厅等实际应用场景中，自动认知学习者行为并生成高质量的文本描述，必须充分利用学习者与场景内各对象间的内在联系，正确理解因学习者行为触发的各类事件之间的并发、串行或交叠关系。

综上所述，学习者行为认知与视觉场景理解技术在诸多重要领域的应用前景广阔，已经受到学术界和教育领域的高度重视。如何在学习者无意识、非侵入、非配合情况下，利用教育大数据资源准确掌握学习者的个性化特征，从而对其进行综合分析、判断和干预是开展精准化、智能化现代教育新型应用研究中迫切需要解决的关键科学问题。本书以学习者行为作为学习者分析的出发点，通过智能视觉计算技术建立学习者行为分析与理解模型，深入探索学习者行为特征，发现学习者的个性化特点和共性规律。

1.3 主要内容与章节组织

本书以主流学习环境中学习者的行为过程为研究对象，对整个学习进行全过程的细粒度描述与定义，利用智能视觉计算技术自动分析和理解学习者的行为，实现学习者行为分析与视觉场景理解，揭示学习者的行为规律与个性化特点，为基于大数据的个性化教学、科学化评价、精细化管理和智能化决策等重要应用提供关键技术支撑。主要内容组成如下。

第 1 章主要论述学习者行为分析与理解研究的背景、意义，重点从学习者行为表征、目标检测与行为分析、行为动作的内容描述三个方面归纳总结国内外研究现状。

第 2 章简述计算机视觉和机器视觉与人类视觉的区别和特点，论述智能视觉计算的定义、组成和应用，梳理学习者行为分析相关的智能视觉计算技术，最后给出与视觉计算相关的国内外知名企业及代表产品。

第 3 章论述学习者目标检测技术，总结目标检测的常见方法与模型、相关基准数据集和性能评价指标，构建考试场景下的学习者目标检测专用数据集，提出基于单次多框检测器网络的目标检测方法、基于改进的单次多框检测器网络的目标检测方法、基于级联注意力的全卷积目标检测方法和基于瓶颈注意模块的小样本目标检测方法。

第 4 章论述学习者身份认证技术，总结身份认证的常见方法与模型、相关基准数据集和性能评价指标，分析学习场景下的学习者面部特征，构建学习者身份认证专用数据集，提出基于人脸检测的身份认证方法、基于人脸识别的身份认证方法和基于人脸识别及类别平衡的身份认证方法。

第 5 章论述学习者行为识别技术，总结行为识别的常见方法与模型、相关基准数据集和性能评价指标，构建学习者行为识别专用数据集，提出基于解耦注意力和多特征融合的行为识别方法、基于尺度感知目标检测器的行为识别方法和基于姿态估计器的行为识别方法。

第 6 章论述学习者时序动作检测技术，总结时序动作检测的常见方法与模型、相关基准数据集和性能评价指标，分析学习场景下的学习者行为特征，构建学习者时序动作检测专用数据集，提出基于增强解耦的单阶段时序动作检测方法、基于 Timeception 与超事件的时序动作检测方法和基于双流完整性建模的弱监督时序动作检测方法。

第 7 章论述学习者行为图像描述技术，分别从单句描述和密集描述两种角度总结图像描述的常见方法与模型、相关基准数据集和性能评价指标，构建学习者行为图像描述专用数据集，提出 CNN+LSTM(long short-term memory，长短期记忆)框架下的图像单句描述方法、CNN+LL+LSTM 框架下的图像密集描述方法和 YOLOv3+LSTM 框架下的图像密集描述方法。

第 8 章论述学习者行为视频描述技术，总结视频描述的常见方法与模型、相关基准数据集和性能评价指标，构建学习者行为视频描述专用数据集，提出基于多特征编码的视频描述方法、基于动态目标感知与二阶段融合的视频描述方法和基于多模态特征的视频密集描述方法。

第 9 章总结本书研究工作，提出需要进一步深入研究的相关问题和未来挑战。

1.4 小　结

本章主要论述了学习者行为分析研究的背景、意义，重点从学习者行为表征、目标检测与行为分析、行为动作的内容描述三个方面归纳总结国内外研究现状，最后给出了本书各章的主要内容。

参考文献

[1] 中华人民共和国中央人民政府. 中共中央、国务院印发《中国教育现代化 2035》[EB/OL]. [2019-02-23]. https://www.gov.cn/xinwen/2019-02/23/content_5367987.htm.

[2] Manoharan S. Personalized assessment as a means to mitigate plagiarism[J]. IEEE Transactions on Education, 2017, 60(2): 112-119.

[3] Dębiec P. Effective learner-centered approach for teaching an introductory digital systems course[J]. IEEE Transactions on Education, 2018, 61(1): 38-45.

[4] Cohen A. Analysis of student activity in web-supported courses as a tool for predicting dropout[J]. Educational Technology Research and Development, 2017, 65(5): 1285-1304.

[5] Heilbron F C, Escorcia V, Ghanem B, et al. ActivityNet: A large-scale video benchmark for human activity understanding[C]//Proceedings of the IEEE Conference on Computer Vision and Pattern Recognition, Boston, 2015: 961-970.

[6] Krishna R, Hata K, Ren F, et al. Dense-captioning events in videos[C]// Proceedings of the International Conference on Computer Vision, Venice, 2017: 706-715.

[7] Zhuang B, Wu Q, Shen C, et al. HCVRD: A benchmark for large-scale human-centered visual relationship detection[C]//Proceedings of the AAAI Conference on Artificial Intelligence, New Orleans, 2018: 7631-7638.

[8] Wang H, Kläser A, Schmid C, et al. Dense trajectories and motion boundary descriptors for action recognition[J]. International Journal of Computer Vision, 2013, 103(1): 60-79.

[9] Wang H, Schmid C. Action recognition with improved trajectories[C]// Proceedings of the IEEE International Conference on Computer Vision, Sydney, 2013: 3551-3558.

[10] Peng X, Zou C, Qiao Y, et al. Action recognition with stacked fisher vectors[C]// Proceedings of

the European Conference on Computer Vision, Zurich, 2014: 581-595.
[11] Tran D, Wang H, Torresani L, et al. Video classification with channel-separated convolutional networks[C]// Proceedings of the IEEE International Conference on Computer Vision, Seoul, 2019: 5552-5561.
[12] Feichtenhofer C. X3D: Expanding architectures for efficient video recognition[C]// Proceedings of the IEEE Conference on Computer Vision and Pattern Recognition, Seattle, 2020: 203-213.
[13] Wang L, Xiong Y, Wang Z, et al. Temporal segment networks for action recognition in videos[J]. IEEE Transactions on Pattern Analysis and Machine Intelligence, 2018, 41(11): 2740-2755.
[14] Feichtenhofer C, Fan H, Malik J, et al. SlowFast networks for video recognition[C]// Proceedings of the IEEE International Conference on Computer Vision, Seoul, 2019: 6202-6211.
[15] Wang X, Girshick R, Gupta A, et al. Non-local neural networks[C]// Proceedings of the IEEE Conference on Computer Vision and Pattern Recognition, Salt Lake City, 2018: 7794-7803.
[16] Lin J, Gan C, Han S. TSM: Temporal shift module for efficient video understanding[C]// Proceedings of the IEEE International Conference on Computer Vision, Seoul, 2019: 7083-7093.
[17] Liu Z, Wang L, Wu W, et al. TAM: Temporal adaptive module for video recognition[C]// Proceedings of the IEEE International Conference on Computer Vision, Montreal, 2021: 13708-13718.
[18] Shen Z W, Wu X J, Xu T Y. FEXNet: Foreground extraction network for human action recognition[J]. IEEE Transactions on Circuits and Systems for Video Technology, 2022, 32(5): 3141-3151.
[19] Farhadi A, Hejrati M, Sadeghi M A, et al. Every picture tells a story: Generating sentences from images[C]//Proceedings of the 11th European Conference on Computer Vision, Heraklion, 2010: 15-29.
[20] Hodosh M, Young P, Hockenmaier J. Framing image description as a ranking task: Data, models and evaluation metrics[J]. Journal of Artificial Intelligence Research, 2013, 47: 853-899.
[21] Huang Y, Wang W, Wang L. Instance-aware image and sentence matching with selective multimodal LSTM[C]//Proceedings of the IEEE Conference on Computer Vision and Pattern Recognition, Honolulu, 2017: 7254-7262.
[22] Lu J S, Xiong C M, Parikh D, et al. Knowing when to look: Adaptive attention via a visual sentinel for image captioning[C]//Proceedings of the IEEE Conference on Computer Vision and Pattern Recognition, Honolulu, 2017: 3242-3250.
[23] Wang Y F, Lin Z, Shen X H, et al. Skeleton key: Image captioning by skeleton-attribute decomposition[C]//Proceedings of the IEEE Conference on Computer Vision and Pattern Recognition, Honolulu, 2017: 7378-7387.
[24] Li Y, Pan Y, Yao T, et al. Comprehending and ordering semantics for image captioning[C]//

Proceedings of the IEEE Conference on Computer Vision and Pattern Recognition, New Orleans, 2022: 17990-17999.

[25] Luo J, Li Y, Pan Y, et al. Semantic-conditional diffusion networks for image captioning[C]// Proceedings of the IEEE Conference on Computer Vision and Pattern Recognition, Vancouver, 2023: 23359-23368.

[26] Cornia M, Baraldi L, Cucchiara R. Show, control and tell: A framework for generating controllable and grounded captions[C]// Proceedings of the IEEE Conference on Computer Vision and Pattern Recognition, Long Beach, 2019: 8307-8316.

[27] Wang J B, Wang W, Wang L, et al. Learning visual relationship and context-aware attention for image captioning[J]. Pattern Recognition, 2020, 98: 107075.

[28] Li X Y, Jiang S Q. Know more say less: Image captioning based on scene graphs[J]. IEEE Transactions on Multimedia, 2019, 21(8): 2117-2130.

[29] Pan Y W, Yao T, Li Y H, et al. X-linear attention networks for image captioning[C]//Proceedings of the IEEE Conference on Computer Vision and Pattern Recognition, Seattle, 2020: 10971-10980.

[30] He X W, Yang Y, Shi B G, et al. VD-SAN: Visual-densely semantic attention network for image caption generation[J]. Neurocomputing, 2019, 328: 48-55.

[31] Kim D J, Choi J, Oh T H, et al. Dense relational captioning: Triple-stream networks for relationship-based captioning[C]//Proceedings of the IEEE Conference on Computer Vision and Pattern Recognition, Long Beach, 2019: 6271-6280.

[32] Yin G J, Sheng L, Liu B, et al. Context and attribute grounded dense captioning[C]//Proceedings of the IEEE Conference on Computer Vision and Pattern Recognition, Long Beach, 2019: 6241-6250.

[33] Shao Z, Han J G, Marnerides D, et al. Region-object relation-aware dense captioning via transformer[J]. IEEE Transactions on Neural Networks and Learning Systems, 2025, 36(3): 4184-4195.

[34] Shao Z, Han J G, Debattista K, et al. Textual context-aware dense captioning with diverse words[J]. IEEE Transactions on Multimedia, 2023, 25: 8753-8766.

[35] Pei W J, Zhang J Y, Wang X R, et al. Memory-attended recurrent network for video captioning[C]//Proceedings of the IEEE Conference on Computer Vision and Pattern Recognition, Long Beach, 2019: 8339-8348.

[36] Liu S, Ren Z, Yuan J S. SibNet: Sibling convolutional encoder for video captioning[J]. IEEE Transactions on Pattern Analysis and Machine Intelligence, 2021, 43(9): 3259-3272.

[37] Ryu H, Kang S, Kang H, et al. Semantic grouping network for video captioning[C]//Proceedings of the AAAI Conference on Artificial Intelligence, Vancouver, 2021: 2514-2522.

[38] Aafaq N, Mian A, Akhtar N, et al. Dense video captioning with early linguistic information fusion[J]. IEEE Transactions on Multimedia, 2022, 25: 2309-2322.

[39] Tu Y B, Zhou C, Guo J J, et al. Relation-aware attention for video captioning via graph learning[J]. Pattern Recognition, 2023, 136: 109204.

[40] Ma M, Wang B L. A grey relational analysis based evaluation metric for image captioning and video captioning[C]//Proceedings of the International Conference on Grey Systems and Intelligent Services, Stockholm, 2017: 92-97.

第 2 章　智能视觉计算

2.1　计算机视觉和机器视觉

计算机视觉是研究人类视觉如何从图像、视频或多维数据中“感知”的科学，其目标是让计算机或机器拥有与人类相近的视觉处理能力的技术。

机器视觉指工业自动化应用中的计算机视觉，是利用机器代替人眼测量和判断，从图像、视频或多维数据中“感知、控制、决策”的科学，典型应用如智能机器人、智能驾驶汽车等性能稳定、可靠的视觉应用。人类视觉、计算机视觉与机器视觉的区别如表 2.1 所示。

表 2.1　人类视觉、计算机视觉与机器视觉的区别

比较项目	人类视觉	计算机视觉	机器视觉
外部特征	生物机制	视觉算法和计算硬件	在特定硬件内嵌视觉算法
学习过程	人类经验学习和适应	大量数据的训练建模	可能包括学习，但更侧重于精确控制和重复性任务
处理能力	复杂场景理解和解译	擅长处理大规模数据	特定环境下的特定任务
适应能力	适应力强，适用于各种光照条件、视角变化和视觉模式	对新环境的适应性较差	特定环境，适应性较差
容错能力	能够在信息不完全的情况下做出合理的推断	对噪声等异常敏感	高精度、安全可靠，常有质量控制标准
能源动力	人体生物能，可长时间工作	电力能源等	电力能源等，能耗取决于系统的复杂性和要求，常连续运行
感知能力	可见光波段，感知颜色、亮度、纹理、运动等；与记忆、情感、认知等其他大脑功能紧密集成	全部波段，依赖于传感器，可超越人类视觉；专注于视觉任务，与其他认知功能的集成有限	满足应用需求的特定传感器，专注于特定视觉属性；常与机器人手臂等其他系统集成

视觉计算的方法有很多种，在实际应用中，往往需要根据具体需求选择合适的方法和模型[1,2]。

2.2　智能视觉计算的定义

视觉计算是指对图像、视频等视觉信息进行处理和分析，以提取有用信息或实现某种智能化的应用，其主要计算对象源于常见的图像和视频数据。该技术涉及多个学科领域，包括计算机科学、人工智能、图像处理、视频分析、模式识别、机器学习等。

视觉计算可视为智能系统感知环境和认知世界的一种重要方式，其目的是让机器模仿人的思维方式和思考过程，对真实场景中获取的图像及视频内容进行观察、认知、理解和分析，完成必要的推理、判断、决策和规划。在具体应用过程中，需要结合实际场景对象应用目标检测、跟踪、分割、识别等关键技术[3-6]，如图 2.1 所示。

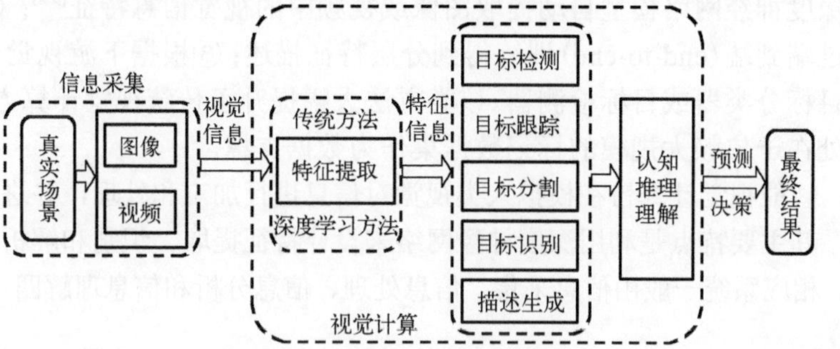

图 2.1　视觉计算过程示意图

这些视觉计算技术可以基于传统机器学习方法或深度学习算法来实现。

传统视觉计算方法的特点是手动设计图像特征。一般过程是：首先人工设计特征，提取视觉场景中的目标信息，如尺度不变特征变换(scale-invariant feature transform，SIFT)、方向梯度直方图(histogram of oriented gradient，HOG)、局部二进制模式(local binary pattern，LBP)等；然后利用标记数据集训练分类器，如利用主成分分析(principal component analysis，PCA)、线性判别分析(linear discriminant analysis，LDA)、支持向量机(support vector machine，SVM)、AdaBoost、随机森林等完成目标识别或分类任务，或利用可变形的组件模型(deformable parts model，DPM)目标检测器[7]等完成目标检测任务。该类方法通常依赖于小规模的标记数据集，如 INRIA Person[8]、Caltech Pedestrian[9]、KITTI[10]等，样本数大致为几千到几十万，难以适应复杂环境的应用需求[11]。

以人脸识别为例，传统视觉计算方法包括图像预处理、人脸特征提取以及匹配与识别等环节。其中，图像预处理对图像进行滤波、去噪、增强等操作，以突出人脸特征，提高识别精度；人脸特征提取通过算法提取出人脸特征，包括面部特征、眼睛特征、嘴巴特征等，以便进行匹配和识别；匹配与识别将提取出的人脸特征与数据库中的特征进行比对，以识别人脸。此处，视觉计算主要体现在人脸特征提取以及匹配与识别环节，主要包括：①特征提取方法——SIFT 和加速稳健特征(speeded up robust features，SURF)，用来提取图像中的关键点和特征描述算子；②人脸检测方法——基于 Haar 特征的 AdaBoost 算法等，用来在图像中定位并检测人脸；③人脸对齐方法——主动形状模型(active shape model，ASM)和主动外观模型(active appearance model，AAM)，用来自动调整人脸图像的形状和外观，减少识别的不确定性；④人脸识别方法——PCA 方法和 LDA 方法，功能是从人脸图像中提取特征并与其他人脸进行比较，实现人脸识别。与传统视觉计算方法不同，智能视觉计算从特征提取到识别器的设计均由深度神经网络完成，是一种端到端的人脸识别过程。

智能视觉计算的特点是自动获取视觉特征，主要包括：①利用具有强大特征表达能力的深度神经网络模型自动提取图像或视频中的视觉信息特征[12]；②利用标记数据集通过端到端(end-to-end)训练得到分层特征描述；③根据下游视觉任务要求设计相应的目标分类器或目标检测器。该类方法大幅提升了传统视觉计算方法的性能，但不足之处在于依赖大规模的标记数据集作为数据支撑。

综上，智能视觉计算旨在模拟人类视觉对信息进行加工和处理，并进行预测、判断和决策，其主要特点是利用深度神经网络来设计特征提取、识别和解析，并做出准确的决策。相应系统一般由信息采集、信息处理、信息分析和信息理解四个部分组成。

2.3　智能视觉计算的应用

智能视觉计算属于人工智能技术中目标检测与跟踪、图像标注与分类、场景理解与重建、图像分析与理解等视觉技术的交叉应用，涵盖智能安防、智能交通、智能制造、智能医疗、智能家居等领域。

2.3.1　智能安防

在智能安防领域，视觉计算技术可用于住户、行人及场景的自动分析和识别，及时发现安全隐患，提高安防系统的智能水平。

(1)通过人脸识别技术，实现安全登录、实时签到、安全支付、人脸闸机、智能门禁等功能，提高特定区域身份认证的安全性、便利性。

(2)通过人群拥挤度检测技术，及时检测和分析社区中的异常聚集人群，避免踩踏、非法聚集等大规模不良事件发生。

(3)通过异常行为检测技术，及时发现独居老人的异常状态或儿童危险行为，保障人民生命安全；类似地，通过人物属性分析和服装特点分析等，实现特殊关注人的跟踪，使公安系统在繁杂的监控视频中快速搜寻可疑人员或特定人员成为可能。

2.3.2　智能交通

在智能交通领域，通过布设在城市道路中的各种传感器[13]，视觉计算技术可用于行人和车辆的判定、识别和追踪，以及安全预警、事故分析等。

(1)通过目标识别技术，自动识别周围的车辆、道路、行人、路标、红绿灯和场景等，确定自动驾驶的行驶路线和驾驶策略。

(2)通过车辆检测和激光雷达探测技术，辅助汽车进行自主定位及交通拥堵分析，帮助驾驶员选择合理的路径；利用图像处理和识别技术，获取交通管控和实时路况，进行空间分析和决策，提高交通出行效率。

(3)通过目标识别和目标跟踪技术，在人群密集的交通枢纽中，对结构化的人、车、物等视频内容信息进行快速检索、查询，辅助特定人或车的搜索、定位，提高公共安全治理能力。

2.3.3 智能制造

在智能制造领域，视觉计算技术可用于工业生产线中的机器制造、质量监控、产品追溯等[14]。

(1)通过目标检测和分析等技术，对包装行业中包装盒的图像进行采集和处理，自动检测包装盒是否存在外观破损、贴标不规范等问题，提高生产效率和产品质量。

(2)通过缺陷检测等技术，对汽车制造过程中发动机缸体、缸盖等关键零部件进行表面质量检测，及时发现不合格产品。

(3)通过三维重建技术模拟工业制造流水线中机器人的操作，优化其生产线流程，提高生产效率。

(4)通过机器视觉在生产过程中对产品进行追踪和溯源，确保产品的可追溯性，为产品质量的提升提供有力支持。

2.3.4 智能医疗

在智能医疗领域，视觉计算技术可用于医学影像分析、患者康复跟踪、病理诊断及药品研发等[15,16]。

(1)通过图像增强等技术，可以改善医学影像质量(如 X 光片、计算机断层扫描(computed tomography，CT)、磁共振成像等)，提高医生解读、分析病灶信息的效率，提高诊断精度。

(2)通过图像分析、目标识别、边缘检测等技术，可以实现动态检测病变、识别异常征象(如肿瘤、出血、骨折)、测量病灶大小等，为医生提供更准确和客观的诊断依据。

(3)通过组织样本(如活检样本)分析技术和后台数据库支持，辅助医生快速确定疾病的类型和严重程度，自动分析样本图像中的肿瘤、炎症等异常区域，提高病理诊断的效率。

(4)通过人脸表情识别和情感分析等技术，可以对患者的精神状态进行及时跟踪，为其提供个性化的康复计划，改善患者的就医体验。

2.3.5 智能家居

在智能家居领域，视觉计算技术可用于实现自动门禁、智能照明、家庭助手、健康娱乐等众多有趣且实用的功能。

(1) 自动门禁：通过人脸识别技术，可以快速识别出住房入口和出口驻足人员的面部特征。当主人回家时，系统自动开门；对于陌生人，则自动提醒主人关注；若有入侵者进入，则立即向主人发送警报或者联系当地公安部门。

(2) 智能照明：通过图像变化检测技术，根据摄像头检测到房间内是否有人员活动，自动打开或关闭灯光。此外，通过人脸识别技术，识别家人的个人习惯，并为其设置不同的光照强度。根据不同时间，为家庭营造节日氛围，如春节时使客厅更加明亮。

(3) 家庭助手：通过目标识别技术，可以识别出厨房中的食材和工具，根据食材向主人推荐食谱，并实时监控烹饪过程，提供相应建议。通过目标识别技术获取室内布局，当检测到地面上的杂物时，自动控制扫地机器人进行清理。

(4) 健康娱乐：通过安装居家摄像头，监测主人的身体状况和行为习惯，识别是否处于疲劳状态，并提醒主人休息或进行适当的锻炼。通过分析用户行为和喜好，自动推荐和播放适合用户的音乐[17]。

2.4 学习者行为相关的智能视觉计算技术

一般来说，学习者行为分析技术可分为数据采集、数据处理和行为分析与理解三个阶段。

在数据采集阶段，利用学习场景中的视频监控设备，进行学习者行为的视觉信息数据采集。常用的数据源于学习者学习过程中各种言行举止相关的数据，如考勤情况、课堂行为、师生互动等。为了更全面地观测学习者行为，有时还可以引入一些非视觉信息，例如，利用日志收集技术采集学习者学习过程中的特定信息，如上课记录、作业提交记录、浏览器历史记录等；利用传感器技术采集学习者的生理指标，如心率、呼吸等；利用问卷调查技术，通过量表获取学习者的学习进展和身心状态。

在数据处理阶段，利用目标检测、目标跟踪、行为识别、视觉场景描述等智能视觉计算技术，获取学习者的身份信息、物理位置、行为特征及其规律。例如，构建相关智能视觉计算技术的深度网络模型，通过对学习者行为数据的训练和建模，分析学习者出勤情况、课堂参与情况和上课学习状态等。

在行为分析与理解阶段，利用数据挖掘、聚类分析[18]、数据关联、信息匹配等技术分析学习者行为数据，经过推理和理解，获取其学习行为、认知行为、交互行为、情感行为的特征和规律[19,20]。例如，通过社交网络分析技术，可以分析学习者在社交网络中的行为和关系，从而了解学习者的社交和情感状态，为教师和教育管理者提供精准的学习者画像；通过自然语言处理技术分析学习者的文本数据，如作业、日记、聊天记录等，了解学习者的情感、认知和行为模式；通过分析课堂视频中的师生交流互动情况，了解学习者对知识的学习态度、课堂活跃度等。

下面分别给出与智能视觉计算相关的目标检测、行为识别、时序动作检测和视觉场景描述等关键技术的定义，并举例简述各技术的主要任务。

2.4.1　目标检测

目标检测(object detection)是图像处理中的基本任务，其目的是在指定的图像或视频帧中“检测”出特定目标，并输出检测到的目标位置和相应类别[21-23]。该技术是目标分割、姿态估计、目标跟踪、目标属性分析等技术的基础。实际应用中，常根据具体任务和待检测目标的特点设计检测方法或模型。

根据检测对象的不同，常见的目标检测包括车辆检测、人脸检测、行人检测和人体关键点检测等。一个典型的目标检测任务如图 2.2 所示。

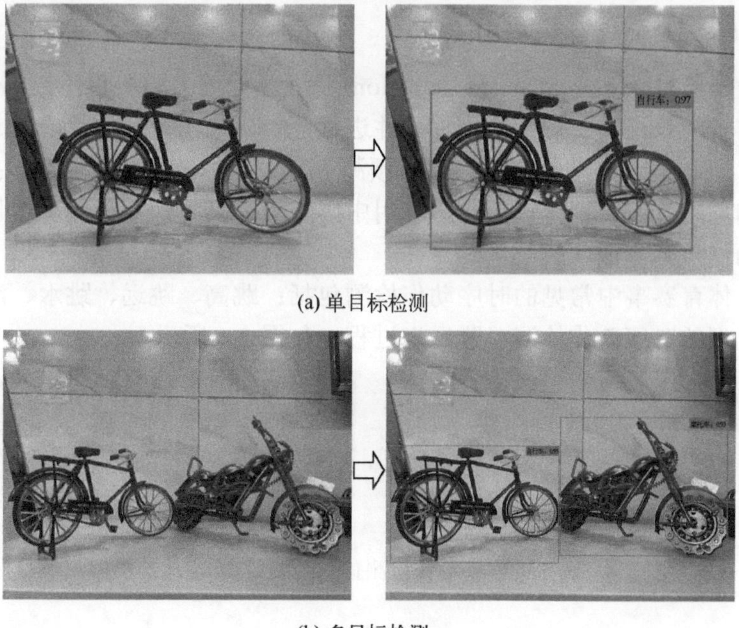

(a) 单目标检测

(b) 多目标检测

图 2.2　典型的目标检测任务示意图

2.4.2　行为识别

行为识别(action recognition)是视频分析的核心任务之一，其目的是在仅包含某完整动作执行过程的视频片段中，判断动作的类别，并输出其类别标签，而不关心动作的起止时间[24,25]。该技术是时序动作检测、视频描述、视频问答等任务的基础，可用于运动分析、智能监控和人机交互等。在实际应用中，常根据具体任务和待识别目标的特点设计识别方法或模型。

常见的人类行为类别包括：起立、坐下、奔跑、跳跃、摔倒、拿东西、喝水、吃东西、打电话等。一个典型的行为识别任务“摔倒”如图 2.3 所示。

图 2.3　典型的行为识别任务示意图

2.4.3　时序动作检测

时序动作检测(temporal action detection)是视频处理中的核心任务之一，其目的是在未经剪辑的长视频中识别动作片段并进行分类，输出为动作片段的起止时间和动作类别[26]。该技术是动作分析、动作预测等任务的基础，可用于运动技巧分析、安全监控和危险行为识别等。在实际应用中，常根据具体任务和待观测目标的特点设计时序动作检测方法或模型。

例如，体育赛事中常见的时序动作检测包括：跳高、跳远、跳水、滑冰、射门等。一个典型的时序动作检测“跳远”过程，如图 2.4 所示。

图 2.4　典型的时序动作检测任务示意图(存在运动模糊)

2.4.4　视觉场景描述

视觉场景描述是视觉场景理解的核心任务之一，其目的是根据数字图像或视频中的视觉场景信息，自动生成一些文本语句描述视觉场景中的相关内容[27-29]。该技术是视觉语义理解、视频语义检索、视觉场景理解的前提和基础，涉及计算机视觉、多媒体、人工智能和自然语言处理等交叉技术领域。

根据视觉场景的来源不同，视觉场景描述可分为图像描述和视频描述。根据生成文本语句的数量不同，描述技术也可分为单句描述和密集描述。三个典型的描述任务如图 2.5 所示。

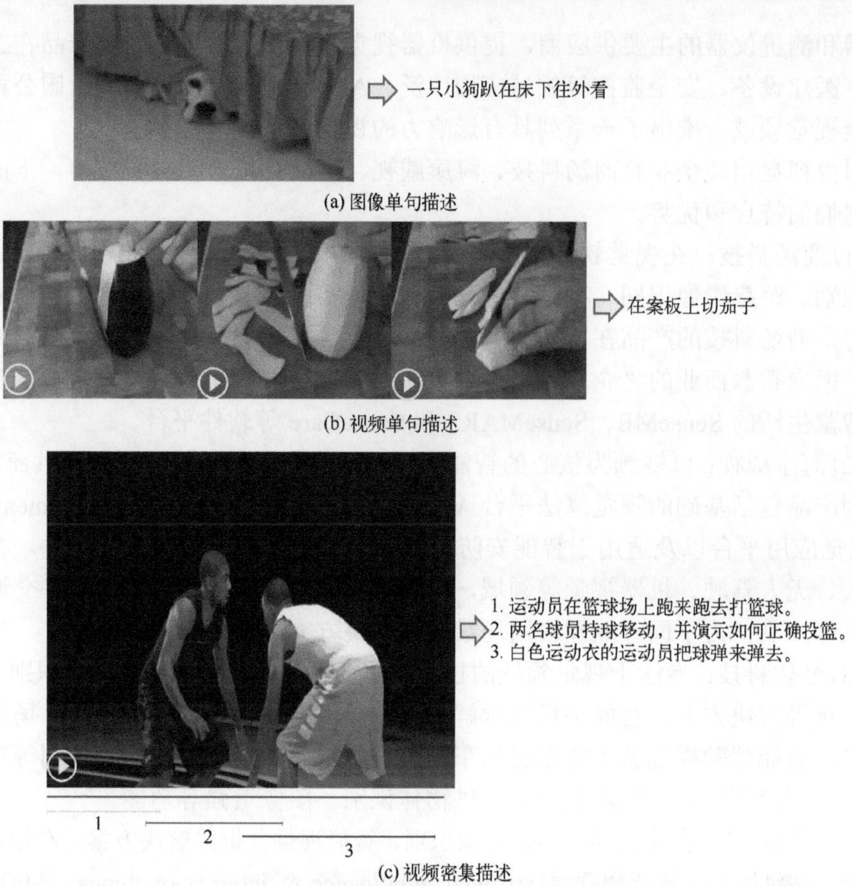

图 2.5　典型的描述任务示意图[28]

2.5　视觉计算相关的科技名企

1. 国内外知名的视觉软硬件公司

国际知名的视觉相关公司包括康耐视(Cognex)、美国国家仪器有限公司(National Instruments，NI)、Basler、MVTec、基恩士(Keyence)、ABB 和西门子(Siemens)等。美国公司 Cognex 作为机器视觉领域的代表企业之一，提供高性能的视觉系统和解决方案，其技术广泛应用于电子制造、医疗设备和物流等行业。National Instruments 提供机器视觉和图像处理软件，其产品在科学研究、自动化生产线、质量控制等领域有广泛应用。德国公司 Basler 提供的各种高质量相机和视觉软件，广泛应用于工业自动化、医疗和交通领域。MVTec 提供机器视觉软件和机器学习解决方案，广泛应用于工业检测、自动化生产线以及科研等领域。日本公司 Keyence 是传感器和测量仪器的主要供应商，提供机器视觉和机器感知系统，其产品在工业自动化、医疗设备、安全监控等领域应用广泛。ABB、Siemens 等大型跨国公司也涉足机器视觉领域，推出了一系列具有影响力的视觉产品。

国内视觉相关企业有商汤科技、海康威视、虹软科技、旷视科技等，下面分别论述它们的特点和优势。

(1) 商汤科技：在视觉软件方面表现突出，主要技术包括人脸识别、图像识别、文本识别、医疗影像识别、视频分析、无人驾驶和遥感感知等。凭借全栈式人工智能能力，商汤科技的产品在智慧商业、智慧城市、智慧生活等领域得到广泛应用。例如，面向智慧商业的“企业方舟”平台，面向智慧城市的“城市方舟”平台以及面向智慧生活的 SenseME、SenseMARS 和 SenseCare 等软件平台。

(2) 海康威视：以视频为核心的智能物联网解决方案和大数据服务提供商，研发的系列产品包括基础的视觉算法平台 VisionMaster、复杂的三维 (three dimension，3D) 视觉应用平台以及适用于智能安防及智能交通等领域的智能分析软件。在移动机器人、无人驾驶、机器视觉等领域，海康威视推出了智能巡检机器人、交通卡口抓拍机等产品，为不同行业和应用场景提供解决方案。

(3) 虹软科技：专注于视觉领域的技术提供商，提供人脸识别、图像识别、智能视频分析等解决方案。智能手机视觉解决方案提供人脸识别、手势识别、场景识别等功能；智能驾驶视觉解决方案提供车辆检测、行人识别、交通标志识别等功能；其他物联网设备智能视觉解决方案提供物体识别、图像增强等功能。

(4) 旷视科技：提供人脸识别、图像识别、智能视频分析等解决方案，在视觉软件方面的产品包括人工智能物联网 (artificial intelligence & internet of things，AIoT) 计算机、AIoT 服务器、人脸识别门禁机、智能网络摄像机、智能身份核验终端、机器人智能装备等。这些产品可应用于金融安全、城市安防、商业物联、工业机器人等领域。

2. 教育相关应用的著名企业

近年来，随着人工智能与现代教育的不断融合，我国产生了一批智慧教育相关的高新技术产业公司，如科大讯飞智慧教育 (https://edu.iflytek.com)、好未来公司 (http://www.100tal.com) 和天虹数码科技股份有限公司 (http://telehome.cn) 等。

1) 科大讯飞智慧教育

2023 年 5 月科大讯飞发布的讯飞星火大模型至今已完成第 6 次版本迭代。搭载讯飞星火 V4.0 的讯飞星火智慧黑板聚焦课堂教学主阵地，通过软硬件相结合、教室大屏与师生智能终端相结合，实现课前、课中、课后全场景教学闭环。规模化应用结果表明，教师备课从原来的 2h 缩短到 25min；教师手写板书直接关联的教学资源库让化学方程式、函数图像、立体几何等抽象知识点形象化表达；语音智能笔让教师语音操控大屏功能，课堂效率提升了 80%；在课后环节根据课堂实况生成微课实录并进行语篇规整，帮助师生及时回顾、获得反馈，提高学习效果。2024年7月，讯飞星火智慧黑板入选2024世界人工智能大会SAIL(super AI leader，卓越人工智能引领者)奖Top 30榜单，并入选“人工智能+”议题6项最具代表性项目之一，成为“AI+教育”议题的唯一获奖者。

此外，星火大模型及其在教育领域的最新应用成果还包括“老师的AI助手”讯飞星火智能批阅机、“青少年的情绪朋友”AI心理伙伴、“同学们的AI学习伙伴”小飞机器人、“支撑教育信息化建设的教育专属操作系统”教育数字基座等。

截至2024年8月，讯飞智慧教育的软硬件产品覆盖我国32个省级行政区，常态化应用学校50000余所，累计服务师生超过1.3亿人。

2)好未来公司

以科教、科创、科普为战略，辅助教师进行教学管理和学习者自我学习，提供智能化、个性化的教育服务，其视觉软件产品主要与教育领域相关。主要产品包括智慧课堂系统、学习者考勤管理系统和“未来魔法校”教育软件等。

(1)智慧课堂系统：基于图像识别、自然语言处理等人工智能技术，可实现对课堂教学内容的自动识别、分析、评估和反馈，辅助教师进行教学管理和学习者自我学习。

(2)考勤管理系统：利用人脸识别实现自动化、精准的考勤记录和管理，提高了学校的管理效率和学习者的出勤率。系统安全性和可靠性较高，由人脸识别终端、云端管理平台和移动端应用程序(application，APP)组成。

(3)“未来魔法校”教育软件：针对中小学生的线上教育培训平台，为学习者提供个性化的学习服务。智能题库功能提供海量习题，并根据学习者的学习进度和能力进行智能推荐和难度调整。平台通过图像识别技术对学生作业手写字体的笔画、结构、形态等方面进行分析，并给出相应的评估结果。

3)天虹数码科技股份有限公司

提供融合教学互动、多屏互动、教学管理为一体的高度集成化学习环境。智慧教室以模块化、集成化、可扩展化、ALL IN ONE一体化智慧终端为核心，提供高清录播、直播点播、互动录播、IP对讲、无感考勤、行为分析、多媒体管理、物联管控、扩声、运维巡检、巡课评课、远程集中管控等功能，满足常态化智慧教室、阶梯型智慧教室、分组研讨型智慧教室等需求。

学习者行为分析方面的特色服务体现在两个方面：①智能行为分析，即分析评测课堂教学过程，给出学习者的抬头率、点头率、听讲、起立、阅读、书写、举手、趴桌子等行为指标；②课堂学生-老师(student-teacher，S-T)分析，即分析教学行为数据和学习者课堂行为数据，通过平台图形化界面给出课堂教学分析评测结果，如研讨型、传授型等教学类型。

2.6 小　结

本章简述了计算机视觉、机器视觉与人类视觉的区别和特点，论述智能视觉计算的定义、组成和应用领域，梳理学习者行为分析相关的智能视觉计算技术，最后给出了与视觉相关的国内外著名企业及代表性软硬件产品。

本章所涉及的智能视觉技术在学习者的个性化分析、科学化评价和精细化管理等现代教育的数智化应用中发挥着重要作用。

参 考 文 献

[1] Chen Y T, Nazhamaiti M, Xu H, et al. All-analog photoelectronic chip for high-speed vision tasks[J]. Nature, 2023, 623(7985): 48-57.

[2] Kim K, Jung J, Kim W J, et al. Deep video inpainting guided by audio-visual self-supervision[C]// Proceedings of the IEEE International Conference on Acoustics, Speech and Signal Processing, Singapore, 2022: 1970-1974.

[3] Zhang Z, Cao W. Visual-semantic consistency matching network for generalized zero-shot learning[J]. Neurocomputing, 2023, 536: 30-39.

[4] Topal A O, Chitic R, Leprévost F. One evolutionary algorithm deceives humans and ten convolutional neural networks trained on ImageNet at image recognition[J]. Applied Soft Computing, 2023, 143: 110397.

[5] Yu J, Jiang X Z, Qin Z C, et al. Learning dual encoding model for adaptive visual understanding in visual dialogue[J]. IEEE Transactions on Image Processing, 2021, 30: 220-233.

[6] Nipu N, Floricel C, Naghashzadeh N, et al. Visual analysis and detection of contrails in aircraft engine simulations[J]. IEEE Transactions on Visualization and Computer Graphics, 2023, 29(1): 798-808.

[7] Felzenszwalb P F, Girshick R B, McAllester D, et al. Object detection with discriminatively trained part-based models[J]. IEEE Transactions on Pattern Analysis and Machine Intelligence, 2010, 32(9): 1627-1645.

[8] INRIA person dataset[DB/OL]. [2016-09-26]. https://paperswithcode.com/dataset/inria-person.

[9] Caltech pedestrian detection benchmark[DB/OL]. [2016-09-26]. http://www.vision.caltech.edu/dataset.

[10] The KITTI vision benchmark suite[DB/OL]. [2016-09-26].http://www.cvlibs.net/datasets/kitti.

[11] 王坤峰, 苟超, 王飞跃. 平行视觉: 基于 ACP 的智能视觉计算方法[J]. 自动化学报, 2016, 42(10): 1490-1500.

[12] Zhou M Y, Fang N N. High-performance computing system and smart speech pattern findings for

intangible cultural heritage art analysis considering visual information[C]//Proceedings of the 3rd International Conference on Inventive Research in Computing Applications, Coimbatore, 2021: 1199-1202.

[13] Şımşek E, Özyer V B. Analysis of visual sensory system based edge computing approach in IOT[C]//Proceedings of the 29th Signal Processing and Communications Applications Conference, Istanbul, 2021: 1-4.

[14] Wang H W, Hu Z Z, Lin J R. Bibliometric review of visual computing in the construction industry[J]. Visual Computing for Industry, Biomedicine, and Art, 2020, 3(1): 1-15.

[15] Wentzel A, Hanula P, Luciani T, et al. Cohort-based T-SSIM visual computing for radiation therapy prediction and exploration[J]. IEEE Transactions on Visualization and Computer Graphics, 2020, 26(1): 949-959.

[16] Schlachter M, Raidou R G, Muren L P, et al. State-of-the-art report: Visual computing in radiation therapy planning[J]. Computer Graphics Forum, 2019, 38(3): 753-779.

[17] Ji D M, Luo H, Bao Z F. Visualization recommendation through visual relation learning and visual preference learning[C]//Proceedings of the IEEE 39th International Conference on Data Engineering, Anaheim, 2023: 1860-1873.

[18] Suleman B M, Mouleeswaran S K, Rajendra P K. Hybrid visual computing models to discover the clusters assessment of high dimensional big data[J]. Soft Computing, 2023, 27(7): 4249-4262.

[19] Cao C, Weng Y L, Zhou S, et al. FaceWarehouse: A 3D facial expression database for visual computing[J]. IEEE Transactions on Visualization and Computer Graphics, 2014, 20(3): 413-425.

[20] Kossaifi J, Walecki R, Panagakis Y, et al. SEWA DB: A rich database for audio-visual emotion and sentiment research in the wild[J]. IEEE Transactions on Pattern Analysis and Machine Intelligence, 2021, 43(3): 1022-1040.

[21] Zhao Z Q, Zheng P, Xu S T, et al. Object detection with deep learning: A review[J]. IEEE Transactions on Neural Networks and Learning Systems, 2019, 30(11): 3212-3232.

[22] Zou Z X, Chen K Y, Shi Z W, et al. Object detection in 20 years: A survey[J]. Proceedings of the IEEE, 2023, 111(3): 257-276.

[23] 蒋弘毅, 王永娟, 康锦煜. 目标检测模型及其优化方法综述[J]. 自动化学报, 2021, 47(6): 1232-1255.

[24] Kong Y, Fu Y. Human action recognition and prediction: A survey[J]. International Journal of Computer Vision, 2022, 130(5): 1366-1401.

[25] Ahmad T, Jin L W, Zhang X, et al. Graph convolutional neural network for human action recognition: A comprehensive survey[J]. IEEE Transactions on Artificial Intelligence, 2021, 2(2):

128-145.

[26] Shen J Y, Li M, Zhang J K. Temporal action detection methods based on deep learning[J]. International Journal of Pattern Recognition and Artificial Intelligence, 2022, 36(3): 2252005.

[27] 马苗, 王伯龙, 吴琦, 等. 视觉场景描述及其效果评价[J]. 软件学报, 2019, 30(4): 865-883.

[28] Krishna R, Zhu Y, Groth O, et al. Visual genome: Connecting language and vision using crowdsourced dense image annotations[J]. International Journal of Computer Vision, 2017, 123: 32-73.

[29] Ghandi T, Pourreza H, Mahyar H. Deep learning approaches on image captioning: A review[J]. ACM Computing Surveys, 2023, 56(3): 1-39.

第二篇

学习者目标检测与身份认证

第3章 学习者目标检测

3.1 引 言

现有的教学环境场景下，由于摄像头多安装在讲台的左上方或右上方，距离学习者的位置远近不同，会给采集到的视频帧中学习者成像带来一定的形变。另外，学习者身体通常被教室中的桌椅遮挡住下半身，尤其座位较为密集时，前排就座的学习者会遮挡后排就座的学习者。这些因素常导致现有的目标检测算法或模型出现漏检和错检问题。因此，在真实学习场景中准确、实时地检测出所有学习者的位置较为复杂。为了简化此类问题，可假定课堂环境中的学习者座位相对分散、稀疏，减少就座密集时出现的遮挡问题。本章以标准化考场为例，探究学习者目标检测技术。

智能视觉计算的目标检测技术是基于大样本数据分析的深度神经网络实现的，因此建立学习者目标检测的基准数据集，为准确检测学习者位置的深度神经网络提供数据支撑是学习者行为分析的必要环节。本章主要内容包括三个部分：分类阐述现有的目标检测技术，构建考试场景下的学习者目标检测数据集，提出学习者目标检测新方法、新技术[1-3]。

3.2 目标检测研究概述

3.2.1 常见方法与模型

考场目标检测是智能监控考生情况的基本任务，也是学习者考试场景中异常行为识别的前提。然而，目前国内外关于考场智能化监控的相关报道为数不多，主要工作有：Lu 和 He 针对考场内的部分遮挡和背景干扰问题，提出基于时空形状和流相关的考生异常行为检测方法[4]；袁欣瑞等结合卷积注意力模块(convolutional block attention module，CBAM)与全范围头部姿态估计网络(wide headpose estimation network，WHENet)设计结合注意力机制的头部姿态估计网络(channel and spatial-aware wide head pose estimation network，CS-WHENet)模型来估计考生头部姿态，检测“左右偷看”和“向后偷看”两种异常行为，并利用 YOLOv4 和三帧差法检测“传递纸条”行为，但未涉及更多异常行为分析与检测[5]；李洵在考生行为检测阶段通过引入特征金字塔网络(feature pyramid network，FPN)，在一定程度上缓解了小目标行为识别难的问题[6]。

在一般的目标检测技术研究中，Krizhevsky 等提出的深度卷积神经网络 AlexNet[7] 获得了 ImageNet 挑战赛[8]冠军，由此引发了深度学习研究热潮，产生了一系列基于卷积神经网络的通用目标检测方法。根据是否存在显式的感兴趣区域(region of interest，RoI)特征提取过程，基于智能视觉计算的目标检测方法可分为两阶段(two-stage)方法与单阶段(one-stage)方法两类。根据是否需要显式定义先验锚框(anchor)角度，它可细分为基于锚框(anchor-based)方法与无锚框(anchor-free)方法，见图 1.1。

1. 两阶段目标检测方法

此类方法通常包括候选区域的生成及分类两个步骤，代表性工作包括：Girshick 等提出基于区域的卷积神经网络(region-based convolutional neural network，R-CNN)，利用选择性搜索生成候选区域，通过卷积神经网络提取候选区域的特征，然后用支持向量机对候选区域进行分类[9]。为了进一步降低计算复杂度，Girshick 提出基于区域的快速卷积神经网络(Fast R-CNN)，通过共享卷积特征图和采用感兴趣区域池化层来提取各区域特征[10]。Ren 等提出基于区域的更快卷积神经网络(Faster R-CNN)，即利用区域生成网络(region proposal network，RPN)生成候选区域，实现端到端的检测，提高了检测速度和精度[11]。Cai 和 Vasconcelos 提出基于级联区域的卷积神经网络(Cascade R-CNN)，通过使用多阶段级联的检测器，在每个阶段采用递增的阈值来重采样候选区域，检测精度得到显著提升[12]。

两阶段目标检测方法多为基于锚框的方法，其特点是检测精度较高，但往往模型规模大、检测速度慢，难以满足实时类应用需求。

2. 单阶段目标检测方法

此类方法利用卷积神经网络对整幅图像提取特征并直接预测回归目标的类别与位置，代表性工作包括：Redmon 等提出 YOLO(you only look once)，将图像划分为多个网格并直接预测各个网格中目标的类别和位置[13]，并在之后两年相继提出 YOLO9000 和 YOLOv3 两种改进版本[14,15]；Liu 等提出单次多框检测器(single shot multi-box detector，SSD)，采用 Faster R-CNN 中的先验锚框策略并在多个尺度的特征图(feature map)上共同检测目标，在保证速度的前提下达到与 Faster R-CNN 相当的精度[16]；Lin 等提出 RetinaNet，通过提出分类损失函数 Focal Loss 有效解决了正负样本不均衡问题，显著提升了准确率[17]；Bochkovskiy 等提出 YOLOv4，在 YOLO 系列方法的基础上应用多种优化策略，实现了目标检测中精度和速度的最佳平衡[18]；为了解决目标检测中前景与背景不平衡问题和全局信息的丢失问题，Yang 等提出基于知识蒸馏的目标检测方法，通过采用全局蒸馏重建不同像素之间的关系，从而弥补局部蒸馏中缺失的全局信息[19]。单阶段目标检测方法的特点是结构精简、计算高效、检测速度快，但往往精度较低。

Law 和 Deng 认为现有方法大多采用基于先验锚框的思想，不仅需要人工设计繁琐的锚框参数，导致训练速度减慢，而且当结合多尺度架构时还会变得更加复杂[20]。因此，人们提出许多采用无锚框方法的单阶段目标检测算法来避免手工设计锚框，适用于检测分布密集或形状差异较大的目标。此类无锚框的目标检测方法可分为关键点检测和分割检测两类。

在关键点检测方法中，代表性工作包括：Law 和 Deng 提出 CornerNet，通过预测包围框的左上角和右下角两个角点来检测目标，能更好地定位包围框角点的角池化层[20]。Zhou 等提出 CenterNet，将目标视作一个点，通过回归得到其他的目标属性，如尺寸、3D 位置、方向，甚至姿态[21]。Zhou 等提出 ExtremeNet，通过预测目标的上、下、左、右四个极值点标记目标，避免强行使用矩形框包围目标带来的问题[22]。但是，这些关键点检测方法训练时间较长，也无法很好地检测密集分布的目标。Dong 等提出 CentripetalNet 方法预测角点的位置，并使用向心位移来配对源自同一实例的角关键点[23]。

在分割检测方法中，代表性工作包括：Huang 等提出的 DenseBox 使用全卷积网络(fully convolutional network，FCN)与图像金字塔策略，直接预测不同尺度的目标包围框及其置信度[24]；Kong 等提出 FoveaBox，通过预测类别相关的语义图来表示目标存在的概率，然后在每个可能存在目标的位置生成与类别无关的包围框[25]；Tian 等提出全卷积单阶段目标检测(fully convolutional one-stage object detection，FCOS)方法，用逐像素目标检测和中心度(center-ness)来减少低质量包围框的数量[26]。

此外，Feng 等提出任务对齐的单阶段目标检测(task-aligned one-stage object detection，TOOD)方法，以学习的方式显式对齐目标分类和目标定位两个任务[27]。Xiao 等提出预测对齐目标检测器(predictive aligned object detector，PAOD)，以缓解分类分支和回归分支间的特征信息错位问题[28]。Wang 等提出单阶段无锚点检测网络(one-stage anchor-free detection network，OSAF-Net)，通过动态训练样本选择(dynamic training sample selection，DTSS)方法来捕获包含多尺度上下文信息的高质量训练样本，并引入动态检测头来准确获取更具代表性的语义特征[29]。

3.2.2　相关基准数据集

PASCAL VOC 数据集(the PASCAL visual object classes dataset，见 http://host.robots.ox.ac.uk/pascal/VOC)[30]：包括 PASCAL VOC 2005、PASCAL VOC 2007 和 PASCAL VOC 2012 三个版本。PASCAL VOC 2007 包含除背景外的 20 类常见目标，如 dining table、dog、horse、motorbike、person 等，共 9963 幅图像，由训

练集、验证集和测试集三部分组成，共标注 24640 个物体；PASCAL VOC 2012 版包含 11530 幅图像，共标注 27450 个物体，部分样本如图 3.1 所示。

图 3.1　PASCAL VOC 数据集的部分样本[30]

MS COCO 数据集(common objects in context dataset，见 https://cocodataset.org)[31]：微软亚洲研究院于 2014 年提出的图像基准数据集，其中用于目标检测任务的部分包含 82783 幅训练图像、40504 幅验证图像和 40775 幅测试图像，共涵盖 80 类目标。除了目标检测任务，该数据集还可以用在实例分割、姿态估计和图像描述等任务中，部分样本如图 3.2 所示。

图 3.2　MS COCO 数据集的部分样本[31]

VisDrone 数据集(vision meets drones dataset，见 http://aiskyeye.com/VisDrone)：由天津大学的 AISKYEYE 团队构建，包括 VisDrone 2019 和 VisDrone 2021 两个版本。VisDrone 2019 数据集有 288 个视频片段(261908 帧)和 10209 幅静态图像组成。该数据集是在中国 14 个城市不同的场景、天气和光照下使用不同的无人机平台收集的，提供了手工标注的 260 多万个感兴趣的目标框，包括行人、汽车、自行车和三轮车等 12 类目标，以及场景可见性、对象类和遮挡率等重要属性。VisDrone 2021

数据集由 263 个视频片段(265228 帧)和 10209 幅静态图像组成，其挑战性场景(如小目标、密集遮挡)推动了检测算法的研究。

3.2.3　性能评价指标

1. 均值平均精度

均值平均精度(mean average precision，mAP)指标定义为[30]

$$\mathrm{mAP} = \int_0^1 P(R)\mathrm{d}R \tag{3.1}$$

$$\begin{cases} P = \dfrac{\mathrm{TP}}{\mathrm{TP}+\mathrm{FP}} \times 100\% \\ R = \dfrac{\mathrm{TP}}{\mathrm{TP}+\mathrm{FN}} \times 100\% \end{cases} \tag{3.2}$$

其中，TP、FP 和 FN 分别表示真阳性(true positive)、假阳性(false positive)和假阴性(false negative)，是评价目标检测算法精度的常见指标。

2. 查准率-查全率曲线

查准率(precision，P)表示预测为正例的样本占预测正确的比例；查全率，也称召回率(recall，R)，表示被预测正确的正例占总实际正例样本的比例，计算见式(3.2)。

查准率-查全率曲线(precision-recall curve，PR Curve)指标 P-R 定义为 P、R 值形成的封闭图形面积，表示平均精度(average precision，AP)[30]。一般地，封闭图形面积越大，检测效果越好。

3. 交并比

交并比(intersection over union，IoU)指标用来描述两个框的交集所包含的像素个数除以它们的并集所包含的像素个数，定义为

$$\mathrm{IoU} = \frac{\mathrm{Box}_{\mathrm{candidate}} \cap \mathrm{Box}_{\mathrm{groundtruth}}}{\mathrm{Box}_{\mathrm{candidate}} \cup \mathrm{Box}_{\mathrm{groundtruth}}} \tag{3.3}$$

其中，$\mathrm{Box}_{\mathrm{candidate}}$ 表示目标检测算法所产生的候选框的面积；$\mathrm{Box}_{\mathrm{groundtruth}}$ 表示目标所在真实框(ground truth box)的面积。该指标体现了目标检测算法产生的候选框与目标所在真实框的吻合度，其值越接近 1，效果越好。

4. 每秒检测帧数

每秒检测帧数(frames per second，FPS)指标反映目标检测算法的速度，定义为

$$\mathrm{FPS} = \frac{\mathrm{FrameNum}}{\mathrm{ElapsedTime}} \tag{3.4}$$

其中，ElapsedTime 表示目标检测算法完成检测任务所需秒数；FrameNum 表示在对应检测任务中完成的目标检测帧数。

3.3 考试场景下的学习者目标检测

3.3.1 学习者目标检测专用数据集构建

1. EOD 数据集的构建

考虑到深度学习在大样本分析中的优势，我们拟借助深度学习网络模型检测考试场景中的所有考生目标，而可用于网络模型训练的支撑数据集必不可少。因此，确定相应的学习者目标检测数据集是本章工作的重要前提。现有的图像目标检测方法多利用目标检测公开基准数据集，其目标类型各异，如日常生活中常见的自行车、公交车、猫、行人等。由于目标特征的不同，经公开数据集训练后的深度学习网络模型对于标准化考场中的考生检测效果并不理想。本节对考试场景进行分析，依据标准化考场下的考生位置、教室桌椅布局等特点采集数据，构建适用于标准化考场的考生目标检测(examinee object detection，EOD)数据集[1]。

根据《国家教育考试标准化考点规范(暂行)》，标准化考场环境下考场座位数按 25 人或 30 人两种规格编排，每个考点座位安排风格统一。考生座位为单人、单桌、单列排列，间距 80cm 以上。根据教室面积，课桌可排成四列或五列，每个考场至少配备 2 名监考员，每 9 个考场配备 1 名视频监考员实时观看监控视频。

明确标准化考场布置特点后，数据集构建方案为：参考现有的图像目标检测公开基准数据集，借鉴其数据的组织架构方式，设计标准化考场考生数据基准格式规范。选择网上爬虫等多种方式采集和获取标准化考场监控视频数据，选择合适的视频帧，按一定格式给出标签并存储，具体流程如图 3.3 所示。

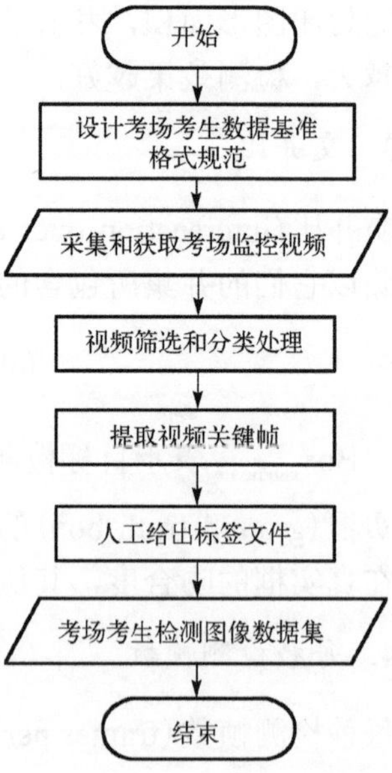

图 3.3 构建 EOD 数据集的具体流程

1) 数据采集

考场监控视频信息源于某高校近四年的考试数据，如表 3.1 所示。

表 3.1 EOD 数据集的对应视频信息

年份	时间段	视频数量/个	存储数据/GB	总时长/h	平均时长/h	考场数量/个	前后双监控考场数量/个
2016	上半年	110	333	605	5.50	162	0
	下半年	162	470	858.6	5.30		
2017	上半年	72	85.2	252	3.50	50	22
	下半年	52	62.1	186.16	3.58		
2018	上半年	142	267.3	505	3.56	223	21
	下半年	235	444.1	873.31	3.72		
2019	上半年	127	292.1	422.78	3.33	228	12
	下半年	249	553.6	851.7	3.42		

根据数据采集的时间不同，我们把考试视频分成两组。

第一组，我们对 2016～2018 年的 773 个考场监控视频筛选后，获得 440 个清晰可用的监控视频，约 960GB。为了保证数据的多样性，同时减少不必要的重复图像，将视频按不同考场划分，在每个视频中截取两帧考试期间间隔时间较长的图像，得到分辨率为 704×576 或 960×576 的 880 幅考场监控图像[①]，构成第一组原始图像集。

第二组，我们对 2019 年的 376 个考场监控视频筛选后，获得 275 个清晰可用的监控视频，约 560GB。为了让模型训练后具有更好的鲁棒性和准确性，新增的 275 个有效视频中，包含了标准化考场后方监控视频，增加了摄像头视角多样性。对每一个监控视频按不同考场划分，在每个视频中截取时间间隔较长的 8 幅图像，得到分辨率为 704×576 或 960×576 的 2200 幅考场监控图像，构成第二组原始图像集。

2) 数据标定

在数据集标注时，重点参考 PASCAL VOC 数据集的可扩展标记语言(extensible markup language，XML)标注格式，人工给出每幅图像的标注文件。采集得到的考场监控视频中，每帧有 20～30 名考生，由 30 名研究生及本科生志愿者利用数据标定工具 LabelImg(https://github.com/HumanSignal/labelImg)完成标注工作。

标准化考场监控视频的单帧图像目标检测中，主要目标为考生和监考教师，因此对图像标注时，仅划分为两类：person(人)和 background(背景)。借助 LabelImg 工具对考场监控图像中的考生及监考教师进行标注，给定标注 person 并自动生成相应的标注文件。LabelImg 工具标注单幅图像示例如表 3.2 所示。

① 本书中的图像，单位默认均为像素。

表 3.2　单帧图像标注信息

人工标注的数据信息	区域标注的可视化图像
<annotation> <filename>20180616173000.632.jpg </filename> #图像编号 <source> <database>Unknown</database> </source> <size> <width>704</width>　#图像的宽 <height>448</height>　#图像的高 <depth>3</depth>　#深度 </size> <segmented>0</segmented> <object> <name>person</name>　#目标标注 <difficult>0</difficult> <bndbox> <xmin>59</xmin> #框的左下角横坐标 <ymin>103</ymin>#框的左下角纵坐标 <xmax>133</xmax>#框的右上角横坐标 <ymax>175</ymax>#框的右上角纵坐标 </bndbox>　#一个目标结束 ......　#其他目标 </annotation>	

2. 数据集描述

具体地，我们构建了两个考生检测专用数据集，记为 EOD 1.0 和 EOD 2.0，下面将分别论述。

1) EOD 1.0 数据集

数据集标注遵循 PASCAL VOC 数据集的标注规则，采集的第一组 880 幅图像对应生成了 880 个标注文件，共 20213 个区域框和标注，平均每个标注文件包含 22.97 个区域框和标注。随机挑选数据集中 700 幅图像及其标注文件作为训练集；其他 180 幅图像及其标注文件作为测试集，保证训练集与测试集无交集。

EOD 1.0 数据集中的图像来自不同场景下的考场监控视频，因此成像明暗程度不一，摄像头视角也不尽相同，如图 3.4 所示。我们对随机划分的训练集和测试集图像按照场景的明暗程度做了“光照充足”和“光照不足”的数量统计，按照摄像头角度的不同，统计了“左视角”和“右视角”的样本数量，结果如表 3.3 所示。

(a) 光照充足　(b) 光照不足　(c) 左视角　(d) 右视角

图 3.4　EOD 1.0 数据集中的部分样本示例

表 3.3　EOD 1.0 数据集中“明暗程度”“左右视角”图像数量统计信息　（单位：幅）

EOD 1.0	总数	光照充足	光照不足	左视角	右视角
训练集	700	376	324	53	647
测试集	180	93	87	13	167

由表 3.3 可知，所采集的标准化考场图像中，光照充足的图像数量与光照不足成像较暗的图像数量基本持平；就成像视角而言，约 93%图像为右视角，7%图像为左视角，即大多数监控摄像头选择安装在考场右前方。

2) EOD 2.0 数据集

遵循 PASCAL VOC 数据集的标注规则，采集的第二组 2200 幅图像对应生成了 2200 个标注文件，将新增图像与 EOD 1.0 数据集的 880 幅图像打乱后混合，重新划分训练集与测试集，得到扩充后的 EOD 数据集，记为 EOD 2.0。

EOD 2.0 数据集包含 3140 幅图像和对应的 3140 个标注文件，共 92338 个区域框和标注，平均每个标注文件包含 29 个区域框和标注。随机挑选数据集中 2370 幅图像及其标注文件作为训练集；余下 770 幅图像及其标注文件作为测试集，保证训练集与测试集无交集。

对 EOD 2.0 数据集随机划分的训练集和测试集图像按照场景的明暗程度和摄像头角度统计样本数量信息，结果如表 3.4 所示。

表 3.4　EOD 2.0 数据集中“明暗程度”“左右视角”图像数量统计信息　（单位：幅）

EOD 2.0	总数	光照充足	光照不足	左视角	右视角
训练集	2370	1267	1103	237	2133
测试集	770	399	371	73	697

3.3.2 基于 SSD 网络及其改进网络的目标检测方法

1. 基于 SSD 网络的目标检测方法

1) SSD 网络简述

(1) 网络结构。

单次多框检测器(SSD)网络是 2016 年 Liu 等提出的目标检测模型[16]，其将 YOLO 的回归思想和 Faster R-CNN 中的锚框相结合，用前馈卷积神经网络生成边界框集合与对应类别的置信度。SSD 网络结构及目标检测方法设计如图 3.5 所示。

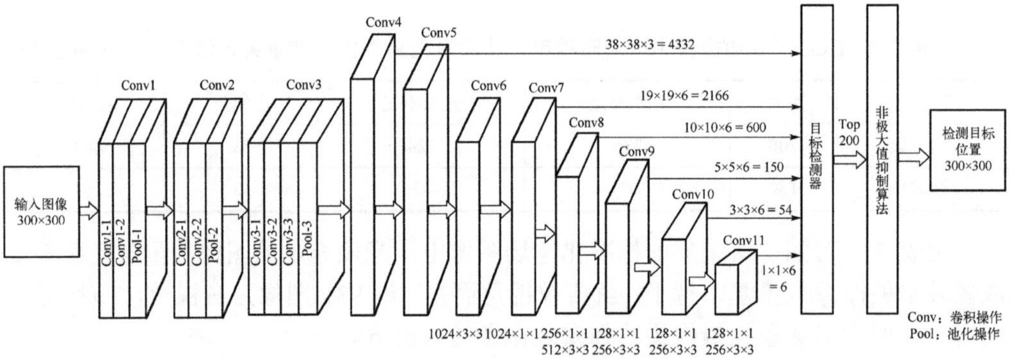

图 3.5　基于 SSD 网络的目标检测方法示意图

SSD 以可视几何群网络(visual geometry group network-16，VGG16)为基础网络，将 VGG16 的全连接(fully connected，FC)层改为全卷积层。根据特征金字塔的思想，SSD 添加了 Conv4、Conv7、Conv8、Conv9、Conv10 和 Conv11 这 6 个卷积块中的部分卷积层作为预测层，提供包括预测框的所属类别、置信度及位置的预测信息，根据置信度选择 Top 200 的信息并使用非极大值抑制(non-maximum suppression，NMS)算法[32]去重，最后输出不同尺度的目标检测结果。

(2) 损失函数(loss function)[16]。

SSD 的损失函数为置信度损失与位置损失的加权和，定义为

$$L(x,c,l,g)=\frac{1}{N}(L_{\text{conf}}(x,c)+\alpha L_{\text{loc}}(x,l,g)) \tag{3.5}$$

其中，N 为与真实框标注相匹配的默认框(default box)个数；$\alpha\in[0,1]$ 为置信度损失与位置损失的权重比例；x 表示默认框与真实框的匹配值，若匹配，则取值为 1，否则为 0；c 为每一类中每一个预测框的置信度；l 为预测框的坐标信息；g 为真实标注框的坐标信息；L_{conf} 为置信度损失函数，即所分类别的 Softmax 损失，定义为

$$L_{\text{conf}}(x,c) = -\sum_{i\in \text{Pos}}^{N} x_{ij}^{p} \log(\hat{c}_i^p) - \sum_{i\in \text{Neg}}^{N} \log(\hat{c}_i^0)\ ^{①} \tag{3.6}$$

其中，$\hat{c}_i^p = \dfrac{\exp(c_i^p)}{\sum_p c_i^p}$，$c_i^p$表示第 i 个预测框是类别 p 的置信度；$\hat{c}_i^0$表示背景的分类概率(负样本)；x_{ij}^p表示第 i 个默认框与属于类别 p 的第 j 个真实框的匹配值；Pos 为正样本(目标)集合；Neg 为负样本(背景)集合。若某预测框与真实框值按照交并比设定阈值匹配成功，则加入正样本集合中，反之加入负样本集合中。

L_{loc} 为位置损失，是预测框(predicted box)与真实框的平滑 L1 损失，定义为

$$L_{\text{loc}}(x,l,g) = \sum_{i\in \text{Pos}}^{N} \sum_{m\in\{c_x,c_y,w,h\}} x_{ij}^{k} f_{\text{L1}}(l_i^m - \hat{g}_j^m) \tag{3.7}$$

其中，(c_x,c_y)是边界框(bounding box)的中心坐标；w 和 h 是边界框的宽和高；$\hat{g}_j^m$ 是真实框位置参数 $\{g_i^{c_x},g_i^{c_y},g_i^w,g_i^h\}$ 与默认框位置参数 $\{d_i^{c_x},d_i^{c_y},d_i^w,d_i^h\}$ 的偏移值，定义为

$$\hat{g}_j^{c_x} = (g_j^{c_x} - d_i^{c_x})/d_i^w,\quad \hat{g}_j^{c_y} = (g_j^{c_y} - d_i^{c_y})/d_i^h$$

$$\hat{g}_j^w = \log\left(\frac{g_j^w}{d_i^w}\right),\quad \hat{g}_j^h = \log\left(\frac{g_j^h}{d_i^h}\right) \tag{3.8}$$

其中，$\hat{g}_j^{c_x}$、$\hat{g}_j^{c_y}$、g_j^w 和 g_j^h 是对真实框位置参数变换后的结果。同理，计算预测框位置参数 $\{b_i^{c_x},b_i^{c_y},b_i^w,b_i^h\}$ 与默认框位置参数 $\{d_i^{c_x},d_i^{c_y},d_i^w,d_i^h\}$ 的偏移值 l_i^m；此外，$f_{\text{L1}}(\cdot)$ 表示平滑函数，定义为

$$f_{\text{L1}}(z) = \begin{cases} 0.5z^2, & |z|<1 \\ |z|-0.5, & \text{其他} \end{cases} \tag{3.9}$$

2) 目标检测方法设计

(1) 方法描述。

首先用 PASCAL VOC 2007 对 VGG16 进行预训练；然后使用 EOD 1.0 数据集训练 SSD 网络，得到训练好的 SSD 网络；最后利用该网络检测标准化考场中的考生。基于 SSD 网络的目标检测方法主要流程如图 3.6 所示。

① 本书中的 log，均默认底数为 e。

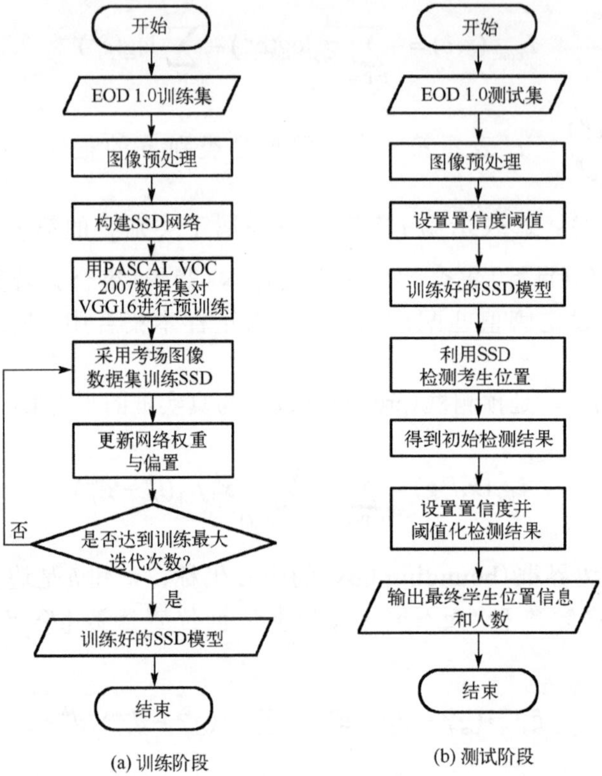

图 3.6　基于 SSD 网络的目标检测方法主要流程

(2) 实现步骤。

基于 SSD 网络的目标检测方法包括训练和测试两个阶段，其中训练阶段主要包括以下步骤。

①训练图像进入输入层前使用双线性插值法将图像大小调整为 300×300，然后进入网络输入层。

②输入图像经过前向传播得到图像的基本特征。训练图像经过多个卷积层和池化(pooling)层，自动提取场景内容特征，经过 Conv4 层之后，特征层尺寸为 38×38，在此特征图上输出该分辨率下的类别和位置预测；同理，依次经过 Conv7、Conv8、Conv9、Conv10 和 Conv11 后输出相应的预测结果。注意：VGG16 事先在 PASCAL VOC 2007 数据集上进行预训练。

③在特征图上选取区域框，在上述步骤生成的特征图中的各个位置上选取不同大小、不同长宽比的候选区域。

④计算每个候选区域的坐标位置偏移量和类别得分。

⑤根据候选区域和坐标位置偏移量计算出最终区域，再根据类别得分计算候选区域的损失函数，累加得到最终损失函数的值。

⑥损失函数经反向传播过程来修正各个层的权重，最后获得“PASCAL VOC 预训练+EOD 1.0 调优”后的 SSD 网络。

测试阶段主要包括以下步骤。

①测试图像进入输入层前使用双线性插值法将图像大小调整为 300×300，然后进入输入层。

②加载已训练好的 SSD 网络，检测输入图像中的目标，对每幅图像输出 200 个检测区域及其对应的类别置信度值。

③对 200 个区域进行判定，若置信度阈值大于某一指定阈值的区域，则为正确预测；否则，为无效预测。

④对正确预测的区域坐标进行反归一化，映射至原图像大小，并在原图像上可视化。

目标检测效果评价包括检测区域与真实区域的一致性度量、各目标的类别标注和真实类别标注的一致性度量，因此选取 3.2.3 节中的 mAP 值作为目标检测效果的评价指标，若类别标注正确且预测区域与真实区域的 IoU 大于设定的阈值，则认为检测结果正确。

3) 实验结果与性能分析

(1) 实验设置。

本节实验的硬件环境为 Intel Xeon CPU @ 3.50GHz，NVIDIA GeForce GTX TITAN X GPU，12GB 显存；软件环境为 Ubuntu 16.04，CUDA 8.0+cuDNN 5.0，Python 3.6，TensorFlow。实验选用 EOD 1.0 数据集。关于参数设置：最大迭代次数(epoch)为 20；学习率为 0.0003；IoU 阈值为 0.5，大于 0.5 则认为是正样本，否则是负样本；批次大小(batch size)为 16；测试时置信度阈值为 0.5。

由于 SSD 网络层数较多，所需训练的权重和偏移参数众多，需要大量的训练样本才能求解。考虑到 SSD 网络在 PASCAL VOC 数据集上取得了较好的分类性能，我们利用迁移学习的思想，先用 PASCAL VOC 2007 数据集对 SSD 网络的 VGG16 部分进行预训练，再用 EOD 1.0 数据集进一步调优。具体地，把包括 person、bird、cat、dog、horse、sheep、cow、aeroplane、bicycle、boat、bus、car、motorbike、train、bottle、chair、diningtable、pottedplant、sofa、TV/monitor 和 background 的 PASCAL VOC 2007 数据集的 21 分类问题简化为场景中只有 person(人)和 background(背景)的二分类问题，即把除 person 外的其他类别均认定为 background。

(2) 实验结果。

为了验证 SSD 网络的鲁棒性和 EOD 1.0 数据集的可用性，设计了三组对比实验。

①基于 SSD 网络的标准化考场目标检测实验。在以上实验平台和环境中，700 幅训练图像的训练时间约为 268min。在训练过程中，以 4 个迭代次数为单位记录了 SSD 网络的检测精度及收敛情况，如表 3.5 所示。

表 3.5　SSD 网络的检测精度及收敛情况

迭代次数/次	mAP/%	损失函数值
0	0.14	2.23
4	70.90	1.80
8	70.90	1.80
12	70.90	1.80
16	70.90	1.80
20	70.90	1.80

结果表明，经 20 次迭代训练后，SSD 网络基本收敛。使用第 20 次迭代后得到的 SSD 网络对 180 幅测试图像进行测试。在测试集上完成 180 幅图像的检测时间约为 10.67s，mAP=70.90%。而在相同环境下，使用经 PASCAL VOC 2007 和 PASCAL VOC 2012 共同训练后的 SSD 网络进行目标检测，mAP=13%。对比实验检测结果如图 3.7 所示。

(a) PASCAL VOC 2007 和 PASCAL VOC 2012 数据集训练的 SSD 网络检测结果

(b) EOD 1.0 数据集微调的 SSD 网络检测结果

图 3.7　基于 SSD 网络的对比实验检测结果

结果表明，经 PASCAL VOC 2007 和 PASCAL VOC 2012 数据集训练的 SSD 网络用于光照条件较好的真实考试场景时，mAP=13%，只能正确检测到少数考生，前排和后排就座考生均有漏检和错检，尤其在教室光线较暗、图像较为模糊时，检测完全失败。根据迁移学习思想，经 PASCAL VOC 2007 数据集预训练和 EOD 1.0 数据集微调后的 SSD 网络能检测到更多考生，mAP=70.90%，这说明 EOD 1.0 数据集能够有效提升目标检测效果。

②摄像头位置影响对比实验。本组实验旨在比较经 PASCAL VOC 2007 和 PASCAL VOC 2012 共同训练后的 SSD 网络和经 EOD 1.0 数据集微调后的 SSD 网络在前置摄像头视角影响下的检测效果。本实验把 180 幅测试图像按照摄像头在教室前方的左右位置分成“左视角图像”和“右视角图像”两类测试集，图像数量分别为 13 和 167，再进行有效性测试。实验结果如表 3.6 所示。

表 3.6　不同成像视角时所提方法的对比实验结果

测试集	评价指标	经 PASCAL VOC 2007 和 PASCAL VOC 2012 共同训练	经 EOD 1.0 微调
左视角图像	*P*/%	32.40	58.20
	R/%	18.90	62.90
	mAP/%	14.92	**66.71**
右视角图像	*P*/%	27.30	66.50
	R/%	21.70	68.10
	mAP/%	13.88	**73.54**

注：加粗的数据为指标最优的数据，本书后面的表格中含义相同。

结果表明，经过 EOD 1.0 数据集微调后的 SSD 网络在前置左、右视角下的考场监控图像中目标检测的查准率 *P*、查全率 *R* 及 mAP 值均有不同程度的提升。其中，SSD 网络经 EOD 1.0 数据集微调后，左视角图像 mAP=66.71%，右视角图像 mAP=73.54%，相比 PASCAL VOC 2007 和 PASCAL VOC 2012 训练的 SSD 网络提升幅度超过 50 个百分点。

图 3.8 为经 PASCAL VOC 2007 和 PASCAL VOC 2012 共同训练后的 SSD 网络和经 EOD 1.0 数据集微调后的 SSD 网络在前置摄像头视角影响下的检测结果。由图 3.8 可知，左右不同视角的图像分别测试时，经 PASCAL VOC 2007 和 PASCAL VOC 2012 训练后的 SSD 网络仅能检测出个别考生，漏检率较高。而经 EOD 1.0 数据集微调后的 SSD 网络情况有所改善，能较好地适应教室场景下的目标检测。同时，左右视角检测情况差异不大，说明 SSD 网络受成像角度这一因素影响较小。

(a) PASCAL VOC 2007 和 PASCAL VOC 2012 数据集训练的 SSD 网络左视角检测结果

(b) EOD 1.0 数据集微调的 SSD 网络左视角检测结果

(c) PASCAL VOC 2007 和 PASCAL VOC 2012 数据集训练的 SSD 网络右视角检测结果

(d) EOD 1.0 数据集微调的 SSD 网络右视角检测结果

图 3.8　前置摄像头视角影响下对比实验检测结果

③光照程度影响对比实验。本组实验旨在比较经 PASCAL VOC 2007 和 PASCAL VOC 2012 共同训练后的 SSD 网络和经 EOD 1.0 数据集微调后的 SSD 网络在教室光照变化场景下的目标检测结果。不同的是，本实验中把 180 幅测试集图像按照教室内光照的亮暗程度分为“光照充足图像”与“光照不足图像”两类测试集，图像数量分别为 93 和 87，分别进行鲁棒性测试。检测结果如表 3.7 所示。

表 3.7　不同光照时所提方法的对比实验结果

测试集	评价指标	经 PASCAL VOC 2007 和 PASCAL VOC 2012 训练	经 EOD 1.0 微调
光照充足图像	P/%	41.20	71.30
	R/%	19.90	72.30
	mAP/%	20.49	**78.82**

续表

测试集	评价指标	经 PASCAL VOC 2007 和 PASCAL VOC 2012 训练	经 EOD 1.0 微调
光照不足图像	*P*/%	19.30	64.20
	R/%	19.90	63.50
	mAP/%	8.05	**68.50**

结果表明，经过 EOD 1.0 数据集微调后的 SSD 网络在光照不足和光照充足的考场监控图像中目标检测的查准率 P、查全率 R 及 mAP 值均有不同程度的提升。当光照不足时，mAP 值提升尤为明显。同时观察可知，无论是经 PASCAL VOC 2007 和 PASCAL VOC 2012 共同训练后的 SSD 网络还是经 EOD 1.0 数据集微调后的 SSD 网络，其光照充足与光照不足的 mAP 差值均较为明显。这说明 SSD 网络对图像的明暗程度较为敏感，且光照充足时，SSD 网络检测效果更好。

图 3.9 为经 PASCAL VOC 2007 和 PASCAL VOC 2012 训练后的 SSD 网络和经 EOD 1.0 数据集微调后的 SSD 网络在光照程度影响下的检测结果。由图 3.9 可知，在光照充足情况下，SSD 网络的检测效果明显更好。在同等环境下，经 PASCAL VOC 2007 和 PASCAL VOC 2012 训练后的 SSD 网络仅能检测出 1～3 个目标，而经 EOD 1.0 微调后 SSD 网络检测目标的数量明显增加。

(a) PASCAL VOC 2007 和 PASCAL VOC 2012 数据集训练的 SSD 网络光照充足环境下检测结果

(b) EOD 1.0 数据集微调的 SSD 网络光照充足环境下检测结果

(c) PASCAL VOC 2007 和 PASCAL VOC 2012 数据集训练的 SSD 网络光照不足环境下检测结果

(d) EOD 1.0 数据集微调的 SSD 网络光照不足环境下检测结果

图 3.9　光照程度影响对比实验检测结果

虽然经 EOD 1.0 数据集微调后的 SSD 网络检测效果大幅度提升，能够检测到大部分考生，但是后排就座的目标仍有个别漏检，尤其在成像光照不足、图像较为模糊时，约一半目标被漏检。因此，图像质量不高、遮挡严重等因素带来的密集小目标漏检问题还有待解决。

4) 所提方法小结

在 EOD 1.0 数据集上提出的基于 SSD 网络的考场考生目标检测方法，使用经 PASCAL VOC 2007 和 PASCAL VOC 2012 共同训练后的 SSD 网络和经 EOD 1.0 数据集微调后的 SSD 网络进行考场考生目标检测，对比二者检测效果，实验结果表明：①直接用经过 PASCAL VOC 2007 和 PASCAL VOC 2012 训练但未经过 EOD 1.0 数据集训练的 SSD 网络测试 EOD 1.0 的测试集，得到的检测结果较差，大量考生漏检，mAP 值仅为 13%；②使用 PASCAL VOC 2007 数据集预训练 SSD 网络，然后使用 EOD 1.0 数据集微调后，检测结果有较大提升，mAP 为 70.90%。

由此可见，本章所构建的 EOD 1.0 数据集在深度学习网络模型的训练过程中，有效提升了目标检测效果；同时，所提方法对目标检测具有较好的鲁棒性，适用于教室场景下的学生目标检测。但是，因考生就座位置与监控设备的距离不同，考生目标大小不一，且存在考生间互相遮挡和考生被桌椅遮挡的现象，基于 SSD 网络的目标检测方法仍有待改善。

2. 基于改进的单次多框检测器网络的目标检测方法

1) 问题分析

经 EOD 1.0 数据集微调后的 SSD 网络在教室场景下的目标检测性能得到了大幅度提升，但将其直接用于检测考试场景中的目标，效果并不理想，细究原因如下。

在支撑数据集方面，EOD 1.0 数据集的特点与公开数据集大不相同，增加了 SSD 网络获取图像信息的难度。PASCAL VOC 数据集图像数量多，属于大数据集，且每幅图像目标多数为 2～3 个，最多 8 个，目标出现较为分散，形态及轮廓特征比较完整，深度学习网络模型能够较好地获取目标的特征；而 EOD 1.0 数据集图像数量较少，属于小型数据集，每幅图像目标个数多集中在 18～32 个(监考教师 2 人，考生 16～30 人)，目标分布密集，遮挡严重，增大了深度学习网络模型获取目标特征的难度。因此，绝大多数深度学习网络模型在 PASCAL VOC 数据集上表现良好，而在 EOD 1.0 数据集上难以达到理想的效果。

在真实考试场景中，一方面，考生间可能相互遮挡、考生会被桌椅遮挡以及考生可能被监考教师遮挡；另一方面，考场光线较暗时，视频画面噪声较多，成像不清晰，考生特征不明显；此外，由于考场内监控摄像头安装角度的问题，帧中场景会有视角变化，甚至出现形变、倾斜、曲面等现象，离成像设备较远的考生分布相对密集，成像目标小且遮挡尤其严重。这些对于深度学习网络模型来说，都是需要克服的挑战性因素。

在网络结构方面，尽管 SSD 网络采用了多尺度特征图的方式预测目标位置和类别，但仅依靠低层 Conv4-3 来获取小目标特征，信息偏少，不足以支撑考试场景中后排就座弱小目标的特征提取，在很大程度上影响了 SSD 网络的目标检测能力。因此，我们拟改进 SSD 网络，使之能够有效地实时检测真实考试场景中的人物目标[1]。

2) 目标检测方法设计

首先，用 PASCAL VOC 2007 数据集对 SSD 的基础网络 VGG16 进行 person 和 background 二分类预训练；然后，在 SSD 网络的基础上，利用自适应阈值(adaptive threshold)划分正负样本，改进并训练 SSD 网络；同时，引入上采样(upsampling)层，改进并训练 SSD 网络；最后，利用并集操作和非极大值抑制去重优化上述两种训练结果，得到改进的单次多框检测器(improved-single shot multi-box detector, IM-SSD)网络用于目标检测，如图 3.10 所示。

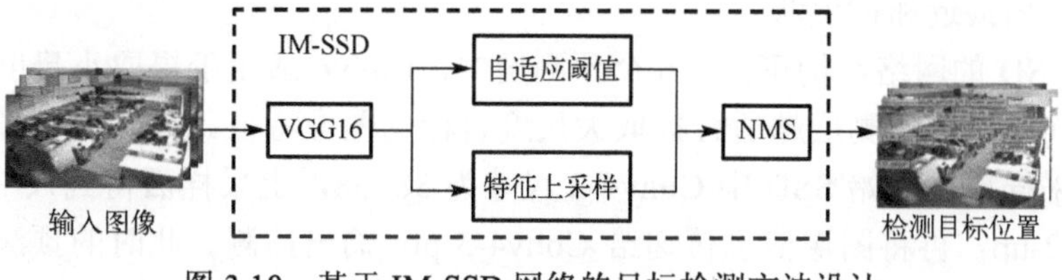

图 3.10　基于 IM-SSD 网络的目标检测方法设计

相对于 SSD，IM-SSD 的三个改进之处主要体现在：①自适应阈值，即在预测框生成策略上，选择动态变化的自适应 IoU 阈值，增加 SSD 中弱小目标匹配到的预测框正样本量；②特征上采样，即在 SSD 的特征提取层引入上采样层，增强图像中弱小目标的特征；③并集操作，即将两种操作的检测结果进行并集操作，优化目标检测效果。下面分别论述改进 SSD 的具体步骤。

(1) 自适应阈值。

SSD 在 6 个不同的特征层上生成一系列离散化的预测框。特征图上每个像素点对应为原图的一个区域中心点，以这个点为中心，构造出多个宽高比和大小均不同的预测框。这些预测框数量达上千个，每个预测框具有位置坐标和类别概率两类信息，需要对这些预测框划分正负样本。第一次划分时，根据位置坐标将预测框与每一个真实标注框匹配。一个真实标注框可能会被匹配多个预测框。第二次划分时，使用真实标注框与匹配的预测框的 IoU 阈值（$T_{\mathrm{IoU}}=0.5$）来划分正负样本。$T_{\mathrm{IoU}}>0.5$时，记为正样本，否则为负样本。但这种情况下，负样本数量远多于正样本数量，且当目标尺度较小时，真实标注框匹配到的正样本框数量会比目标尺度较大的真实标注框匹配到的正样本框更少，训练时难以收敛，小尺度目标的检测率明显较低。

为此，根据真实标注框的面积和输入图像的大小确定的自适应阈值T_{IoU}划分正负样本，增加弱小目标的正样本框数量，提高弱小目标的检测效果。T_{IoU}定义为

$$S_{\mathrm{GTb}}=(y_{\max}-y_{\min})\times(x_{\max}-x_{\min}) \tag{3.10}$$

$$T_{\mathrm{IoU}}=\begin{cases}0.4, & S_{\mathrm{GTb}}/S_{\mathrm{input}}\leqslant 0.01\\ 0.5, & S_{\mathrm{GTb}}/S_{\mathrm{input}}>0.01\end{cases} \tag{3.11}$$

其中，S_{GTb}为真实标注框的面积；$y_{\max}$、$y_{\min}$、$x_{\max}$和$x_{\min}$分别为真实标注框的横纵坐标的最大值与最小值；S_{input}为输入图像的长×宽。

(2) 上采样。

特征图的分辨率是影响目标检测效果的另一个重要因素。当图像存在模糊、遮挡较多时，提取特征不明显，会导致检测失败。因此，拟在特征提取时引入上采样层，增加特征图的特征，提高弱小目标的检测率。

常见的图像上采样方法有最近邻插值法、双线性插值法和三次插值法[33,34]，其中最近邻插值法利用最近的一个点进行四舍五入，是最基本、最简单的图像缩放技术，此处选用最近邻插值法。

分析 SSD 的网络结构可知，6 个预测层中，Conv4 适用于提取小尺度目标的图像特征，而越高的预测层越适合提取大尺度目标的图像特征。因此，选择在 Conv4 中引入上采样层：原始 SSD 中 Conv4-2 尺寸为 38×38，上采样后得到尺寸为 76×76 的 Conv4-2-up，再将图像信息传递给 Conv4-3-pre 输出预测。此时的预测层由原网络的 38×38 增维至 76×76。同时，Conv5 仍从尺寸为 38×38 的 Conv4-3 层接收图像

特征信息，并不进行上采样。通过预测层与特征传输分离，减少不必要的计算。上采样前后 Conv4 的网络结构如图 3.11 所示。

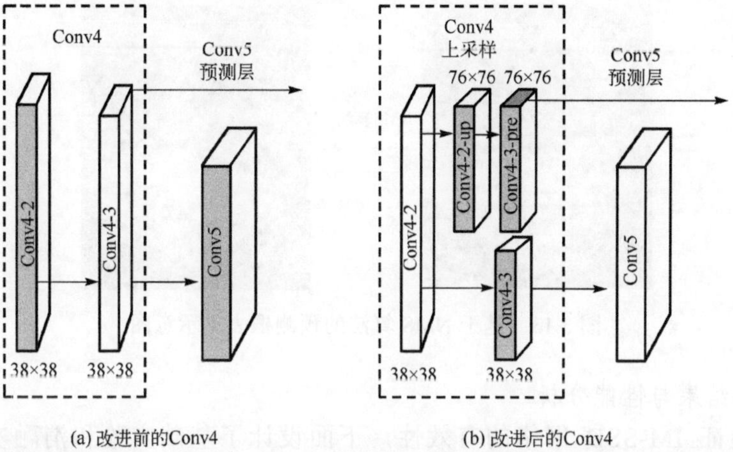

图 3.11　Conv4 改进结构图

(3)并集操作。

上采样操作虽然能够提高模糊图像中的小尺度目标检测效果，但可能引起清晰图像中大目标检测的过拟合，导致漏检。因此，对上述两种操作的检测结果进行并集操作处理，先根据置信度选取 Top 200 的目标检测信息，再使用 NMS 算法去重，输出最终检测结果。

综上所述，IM-SSD 网络用于考试场景目标检测的过程如图 3.12 所示。

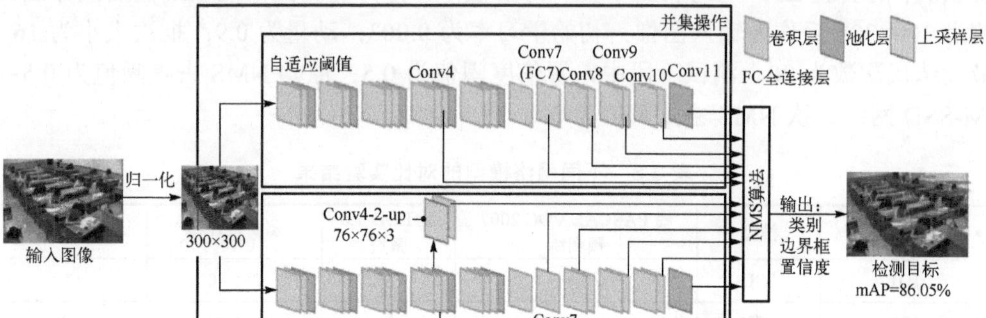

图 3.12　基于 IM-SSD 网络的目标检测方法示意图(见彩图)

并集操作能够保留两种操作检测结果，并使用 NMS 算法去除冗余信息。NMS 算法是 Neubeck 和 Van Gool 所提出的图像目标检测去重算法[32]，主要解决多个目标检测框在置信度均较高的条件下重复检测同一目标的问题。当两个或两个以上预测结果框中心坐标位置非常近时，认定这一组预测框检测的是同一个目标，按置信度值进行排序，置信度值最大的框对剩余的预测结果框产生抑制，仅保留置信度值最大的预测结果，作为最终检测结果。NMS 去重如图 3.13 所示。

图 3.13　基于 NMS 算法的预测框去重示意图

3) 实验结果与性能分析

为了验证 IM-SSD 网络的有效性，下面设计了基础实验和消融实验。前者对比原始 SSD 和 IM-SSD 网络整体检测效果，验证 IM-SSD 网络的有效性；后者对每一步改进方法进行分析，验证每一步改进针对所解决问题的有效性。

(1) 基础实验。

在 EOD 1.0 数据集上进行，实验环境及 VGG16 部分的预训练过程与原始 SSD 网络相同。

①基于 IM-SSD 网络的目标检测实验。为了对比 SSD 和 IM-SSD 网络在考试场景应用中的目标检测结果，实验选择 mAP 和 *P-R* 曲线[30,35]为评价指标，并设计表 3.8 中的实验 ID1～实验 ID3。在训练阶段中，将待检测图像经双线性插值算法调整为 300×300 后作为输入图像；初始学习率为 0.003；动量为 0.9；批次大小为 16，最大迭代次数为 20。测试阶段中，置信度阈值为 0.5；原始 NMS 去重阈值为 0.5；IM-SSD 网络二次 NMS 去重阈值为 0.4。

表 3.8　不同网络模型的对比实验结果

实验	模型	经 PASCAL VOC 2007 预训练	经 EOD 1.0 微调	参数量/MB	mAP/%
ID1	SSD	是	否	266.80	13
ID2	SSD	是	是	266.80	70.90
ID3	IM-SSD	是	是	561	**86.05**

结果表明，实验 ID1 的 mAP 值为 13%，实验 ID2 的 mAP 值为 70.90%，迁移学习后的 SSD 继承了目标检测的良好性能和同时检测多尺度对象的特点；实验 ID3 的 mAP 值 86.05%比实验 ID2 的 mAP 值 70.90%提高 15.15 个百分点，表明 IM-SSD 网络更加适用于标准化考场的目标检测。

图 3.14 为实验 ID1～ID3 的一组考试场景的目标检测结果。结果表明，实验 ID1 只能检测到少量考生；实验 ID2 在检测时对后排考生有大量漏检，当帧画面模糊不清时，漏检严重；实验 ID3 漏检较少，正确率较高。

(a) 实验 ID1 检测结果

(b) 实验 ID2 检测结果

(c) 实验 ID3 检测结果

图 3.14　SSD 与 IM-SSD 网络的目标检测效果对比

实验 ID1～实验 ID3 的 *P-R* 曲线如图 3.15 所示。实验 ID1 的 *P-R* 曲线偏向左下角，表明对应网络性能较差；实验 ID2 和实验 ID3 的 *P-R* 曲线均向右上角收敛，且实验 ID3 的 *P-R* 曲线收敛效果最好。

②摄像头位置影响对比实验。为了对比原始 SSD 与 IM-SSD 网络在前置摄像头视角影响下的检测效果，设计表 3.9 中的实验 ID4～实验 ID7，即把 180 幅测试图像按照摄像头在教室前方的左右位置分成“左视角图像”和“右视角图像”两类测试集，图像数量分别为 13 和 167，分别进行鲁棒性测试，结果如表 3.9 所

示，实验 ID4～实验 ID7 的 *P-R* 曲线如图 3.16 所示。

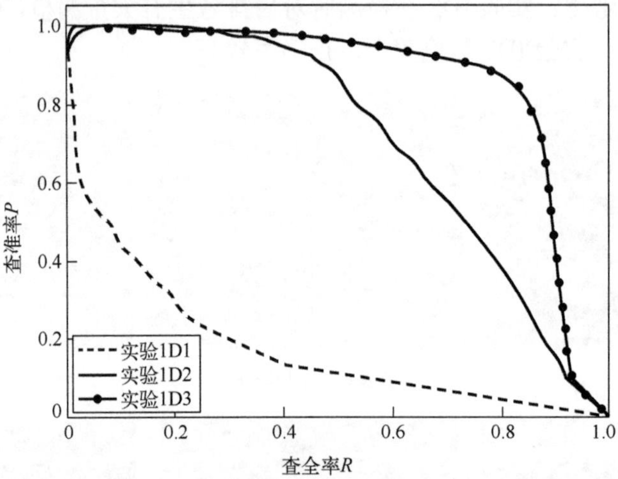

图 3.15　实验 ID1～实验 ID3 的 *P-R* 曲线图

表 3.9　不同成像视角时所提方法的对比实验结果

测试集	评价指标	实验 ID4	实验 ID5	实验 ID6	实验 ID7
		SSD	自适应阈值的 SSD	上采样的 SSD	IM-SSD
左视角图像	*P*/%	58.20	68.50	75.00	83.80
	R/%	62.90	70.10	81.00	86.00
	mAP/%	66.71	74.17	82.34	**87.06**
右视角图像	*P*/%	66.50	71.60	74.70	83.20
	R/%	68.10	71.30	73.70	84.20
	mAP/%	73.54	77.11	78.60	**86.01**

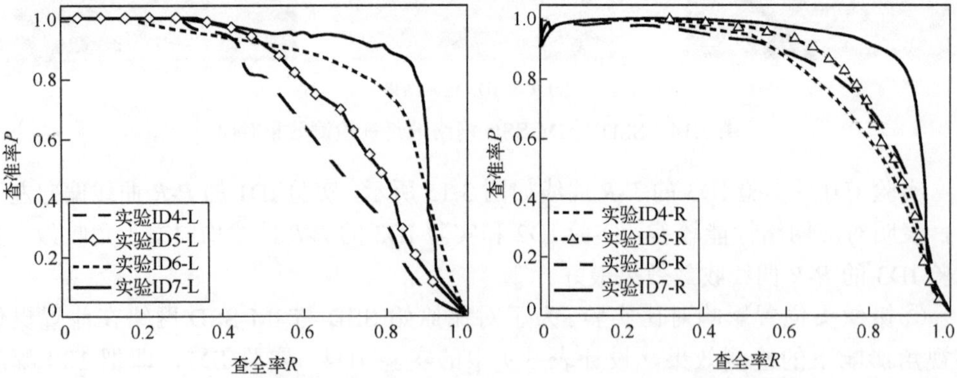

(a) 左视图　　(b) 右视图

图 3.16　实验 ID4～实验 ID7 的 *P-R* 曲线

结果表明，实验 ID4～实验 ID7 对于前置左、右视角下的考场监控图像中目标检测的查准率 *P*、查全率 *R* 及 mAP 值均有不同程度的提升。

当视角偏左上时，实验 ID6 的 mAP 值 82.34%比实验 ID4 的 mAP 值 66.71%提高 15.63 个百分点；当视角偏右上时，实验 ID6 的 mAP 值 78.60%比实验 ID4 的 mAP 值 73.54%提高 5.06 个百分点。这说明引入的上采样机制对左、右视角的图像中目标的检测效果提升效果尤为明显。

当视角偏左上时，实验 ID7 的 mAP 值 87.06%比实验 ID4 的 mAP 值 66.71%提高 20.35 个百分点；当视角偏右上时，实验 ID7 的 mAP 值 86.01%比实验 ID4 的 mAP 值 73.54%提高 12.47 个百分点。这说明 IM-SSD 网络在左、右视角上的检测效果均要优于 SSD，检测率提升明显。

实验 ID4 中，左、右视角的 mAP 值分别为 66.71%和 73.54%，受视角影响的差值为 6.83 个百分点；实验 ID7 中，左、右视角的 mAP 值分别为 87.06%和 86.01%，受视角影响的差值由实验 ID4 的 6.83 个百分点减少到 1.05 个百分点，说明 IM-SSD 网络检测性能受视角影响更小，鲁棒性强。

从图 3.16 中观察 8 组实验的 *P-R* 曲线图，可以看出从实验 ID4 到实验 ID7，*P-R* 曲线均在逐步向右上角靠近，表明自适应阈值操作和上采样层的引入明显提升了模型在标准化考场这一特定场景下的适用性。

③光照程度影响对比实验。本组实验目的是对比原始 SSD 与 IM-SSD 网络在教室光照变化场景下的目标检测结果。因此，设计表 3.10 中的实验 ID8～实验 ID11，即把 180 幅测试集图像按照教室内光照的亮暗程度分为“光照充足图像”与“光照不足图像”两类测试集，图像数量分别为 93 和 87，分别对实验 ID8～实验 ID11 进行测试，结果如表 3.10 所示，实验 ID8～实验 ID11 的 *P-R* 曲线如图 3.17 所示。

表 3.10 不同光照时所提方法的对比实验结果

测试集	评价指标	实验 ID8	实验 ID9	实验 ID10	实验 ID11
		SSD	自适应阈值的 SSD	上采样的 SSD	IM-SSD
光照充足图像	*P*/%	71.30	77.60	77.00	86.90
	R/%	72.30	75.60	74.30	86.20
	mAP/%	78.82	82.91	81.09	**89.30**
光照不足图像	*P*/%	64.20	68.20	74.20	82.10
	R/%	63.50	65.10	73.50	81.40
	mAP/%	68.50	71.67	76.74	**82.77**

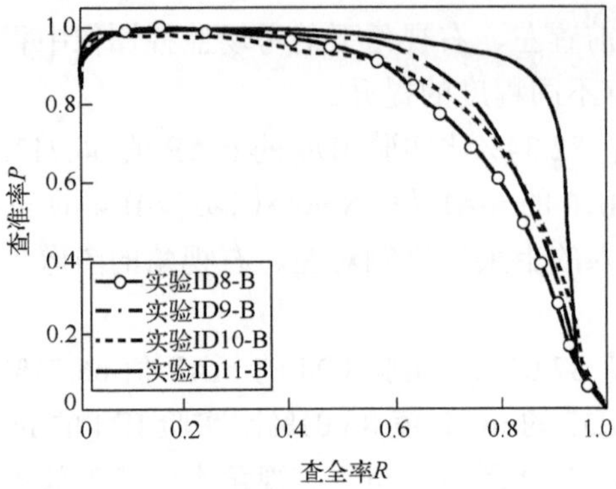

(a) 光照充足

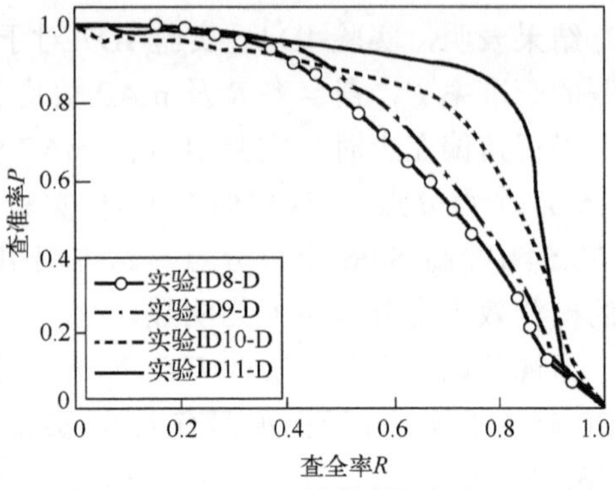

(b) 光照不足

图 3.17　实验 ID8～实验 ID11 的 *P-R* 曲线

结果表明，实验 ID9～实验 ID11 在光照充足或光照不足场景下的考场图像中考生的查准率 *P*、查全率 *R* 及 mAP 相比实验 ID8 均有所提升。

当光照充足时，实验 ID8 的 mAP 值为 78.82%，实验 ID9 的 mAP 值为 82.91%，实验 ID10 的 mAP 值为 81.09%。可见，当光照充足时，引入自适应阈值策略要比引入上采样机制检测效果提升幅度明显。这说明自适应阈值策略更适合提升光照充足的明亮图像的检测效果。

当光照不足时，实验 ID8 的 mAP 值为 68.50%，实验 ID9 的 mAP 值为 71.67%，实验 ID10 的 mAP 值为 76.74%。可见，当光照不足时，引入上采样机制要比引入自适应阈值策略检测效果提升幅度明显。这说明上采样机制更适合提升光照不足的昏暗图像的检测效果。

当光照充足时，实验 ID11 的 mAP 值 89.30%比实验 ID8 的 mAP 值提高 10.48 个百分点；当光照不足时，实验 ID11 的 mAP 值为 82.77%比实验 ID8 的 mAP 值提高 14.27 个百分点。这说明 IM-SSD 网络在明亮和昏暗的图像上检测效果均优于 SSD。

实验 ID8 中，光照充足和光照不足的 mAP 值分别为 78.82%和 68.50%，受光照亮暗程度影响的差值为 10.32 个百分点；实验 ID11 中，光照充足和光照不足的 mAP 值分别为 89.30%和 82.77%，受光照亮暗程度影响的差值由实验 ID8 的 10.32 个百分点减少到 6.53 个百分点。这说明 IM-SSD 网络检测性能受光照亮暗程度影响更小、鲁棒性更好。

(2) 消融实验。

本节实验仍然在 EOD 1.0 数据集上进行，实验环境及 VGG16 部分的预训练过程与 SSD 网络相同，不再赘述。

①阈值选择策略有效性对比实验。为了验证 SSD 使用自适应调整 IoU 阈值来划分预测框的正负样本这一策略的重要性，下面设计了表 3.11 中的实验 ID12～实验 ID14，即在 SSD 基础上，将 IoU 阈值设为定值 0.4、0.5 和自适应阈值，对比 SSD 对同一测试集中考场考生的检测效果，实验结果见表 3.11。

表 3.11　不同阈值时所提方法的对比实验结果

实验	IoU 阈值	参数量/MB	mAP/%	平均测试时间/s
ID12	0.4	266.8	72.64	0.053
ID13	0.5	266.8	70.90	0.059
ID14	自适应阈值	266.8	76.16	0.059

结果表明，使用调整 IoU 阈值来划分预测框的正负样本的 SSD 网络的 mAP 值 76.16%均比定值 0.4 和 0.5 对应的 mAP 值 72.64%和 70.90%高，且并未增加参数量和平均测试时间。

图 3.18 是表 3.11 实验策略下的一组实验结果。结果表明，实验 ID12 对图像中误检和重复检测较多，如将图 3.18(a)中的监考教师手中试卷误判为 person 类；实验 ID13 对考场后排就座的两个 person 类目标出现漏检，而实验 ID14 能够检测到所有 person 类。图 3.19 为实验 ID12～实验 ID14 的 *P-R* 曲线，结果表明，实验 ID14 的 *P-R* 曲线比定值 0.4、0.5 时的 *P-R* 曲线更靠近(1,1)，说明实验 ID14 在该数据集上查准率与查全率均较好。

(a) 实验 ID12 的检测结果　(b) 实验 ID13 的检测结果　(c) 实验 ID14 的检测结果

图 3.18　阈值选择策略对 IM-SSD 网络性能的影响

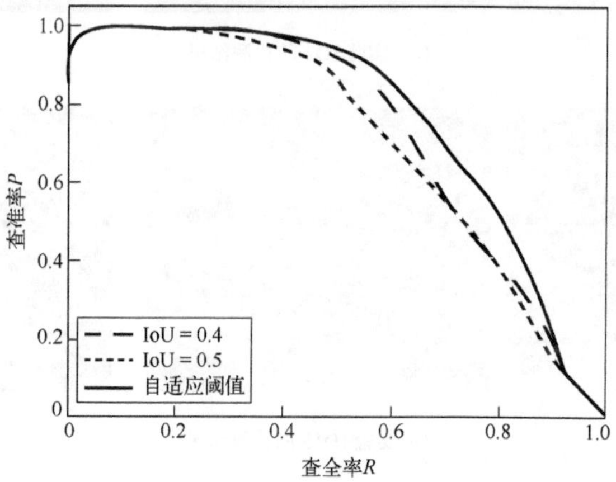

图 3.19　实验 ID12～实验 ID14 的 *P-R* 曲线

②消融对比实验。为了充分体现改进之处的效果，下面设计了消融实验，如表 3.12 所示，其中 √ 表示应用该组件，× 表示未应用该组件。

表 3.12　IM-SSD 网络的消融实验设计

实验	自适应阈值	上采样	并集操作
ID2	×	×	×
ID15	√	×	×
ID16	×	√	×
ID17	√	√	×
ID18	√	√	√

实验 ID2、ID15～ID18 的检测结果如图 3.20 所示。结果表明，在实验 ID2 中，当图像清晰时产生 1～2 处漏检，图像模糊时漏检更多；实验 ID15 对考场后方的目标检测率对比实验 ID2 有所提高，但检测模糊图像时仍有一半考生被漏检；实验 ID16 与实验 ID17 中，无论图像清晰还是模糊，后排考生的检测效果均明显提高，几乎没有漏检，但由于大小目标检测不平衡，前排考生出现 3～4 处漏检；实验 ID18 能够较好地解决大小目标检测不平衡问题，弱小目标检测效果改善明显。

(a) 实验 ID2 的检测结果

(b) 实验 ID15 的检测结果

(c) 实验 ID16 的检测结果

(d) 实验 ID17 的检测结果

(e) 实验 ID18 的检测结果

图 3.20　IM-SSD 网络的消融实验

消融实验结果如表 3.13 所示，*P-R* 曲线如图 3.21 所示。实验 ID2 的 mAP 值 70.90%比实验 ID15 的 mAP 值 76.16%提高 5.26 个百分点，表明增加小尺度目标的预测框样本量提高了小尺度目标的检测效果，模型更加适用于小尺度目标检测；实验 ID16 的 mAP 值 77.75%比实验 ID2 的 mAP 值 70.90%提高 6.85 个百分点，表明改进后的模型针对模糊图像检测效果也大有提升；实验 ID17 的 mAP 值 77.88%与实验 ID16 的 mAP 值 77.75%相比提高不明显，原因在于对弱小目标的过拟合现象使大目标出现大量漏检；实验 ID18 的 mAP 值 86.05%比实验 ID2 的 mAP 值 70.90%提高 15.15 个百分点，表明在平衡大小目标的检测之后，IM-SSD 网络更加适用于标准化考场中的考生目标检测。

表 3.13　IM-SSD 方法的消融实验

实验	参数量/MB	mAP/%	平均测试时间/s
ID2	266.8	70.90	0.059
ID15	266.8	76.16	0.059
ID16	295.1	77.75	0.127
ID17	295.1	77.88	0.130
ID18	561.0	86.05	0.122

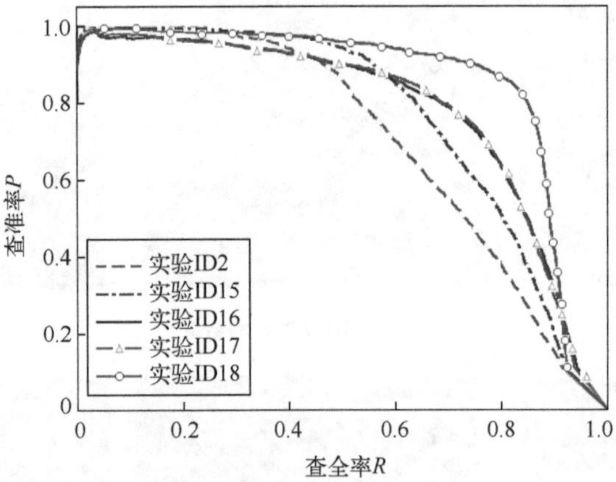

图 3.21　实验 ID2、实验 ID15～实验 ID18 的 *P-R* 曲线

4) 所提方法小结

针对现有 SSD 检测标准化考场中的考生时漏检率和误检率均较高的问题，本节提出的基于 IM-SSD 网络的目标检测方法对 SSD 网络进行了自适应阈值、特征上采样和并集操作三处改进，体现在：采用动态调整 IoU 阈值的策略来进行样本划分，增加上采样层来增强模型对小尺度目标的图像特征提取能力，并引入并行网络结构的思想，平衡大小尺度目标检测效果，提高目标检测率。实验结果表明，所提方法能够在遮挡严重、光照不足、成像视角变化等复杂环境下，实时、有效地检测真实考试场景中的目标，在成像目标较小的情况下，其 mAP 值比 SSD 网络提高 15.15 个百分点。

3.3.3　基于级联注意力的全卷积目标检测方法

1. 多目标检测问题分析

FCOS 是一种基于 FCN 的逐像素目标检测方法[26]。它先提取输入图像的特征，再以特征图中各个像素点为中心进行目标分类与包围框回归。不同于常用的目标检测方法，FCOS 无须使用预先定义的锚框或者候选区域，有效降低了计算复杂度。

此外，FCOS 方法采用逐像素预测的方式，适用于解决密集分布目标检测问题。

FCOS 由主干网络(backbone)、特征金字塔(feature pyramid)模块和全卷积检测头部(Head)三部分组成，其中，全卷积检测头部包括分类分支、Center-ness 和回归分支，如图 3.22 所示。这里，"/s" (s=8, 16, …, 128)代表各特征层对于输入图像的下采样率，输入图像尺寸为 1000×600。主干网络通常采用 ResNet[36]提取特征，将得到的一系列特征图{C3, C4, C5}输入特征金字塔模块，进行多尺度特征融合；最后，将不同尺度的特征图{P3, P4, P5, P6, P7}输入 Head 模块，进行目标分类与回归。

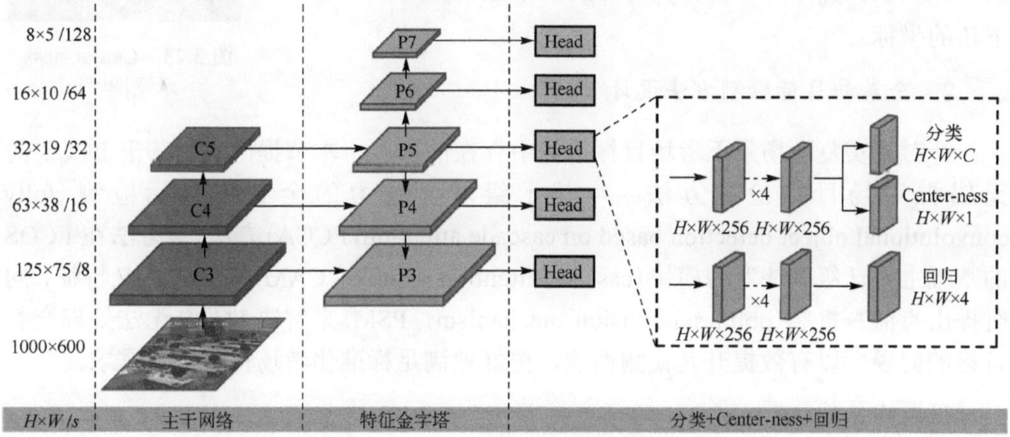

图 3.22　FCOS 网络的结构示意图[26]

Head 模块包含分类和回归两大分支，其中前者包含分类得分图和 Center-ness 热图；后者包含距离信息图。具体地，将 $H\times W\times C$ 的多尺度特征图输入分类分支中，经过四次 1×1 卷积操作后得到分类得分图与 Center-ness 热图。分类得分图包含 C 个通道，其中 C 表示当前数据集中目标的类别数，该图在各点预测存在各类别目标的概率，大于置信度阈值的点被认为存在目标。

在训练阶段，不同于需要使用先验锚框与真实框进行 IoU 计算来筛选正样本的传统方法，FCOS 将输入图像的所有像素都视为训练样本。若位置(x, y)落入任何真实框，则认为它是一个正样本，将其类别标记为这个真实框的类别；否则记为负样本。Center-ness 热图的通道数为 1，负责预测各点距所属目标中心点的距离，其 0～1 之间实数值采用不同颜色表示，详见文献[26]。在训练阶段按式(3.12)生成热图真实标签，距离目标中心越近，其值越高。使用 Center-ness 热图可有效抑制低质量包围框。

$$\text{centerness} = \sqrt{\frac{\min(l^*, r^*)}{\max(l^*, r^*)} \times \frac{\min(t^*, b^*)}{\max(t^*, b^*)}} \tag{3.12}$$

回归分支通过预测一个 4 维向量 $v^*=(l^*, t^*, r^*, b^*)$ 来回归目标位置，输出是一个四通道的距离信息图。这里的 l^*、t^*、r^* 和 b^* 表示该像素点 (x, y) 到四条边框的距离，如图 3.23 所示。各像素点的回归目标位置表示为

$$
\begin{aligned}
l^* &= x - x_0^{(i)}, \quad t^* = y - y_0^{(i)} \\
r^* &= x_1^{(i)} - x, \quad b^* = y_1^{(i)} - y
\end{aligned}
\tag{3.13}
$$

其中，$(x_0^{(i)}, y_0^{(i)})$ 和 $(x_1^{(i)}, y_1^{(i)})$ 分别表示包围框左上角和右下角的坐标。

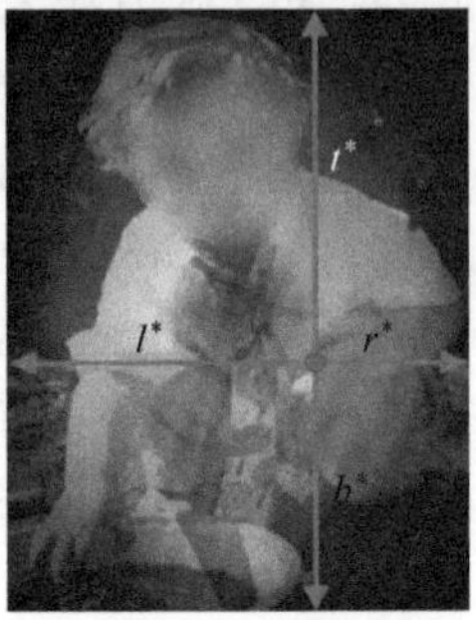

图 3.23　Center-ness 示意图[26]

2. 全卷积目标检测方法设计

针对真实复杂场景下考场目标检测中存在的问题，本节提出一种基于 FCOS 的无锚框考场目标检测方法——基于级联注意力的全卷积目标检测(fully convolutional object detection based on cascade attention，FCCA)方法。该方法在 FCOS 的基础上设计级联注意力模块(cascade attention module，CAM)来增强语义特征，同时提出点监督机制(point supervision mechanism，PSM)来解决 FCOS 无法处理交叠目标的问题，以有效提升其检测性能，更好地满足标准化考场目标检测需求。

1) 网络结构

FCCA[3,37]通过改进 FCOS 中的特征提取网络和引入点监督机制来提高 FCOS 对考场目标检测的精度和速度，网络结构如图 3.24 所示。

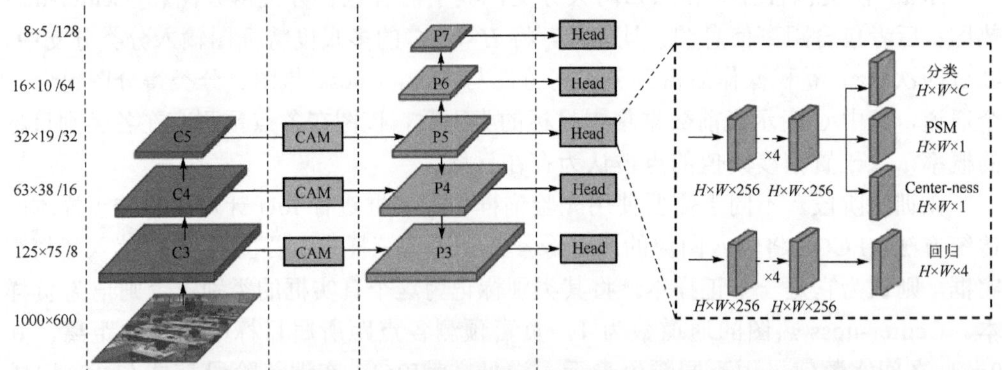

图 3.24　改进的 FCOS 网络结构示意图

首先，在改进的特征提取网络中，增加基于级联注意力的特征增强模块 CAM，逐级细化并增强主干网络所提取得到的特征图{C3, C4, C5}；其次，将增强后的感兴趣目标特征输入特征金字塔模块进行多尺度特征融合，得到多尺度的特征图{P3, P4,

P5, P6, P7}；最后，为了更好地检测这些特征图中对应的交叠目标，在 Head 模块中引入 PSM，实现对各目标中心点区域的学习，更准确地定位并检测密集遮挡目标，完成复杂目标群的分类与回归任务。

2) 级联注意力模块

人类视觉系统会有选择地专注图像中的感兴趣区域，而忽略其他信息[38]。受此启发，注意力机制的基本思想是使模型能够关注感兴趣区域的特征，而忽略其他区域的特征。Hu 等提出的 SENet 将注意力机制引入通道维度上，使模型能够自动获取各个特征通道的重要程度，并根据该重要程度提升包含有用信息的特征通道的关注度，同时抑制无用的特征通道的关注度，以提升网络性能[39]。Woo 等在提出轻量的注意力模块的同时引入了通道注意力模块和空间注意力模块自适应地细化特征图，从而提升特征提取能力[40]。Vaswani 等提出的多头注意力(multi-head attention)模块通过并联多个注意力机制的方式使模型在不同的特征空间中提取图像的重要特征[41]。

为了整合不同尺度的感兴趣细节信息，受级联思想启发，我们利用级联结构把空间注意力机制和通道注意力机制相结合，得到 CAM。如图 3.25 所示，该模块首先以主干网络的特征图作为输入，通过空间注意力机制得到具有空间注意力的一级特征；然后将该特征与原始输入特征图拼接(concatenation)并进行两次 1×1 卷积操作，得到二级特征；重复该操作，将二级特征再次与原始输入特征图拼接并卷积，得到三级特征；最后，对一级特征、二级特征、三级特征进行拼接融合，并将融合后的特征输入通道注意力机制中，抑制无用通道进一步增强特征。空间注意力机制通过对输入特征图进行全局平均池化(global average pooling，GAP)并进行 Sigmoid 函数激活得到空间权值图，将该权值图与原始输入特征相乘并进行 1×1 的卷积操作后得到具有空间注意力的一级特征。通道注意力机制同样采用全局平均池化进行特征整合，将整合后的特征输入全连接(FC)层并进行 Sigmoid 函数激活，得到通道特征向量，再将该特征向量与输入特征图相乘，进行一次 3×3 的卷积得到最终的输出，具体定义为

$$\begin{cases} F' = \mathrm{SA}(F) \\ F'' = \mathrm{Conv}(F \oplus F') \\ F''' = \mathrm{Conv}(F \oplus F'') \\ F_{\text{output}} = \mathrm{CA}(F' \oplus F'' \oplus F''') \end{cases} \tag{3.14}$$

其中，F 为输入特征图；F'、F'' 和 F''' 分别表示一级特征、二级特征和三级特征；SA 和 CA 分别表示空间注意力机制和通道注意力机制；符号 $\oplus$ 表示特征图拼接操作；Conv 表示 1×1 卷积操作。

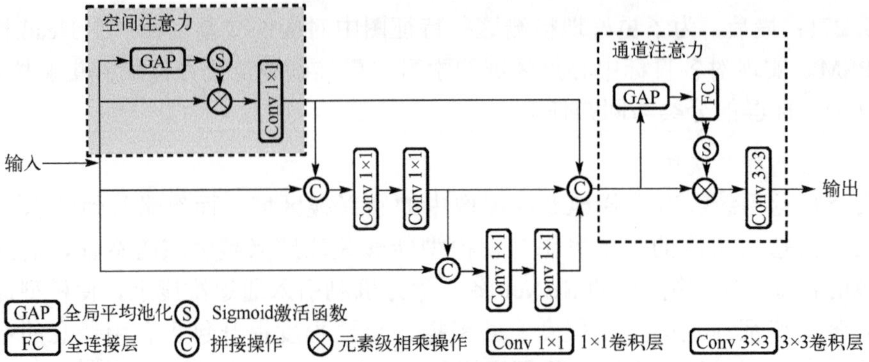

图 3.25　级联注意力模块

与级联思想类似，CAM 逐级修正并提取特征。一级特征包含更多的细节语义，而随着逐级修正，高级特征具有更好的辨别性信息。融合三个级别的特征得到包含不同层次的特征图，可以在保持细节语义的同时，增强特征的辨别性。CAM 采用了 ResNet[36]中直连的方法，将原始输入特征作为先验与各级特征进行拼接，从而避免网络在逐级修正特征时矫枉过正引入异常噪声。将 CAM 插入主干网络与特征金字塔网络(FPN)之间可以使特征金字塔网络自适应地获得更显著的特征，并且通过级联的方式反复地融合修正所提取的特征，以利于后续检测。

3) 点监督机制

在 FCOS 中，若标注的不同目标对应的真实框重叠，重叠部分任意位置(x, y)都会被映射到原图中各个目标对应的真实框，则该位置被认为是模糊样本，因此重叠的真实框可能会在训练过程中引起歧义。尽管在 FCOS 中采用多级预测的方法在一定程度上缓解了该问题，但这种模糊性仍会导致模型性能下降。另外，FCOS 中使用 Center-ness 抑制低质量包围框。然而，在教室监控场景下，目标分布密集，大多数目标会相互遮挡，仅使用多级预测和 Center-ness 的方法难以确定包围框的边界，容易造成误判。为了更好地处理密集目标和遮挡目标，我们提出 PSM。

如图 3.26 所示，我们提出一个与 Center-ness 分支并联的分支 PSM，负责预测各目标的中心点。为了避免正负样本不平衡问题，在训练阶段以一定的置信度 P 认为各目标中心点附近的区域也属于该目标的中心点。首先，计算目标包围框中各像素距其中心点 C 的距离，计算该距离与目标框短边长度的比值，得到归一化距离，取该距离小于 $1-P$ 的所有像素形成中心点区域；然后将中心点区域的标注置为 1，其余区域的标注置为 0；最后使用二值交叉熵损失函数监督训练 PSM 分支，以增强特征图中的各目标中心点处的激活程度。通过引入 PSM，网络可以捕捉到目标的中心点及其附近的信息，且因 FCOS 是以像素为中心回归包围框的，因此通过加强中心区域的响应能更好地在考生座位密集的监控场景下处理交叠的目标，解决考试场景下目标检测包围框回归不准确的问题。

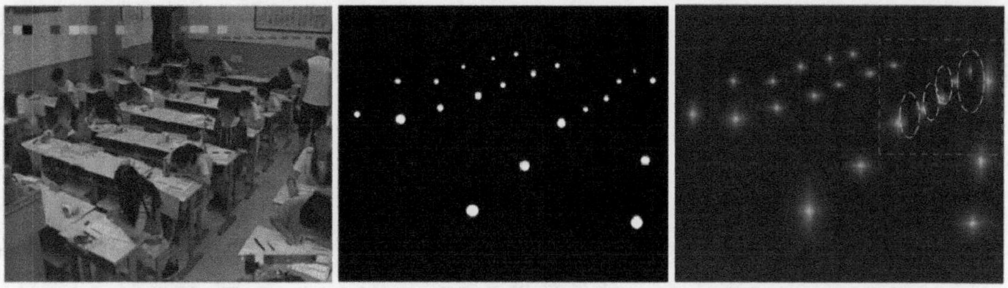

(a) 考生遮挡区域较大　　(b) PSM 的训练类标　　(c) Center-ness 的训练类标

图 3.26　考试场景下 PSM、Center-ness 分支类标对比图[37]（见彩图）

如图 3.26 所示，我们根据 PSM 和生成 Center-ness 的式(3.12)对图 3.26(a)中目标所在位置进行计算，得到图 3.26(b)和图 3.26(c)，其中，图 3.26(b)中的白色亮点代表训练正样本且值为 1、其余区域为背景且值为 0；图 3.26(c)中橘黄色、蓝色和其他颜色分别表示 1、0 及它们之间的值，数值越大代表越靠近目标中心。在图 3.26(a)中，真实考场中存在大量目标分布密集、遮挡严重的区域，且因该区域中相邻目标交并比大而难以区分，造成包围框判断错误。利用 Center-ness 虽然能够在一定程度上抑制低质量包围框，然而由图 3.26(c)中黄色椭圆框所示的区域可以看出，在目标交叠处仍明显存在歧义，导致无法区分被遮挡目标。在应用本节提出的 PSM 分支后，图 3.26(b)中显示的各目标分布清晰，较好地解决了此类问题。

4) 损失函数

本节所提方法 FCCA 在训练阶段采用式(3.15)作为多任务损失函数，进行有监督的训练：

$$L = L_{\text{Cls}} + \lambda L_{\text{Reg}} \tag{3.15}$$

其中，L_{Cls} 和 L_{Reg} 分别表示分类损失和回归损失；参数 λ 用来表征回归损失的重要性(令 $\lambda=1$)。

分类损失由得分图损失[17]、Center-ness 损失[26]和点监督损失三部分组成，定义为

$$L_{\text{Cls}} = \underbrace{-\alpha(1-p_{\text{score}})^{\gamma}\log(p_{\text{score}})}_{\text{得分图损失}} - \underbrace{\log(p_{\text{centerness}})}_{\text{Center-ness损失}} - \underbrace{\log(p_{\text{point}})}_{\text{点监督损失}} \tag{3.16}$$

其中，α 为得分图损失中平衡正负样本的权重因子；γ 为得分图损失中平衡难易样本的权重因子，后续实验取 α=0.25，γ=2.0；p_{score}、$p_{\text{centerness}}$ 和 p_{point} 分别表示分类得分图、Center-ness 热图以及点监督分支各个位置的预测值。

回归损失采用 IoU 损失[42]对回归分支进行监督，损失函数定义为

$$L_{\text{Reg}} = -\log\frac{\left|\text{Area}_{\text{predict}} \cap \text{Area}_{\text{groundtruth}}\right|}{\left|\text{Area}_{\text{predict}} \cup \text{Area}_{\text{groundtruth}}\right|} \tag{3.17}$$

其中，$Area_{predict}$ 表示网络预测的包围框所在区域面积；$Area_{groundtruth}$ 表示真实目标框所在区域面积。

3. 实验结果与性能分析

1) 实验环境与参数设置

本节实验的硬件环境为 Intel Core i7-6800K CPU @ 3.40GHz，NVIDIA GeForce GTX 1080Ti GPU，64GB 内存；软件环境为 Ubuntu 16.04，PyTorch。

为了检验所提方法 FCCA 的性能，分别选取 EOD 1.0 和 EOD 2.0[1]数据集进行实验，并选取 3.2.3 节中的 mAP 和 FPS 作为评价指标。为了验证 CAM 和 PSM 的有效性以及点监督中心点区域置信度对方法性能的影响，实验取 5 次实验 mAP 的平均值，并以 mAP 平均值±mAP 标准差和 FPS 作为方法的性能评价指标。

实验数据的预处理及参数设置主要包括：将 EOD 1.0 数据集中的图像作为输入图像，大小调整为 1000×600；用 ImageNet 上预先训练的权重初始化主干网络；训练阶段采用随机梯度下降(stochastic gradient descent，SGD)作为模型的优化器；令模型最大迭代次数为 48，批次大小为 4，初始学习率为 0.01，当迭代次数为 36 时，学习率衰减为原来的 10%；在训练阶段，仅使用随机水平翻转的数据增强方法，未使用其他复杂的增强方法。

2) 方法性能分析

本节中设计三类实验，分别验证所提方法的整体性能、CAM 的有效性和 PSM 的有效性。

(1) 不同目标检测方法的性能比较实验。

本实验比较分析 SSD、RetinaNet、Faster R-CNN、Cascade R-CNN、YOLOv3、FoveaBox 等与本节所提方法 FCCA 在 EOD 1.0 数据集上的性能差异，结果如表 3.14 所示。为了保证对比实验结果的可靠性和公平性，本节除 YOLOv3[15]采用 Darknet53 作为主干网络，其余模型均采用 ResNet-50[36]作为主干网络，且训练参数设置和数据增强方式完全相同。关于对比方法中的先验锚框参数选取，本节采用 RetinaNet[17]中先验锚框的设置方法，即在特征图中各点处设置 3 种长宽比例{0.5, 1, 2}以及 3 种大小{$(2^0, 2^{1/3}, 2^{2/3})$×默认尺寸}的 9 个先验锚框。根据不同的特征层，各先验锚框默认尺寸分别设置为{$32^2, 64^2, 128^2, 256^2, 512^2$}。

表 3.14　FCCA 方法和主流方法的对比实验结果(EOD 1.0 数据集)

方法	主干网络	mAP/%	FPS/(帧/s)
Faster R-CNN[11]	ResNet-50	89.4 ± 0.321	8.2
Faster R-CNN-Ⅰ[43]	ResNet-50	90.2 ± 0.235	8.2
Faster R-CNN-Ⅱ[44]	ResNet-50+FPN	91.9 ± 0.249	14.5

续表

方法	主干网络	mAP/%	FPS/(帧/s)
Cascade R-CNN[12]	ResNet-50+FPN	92.5 ± 0.141	6.3
SSD[16]	ResNet-50+FPN	89.6 ± 0.305	20.3
RetinaNet[17]	ResNet-50+FPN	91.3 ± 0.339	18.5
YOLOv3[15]	Darknet53+FPN	89.1 ± 0.482	43.7
FoveaBox[25]	ResNet-50+FPN	90.2 ± 0.669	11.0
FCOS[26] (基线)	ResNet-50+FPN	91.1 ± 0.205	22.4
FCCA	ResNet-50+FPN+CAM	**92.9 ± 0.195**	22.1

结果表明，与单阶段方法 SSD 和 RetinaNet 相比，FCCA 检测精度更高、速度更快。与两阶段方法相比，在精度上 FCCA 分别比 Faster R-CNN 方法、采用感兴趣区域对齐(region of interest align，RoI-Align)[43]的 Faster R-CNN[11]方法(将其表示为 Faster R-CNN-Ⅰ，方便后续对比实验表达)提高 3.5 个百分点和 2.7 个百分点，并且速度是 Faster R-CNN 方法的 2.7 倍。对于同时使用特征金字塔网络(FPN)[44]与 RoI-Align 的 Faster R-CNN 方法(简称 Faster R-CNN-Ⅱ)，FCCA 比其检测精度提高 1 个百分点，且速度较该方法提高 52%。即便与牺牲速度而专注于精度的 Cascade R-CNN 相比，FCCA 精度也略高且检测速度是该方法的 3.5 倍；与无锚框检测方法 FoveaBox 相比，FCCA 在精度上提高 2.7 个百分点，且明显提高了检测速度。总的来说，FCCA 优于其他检测方法，更加适合真实考场目标检测任务。此外，FCCA 采用无锚框的方法，无须人工设计先验锚框的尺寸，能根据不同的场景进行自适应调整。

部分考场的目标检测结果如图 3.27 所示，即使在目标密集的复杂场景下，本节所提方法 FCCA 也能够很好地检测大小不同及部分遮挡严重的目标。

图 3.27 FCCA 方法在部分考场的目标检测结果

为了进一步检验本节所提方法的优越性，下面可视化地对比了所提方法 FCCA、单阶段方法 RetinaNet 以及两阶段方法 Faster R-CNN-Ⅱ的检测结果，如图 3.28 所示，其中黄色虚线框表示回归不准确的区域、红色虚线框表示误检区域。

(a)本节所提方法 (b)RetinaNet[17] (c)Faster R-CNN-Ⅱ[44]

图 3.28 三种不同检测方法在部分考场的检测结果(见彩图)

结果表明，本节采用的无锚框方法可以更好地表示不同尺寸的物体；另外，本节所提方法中的 PSM 分支与 CAM 使方法可以更好地区分相邻目标，减少背景信息干扰，降低误检率。

为了验证所提方法 FCCA 对全新考场环境中的目标检测效果，以测试本节所提方法的泛化能力，把 EOD 1.0 数据集上训练的模型在 EOD 2.0 测试集上进行测试，结果见表 3.15。

表 3.15 FCCA 方法和主流方法的对比实验结果(EOD 2.0 测试集)

方法	主干网络	mAP/%
Faster R-CNN[11]	ResNet-50	81.5 ± 0.402
Faster R-CNN-Ⅰ[43]	ResNet-50	82.1 ± 0.297

续表

方法	主干网络	mAP/%
Faster R-CNN-Ⅱ[44]	ResNet-50+FPN	85.0 ± 0.288
Cascade R-CNN[12]	ResNet-50+FPN	86.6 ± 0.187
SSD[16]	ResNet-50+FPN	81.4 ± 0.327
RetinaNet[17]	ResNet-50+FPN	83.8 ± 0.607
YOLOv3[15]	Darknet53+FPN	83.0 ± 0.336
FoveaBox[25]	ResNet-50+FPN	84.6 ± 0.469
FCOS[26] (基线)	ResNet-50+FPN	82.7 ± 0.283
FCCA	ResNet-50+FPN+CAM	**86.4 ± 0.217**

结果表明，所提方法 FCCA 泛化能力优良，检测精度明显优于其他方法。

(2) 点监督中心点区域的置信度对方法性能的影响。

本组实验比较不同点监督中心点区域的置信度对考场目标检测方法性能的影响，记录方法在 EOD 1.0 数据集的 mAP 数值，结果如表 3.16 所示。

表 3.16　点监督中心点区域的置信度对方法性能的影响

检测策略	主干网络	置信度	mAP/%
FCOS_PSM	ResNet-50+FPN	0.7	92.1±0.245
		0.8	92.4±0.297
		0.9	91.8±0.288

结果表明，点监督中心点区域置信度数值从 0.9 降为 0.8 后，检测精度由 91.8% 上升至 92.4%，然而继续将中心点区域置信度数值从 0.8 降为 0.7 后，检测精度略微下降为 92.1%。这一现象是由于当置信度设置为 0.9 时，筛选出正样本数过少，训练时正负样本比例失衡，影响了网络的性能；当置信度设置为 0.7 时，中心点区域较大。然而考试场景下考生位置密集、目标相互交叠，很难区分的相近小目标影响了性能。因此，可令中心点区域置信度数值为 0.8。

(3) CAM 对方法性能的影响。

本组实验先对 CAM 的级数设置进行分析，然后对 CAM 进行可视化分析，并将其与经典的注意力模块——挤压-激励 (squeeze-and-excitation，SE) 模块[39]、CBAM[40]、多头注意力模块 (Multi-Head)[41]分别进行性能对比，最后在 Faster R-CNN-Ⅱ和 RetinaNet 方法中引入 CAM 以验证其通用性。

对 CAM 中的级数设置进行性能分析，比较不同 CAM 级数对考场目标检测方法性能的影响。实验设计包括 CAM 级数={1, 2, 3, 4}时检测结果的精度和速度，结果见表 3.17。

表 3.17　不同 CAM 级数的对比实验结果

检测策略	CAM 级数	主干网络	mAP/%	FPS/(帧/s)
FCOS_with_CAM	1	ResNet-50+FPN+CAM	92.2 ± 0.327	22.6
	2		92.7 ± 0.228	22.2
	3		92.9 ± 0.195	22.1
	4		93.0 ± 0.365	20.3

结果表明，随着 CAM 级数的增加，检测性能逐渐提升。然而，CAM 级数过大时，级数增加带来的检测精度提升幅度变小，且导致检测速度明显降低。因此综合考虑方法性能，采用三级 CAM。

可视化地对比未使用CAM的FCOS_with_PSM方法的特征图和使用CAM的FCCA方法的特征图。图 3.29 给出了分辨率较高的 P3 层特征图可视化对比结果。

(a) 未使用 CAM 的可视化特征图

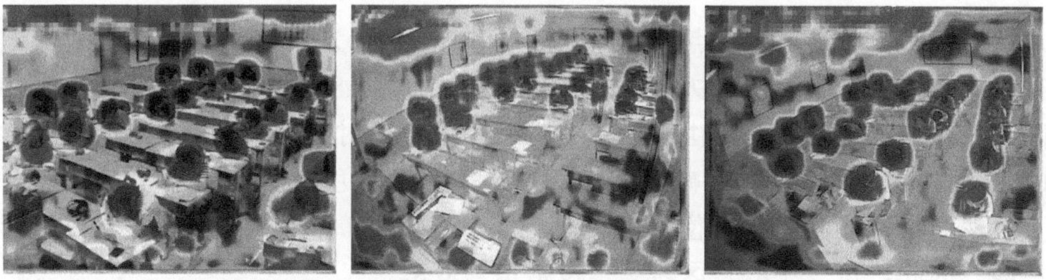

(b) 使用 CAM 的可视化特征图

图 3.29　关于 CAM 有效性的可视化对比实验(见彩图)

结果表明，CAM 能够提升目标检测方法区分相邻目标和抑制噪声的能力，使目标区域具有明显的辨别性。

为了验证 CAM 的优越性，将之与三种经典的注意力模块[39,41]进行对比实验，其中多头注意力模块(Multi-Head)中 Head 个数为 3，且各 Head 采用自注意(self-attention)的形式[45]，结果如表 3.18 所示。

表 3.18　CAM 与常见注意力模块的对比实验结果

检测策略	主干网络	mAP/%	FPS/(帧/s)
FCOS_with_CAM_PSM	ResNet-50+FPN+CAM	92.9 ± 0.195	22.1
FCOS_with_SE_PSM[39]	ResNet-50+FPN+SE	92.3 ± 0.122	22.7
FCOS_with_CBAM_PSM[40]	ResNet-50+FPN+CBAM	92.4 ± 0.230	22.3
FCOS_with_Multi-Head[41,45]	ResNet-50+FPN+Multi-Head	92.7 ± 0.329	15.0

结果表明，本节提出的 CAM 较 SE 模块、CBAM 模块和多头注意力模块的检测精度分别提高 0.6 个百分点、0.5 个百分点和 0.2 个百分点。这是由于 CAM 在为网络增加注意力的同时使用类残差结构，确保更多原始信息被逐级细化，进一步提升了检测效果。不难发现，CAM 与多头注意力模块相比，检测速度具有明显优势。

为了验证 CAM 的通用性，在 Faster R-CNN-Ⅱ、RetinaNet 方法中引入 CAM，进行性能对比。实验结果如表 3.19 所示。

表 3.19　CAM 对其他方法性能的影响

方法	主干网络	mAP/%	FPS/(帧/s)
Faster R-CNN-Ⅱ	ResNet-50+FPN	91.9 ± 0.249	14.5
	ResNet-50+FPN+CAM	92.8 ± 0.232	12.9
RetinaNet	ResNet-50+FPN	91.3 ± 0.339	18.5
	ResNet-50+FPN+CAM	92.5 ± 0.305	17.4

结果表明，在两阶段方法 Faster R-CNN-Ⅱ 中引入 CAM 后，mAP 提高 0.9 个百分点，而 FPS 仅降低了 1.6 帧/s；在单阶段方法 RetinaNet 中引入 CAM 后，FPS 基本不变，而 mAP 提高 1.2 个百分点。提出的 CAM 具有通用性，能够有效地细化特征图，可便捷地插入任意检测方法中，以提高其检测精度。

3) 消融实验

为了分析 FCCA 方法各部分对网络性能的影响，本节在 EOD 1.0 数据集上进行消融实验，结果如表 3.20 所示，对应的可视化结果如图 3.30 所示。

表 3.20　FCCA 方法的消融实验(EOD 1.0 数据集)

模型	检测策略	主干网络	mAP/%	FPS/(帧/s)
模型-Ⅰ	FCOS(基线)	ResNet-50+FPN	91.1 ± 0.205	22.4
模型-Ⅱ	FCOS_with_CAM	ResNet-50+FPN+CAM	91.7 ± 0.358	22.1
模型-Ⅲ	FCOS_with_PSM	ResNet-50+FPN	92.4 ± 0.297	22.4
模型-Ⅳ	FCOS_with_CAM_PSM	ResNet-50+FPN+CAM	92.9 ± 0.195	22.1

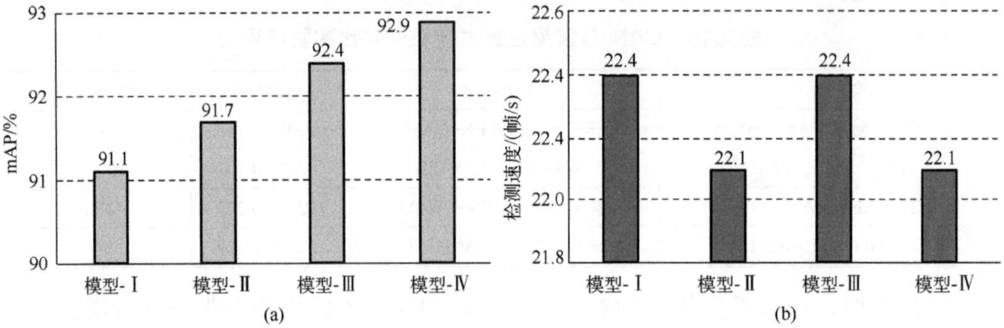

图 3.30　性能结果可视化比较(EOD 1.0 数据集)

结果表明，原始 FCOS 方法的 FPS 为 22.4 帧/s，但其 mAP 值仅为 91.1%，对 FCOS 引入本节所提出的两个改进策略：在 FCOS 上单独添加了 CAM 后，其 mAP 值上升至 91.7%；在 FCOS 上单独引入 PSM 后，其 mAP 值上升为 92.4%，两个改进策略的提升显著且并未明显影响到方法的检测速度。同时引入这两个改进策略后，FCOS 的 mAP 值达到 92.9%，且保持着 22.1 帧/s 的 FPS，性能最优。

4. 所提方法小结

本节针对真实考场的复杂环境特征中存在多目标遮挡检测难的问题，以标准化考场中的考生目标为研究对象，在 FCOS 方法的基础上，提出 FCCA 方法。

该方法的特点主要体现在：①将无锚框方法思想引入考场多目标检测研究中，避免以往经典工作中通过手工方式设计锚框带来的弊端，有效降低计算量；②提出级联注意力模块，充分考虑了考场目标的分布特征及场景复杂性，利用级联结构将空间注意力机制和通道注意力机制相结合，通过逐级细化修正特征并增强特征图的辨别性，进而整合不同尺度的感兴趣细节信息，逐级修正并增强特征；③提出点监督机制，通过加强中心区域的响应以预测考生座位密集的考场监控场景中各目标的中心点，进而回归得到准确的包围框，解决真实考场中存在的遮挡目标检测结果模糊的问题，进一步提升交叠多目标的识别效果。

实验结果表明：①FCCA 方法在标准化考场检测专用数据集上的 mAP 值为 92.9%，FPS 为 22.1 帧/s，在检测速度基本不变的情况下比原始 FCOS 方法的 mAP 值提高了 1.8 个百分点，能够在目标密集的复杂场景下检测出大小不同且遮挡严重的考生目标；②相比于 SSD、RetinaNet、Faster R-CNN、Cascade R-CNN、YOLOv3、FoveaBox 等主流的目标检测方法，FCCA 在 EOD 1.0 数据集和 EOD 2.0 测试集上的性能综合最优，泛化能力较强；③通过对 CAM 进行级数设置分析实验、可视化分析实验、与经典的注意力模块性能对比分析实验和通用性分析实验，充分表明本节所提 CAM 的合理性、有效性、优越性和通用性；④通过对点监督中心点区域设置不同置信度数值的实验，表明所设点监督置信度数值的合理性和有效性。

因此，FCCA 方法在检测真实考场的考生时，检测精度和检测速度性能优良，适用于复杂考场环境的实时目标检测任务。

3.3.4 基于瓶颈注意模块的小样本目标检测方法

1. 小样本目标检测方法设计

3.3.3 节表明利用注意力机制可有效改善相互遮挡目标的检测效果，本节探索基于瓶颈注意模块[46]的小样本目标检测(small sample object detection based on bottleneck attention module，SS-BAM)方法[2]。另外，针对目前现有数据集样本量较小、泛化能力弱的问题，设计了一种小样本学习策略，利用半监督学习来扩充小数据量样本，缓解过拟合问题。此外，将原始 YOLOv5 中的完全交并比(complete intersection over union，CIOU)损失[47]替换为高效交并比(efficient intersection over union，EIOU)损失[48]，加快模型收敛速度；用软非极大值抑制(soft non-maximum suppression，Soft-NMS)算法[49]替换 NMS 算法，以减少因重叠区域过大导致的目标漏检现象。

1) 网络结构

SS-BAM 方法所设计的网络是 YOLOv5 的改进版本，其结构如图 3.31 所示。YOLOv5 采用 CSPDarknet 作为主干网络，用来提取图像特征，CSPDarknet 分别借鉴 Inception 结构和跨阶段局部网络的思想，能够增强卷积神经网络的特征提取能力，并且降低训练成本。图像经过 CSPDarknet 后得到特征图 C3、C4 和 C5，大小分别为 64×160×160、128×80×80 和 256×40×40，将这三个特征图与瓶颈注意模块(bottleneck attention module，BAM)相连，通过 BAM 聚焦特征图中更重要的语义信息，经 BAM 得到 P3、P4 和 P5 特征图，P5 经过最大池化得到 P6 特征图，进而通过路径聚合网络部分得到 N3、N4、N5 和 N6 特征图，将融合后的特征图送入检测头进行分类回归，利用分类网络输出目标的类别信息以及置信度，通过回归网络输出目标框的 4 个位置信息。

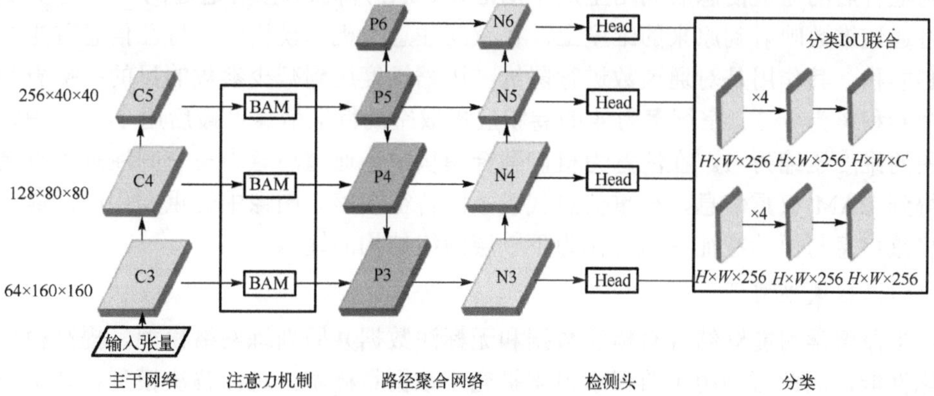

图 3.31　SS-BAM 网络结构示意图

2) BAM

为了使模型在卷积运算中消除低层次特征，并逐步聚焦高层次的目标特征，基于 YOLOv5 设计一种分层的注意力机制。模型通过通道和空间两个分离的路径，利用空间注意力聚焦上下文信息并通过空洞卷积增大特征感受野；利用通道注意力为每个通道分配不同的权重，让网络关注重要特征，抑制不重要特征。模型通过 BAM 后得到注意力映射图，接着与输入的特征图相乘得到辨别性更强、语义更加丰富的特征，从而能够精确、实时地检测多个目标。

BAM 共包括通道注意力(channel attention)机制模块、空间注意力(spatial attention)机制模块和注意力机制融合模块三个部分，如图 3.32 所示。

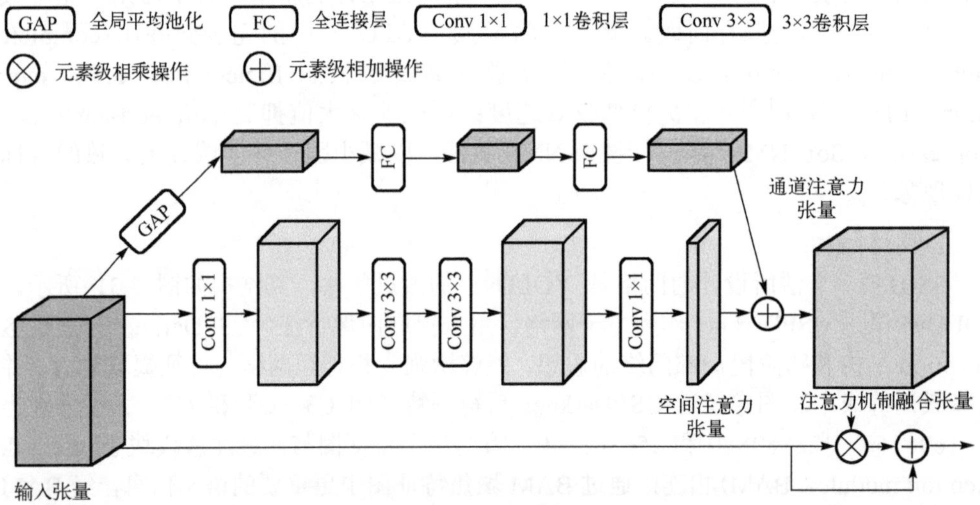

图 3.32　BAM 模块的结构示意图

在通道注意力机制模块中，通过跨通道学习的方式对不同通道信息进行交互，得到融合后的通道信息后利用全局平均池化(GAP)降维，接着通过两个全连接(FC)层将通道维数映射到原来的维度上。在空间注意力机制模块中，特征信息首先经过 1×1 卷积，其作用是对通道数进行降维，压缩维度达到减少参数的目的；接着利用两个卷积核为 3×3、空洞率为 4 的卷积层提取空间特征信息；最后用 1×1 卷积将特征图的维度压缩为 1。在注意力机制融合模块中，通道注意力与空间注意力直接相加得到 BAM 权重信息，权重信息代表不同特征在整个图像中的重要程度，最后融合权重信息与原始特征图信息作为下一层网络结构的输入。

3) 小样本学习

半监督学习能够结合有标注数据和无标注数据共同训练网络模型，提高模型的泛化性能，因此可利用半监督学习来扩充小数据量样本，进而解决模型在训练中的过拟合问题[50,51]。

具体地，从 PASCAL VOC[30]、MS COCO[31]数据集中提取出与人有关的图像作为新的训练集，其中，MS COCO 数据集中含 262465 幅图像，PASCAL VOC 数据集中含 11540 幅图像，并在 YOLOv5_s 中进行训练，得到新的预训练模型用来提取特征，进一步用 EOD 1.0 数据集在训练好的 YOLOv5_s 上微调，最后利用训练好的检测模型对无标注数据集进行半监督学习。为了避免过拟合，实验中冻结主干网络的前 6 层权重，并修改全连接层的类别数为 1。

4) 损失函数

YOLOv5 损失函数由定位损失 box_loss、置信度损失 obj_loss 和分类损失 cls_loss 构成，定义为

$$L = \alpha_{\text{box}} L_{\text{CIOU}} + \alpha_{\text{obj}} L_{\text{obj}} + \alpha_{\text{cls}} L_{\text{cls}} \tag{3.18}$$

其中，α_{box}、α_{obj} 和 α_{cls} 分别为定位损失、置信度损失和分类损失的权重系数；L_{CIOU} 为定位损失，用来计算预测框与真实框之间的误差；L_{obj} 表示目标置信度损失，用来计算预测框中的置信度分数与 IoU 值之间的误差；L_{cls} 表示分类损失，用来计算预测框类别与真实类别之间的误差。

L_{CIOU} 使用 CIOU-loss 计算，定义为[47]

$$L_{\text{CIOU}} = 1 - \text{IoU} + \frac{p^2(b, b^{\text{gt}})}{c^2} + av \tag{3.19}$$

其中，b 表示预测目标框的中心点；b^{gt} 表示真实目标框的中心点；p 表示的是 b 和 b^{gt} 的欧氏距离；c 表示与预测框和真实框相切的最小矩形的对角线距离；a 是平衡比例的参数，不参与梯度的计算；v 是衡量长宽比一致性的参数。L_{CIOU} 考虑了重叠面积、中心点距离和长宽比三种几何因素的影响，但是基于长宽比例的结果不够直观，有时会弱化模型优化效果。

为此，采用 L_{EIOU} 替换式(3.18)中的 L_{CIOU} 作为方法最终的损失函数，定义为[48]

$$L_{\text{EIOU}} = 1 - \text{IoU} + \frac{p^2(b, b^{\text{gt}})}{(c_w)^2 + (c_h)^2} + \frac{p^2(w, w^{\text{gt}})}{(c_w)^2} + \frac{p^2(h, h^{\text{gt}})}{(c_h)^2} \tag{3.20}$$

其中，w 和 h 分别表示预测框的宽和高；w^{gt} 和 h^{gt} 分别表示真实框的宽和高；c_w 和 c_h 分别表示覆盖预测框和真实框的最小外接矩形框的宽和高。L_{EIOU} 直接以宽和高的值作为惩罚项，可加速模型收敛和提高回归精度。

L_{obj} 和 L_{cls} 均使用二元交叉熵损失(binary cross entropy loss，BCE Loss)计算。

5) 基于 Soft-NMS 的预测框选择

在目标检测的预测阶段，网络模型对每幅图像中的所有目标进行预测并得到大量的预测框，每个预测框都会有对应的置信度分数。这些预测框大多数会指向

同一个物体，产生冗余预测框。NMS 算法利用搜索局部最大值的思想来解决这一问题。但其不足在于若两个目标重叠区域较大，则删除置信度分数较低的预测框，会导致模型对待检测目标的敏感性较差。而 Soft-NMS 算法能有效解决误删目标框的问题，其通过引入特定的衰减函数来计算每个目标框的置信度，重叠区域越大的预测框其置信度分数衰减越多。虽然置信度分数降低了，但是该目标的预测框保留了下来，解决了多个目标重叠而无法预测的问题，有望提高考试场景中遮挡目标的检测效果。

2. 实验结果与性能分析

1) 实验环境与参数设置

本节实验的硬件环境为 AMD Ryzen 9 3900X 12-Core CPU，NVIDIA GeForce GTX 3090 GPU，128GB 内存，1TB 硬盘；软件环境为 CUDA 11.4+cuDNN 8.0，Python 3.7，PyTorch 1.8.0+TorchVision 0.9.0。

在 EOD 1.0[1]和 PASCAL VOC 2007[30]两个数据集上进行实验，并选取 3.2.3 节中的 mAP 和 FPS 作为评价指标。

利用 MS COCO 和 PASCAL VOC 数据集获得预训练模型。考虑考试场景下的目标存在模糊、遮挡的情况，实验中增加了随机擦除、高斯模糊等数据增强策略以提高模型的泛化能力。训练阶段采用多尺度训练方法，设置输入图像尺寸为 640×1280，优化器选择 AdamW，初始学习率为 0.001，最大迭代次数为 80，当迭代次数为 60 和 70 时，学习率分别衰减为原来的 10%。预训练模型在 EOD 1.0 数据集上进行微调以及半监督学习，此阶段初始学习率为 0.0001，最大迭代次数为 30，当迭代次数为 20 和 25 时，学习率分别衰减为原来的 10%。在测试阶段，RPN 使用 NMS 处理预测框，R-CNN 使用 Soft-NMS 处理预测框。

2) 方法性能分析

为了检验本节所提方法 SS-BAM 在考试场景下的性能，将之与多种主流的目标检测方法相比较，实验结果如表 3.21 所示。

表 3.21 SS-BAM 方法与主流方法的对比实验结果(EOD 1.0 数据集)

方法	主干网络	FPS/(帧/s)	mAP/%
Faster R-CNN[11]	VGG16	18.2	49.5
Faster R-CNN[11]	ResNet-50	14.5	51.1
R-FCN[52]	ResNet-50	3.8	52.9
Cascade R-CNN[12]	ResNet-50	6.6	**54.8**
YOLOv3[15]	Darknet53	32.4	44.5

续表

方法	主干网络	FPS/(帧/s)	mAP/%
YOLOv4[18]	CSPDarknet53[54]	**33.0**	48.3
YOLOv5[48]	CSPDarknet53	32.6	49.2
SSD[16]	VGG16	24.3	42.2
FSSD[53]	VGG16	26.7	46.8
RetinaNet[17]	ResNet-50	18.6	45.7
FCOS[26]	ResNet-50	22.4	49.5
YOLOv6[55]	RepVGG	31.4	49.9
YOLOv7[56]	ELAN	29.9	50.2
SS-BAM	CSPDarknet53	**33.8**	**51.0**

结果表明，两阶段的 Cascade R-CNN 算法的 mAP 值 54.8%最高，但是 FPS 仅有 6.6 帧/s，无法满足实时检测需求；单阶段算法的 FPS 普遍高于两阶段算法，其中 YOLOv5 的 FPS 达到 32.6 帧/s，但其检测精度略显不足。本小节所提方法 SS-BAM 的检测速度比表 3.21 中所有两阶段和单阶段算法快，且其 mAP 值 51.0%高于表 3.21 中所有单阶段算法，与以 ResNet-50 作为主干网络的 Faster R-CNN 的 mAP 值 51.1%相近，但是 SS-BAM 的 FPS 为 33.8 帧/s，是 Faster R-CNN 的 2.33 倍。在以 Darknet53 和 CSPDarknet53 作为主干网络的 YOLO 系列算法中，同样以 CSPDarknet53 作为主干网络的 SS-BAM 方法速度、精度指标均最优。

为了进一步测试 SS-BAM 方法的有效性，在 PASCAL VOC 2007 数据集上同样进行单阶段算法的对比实验，结果如表 3.22 所示。

表 3.22　SS-BAM 方法与主流方法的对比实验结果(PASCAL VOC 2007 数据集)

方法	主干网络	FPS/(帧/s)	mAP/%
YOLOv4[18]	CSPDarknet53[54]	45.1	79.8
YOLOv4_tiny[18]	CSPDarknet53	48.6	78.4
YOLOv5_s[48]	CSPDarknet53	56.4	81.5
YOLOv5_m[48]	CSPDarknet53	48.7	83.6
RetinaNet[17]	ResNet-50	31.1	82.9
FCOS[26]	ResNet-50	36.8	82.3
SSD[16]	VGG16	35.6	81.5
SS-BAM	CSPDarknet53	**57.2**	**83.7**

结果表明，本小节所提方法 SS-BAM 在 PASCAL VOC 2007 数据集上的速度与精度均高于其他算法；在同样的主干网络下，SS-BAM 的 mAP 值为 83.7%，优于

YOLO 系列效果最好的 YOLOv5_m，且 FPS 高出 17.5%，表明 SS-BAM 方法不仅在考试场景下性能优越，而且在各类复杂场景下性能优良。

因此，SS-BAM 不仅有效提高了模型的检测精度，还能达到实时检测的效果。

3) 消融实验

为了测试 SS-BAM 方法中各模块的作用，下面在 EOD 1.0 数据集上进行消融实验。

由图 3.33 可见，考试场景下的后排部分存在高度重叠的目标。NMS 算法无法处理相互遮挡的目标，而采用 Soft-NMS 算法的模型则能够有效检测出该类目标，说明 Soft-NMS 算法对考试场景下的目标检测效果更佳。实验结果如表 3.23 所示。

(a) 真实值　(b) NMS　(c) Soft-NMS

图 3.33　NMS 与 Soft-NMS 算法的结果对比

表 3.23　SS-BAM 方法的消融实验

策略	YOLOv5_s	YOLOv5_s +改进							
BAM		√	×	×	√	√	×	√	√
小样本学习策略		×	√	×	√	×	×	×	√
EIOU-loss		×	×	√	×	√	×	×	√
Soft-NMS		×	×	×	×	×	√	√	√
mAP/%	49.2	50.2	49.6	49.1	50.4	50.3	49.8	50.6	51.0

结果表明，单独引入 BAM，YOLOv5_s 的 mAP 值从 49.2%提升至 50.2%，提高 1 个百分点；单独引入小样本学习策略，YOLOv5_s 的 mAP 值从 49.2%提升至 49.6%，提高 0.4 个百分点；二者组合后的 mAP 值 50.4%高于原始的 YOLOv5_s 值 49.2%，表明 BAM 和小样本学习策略均能提高网络的性能以及二者之间的兼容性较

好；只引入 EIOU-loss，YOLOv5_s 的 mAP 相较于原始 mAP 下降 0.1 个百分点，但是将其与 BAM 组合后，模型的 mAP 值 50.3%，不但高于原始的 YOLOv5_s 的 mAP 值 49.2%，并且高于单独引入 BAM 的效果。这一结果表明，在处理通过注意力机制得到的特征信息方面，EIOU-loss 的优化效果好于 CIOU-loss。单独引入 Soft-NMS 算法后，YOLOv5_s 的 mAP 值从 49.2%提升至 49.8%，提高 0.6 个百分点，在此基础上，结合 BAM 使模型的 mAP 值提升至 50.6%。因此，基于 Soft-NMS 算法的预测框选择比基于 NMS 算法的预测框选择效果更优。

我们还发现 BAM、小样本学习策略、EIOU-loss、基于 Soft-NMS 的预测框选择四种策略中的任意组合，都可以提高原始的 YOLOv5_s 的性能，四种策略的组合使 YOLOv5_s 检测精度达到最高，对考试场景下目标的检测与识别的 mAP 值达到 51.0%。

3. 所提方法小结

SS-BAM 方法以 YOLOv5 为基础，针对 EOD 1.0 数据集中存在大量重叠遮挡目标的特点，引入 BAM，使模型在卷积运算中消除低层次特征，并逐步聚焦高层次的目标特征，精确、实时地检测出学习场景下的学习者。此外，针对目前现有数据集样本量较小、利用大模型易造成过拟合，导致模型泛化能力弱而不能有效地迁移至测试集中的情况，设计了一种小样本学习策略，通过半监督学习来扩充小数据量样本，进而解决模型在训练中的过拟合问题。最后，将原始 YOLOv5 中的 CIOU-loss 替换为 EIOU-loss，能够快速、精确地检测出考试场景下考生的位置，并且引入了 Soft-NMS 算法来替换 NMS 算法以缓解因重叠区域过大导致的目标漏检问题。

实验结果表明，本节所提方法在 EOD 1.0 和常用公开数据集 PASCAL VOC 2007 上的实验结果优于 Faster R-CNN、Cascade R-CNN 等主流目标检测方法，具有速度快、精度高的特点。

3.4 小　　结

本章重点论述学习者目标检测技术，主要内容包括以下几点。

(1) 分析并梳理现有的目标检测方法，分类论述单阶段和两阶段检测方法，简要概述常见的国际基准数据集 PASCAL VOC、MS COCO 和 VisDrone 等，以及常用目标检测评价指标的定义。

(2) 针对考试场景下的学习者行为，构建了学习者目标检测专用数据集 EOD 1.0 和 EOD 2.0，前者主要适用于对数据量和训练时间要求较低的图像目标检测方法，后者主要适用于对精准度要求较高且对训练时间不苛刻的目标检测方法，如视频目标检测等。

(3)在所构建的两个数据集基础上，提出基于 SSD 网络的目标检测方法、基于改进 SSD 网络的目标检测方法、基于级联注意力的全卷积目标检测方法和基于瓶颈注意模块的小样本目标检测方法共 4 种学习者目标检测方法。初步实验结果表明，这些方法能够有效地完成学习者目标检测，为后续的学习者行为分析提供技术支持。

参考文献

[1] 陶丽丽. 基于 SSD 的考场考生检测方法研究[D]. 西安: 陕西师范大学, 2020.

[2] 邱佳宝. 学习场景下的学习者检测和行为识别方法研究[D]. 西安: 陕西师范大学, 2023.

[3] 田卓钰. 学生多目标检测与行为描述方法研究[D]. 西安: 陕西师范大学, 2022.

[4] Lu Y, He D J. Video-based detection of abnormal behavior in the examination room[C]//Proceedings of the International Forum on Information Technology and Applications, Kunming, 2010: 295-298.

[5] 袁欣瑞, 王海荣, 王振旭. 基于人脸识别和姿态估计的智能监考模型设计与应用[J]. 郑州大学学报(理学版), 2023, 55(3): 41-49.

[6] 李洵. 基于深度学习的考场监控视频异常行为检测方法研究与实现[D]. 济南: 山东大学, 2023.

[7] Krizhevsky A, Sutskever I, Hinton G. ImageNet classification with deep convolutional neural networks[C]//Proceedings of the International Conference on Neural Information Processing Systems, Lake Tahoe, 2012:1097-1105.

[8] Deng J, Dong W, Socher R, et al. ImageNet: A large-scale hierarchical image database[C]//Proceedings of the IEEE Conference on Computer Vision and Pattern Recognition, Miami, 2009: 248-255.

[9] Girshick R, Donahue J, Darrell T, et al. Rich feature hierarchies for accurate object detection and semantic segmentation[C]//Proceedings of the IEEE Conference on Computer Vision and Pattern Recognition, Columbus, 2014: 580-587.

[10] Girshick R. Fast R-CNN[C]//Proceedings of the IEEE International Conference on Computer Vision, Santiago, 2015: 1440-1448.

[11] Ren S Q, He K M, Girshick R, et al. Faster R-CNN: Towards real-time object detection with region proposal networks[J]. IEEE Transactions on Pattern Analysis and Machine Intelligence, 2017, 39(6): 1137-1149.

[12] Cai Z W, Vasconcelos N. Cascade R-CNN: Delving into high quality object detection[C]//Proceedings of the IEEE Conference on Computer Vision and Pattern Recognition, Salt Lake City, 2018: 6154-6162.

[13] Redmon J, Divvala S, Girshick R, et al. You only look once: Unified, real-time object detection[C]//Proceedings of the IEEE Conference on Computer Vision and Pattern Recognition,

Las Vegas, 2016: 779-788.

[14] Redmon J, Farhadi A. YOLO9000: Better, faster, stronger[C]//Proceedings of the IEEE Conference on Computer Vision and Pattern Recognition, Honolulu, 2017: 6517-6525.

[15] Redmon J, Farhadi A. YOLOv3: An incremental improvement[EB/OL]. [2018-04-08].http://arxiv.org/abs/1804.02767v1.

[16] Liu W, Anguelov D, Erhan D, et al. SSD: Single shot MultiBox detector[C]//Proceedings of the 14th European Conference on Computer Vision, Amsterdam, 2016: 21-37.

[17] Lin T Y, Goyal P, Girshick R, et al. Focal loss for dense object detection[C]//Proceedings of the IEEE International Conference on Computer Vision, Venice, 2017: 2999-3007.

[18] Bochkovskiy A, Wang C Y, Liao H Y M. YOLOv4: Optimal speed and accuracy of object detection[EB/OL]. [2020-04-23].http://arxiv.org/abs/2004.10934v1.

[19] Yang Z, Li Z, Jiang X, et al. Focal and global knowledge distillation for detectors[C]//Proceedings of the IEEE Conference on Computer Vision and Pattern Recognition, New Orleans, 2022: 4643-4652.

[20] Law H, Deng J. CornerNet: Detecting objects as paired keypoints[C]//Proceedings of the 15th European Conference on Computer Vision, Munich, 2018: 765-781.

[21] Zhou X Y, Wang D Q, Krähenbühl P. Objects as points[EB/OL]. [2019-04-16]. http://arxiv.org/abs/1904.07850v2.

[22] Zhou X Y, Zhuo J C, Krähenbühl P. Bottom-up object detection by grouping extreme and center points[C]//Proceedings of the IEEE Conference on Computer Vision and Pattern Recognition, Long Beach, 2019: 850-859.

[23] Dong Z W, Li G X, Liao Y, et al. CentripetalNet: Pursuing high-quality keypoint pairs for object detection[C]//Proceedings of the IEEE Conference on Computer Vision and Pattern Recognition, Seattle, 2020: 10516-10525.

[24] Huang L C, Yang Y, Deng Y F, et al. DenseBox: Unifying landmark localization with end to end object detection[EB/OL]. [2015-09-16].http://arxiv.org/abs/1509.04874v3.

[25] Kong T, Sun F C, Liu H P, et al. FoveaBox: Beyond anchor-based object detector[EB/OL]. [2019-04-08].http://arxiv.org/abs/1904.03797v2.

[26] Tian Z, Shen C H, Chen H, et al. FCOS: Fully convolutional one-stage object detection[C]//Proceedings of the IEEE International Conference on Computer Vision, Seoul, 2019: 9626-9635.

[27] Feng C J, Zhong Y J, Gao Y, et al. Tood: Task-aligned one-stage object detection[C]//Proceedings of the IEEE International Conference on Computer Vision, Montreal, 2021: 3490-3499.

[28] Xiao J R, Jiang H, Li Z K, et al. Rethinking prediction alignment in one-stage object detection[J]. Neurocomputing, 2022, 514: 58-69.

[29] Wang R J, Dong S F, Jiao L, et al. OSAF-Net: A one-stage anchor-free detector for small-target crop pest detection[J]. Applied Intelligence, 2023, 53(21): 24895-24907.

[30] Everingham M, Van Gool L, Williams C K I, et al. The pascal visual object classes (VOC) challenge[J]. International Journal of Computer Vision, 2010, 88(2): 303-338.

[31] Lin T Y, Maire M, Belongie S, et al. Microsoft COCO: Common objects in context[C]//Proceedings of the European Conference on Computer Vision, Zurich, 2014: 740-755.

[32] Neubeck A, Van Gool L. Efficient non-maximum suppression[C]//Proceedings of the International Conference on Pattern Recognition, Hong Kong, 2006, 3: 850-855.

[33] Song Q, Xiong R Q, Gao W, et al. Fast image upsampling via adaptive gradient sharpening and transformed-texture constraint[C]//Proceedings of the IEEE 4th International Conference on Multimedia Big Data, Xi'an, 2018: 1-5.

[34] Cho S I, Kang S J. Learning methodologies to generate kernel-learning-based image downscaler for arbitrary scaling factors[J]. IEEE Transactions on Image Processing, 2021, 30: 4526-4539.

[35] Hashemi S R, Salehi S S M, Erdogmus D, et al. Asymmetric similarity loss function to balance precision and recall in highly unbalanced deep medical image segmentation[C]//Proceedings of the IEEE Conference on Computer Vision and Pattern Recognition, Utah, 2018: 1721-1735.

[36] He K M, Zhang X Y, Ren S Q, et al. Deep residual learning for image recognition[C]//Proceedings of the IEEE Conference on Computer Vision and Pattern Recognition, Las Vegas, 2016: 770-778.

[37] 田卓钰, 马苗, 杨楷芳. 基于级联注意力与点监督机制的考场目标检测模型[J]. 软件学报, 2022, 33(7): 2633-2645.

[38] Larochelle H, Hinton G E. Learning to combine foveal glimpses with a third-order Boltzmann machine[C]//Proceedings of the International Conference on Neural Information Processing Systems, Vancouver, 2010: 1243-1251.

[39] Hu J, Shen L, Sun G. Squeeze-and-excitation networks[C]//Proceedings of the IEEE Conference on Computer Vision and Pattern Recognition, Salt Lake City, 2018: 7132-7141.

[40] Woo S, Park J, Lee J Y, et al. CBAM: Convolutional block attention module[C]//Proceedings of the 15th European Conference on Computer Vision, Munich, 2018: 3-19.

[41] Vaswani A, Shazeer N, Parmar N, et al. Attention is all you need[C]//Proceedings of the International Conference on Neural Information Processing Systems, Long Beach, 2017: 5998-6008.

[42] Yu J H, Jiang Y N, Wang Z Y, et al. UnitBox: An advanced object detection network[C]//Proceedings of the 24th ACM International Conference on Multimedia, Amsterdam, 2016: 516-520.

[43] He K M, Gkioxari G, Dollár P, et al. Mask R-CNN[C]//Proceedings of the IEEE International Conference on Computer Vision, Venice, 2017: 2961-2969.

[44] Lin T Y, Dollár P, Girshick R, et al. Feature pyramid networks for object detection[C]//Proceedings of

the IEEE Conference on Computer Vision and Pattern Recognition, Honolulu, 2017: 936-944.

[45] Zhang H, Goodfellow I, Metaxas D, et al. Self-attention generative adversarial networks[C]// Proceedings of the International Conference on Machine Learning, Long Beach, 2019: 7354-7363.

[46] Park J, Woo S, Lee J Y, et al. BAM: Bottleneck attention module[EB/OL]. [2018-07-17]. http://arxiv.org/abs/1807.06514v2.

[47] Zheng Z H, Wang P, Liu W, et al. Distance-IoU loss: Faster and better learning for bounding box regression[C]//Proceedings of the AAAI Conference on Artificial Intelligence, New York, 2020: 12993-13000.

[48] Zhang Y F, Ren W Q, Zhang Z, et al. Focal and efficient IoU loss for accurate bounding box regression[J]. Neurocomputing, 2022, 506: 146-157.

[49] Bodla N, Singh B, Chellappa R, et al. Soft-NMS—Improving object detection with one line of code[C]//Proceedings of the IEEE International Conference on Computer Vision, Venice, 2017: 5561-5569.

[50] Srivastava N, Hinton G, Krizhevsky A, et al. Dropout: A simple way to prevent neural networks from overfitting[J]. Journal of Machine Learning Research, 2014, 15(1): 1929-1958.

[51] Zhang B, Wang Y, Hou W, et al. FlexMatch: Boosting semi-supervised learning with curriculum pseudo labeling[J]. Advances in Neural Information Processing Systems, 2021, 34: 18408-18419.

[52] Dai J F, Li Y, He K M, et al. R-FCN: Object detection via region-based fully convolutional networks[EB/OL]. [2016-05-20].http://arxiv.org/abs/1605.06409v3.

[53] Li Z X, Yang L, Zhou F Q. FSSD: Feature fusion single shot multibox detector[EB/OL]. [2017-12-04].http://arxiv.org/abs/1712.00960v4.

[54] Wang C Y, Mark Liao H Y, Wu Y H, et al. CSPNet: A new backbone that can enhance learning capability of CNN[C]//Proceedings of the IEEE Conference on Computer Vision and Pattern Recognition Workshops, Seattle, 2020: 390-391.

[55] Li C Y, Li L, Jiang H, et al. YOLOv6: A single-stage object detection framework for industrial applications[EB/OL]. [2022-10-07]. https://arxiv.org/abs/2209.02976.

[56] Wang C Y, Bochkovskiy A, Liao H Y M. YOLOv7: Trainable bag-of-freebies sets new state-of-the-art for real-time object detectors[C]//Proceedings of the IEEE Conference on Computer Vision and Pattern Recognition, Vancouver, 2023: 7464-7475.

第 4 章 学习者身份认证

4.1 引 言

在学习者行为分析与理解研究中，确定了学习者的位置之后，要解决的第二个问题是学习者的身份认证，即识别出某位置的学习者是谁，本章探讨基于人脸特征分析的身份认证技术。目前基于人脸识别的技术相对成熟，已在自动门禁、电子支付中发挥重要作用，但是学习场景中成像设备与学习者位置的距离与角度原因，教室监控系统采集视频中的学习者往往面部成像较小、非正脸或有遮挡，有时会导致学习者身份认证失败。为了简化此类问题，我们在传统教室、实验室场景中，对单个学习者进行视频采集，确保采集到的学习者面部区域保持一定大小，减少面部区域特征不足带来的学习者身份错判问题。

本章探究学习者身份认证技术，其作为学习者目标检测的后续任务，是学习者行为分析的任务之一。由于智能视觉计算的身份认证技术是基于大样本数据分析的深度神经网络实现的，因此建立学习者身份认证的基准数据集，为准确识别学习者面部特征的深度神经网络提供数据支撑是学习者身份认证的必要环节。本章主要内容包括三个部分：分类阐述现有的基于人脸特征的身份认证技术、构建学习者身份认证数据集和研究学习者身份认证方法[1,2]。

4.2 身份认证研究概述

4.2.1 常见方法与模型

身份认证技术的发展历程从早期的口令与简单密码开始，逐步发展为采用生物特征和多因素认证技术，最终发展为无感知的身份认证技术。每一种技术都有其独有的特点和适用范围。按照身份认证依据，身份认证技术分为传统身份认证和生物特征认证两类。

在传统身份认证方面，初期采用的是只有身份主体了解的密码或口令，后来身份证、户口本等也被用作身份认证的依据。传统身份认证方式容易遗忘或遗失，使用不便，安全性差。

在生物特征认证方面，随着现代科学技术的不断发展，指纹、虹膜、人脸、掌纹、声纹、步态及 DNA 等被用作身份认证的依据。该类信息随身携带、使用便捷、安全性较高。本章重点论述无感知的基于人脸的身份认证技术(图 1.2)。

1. 人脸检测

人脸检测指通过视觉计算方法找到给定图像中的人脸并输出该人脸位置的矩形框，是人脸属性分析和身份识别的前提。理想状态下，人脸检测技术可以在没有任何比例和位置先验的情况下计算出人脸边界。根据是否使用深度神经网络，人脸检测可以分为传统方法和深度学习方法。前者速度快、占用计算资源少，但是精度低，难以应对复杂场景；后者适用于更加复杂的场景、检测精度高，但依赖支撑数据集。

1) 基于传统方法的人脸检测

Brunelli 和 Poggio 使用模板匹配的方式检测人脸，用人脸模板与被检测图像中各个位置进行匹配，判断相应位置是否有人脸[3]。Rowley 等使用浅层人工神经网络和支持向量机等机器学习算法来检测人脸，并用 20×20 的人脸图像训练了一个多层感知器[4]。Viola 和 Jones 提出人脸检测框架，通过级联多个分类器对人脸的 Haar-like 特征进行建模，在保持良好精度的前提下，检测速度明显提高[5]。Felzenszwalb 和 Hattenlocher 提出基于组件的检测算法，对扭曲、形变、多姿态、多角度的人脸图像有较好的检测效果[6]。

2) 基于深度学习的人脸检测

单阶段人脸检测方法在检测速度上更具优势。主要代表性工作有：Zhang 等提出单阶段尺度不变人脸检测器(single shot scale-invariant face detector，S^3FD)，给出尺度均衡的锚框生成策略、修正锚框尺度的匹配策略和 max-out 的分类策略[7]；Tang 等提出单阶段人脸检测模型 PyramidBox，通过改进锚框生成策略、采样策略和特征融合策略，提高人脸检测精度[8]；Deng 等提出多任务的单阶段人脸检测模型 RetinaFace，在不同特征上使用不同比例的锚框，引入独立的上下文模块，并在横向连接时使用可形变卷积[9]；Zhu 等提出单阶段的人脸检测模型 TinaFace，引入 IoU 预测分支，用 Inception 模块增强特征，并选择距离交并比(distance intersection over union，DIoU)作为回归损失[10]；Qi 等提出单阶段实时人脸检测算法 YOLO5Face，引入 Stem 块和 Wing 损失增强网络泛化能力，结合步长(stride)为 64 的特征输出块，提高检测精度与速度[11]。

多阶段人脸检测方法主要代表性工作有：Li 等提出的双阶段人脸检测(dual shot face detector，DSFD)模型，在特征增强、损失函数及锚点增强等方面，对应提出特征增强模块(feature enhance module，FEM)、渐进锚损失(progressive anchor loss，PAL)函数、改进的锚点匹配(improved anchor matching，IAMS)策略[12]；Li 等提出多阶段人脸检测模型 Cascaded CNN，用若干个简单的网络合成一个强检测器[13]；Zhu 等提出基于上下文的多尺度区域卷积神经网络（contextual multi-scale RCNN，CMS-RCNN），将区域生成网络的单尺度提议提取改进为多尺度，并做多层特征图上特征融合[14]；Zhang 等提出基于多任务卷积神经网络（multi-task convolutional neural network，MTCNN）的人脸检测模型，用提议网络（proposal network，P-Net）生成大量的候选区域，筛选后送入细化网络（refine network，R-Net），经输出网络（output network，O-Net）二次筛选后，输出边界框和关键点的预测结果[15]；Chen 等提出多任务的两阶段人脸检测模型，监督 Transformer 网络（supervised transformer network，STN）用区域生成网络生成候选窗口及关键点，利用关键点对候选窗口进行校正，最后由 R-CNN 做出预测[16]；Hao 等提出通过尺度提议网络（scale proposal network，SPN）生成人脸尺度直方图，用区域生成网络做出预测[17]；Zhang 等提出的焦点分解网络（focal decomposed network，FDNet）通过多尺度训练、多尺度测试和多类别 NMS 方法进行投票融合，以提高人脸检测精度[18]；Zeng 等基于提议金字塔网络（proposal pyramid network）实现三级级联深度神经网络的人脸检测器，降低了检测复杂度[19]；He 等提出改进的训练样本选择策略和残差特征金字塔融合模块，进一步提升检测精度[20]。

2. 人脸识别

人脸识别指利用视觉计算方法在给定图像或视频中获取人的面部特征信息并进行身份认证的技术，目前已广泛应用于门禁系统、刷脸支付等领域。人脸识别算法包括传统方法和基于深度学习的方法。传统方法人工设计面部特征，成本高且实用性差。基于深度学习的人脸识别方法是目前的主流方法，识别速度快、精度高，但需支撑数据集，下面重点论述。

1）人脸特征提取

利用深度学习技术，选择合适的主干网络提取人脸图像的特征向量，以完成人脸识别。主要代表性工作有：He 等提出的 ResNet 通过给卷积块添加跳跃连接，有效缓解训练过程中的梯度爆炸和梯度消失，大幅提升卷积神经网络的深度[21]；Tan 和 Le 提出的 EfficientNet 采用神经网络结构搜索的方法，对卷积神经网络的深度、宽度、分辨率三个参数进行搜索，在参数量远小于手工设计的分类网络的情况下，实现更高的精度，广泛用在分类、检测、语义分割等下游任务中[22]；Wang 等提出的高分辨率网络（high-resolution network，HRNet）始终保持高分辨率特征，在小目标和细粒度数据上性能较优[23]；针对普通卷积模块特征冗余的问题，Han 等提出的 GhostNet 用线性变换的方法生成一系列低质量特征图，在参数量极低的情况下，精度较好[24]。Zhang 等提出的 ResNeSt 通过将分组卷积和注意力机制结合的方法，增强了模型提取特征的能力，在多种视觉任务中性能突出[25]。

主干网络的设计和选择决定了人脸识别方法特征提取能力的强弱，虽然现有的分类主干网络在公开数据集上表现较好，但是对于人脸识别这种细粒度和小尺寸的数据仍需进行针对性的优化。此外，大型的分类网络识别精度高，但是需要大量计算资源。

2) 损失函数设计

人脸提取的特征应满足类内方差最小和类间方差最大。当前流行的特征分类损失函数，如 Softmax 损失函数的分类性能还有待提高。理想的损失函数应使人脸识别模型收敛更快、精度更高。

主要代表性工作有：Wen 等提出的中心损失(Center Loss)函数学习每个类(身份)的深度特征中心，并惩罚深度特征与其对应类中心之间的距离，以增强类内紧凑性[26]；Ranjan 等提出 L-Softmax，通过附加的边界惩罚 m，同时增强类内紧凑性和类间差异[27]。Wang 等提出 L2-Softmax 损失函数，使用尺度参数来控制 Softmax 损失的温度，对分离良好的样本产生更高梯度，以缩小类内差异[28]；Wang 等提出 AM-Softmax，通过缩小类内距离、增大类间距离的方式增加了不同类别之间的区分度[29]；Deng 等提出加性角度边距损失 ArcSoftmax 来最大化人脸特征的可辨别性[30]；Boutros 等提出自我约束三元组损失，提高了蒙面人脸识别效果[31]；Terhörst 等提出简单、有效的人脸识别方法 QMagFace，将质量感知比较分数与基于量级感知的角余量损失的识别模型相结合，进一步提高人脸识别效果[32]。

目前人脸识别技术的侧重点在于有效提取特征信息以及构建辨别能力强的损失函数。由于人脸识别的应用场景对实时性要求较高，因此在高准确率的基础上提升算法效率以及识别速度是人脸识别算法的重要目标。

4.2.2　相关基准数据集

1. 人脸检测数据集

WIDER FACE 数据集(http://mmlab.ie.cuhk.edu.hk/projects/WIDERFace)[33]：2016 年由香港中文大学构建，是目前规模最大、检测难度最高的人脸检测数据集，包含 32203 幅图像和 393703 个人脸标注，其中，训练集、验证集和测试集分别占比 40%、10%和 50%。根据人脸检测的难易程度，各集合中的数据分为简单、中等和困难三个等级。

该数据集成像尺寸、成像角度、人脸姿态、表情变化、人脸遮挡丰富多变，加之不同程度的光照污染、光照强弱，以及各式各样的化妆风格等多种因素影响，对人脸检测技术来说极具挑战性。

2. 人脸识别数据集

LFW 数据集(https://vis-www.cs.umass.edu/lfw)[34]：一种无约束自然场景人脸识别数据集，共有 5749 个人的 13233 幅人脸图像。该数据集以彩色图像为主，也存在少量二值图像，来自互联网中的自然生活场景，受光照、年龄、表情等因素影响，识别难度较大。

CPLFW 数据集(http://www.whdeng.cn/CPLFW/index.html)[35]：增加了交叉姿势的 LFW 人脸识别数据集，包括 3000 个具有姿势差异的正样本和性别及种族相同的负样本。与 LFW 相比，CPLFW 中的正样本对具有明显的姿态差异，而负样本对具有相同的性别和种族，可减少正、负对间的属性差异对人脸识别的影响。

CALFW 数据集(http://www.whdeng.cn/CALFW/index.html)[36]：收集跨年龄人脸数据构成的 LFW 扩充数据集，包含 3000 个具有年龄差异的正样本人脸图像对和同性别、同种族的负样本人脸图像对。该数据集用正样本对的年龄差距扩大类内方差，用负样本对减少不同的性别或种族的类间方差，这对人脸识别算法的鲁棒性提出更高的要求。

MegaFace 数据集(https://megaface.cs.washington.edu)[37]：由华盛顿大学发布的人脸识别数据集，其训练集 Gallery dataset 和测试集 FaceScrub Celebrities、FGNet Age-invariant non-celebrities 分别包括 69 万人的 100 万幅人脸图像、530 人的 10 万幅人脸图像和 82 人的 1002 幅人脸图像。

AgeDB 数据集(https://ibug.doc.ic.ac.uk/resources/agedb)[38]：由帝国理工学院(Imperial College London)发布的人脸识别数据集，包含 568 人的 16488 幅人脸图像。根据年龄差异，数据划分分别相差 5 岁、10 岁、20 岁和 30 岁。

4.2.3　性能评价指标

针对人脸识别任务，一般采用人脸识别准确率作为评价指标，定义为

$$\text{Accuracy\_of\_face\_recog} = \frac{\text{TP}+\text{TN}}{\text{TP}+\text{TN}+\text{FP}+\text{FN}} \tag{4.1}$$

其中，TP、TN、FP 和 FN 分别表示真阳性(true positive)、真阴性(true negative)、假阳性(false positive)和假阴性(false negative)。

针对人脸检测任务，其本质是目标检测，可直接选取 mAP、AP、*P*、*R* 和 FPS 作为评价指标，计算方法详见式(3.1)、式(3.2)和式(3.4)。

4.3　学习场景下基于人脸特征分析的学习者身份认证

4.3.1　学习者身份认证专用数据集构建

1. 数据采集

为了实现学习者进入学习场景的身份认证功能，需要构建基于人脸特征的学习者

身份认证(identity authentication based on face feature for learner，IAFF)数据集[1]。由于学习场景中学习者数据的敏感性和采集的困难性，我们组织志愿者构建了一个传统教室、实验室以及计算机机房场景下的视频数据集，包括 80 个视频，各视频时长范围为 1.7～5.5min、大小为 1.00～6.32GB。视频采集信息如表 4.1 所示。

表 4.1　身份认证数据集信息

数据批次	场景	时间	视频数量	视频总大小/GB	总时长/min	视频平均时长/min
1	实验室	2018 年 4 月	11	2.45	28	2.5
2	传统教室	2018 年 4 月	10	1.99	27	2.7
3	实验室	2018 年 7 月	9	3.29	40	4.4
4	传统教室	2018 年 7 月	8	2.85	44	5.5
5	实验室	2018 年 9 月	5	6.32	26	5.2
6	传统教室	2018 年 9 月	7	3.43	27	3.9
7	计算机机房	2018 年 6 月	30	1.00	51	1.7

2. 数据标定

IAFF 数据集从上述视频中每隔 3s 抽一帧，挑选出 2659 幅图像，按照 9 : 1 划分训练集和验证集。使用 LabelImg 对 IAFF 数据集进行标注，参考 PASCAL VOC 数据集中的标注形式，以 XML 文件形式给出每幅图像的标注文件，可用于人脸检测和人脸识别任务的训练和测试。部分样本如图 4.1 所示。

(a)实验室

(b)计算机机房

(c)传统教室

(d)实验室

图 4.1　不同场景下的学习者身份认证数据集部分样本

由图 4.1 可知，学习场景中身份认证数据大部分是基于室内场景的，涉及不同的场景和视角。基于人脸检测任务的身份认证主要依据为学习者的面部区域，因此对图像进行标注时，仅划分为 face 和 background 两类。借助 LabelImg 工具对监控图像中的学习者进行标注，给定标注 face，并自动生成相应的标注文件。LabelImg 工具标注图像示例如表 4.2 所示。

表 4.2　IAFF 数据集中的某人脸标注示例样本

人工标注的数据信息	区域标注的可视化图像
<filename>00001.jpg</filename> <path>G:\53-实验室视频数据集\00001.jpg</path> <source> <database>Unknown</database> </source> <size> <width>1280</width> <height>720</height> <depth>3</depth> </size> <object> <name>face</name> <pose>Unspecified</pose> <truncated>0</truncated> <diffieult>0</difficult> <bndbox> <xmin>596</xmin> <ymin>68<hymin> <xmax>711</xmax> <ymax>201</ymax> </bndbox> </object>	

在 IAFF 数据集中，根据人脸标注文件的面部位置信息，提取对应的人脸图像，通过双线性插值的方法将人脸图像尺寸调整为 112×112，将属于同一个人的所有人脸图像全部存在一个带有身份标识的专用文件夹中，用于基于人脸识别的身份认证任务。IAFF 数据集是由真实场景下的视频数据集提取生成的，具有场景复杂、拍摄角度多样、光照不足和遮挡严重等特点，如图 4.2 所示。

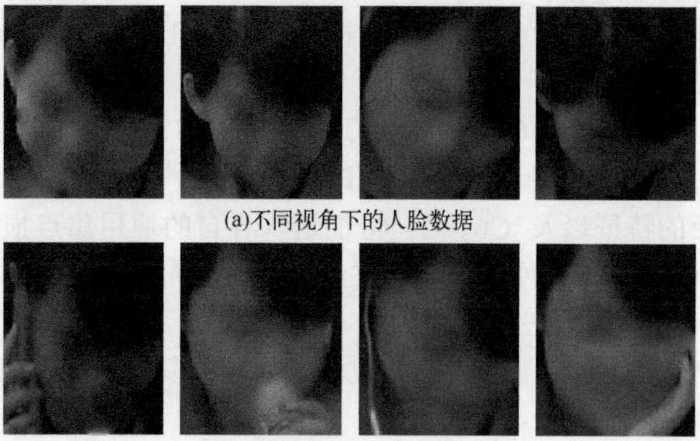

(a)不同视角下的人脸数据

(b)存在干扰的人脸数据

图 4.2　IAFF 数据集部分人脸样本

4.3.2　基于人脸检测的身份认证方法

1. 身份认证方法设计

1) 方法描述

RetinaNet 为单阶段目标检测模型，具有速度快、精度高等优势，但是人脸检测任务会出现大量密集小目标人脸以及模糊遮挡等现象，直接用 RetinaNet 会出现人脸漏检、定位精度差等问题，而且无法满足实时检测的需求。

基于人脸检测的学习者身份认证（identity authentication based on face detection for learner，IAFDL）方法是在 RetinaNet 的基础上改进而来的[1]，模型结构如图 4.3 所示。

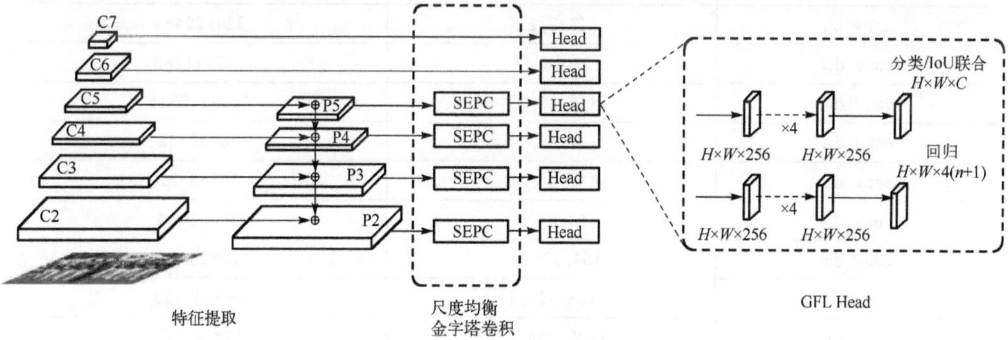

图 4.3　IAFDL 的网络结构图

(1) 待检测人脸图像经双线性插值、随机翻转、中心裁剪和颜色抖动等数据增强策略后调整为 640×640，输入 MobileNetV1_0.25 主干网络[39]。

(2) 通过 MobileNetV1_0.25 主干网络，提取到步长为 4、8、16、32、64、128

六种不同尺度的特征，用 C2～C7 表示，同时通过 1×1 卷积将各个特征图的通道数压缩为 64。

(3) 特征图 C2、C3、C4、C5 通过特征金字塔和尺度均衡金字塔卷积(scale-equalizing pyramid convolution，SEPC)进行融合[40]。

(4) 将融合后的特征以及 C6、C7 特征送入各自的通用焦点损失头(generalized focal loss head，GFL Head)网络[41]，通过分类分支输出目标的类别，通过回归分支输出目标的位置。

(5) 通过 NMS 算法对检测结果进行过滤，去除重复的检测结果，按照分数从高到低输出前 1000 个结果。

2) 特征提取

由于深度可分离卷积(depthwise separable convolution，Depthwise Cov)在减少参数量上的优势，谷歌于 2017 年提出 MobileNetV1 模型，其网络结构简单，类似于 VGG[42]的直通网络，没有跳跃连接。它的优点是用深度可分离卷积代替普通卷积，整个网络的前几层使用普通卷积，其他层使用深度可分离卷积，参数规模比 GoogLeNet 减少 38%，但准确率高于 GoogLeNet[43]。

MoblieNetV1 定义了宽度倍增器 α 和分辨率倍增器 ρ 两个超参数，用以调整输出特征的通道数和输入图像的大小。为了减少模型的参数量和提高模型的检测速度，令 IAFDL 方法主干网络中宽度倍增器超参数 $\alpha=0.25$，特征提取主干网络结构如表 4.3 所示。

表 4.3　MobileNetV1 特征提取主干网络结构

卷积类型	滤波器尺寸	特征图大小
conv_bn	(3, 8, 2)	224×224×3
conv_dw	(8, 16, 1)	112×112×8
conv_dw	(16, 32, 2)	112×112×16
conv_dw	(32, 32, 1)	56×56×32
conv_dw	(32, 64, 2)	56×56×32
conv_dw	(64, 64, 1)	28×28×64
conv_dw	(64, 128, 2)	28×28×64
5×conv_dw	(128, 128, 1)	14×14×128
conv_dw	(128, 256, 2)	14×14×128
conv_dw	(256, 256, 1)	7×7×256

表 4.3 中，第一列为卷积类型，conv_bn 表示后接批标准化(batch normalization，BN)层的传统卷积模块，conv_dw 表示深度可分离卷积模块，图 4.4 为 conv_bn 和 conv_dw 的区别。

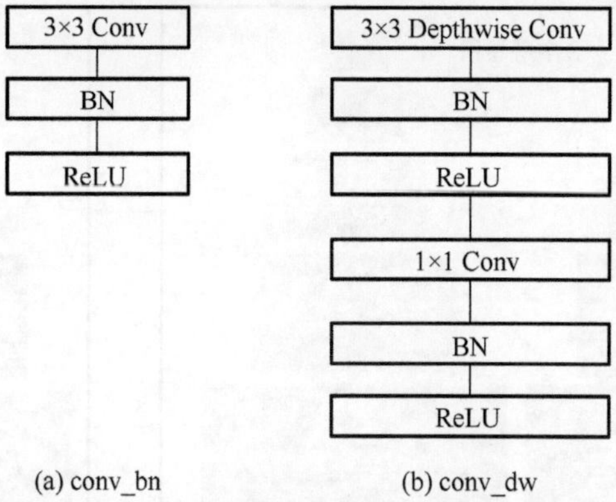

图 4.4　conv_bn 和 conv_dw 的区别

易知，深度可分离卷积把传统 3×3 卷积替换为 3×3 的深度可分离卷积（Dcpthwisc Conv）和 1×1 的普通卷积两步操作，所以参数量约为普通卷积的 1/9。

表 4.3 中，第二列三个数字分别代表输入通道数、输出通道数和步长，第三列定义输入特征图的大小。当输入为 224×224 的 RGB 图像时，经过 MobileNetV1_0.25 提取特征，生成 112×112×16、56×56×32、28×28×64、14×14×128、7×7×256 的特征图，下采样 C5 得到 C6、C7。

用 MobileNetV1_0.25 在 ImageNet 数据集[44]上的训练权重初始化学习场景中 IAFDL 方法的主干网络，可以使模型更加容易收敛、特征更加丰富。

3）采样方式

自适应训练样本选择（adaptive training sample selection，ATSS）方法首先在每个特征层找到离标注中心点最近的 k 个候选锚框；然后计算这 k 个候选框和标注之间的 IoU，并计算其均值和标准差，得到自适应的正样本阈值；最后选择大于该阈值的所有候选框作为正样本输出。ATSS 方法根据目标的统计特性自动选择正样本和负样本，是一种自适应训练样本选择算法，可显著提高检测性能，弥补基于锚框和无锚框检测器的精度差距。

相比于固定阈值的采样方法，ATSS 采样方法对于每个特征点的锚框数量、锚框的比率以及每个标注周围最近候选框的数量 k 等超参数是不敏感的。IAFDL 方法中每个特征点分配一个正方形的候选锚框，令标注周围最近候选框的数量 k=9。

4）特征融合

金字塔卷积（pyramid convolution）只在高层特征图上对齐共享的金字塔卷积核，从而可以对金字塔层间的相关特性进行融合。金字塔卷积原理如图 4.5 所示。

图 4.5　金字塔卷积原理示意图[40]

图 4.5 中，左边一列三个深色外框的特征图和中间一列中三个浅色外框特征图经过金字塔卷积，在右边生成新的特征图。金字塔卷积等价于将三个相邻的不同尺度的特征图，分别经过两倍上采样、步长为 1 的卷积和步长为 2 的卷积对齐，然后将三个对齐的特征图通过相加进行特征融合。

金字塔卷积定义为

$$y^l = w_1 \times s_{0.5} x^{l+1} + w_0 \times x^l + w_{-1} \times s_2 x^{l-1} \tag{4.2}$$

其中，x^l、x^{l-1} 和 x^{l+1} 分别为第 l 层、l–1 层和 l+1 层金字塔的特征图；w_1、w_0 和 w_{-1} 为独立的 2 维卷积；s_2 代表步长为 2 的卷积核；$s_{0.5}$ 代表先对特征图进行双线性上采样，再进行步长为 1 的卷积操作。

将金字塔卷积中的普通卷积替换为可变形卷积，即尺度均衡金字塔卷积，这样可以自适应各层的模糊程度，保持特征图之间的尺度均衡，提高特征图的尺度不变性，有利于提升模型的检测精度。

IAFDL 方法对特征图 P2、P3、P4、P5 采用尺度均衡金字塔卷积模块融合特征，可提升小尺寸人脸的检测精度。

5) 损失函数

ATSS 和 FCOS 等较强的单阶段检测器，除了具有分类、回归分支，还有一个质量监督分支。分类分支由于采用 Focal Loss 函数，可以让正负样本都得到充分训练，但是质量监督分支只对正样本进行质量估计，没有充分利用到负样本的信息。此外，在复杂场景中，边界框的表示具有很强的不确定性，而现有回归模型都是单一的狄拉克分布，不够灵活。Generalized Focal Loss 函数通过将质量分数和分类分数联合表示来解决质量监督分支和分类分支的不一致问题，并通过一个任意分布回归的方法建模边框，解决传统狄拉克模型对复杂场景的边框回归不灵活问题。

此处，质量分数和分类分数联合表示定义为[41]

$$\mathrm{QFL}(\sigma) = -|y-\sigma|^{\beta}\left((1-y)\log(1-\sigma)+\log(\sigma)\right) \tag{4.3}$$

其中，σ 为分类-质量联合分支后接 Sigmoid 层预测的输出；超参数 β 用于平稳地控制降权(down-weighting)速率；y 为分类-质量联合分布的标注，即用锚框和标注真值的 IoU 值作为此分支的标注；$|y-\sigma|^{\beta}$ 为调制因子，当样本质量估计不准确且偏离标注 y 时，其值相对较大，更注重学习难样本。这样可以让分类、质量任务联合优化，使锚框质量监督分类任务，提升模型分类精度。

回归分布建模边框定义为[41]

$$\mathrm{DFL}(S_i, S_{i+1}) = -\left((y_{i+1}-y)\log(S_i)+(y-y_i)\log(S_{i+1})\right) \tag{4.4}$$

其中，$y_i(i\in\{0,1,\cdots,n\})$ 表示所回归的任意边界框(bounding box，BBox)分布的 n+1 个离散值；S_i 表示预测值 $\hat{y}$ 在 $[y_i, y_{i+1}]$ 区间的概率值；$S_i=\dfrac{y_{i+1}-y}{y_{i+1}-y_i}$，$S_{i+1}=\dfrac{y-y_i}{y_{i+1}-y_i}$；DFL 用于增加目标 y 周围值(即 y_i 和 y_{i+1} 附近的值)的概率。最终的回归结果是由这 n+1 个离散值加权平均得来的，近似为此分布的积分值。这种操作通过建模一个分布，使回归精度更为准确，可以改善现实场景中出现的模糊边界以及人为标注误差等问题。

IAFDL 方法在标注周围范围为 1 的区域进行回归预测，令回归的离散值数量为 17，对 17 个离散值加权平均，得到人脸检测结果。

2. 实验结果与性能分析

1) 实验环境与参数设置

本节实验的硬件环境为 Intel Core i7-6800K CPU @ 3.40GHz，NVIDIA GeForce GTX 1080Ti GPU，32GB 内存，256GB 硬盘；软件环境为 CUDA 11+cuDNN 7.0，Python 3.8，PyTorch。

为了检验本节所提方法 IAFDL 的性能，分别在 WIDER FACE[33]和 IAFF 两个数据集上进行实验，并选取 4.2.3 节中的 mAP 和 FPS 作为人脸检测的评价指标。

WIDER FACE 数据集存在着大量的小尺寸人脸。为了提取到足够的特征，通常会将图像上采样为较大尺寸的特征图。一般地，采取中心裁剪的方式进行图像预处理，即首先随机将图像上采样为(2560×640)～(2560×1920)大小，再对随机裁剪为 640×640 的目标区域进行训练。训练尺度的减小可以缩短训练时间和显存占用。由于中心裁剪，WIDER FACE 数据集中每幅图像都只有局部的区域参与训练过程。为了使模型得到充分训练，采用余弦重启的学习率策略，即初始学习率为 0.005，然后通过 24 次迭代的余弦退火衰减方法将学习率衰减为 0.00005，重复上述学习率衰减策略 10 次，最终迭代 240 次。

分析 IAFF 数据集的特点，统一将图像尺寸调整为 1333×416，小的训练尺度可以有效降低系统计算资源的消耗。训练阶段采用随机梯度下降作为模型的优化器，最大迭代次数为 24，初始学习率设为 0.005，并在迭代次数为 16 和 22 时，学习率分别衰减为原值的 10%，即依次更新为 0.0005 和 0.00005。

2) 有效性实验

为了检验 IAFDL 方法的有效性，随机挑选一个视频进行人脸检测实验，并将实验结果进行可视化，如图 4.6 所示。

图 4.6　IAFDL 方法在教室场景下的人脸检测结果

由图 4.6 可以看出，IAFDL 方法的整体效果较好，几乎可以检测到大部分学习者的人脸，一些尺寸特别小的人脸也可以被检测出来。但学习场景中普遍存在面部朝向不一、成像视角差异、面部区域遮挡等问题，所以易出现漏检和错检的情况，尤其是后排和遮挡目标。

3) 对比实验

为了验证模型的优越性，本节在 WIDER FACE 数据集上做实验，并和其他人脸检测模型进行对比，在主干网络为 MobileNetV1_0.25、训练尺度为 640×640、推理尺度短边为 1280 时，实验结果如表 4.4 所示。

表 4.4　IAFDL 方法和主流方法的对比实验结果（WIDER FACE 数据集）

人脸识别模型	AP_{Easy}/%	AP_{Medium}/%	AP_{Hard}/%	FPS/（帧/s）
RetinaFace[9]	90.7	88.2	73.8	**40.2**
TinaFace[10]	93.8	92.9	**88.2**	16.0
IAFDL	**94.4**	**93.7**	87.5	29.8

表 4.4 中，根据人脸图像的高度将 WIDER FACE 数据集划分为三个不同难度的测评子集：Easy(300 像素及以上)、Medium(50～200 像素)和 Hard(10～50 像素)。表 4.4 表明，IAFDL 方法的 AP 值分别为 94.4%(Easy)、93.7%(Medium)和 87.5%(Hard)，精度高于同等主干网络的 RetinaFace 模型，速度也明显优于 TinaFace 模型，FPS 达到 29.8 帧/s。

接下来在 IAFF 数据集上进行实验，并和其他人脸检测模型进行对比。令训练尺寸和推理尺寸均为 1333×416，主干网络为 MobileNetV1_0.25，实验结果如表 4.5 所示。

表 4.5　IAFDL 方法和主流方法的对比实验结果(IAFF 数据集)

人脸识别模型	mAP@0.75/%	FPS/(帧/s)
RetinaFace	86.3	**67.8**
TinaFace	88.1	28.3
IAFDL	**88.8**	50.5

结果表明，在 IoU 阈值为 0.75 时，IAFDL 的 mAP 值 88.8%比主干网络同样使用 MobileNetV1_0.25 的 RetinaFace 方法的 mAP 值提高 2.5 个百分点，比 TinaFace 方法的 mAP 值提高 0.7 个百分点；IAFDL 的 FPS 值 50.5 帧/s，介于 RetinaFace 和 TinaFace 的 FPS 之间。

因此，IAFDL 方法在满足较高的检测精度的情况下，仍然可以保持较快的检测速度和较小的参数量，在 TinaFace 和 RetinaFace 间达到一个好的平衡。

4) 消融实验

为了验证各模块的改进效果，在 IAFF 数据集上做消融实验。本实验使用的基线方法为 RetinaNet，主干网络为 ResNet-50，实验结果如表 4.6 所示。

表 4.6　IAFDL 方法的消融实验

基线	主干网络	ATSS	GFL Head	SEPC	参数量/MB	FPS/(帧/s)	mAP/%
RetinaNet	ResNet-50	×	×	×	37.96	18.60	89.0
	MobileNetV1_0.25	×	×	×	0.67	59.89	83.7
		√	×	×	0.67	62.21	85.2
		×	√	×	0.39	61.57	86.9
		×	×	√	1.05	50.5	88.8

结果表明，基线方法的检测精度高，但参数量和推理速度却不占优势。将主干网络由 ResNet-50 替换为 MobileNetV1_0.25，同时将各阶段通道数由 256 降为 64，参数量由 37.96MB 降为 0.67MB，FPS 由 18.60 帧/s 提升至 59.89 帧/s；将采样方式由基于 IoU 阈值的方式替换为 ATSS，FPS 由 59.89 帧/s 提升至 62.21 帧/s，mAP 值由 83.7%提高至 85.2%，提高 1.5 个百分点；将检测头替换为 GFL Head，

参数量降低为 0.39MB，mAP 值由 85.2%提高至 86.9%，提高 1.7 个百分点；加入 SEPC 进行特征融合，mAP 值由 86.9%提高至 88.8%。

3. 所提方法小结

针对学习场景中的学习者身份实时认证问题，本小节提出 IAFDL 方法。

该方法以 RetinaNet 模型为基础，在模型结构、损失函数、特征融合方式、训练方式等方面进行了精简和优化，优化后检测模型的参数量仅为 1.05MB。实验结果表明：①在训练尺度为 640×640、推理尺度短边为 1280 时，所提方法在 WIDER FACE 数据集上 AP_{Easy}=94.4%，AP_{Medium}=93.7%，$AP_{Hard=}$87.5%；②在训练尺度为 416×416、推理尺度短边为 416 时，所提方法在 IAFF 数据集上 mAP@0.75= 88.8%、FPS=50.5 帧/s。WIDER FACE 和 IAFF 数据集中，所提方法检测精度、速度均高于同等参数量的 RetinaFace 和 TinaFace 模型。

4.3.3 基于人脸识别的身份认证方法

1. 身份认证方法设计

1) 方法描述

基于人脸识别的学习者身份认证(identity authentication based on face recognition for learner，IAFRL)方法[1]的主要思路是：用针对人脸数据特点的主干网络提取特征，既可以进行困难样本挖掘，又可以动态收缩边界的损失函数值，流程如图 4.7 所示。

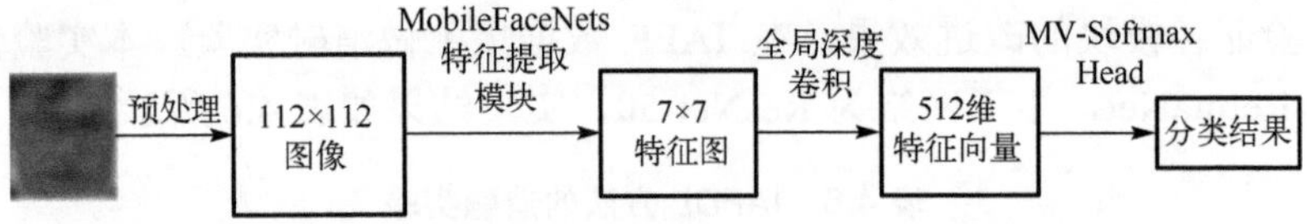

图 4.7　IAFRL 方法的设计

(1) 经过中心裁剪、双线性插值预处理对齐后，待识别的人脸图像尺寸为 112×112。

(2) 由 MobileFaceNets 特征提取模块从对齐后的人脸图像中提取生成尺寸为 7×7 的特征图。

(3) 用全局深度卷积(global depthwise convolution，GDConv)替代传统的全局平均池化，压缩 7×7 大小的特征图，生成 512 维特征向量。

(4) 将 512 维特征向量送入 MV-Softmax Head[45]处理，输出人脸识别结果。

2) 特征提取

MobileFaceNets[46]是基于 MobileNetV2 的人脸特征提取的主干网络，参数量不到 100 万个，但是具有比 MobileNetV2 更高的准确率和两倍以上的实际加速比，结构如表 4.7 所示，其中，t 为扩展因子，作用于输入尺寸；相同操作序列中的所有层具有相同数量的输出通道 c；每行描述 1 个或多个相同层的操作序列，重复 n 次；每个序列的第一层步长为 s，所有其他层步长均为 1。

表 4.7　MobileFaceNets 的网络结构

输入张量尺度	操作	t	c	n	s
$112^2\times3$	conv3×3	—	64	1	2
$56^2\times64$	depthwise conv3×3	—	64	1	1
$56^2\times64$	bottleneck	2	64	5	2
$28^2\times64$	bottleneck	4	128	1	2
$14^2\times128$	bottleneck	2	128	6	1
$14^2\times128$	bottleneck	4	128	1	2
$7^2\times128$	bottleneck	2	128	2	1
$7^2\times128$	conv1×1	—	512	1	1
$7^2\times512$	linear GDConv 7×7	—	512	1	1
$1^2\times512$	linear conv1×1	—	128	1	1

该网络的特点在于：①增加了网络层的通道数，可提取更加细节的特征；②激活函数用 PReLU[47]替代 ReLU6，充分利用尽可能多的特征，获得更好的稀疏表示；③采用全局深度卷积代替全局平均池化，关注不同特征的差异性，从而达到更好的分类效果。

3) 全局深度卷积

大部分的轻量级主干网络，如 MobileNet、ShuffleNet 等，是接普通的平均池化层来提取特征。轻量级网络由于主干网络参数量较少，通过平均池化之后会损失大量的有用信息。在人脸识别任务中，采用全局平均池化后精度下降，是由于平均池化每个单元都有同等的权重，网络获取的信息不够丰富。

为了解决上述问题，采用全局深度卷积提取特征，其卷积核大小等于输入特征维度的大小，填充为 0，步长为 1，定义为

$$G_m = \sum_{i,j} K_{i,j,m} F_{i,j,m} \tag{4.5}$$

其中，(i,j)和 m 分别为 $F_{i,j,m}$ 和 $K_{i,j,m}$ 的空间位置和通道索引；F 是尺寸为 $W\times H\times M$ 的输入特征；K 是尺寸为 $W\times H\times M$ 的深度卷积核；G 是尺寸为 $1\times1\times M$ 的特征向量，G_m 表示 G 的第 m 个通道。

4) 损失函数

采用 MV-Softmax 作为损失函数，自适应地强调分类错误的特征向量，以指导

辨别性特征的学习，定义为[45]

$$L=-\log\frac{\mathrm{e}^{sf(m,\theta_{w_y,x})}}{\mathrm{e}^{sf(m,\theta_{w_y,x})}+\sum_{k\neq y}^{K}h(t,\theta_{w_k,x},I_k)\mathrm{e}^{s\cos(\theta_{w_k,x})}} \tag{4.6}$$

其中，$k\in\{1,2,\cdots,K\}$，K 为类别数；x 为待分类的向量；y 为真实值标签；s 为尺度超参数；w_y 和 w_k 为权重向量；$f(m,\theta_{w_y,x})$ 为边际(margin)函数，m 为正整数的边际超参数；$\cos(\theta_{w_k,x})=w_k^{\mathrm{T}}x$ 是余弦相似度；$\theta_{w_k,x}$ 是 w_k 与 x 之间的夹角；I_k 为指示函数，表示 x 样本是否被错分为 k 类，定义为

$$I_k=\begin{cases}0, & f(m,\theta_{w_y,x})-\cos(\theta_{w_k,x})\geqslant 0\\ 1, & f(m,\theta_{w_y,x})-\cos(\theta_{w_k,x})<0\end{cases} \tag{4.7}$$

$h(t,\theta_{w_k,x},I_k)$ 是误分类样本的加权函数，可对所有误分类样本分配固定权重或自适应动态加权，分别定义为

$$h(t,\theta_{w_k,x},I_k)=\mathrm{e}^{stI_k} \tag{4.8}$$

$$h(t,\theta_{w_k,x},I_k)=\mathrm{e}^{st(\cos(\theta_{w_k,x})+1)I_k} \tag{4.9}$$

其中，t 为预设超参数，当 $t=0$ 时，MV-Softmax 退化为 Margin-based Softmax 损失函数。

因此，MV-Softmax 通过对错误样本定义加权函数的方式，使模型对错误特征向量更为关注，进而提高人脸识别精度。在学习场景中，由于人脸角度、光照、完整性等条件差异，人脸识别任务变得困难，极易产生分类错误。MV-Softmax 这种关注错误样本的损失函数，对解决此类问题有着天然优势。

2. 实验结果与性能分析

1) 实验环境与参数设置

本节实验的硬件环境为 Intel Core i7-6800K CPU @ 3.40GHz，NVIDIA GeForce GTX 1080Ti GPU，32GB 内存，256GB 硬盘；软件环境为 CUDA 11+cuDNN 7.0，Python 3.8，PyTorch。

为了检验本节所提方法 IAFRL 的性能，分别在 LFW[34]、CPLFW[35]、CALFW[36]、MegaFace[37]、AgeDB[38]和 IAFF 六个数据集上进行实验，并选取 4.2.3 节中的人脸识别准确率作为人脸识别的评价指标。

2) 有效性实验

为了检验 IAFRL 方法的有效性，选取 IAFF 数据集中测试集的识别结果进行可

视化，结果如图 4.8 所示。

图 4.8　IAFRL 方法在实验室场景下的人脸识别结果

结果表明，在不同学习场景下，IAFRL 方法均可正确检测出人脸位置并进行身份识别，根据识别结果可从学习者信息数据库中获取该学习者的学号、姓名和专业等身份信息。

3) 对比实验

为了验证 IAFRL 方法所选主干网络的有效性，在 LFW[34]、CPLFW[35]、CALFW[36]、MegaFace[37]和 AgeDB[38]等公开数据集上和 IAFF 数据集上进行验证，识别准确率结果如表 4.8 所示。

表 4.8　不同主干网络在各数据集上的对比实验结果　（单位：%）

主干网络	LFW	CPLFW	CALFW	AgeDB	MegaFace	IAFF	参数量/MB
ResNet50-ir	99.78	88.20	95.47	97.77	96.67	95.63	43.57
HRNet[23]	**99.80**	**88.89**	**95.48**	**97.82**	**97.32**	**95.87**	70.63
EfficientNet-B0	99.55	84.72	94.37	96.63	91.38	93.95	33.44
GhostNet[24]	99.65	83.52	93.93	95.70	89.42	93.87	26.76
MobileFaceNets[46]	99.57	83.33	93.82	95.97	90.39	94.27	**1.19**

结果表明，主干网络 Mobile Face Nets 参数量仅为 1.19MB，远低于其他模型的参数量。在 IAFF 数据集上的识别准确率为 94.27%，和 EfficientNet-B0 或 GhostNet 接近。MobileFaceNets 在参数量远低于大模型的情况下，有着和大模型相当的识别精度。

为了验证所选损失函数的有效性，用不同的损失函数在训练集上进行训练，在 LFW、CPLFW、CALFW、AgeDB 和 MegaFace 等公开数据集和 IAFF 数据集上进行验证，人脸识别准确率如表 4.9 所示。

表 4.9 不同损失函数在各数据集上的对比实验结果 （单位：%）

损失函数	LFW	CPLFW	CALFW	AgeDB	MegaFace	IAFF
AM-Softmax[29]	99.58	83.63	93.93	95.85	88.92	**94.50**
ArcFace[30]	99.57	**83.68**	93.98	**96.23**	88.39	91.67
Circle Loss[48]	99.57	83.42	**94.00**	95.73	88.75	91.20
AdaCos[49]	**99.65**	83.27	92.63	95.38	82.95	91.23
MV-Softmax[45]	99.57	83.33	93.82	95.97	**90.39**	94.27

结果表明，不同损失函数在不同数据集上性能不同，IAFRL 方法采用的 MV-Softmax 损失函数整体性能较优，在 IAFF 数据集上识别准确率为 94.27%，在 MegaFace 数据集上识别准确率为 90.39%。

3. *所提方法小结*

针对学习场景中的学习者身份实时认证问题，本节提出基于人脸识别的身份认证的方法。实验结果表明：①以 MobileFaceNets 为主干网络、MV-Softmax 为损失函数的模型参数量为 1.19MB；②在 LFW、CPLFW、CALFW、AgeDB 和 MegaFace 数据集上的人脸识别准确率分别可达 99.57%、83.33%、93.82%、95.97%和 90.39%；③在 IAFF 数据集上的人脸识别准确率可达 94.27%。在以上数据集中，所提方法和 ResNet50-ir、HRNet 等大型主干网络的性能相当，MV-Softmax 作为损失函数的综合性能也优于其他损失函数。

4.3.4 基于人脸识别及类别平衡的身份认证方法

1. *身份认证方法设计*

针对学习场景中学习者身份认证数据集中的人脸类别不均衡以及类别间相似度高的问题，本节提出一种基于人脸识别及类别平衡的身份认证(identity authentication based on face recognition and balanced-class，IAFRB)方法[2]。

首先，设计双分支网络模型来适应数据的不平衡。通过对深度学习模型的特征学习模块和分类器学习模块进行解耦，保证两个模块互不影响、同时收敛。双分支网络模型首先学习通用模式，然后逐渐关注尾部数据。上分支用于标准数据的训练，下分支则采用适合不平衡数据的训练：即上分支采样器对每一类样本的采样概率相同，目的是学习原始图像信息的特征表达；逆采样器的采样方法是样本数量越多，样本采样频率越小；反之，样本数量越少，样本采样频率越高，目的是削弱样本不平衡带来的影响。通过上下两个分支共享部分参数来提高模型的运行效率，缓解长尾效应引起的识别效果差的问题。

其次，类别平衡函数利用惩罚模型的思想为所有类别设置一个惩罚矩阵，对于少样本类别设计较大的权重，对样本量多的类别设计较小的权重，其目的是要求模型在训练时尽可能将少样本类别分类正确，在模型错分少样本类别时，额外增加损失值，以较大的代价惩罚模型，从而使模型聚焦于少样本类别上。

最后，考虑到人脸之间相似度高，Softmax 函数难以有效优化类间距离和类内距离，因此将算法中的 Softmax 分类函数替换为 ArcFace 函数[30]，引入加性角度边距损失，增加类内紧凑性和类间差异性，提高人脸识别精度。

1) 网络结构

IAFRB 方法的网络结构如图 4.9 所示，包含上下两个分支结构，分别是卷积神经网络分支和再平衡学习分支。卷积神经网络分支的输入采用均匀抽样方法，通过均匀采样得到原始长尾分布的特征信息，从而得到数据集中通用的特征表达。再平衡学习分支的输入采用逆采样方法，通过对尾部数据的多次采样获得少样本中更多的特征信息，建模尾部数据，提高尾部数据的建模精度。

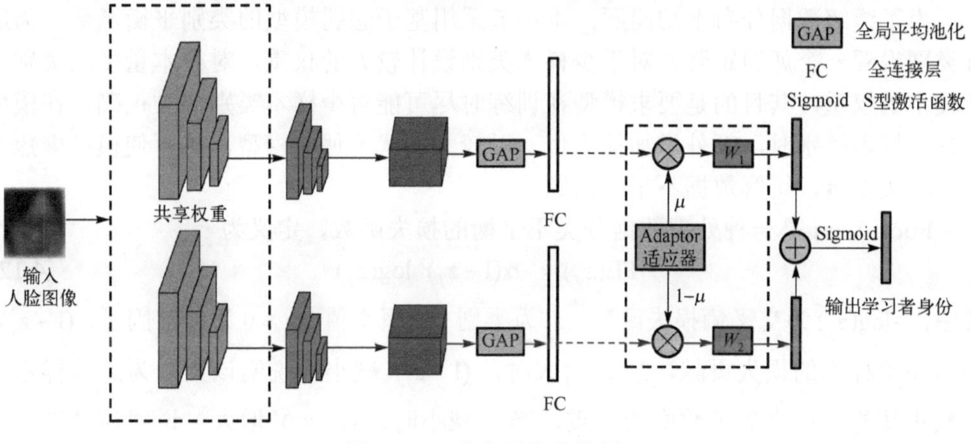

图 4.9　双分支网络结构图

视频帧通过卷积神经网络分支后得到特征信息 f_1，通过再平衡学习分支后得到特征信息 f_2，利用自适应平衡参数 μ 将二者结合起来，其中 μ 随迭代次数的增加而减小，定义为

$$\mu = 1 - \left(\frac{E}{E_{\max}}\right)^2 \tag{4.10}$$

其中，E 为当前模型训练的迭代次数；$E_{\max}$ 为设置的总体迭代次数。

对于特征信息 f_1 和 f_2，通过以下公式进行融合，定义为

$$z = \mu W_1^{\mathrm{T}} f_1 + (1-\mu) W_2^{\mathrm{T}} f_2 \tag{4.11}$$

其中，z 为融合后的特征信息；W_1^{T} 和 W_2^{T} 分别为上下两个分支对应的网络权重，在模型训练的初始阶段，自适应平衡参数 μ 侧重于上分支，给予卷积神经网络分支较大的权重，随着网络的训练，μ 逐渐减小，给予再平衡分支较大的权重。自适应平衡参数 μ 能使整个网络模型在训练过程中首先聚焦于原始分布中通用的特征信息，在训练的中后期则将注意力集中到长尾分布的少样本数据中，从而缓解长尾效应问题。

2) 类别平衡函数

类别不平衡问题指分类任务中不同类别的样本数量存在显著差异。不同类别的样本量相差过大会导致在训练时模型倾向于学习样本量多的类别特征，难以学习到样本量少的类别特征。这导致模型在测试阶段对样本量较少的类别识别效果较差[50,51]。

在 IAFF 数据集中，因学习者就座位置不同，导致可用的人脸样本每个类别的样本量存在较大差异，存在严重的长尾效应，加上人脸类别之间相似度高，对样本分类较为困难。

为了缓解数据分布不均问题，本小节采用基于惩罚模型的类别平衡函数，为所有类别设置一个惩罚矩阵，对于少样本类别设计较大的权重，对样本量多的类别设计较小的权重，其目的是要求模型在训练时尽可能将少样本类别分类正确，在模型错分少样本类别时，额外增加损失值，以较大的代价惩罚模型，从而使模型聚焦于少样本类别上，缓解数据不平衡问题。

Focal Loss 是一种处理数据分类不平衡的损失函数，定义为

$$\mathrm{FL}(z_j) = -\alpha(1-z_j)^{\gamma}\log(z_j) \tag{4.12}$$

其中，$-\log(z_j)$ 为交叉熵损失函数；z_j 为类别 j 的概率值；$\gamma \geqslant 0$ 为调节因子；$(1-z_j)^{\gamma}$ 表示简单样本的损失贡献，当 z_j 增大时，$(1-z_j)^{\gamma}$ 减小，说明该类别为易分样本，应减小该样本在损失函数中的权重，当 z_j 减小时，$(1-z_j)^{\gamma}$ 增大，说明该类别为困难样本，为了使模型聚焦于该类样本，应增大该样本的权重；$\alpha \in [0,1]$ 是权重因子，用来平衡正负样本在模型训练时的比例。

3) 人脸识别激活函数

分类的目的就是使不同类之间的间距够大，而相同类别之间的类内距离足够小。图像分类中常使用 Softmax 作为分类函数，将神经网络最后的输出值归一化，从多个不同的分类中选取概率最高的类别作为最终输出。

人脸识别任务的目的是使模型类内特征聚合而类间特征尽可能分离。由于人脸之间相似度高，Softmax 函数难以有效优化类间和类内距离，因此使用 Softmax 函数处理输出值的效果不佳。与之不同，ArcFace 引入加性角度边距损失，可提高人

脸识别模型的精度，定义为[30]

$$L_f = -\frac{1}{N}\sum_{i=1}^{N}\log\frac{e^{s(\cos(\theta_{y_i}+m))}}{e^{s(\cos(\theta_{y_i}+m))}+\sum_{j=1}^{n}e^{s\cos\theta_j}} \tag{4.13}$$

其中，N 为训练中每一批次的样本数；n 为类别数；m 为角度间隔超参数；s 为嵌入(embedding)特征；y_i 为类别为 y 的第 i 个样本的特征；θ_{y_i} 表示特征与权重之间的夹角；$\cos\theta_j = W_j^{\mathrm{T}}x_i$，$W_j$ 为经过 L2 范数归一化后的权重，x_i 为经过 L2 范数归一化后的特征向量。

ArcFace 将特征权重归一化，接着利用反余弦函数得到特征和真值之间的夹角，在目标夹角中加入加性角度边距 m，能获取更具有辨别性的人脸特征信息，最后用余弦函数再次获得目标值。这不仅增加类内紧凑性和类间差异性，提高人脸识别性能，还可加速模型收敛速度。

2. 实验结果和性能分析

1) 实验环境与参数设置

本节实验的硬件环境为 AMD Ryzen 9 3900X 12-Core CPU，NVIDIA GeForce GTX 3090 GPU，128GB 内存，1TB 硬盘；软件环境为 CUDA 11.4+cuDNN 8.0，Python 3.7，PyTorch 1.8.0+TorchVision 0.9.0。

为了检验本节所提方法的性能，分别在 LFW[34]、CPLFW[35]、CALFW[36]、MegaFace[37]、AgeDB[38]和 IAFF[1]六个数据集上进行实验，并选取 4.2.3 节中的人脸识别准确率和 FPS 作为人脸识别结果的评价指标。

IAFF 数据集通过对真实考场视频抽帧，再进行人工标注，包含 50 个考生的 2659 幅人脸图像。平均每个考生有 53 幅图像，部分样本如图 4.10 所示。图 4.11 为 IAFF 的数据分布图，能够看出该数据集存在较为典型的长尾效应。

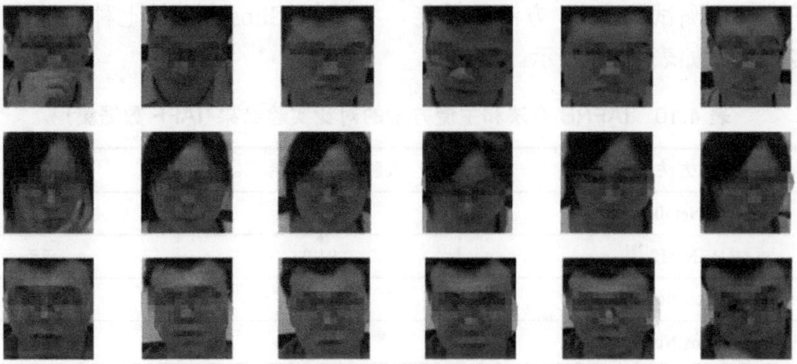

图 4.10　IAFF 数据集中的部分样本示例

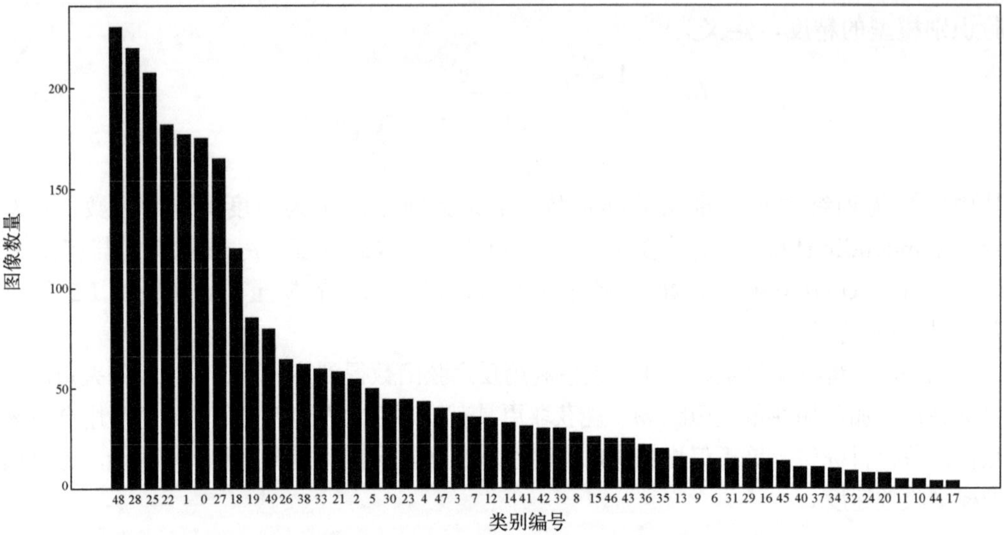

图 4.11 IAFF 数据集中训练集的样本类别分布

由于学习者身份认证数据集成像较小，模型在小尺寸下难以提取到有效的特征信息，为了提高算法的精度，我们在训练时首先将图像上采样到 512×512，再将图像随机裁剪到 256×256 进行训练。由于每幅图像在每次迭代中仅被利用了部分特征信息，为了使模型完整地提取到图像信息，共设置 150 次迭代，学习率采用周期性学习率调整策略。周期性学习率调整策略共分为三个阶段，每个阶段分别有 50 次迭代。在第一阶段使用线性预热(warm-up)学习策略，保证网络能够具有良好的收敛性，在第二阶段线性下降至初始学习率 0.01，第三阶段使学习率逐步衰减至 0。在测试阶段，计算余弦相似度、欧氏距离、曼哈顿距离，对三种相似度计算值通过投票法确定最终结果。

2)方法性能分析

为了进一步测试 IAFRB 方法的性能，将其与 GhostNet 等七种人脸识别方法做对比，实验结果如表 4.10 所示。

表 4.10 IAFRB 方法和主流方法的对比实验结果(IAFF 数据集)

方法	人脸识别准确率/%	FPS/(帧/s)
ResNet50-ir[2]	92.3	28
HRNet18[23]	91.0	25
EfficientNet-b2[22]	92.8	23
GhostNet[24]	88.3	**54**
Swin Transformer-s[52]	92.5	15

续表

方法	人脸识别准确率/%	FPS/(帧/s)
MobileFaceNets[46]	88.6	49
RepVGG[53]	91.6	34
IAFRB	**94.8**	22

结果表明，在 IAFF 数据集上，ResNet50-ir 的人脸识别准确率为 92.3%，FPS=28 帧/s；以 ResNet-50 为主干网络的 IAFRB 方法人脸识别准确率最高，达到 94.8%，由于采用了双分支模型结构，因此速度指标相比于原始 ResNet 模型略慢，FPS = 22 帧/s；轻量级模型 GhostNet 和 MobileFaceNets 的 FPS 分别达到了 54 帧/s 和 49 帧/s，但是其人脸识别准确率 88.3%和 88.6%比 IAFRB 方法的人脸识别准确率分别低 6.5 个百分点和 6.2 个百分点。对比目前图像分类领域准确率最高的 Transformer 模型，在 IAFF 数据集上，Swin Transformer-s 的人脸识别准确率为 92.5%，在 Transformer 模型中准确率最高，但是计算量大。因此，IAFRB 方法在人脸识别准确率和速度上都有明显优势。

为了进一步测试所提方法 IAFRB 的有效性，我们在 LFW、CPLFW、CALFW、MegaFace、AgeDB 等公开数据集上进行对比实验，所得结果如表 4.11 所示。

表 4.11　不同主干网络在各数据集上的对比实验结果　　（单位：%）

方法	LFW	CPLFW	CALFW	MegaFace	AgeDB
ResNet50-ir[2]	99.51	88.12	95.36	96.45	97.69
HRNet18[23]	99.44	88.78	95.52	96.88	97.85
EfficientNet-b2[22]	99.63	84.66	94.21	92.49	96.77
GhostNet[24]	99.08	83.15	93.80	88.72	95.45
MobileFaceNets[46]	99.54	83.29	93.72	90.01	95.99
Swin Transformer-s[52]	**99.65**	88.94	95.91	95.38	97.91
IAFRB	99.61	**88.99**	**96.33**	**97.19**	**98.05**

结果表明，IAFRB 方法在 CPLFW、CALFW、MegaFace、AgeDB 四个数据集上的效果均优于其他方法，其中在 CPLFW 数据集上人脸识别准确率达到 88.99%，相较于同主干网络的 ResNet50-ir(88.12%)高出 0.87 个百分点；在 MegaFace 和 AgeDB 数据集上人脸识别准确率分别达到 97.19%和 98.05%。因此，无论是与传统的卷积神经网络，还是与 Transformer 网络相比，IAFRB 方法性能优良。

3) 参数对结果的影响

(1) 自适应平衡参数 μ 对实验结果的影响。

在双分支网络模型的训练阶段中，通过自适应平衡参数 μ 融合上下两个分支的特征，而在测试阶段需要固定 μ 值，因此不同的 μ 值会影响实验效果。为了探究 μ 值在 MegaFace、AgeDB 和 IAFF 数据集上的影响，本节通过设置不同的 μ 值进行对比实验，结果如表 4.12 所示。

表 4.12　自适应平衡参数 μ 在各数据集上的对比实验结果　　　　（单位：%）

数据集	μ 值				
	0.3	0.4	0.5	0.6	0.7
IAFF	93.96	94.22	**94.80**	94.63	94.30
MegaFace	96.50	96.77	**97.19**	97.06	96.94
AgeDB	97.39	97.81	**98.05**	97.60	97.47

结果表明，当 μ=0.5 时，IAFRB 方法在 MegaFace、AgeDB 和 IAFF 数据集上均取得最优结果，表明上下两个分支抽取图像特征的能力相等。这是因为在模型训练的初始阶段，自适应平衡参数 μ 侧重于上分支，给予卷积神经网络分支较大的权重。随着网络的训练，μ 逐渐减小，给予再平衡分支较大的权重，在整个过程中使上下两个分支权重都得到优化。

(2)类别平衡函数 α 和 γ 对实验结果的影响。

在类别平衡函数中，调解正负样本的超参数 α 和简单样本的损失贡献的超参数 γ 的取值也会影响整个算法在数据集上的结果，本节通过设置不同的 α 值和 γ 值进行对比实验。

在 MegaFace、AgeDB 和 IAFF 数据集上对 α ={0.1, 0.2, 0.3, 0.4, 0.5, 0.6, 0.7}七种取值进行实验。图 4.12 展示了不同 α 值对人脸识别准确率的影响。

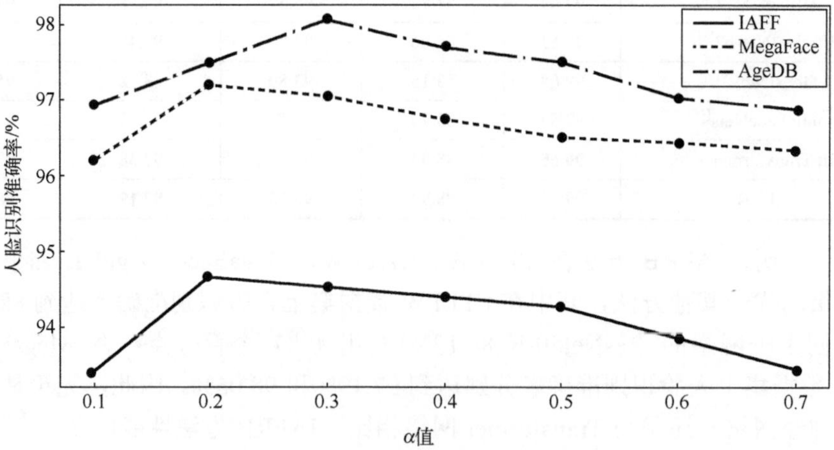

图 4.12　类别平衡函数 α 值对人脸识别准确率的影响

结果表明，α =0.3 时，在 AgeDB 数据集上人脸识别准确率为最高；α =0.2 时，在 IAFF 和 MegaFace 数据集上人脸识别准确率最高。这表明三个数据集均存在不同程度的类别样本不均衡，通过超参数 α 调节正负样本权重能够有效缓解类别不平衡问题。

在 MegaFace、AgeDB 和 IAFF 数据集上对 $\gamma=\{1, 2, 3, 4, 5\}$ 五种取值进行实验。图 4.13 展示了不同 γ 值对 IAFRB 方法人脸识别准确率的影响。

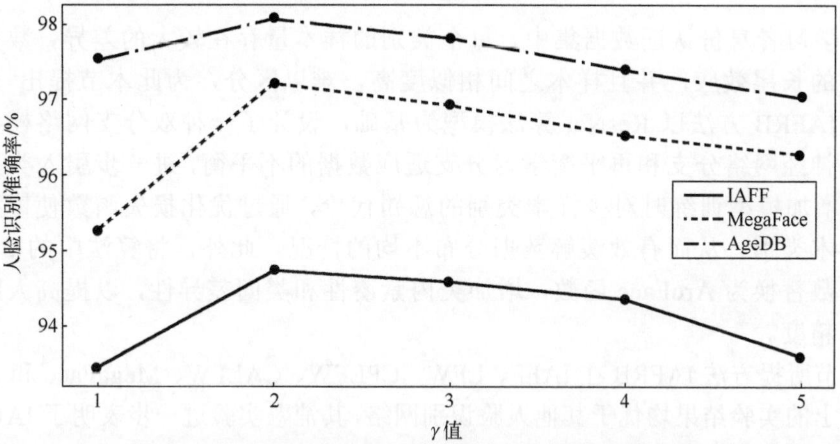

图 4.13　类别平衡函数 γ 对人脸识别准确率的影响

结果表明，$\gamma=2$ 时，在 MegaFace、AgeDB 和 IAFF 数据集上准确率均最高，表明 IAFRB 方法使用参数 γ 能够降低易分类样本的权重，聚焦于困难样本。

(3) 人脸识别激活函数对实验结果的影响。

人脸识别激活函数是使模型类内特征聚合、类间特征分离的关键之一。选取不同的人脸识别激活函数对实验结果有着重要影响，为此下面选取不同的损失函数在 AgeDB、MegaFace 和 IAFF 数据集上进行对比实验，结果如表 4.13 所示。

表 4.13　不同损失函数在各数据集上的对比实验结果　（单位：%）

损失函数	AgeDB	MegaFace	IAFF
Softmax	91.45	91.01	90.49
AM-Softmax[29]	94.65	96.55	93.50
MV-Softmax[45]	95.19	96.02	93.01
Circle Loss[48]	94.20	95.67	92.38
CosFace[2]	94.44	91.99	92.49
ArcFace[30]	**98.05**	**97.19**	**94.80**

结果表明，IAFRB 方法在选取 ArcFace 函数时，在 AgeDB、MegaFace、IAFF 数据集上效果最好，在 AgeDB 数据集上人脸识别准确率为 98.05%，在 MegaFace 数据集上识别准确率为 97.19%，在 IAFF 数据集上为 94.80%，相较于图像分类中最常使用的 Softmax 分类函数人脸识别准确率 91.45%、91.01%和 90.49%分别提高 6.6 个百分点、6.18 个百分点和 4.31 个百分点，有着明显的性能优势，体现了 ArcFace

在人脸识别任务中对类内特征聚合、类间特征分离的有效性。

3. 所提方法小结

在学习者身份认证数据集中，每个类别的样本量存在较大的差异，数据集存在严重的长尾效应，并且样本之间相似度高，难以区分，为此本节提出 IAFRB 方法。IAFRB 方法以 ResNet 算法模型为基础，设计了一种双分支网络模型，通过卷积神经网络分支和再平衡学习分支适应数据的不平衡，进一步引入类别平衡函数，增加模型训练时对少样本类别的惩罚代价，通过优化损失函数使模型聚焦于少样本类别，从而有效缓解数据分布不均的情况。此外，将算法中的 Softmax 分类函数替换为 ArcFace 函数，增加类内紧凑性和类间差异性，以提高人脸识别模型的精度。

本节所提方法 IAFRB 在 IAFF、LFW、CPLFW、CALFW、MegaFace 和 AgeDB 数据集上的实验结果均优于其他人脸识别网络，其消融实验进一步表明了 IAFRB 方法中各模块的有效性。

4.4 小 结

本章重点论述学习者身份认证技术，主要内容包括以下几点。

(1) 分析并梳理现有的基于人脸特征分析的身份认证技术，分类论述了基于人脸检测、人脸识别的身份认证方法及基于身份认证的目标跟踪方法，简要概述常见的国际基准数据集 WIDER FACE、LFW、CPLFW、CALFW、MegaFace 和 AgeDB，以及人脸识别准确率等常用的身份认证评价指标。

(2) 针对学习场景下的学习者行为，构建了学习者身份认证专用数据集 IAFF，可用于支持基于深度神经网络的智能视觉计算任务中的人脸检测及人脸识别任务。

(3) 在所构建的 IAFF 数据集的基础上，提出基于人脸检测的身份认证方法、基于人脸识别的身份认证方法、基于人脸识别及类别平衡的身份认证方法共三种学习者身份认证方法。初步实验结果表明，这些方法能够有效地识别与检测学习者，为学习者身份认证提供技术支持。

参考文献

[1] 王哲. 学习场景中的多目标跟踪与行为识别方法研究[D]. 西安: 陕西师范大学, 2021.

[2] 邱佳宝. 学习场景下的学习者检测和行为识别方法研究[D]. 西安: 陕西师范大学, 2023.

[3] Brunelli R, Poggio T. Face recognition: Features versus templates[J]. IEEE Transactions on Pattern Analysis and Machine Intelligence, 1993, 15(10): 1042-1052.

[4] Rowley H A, Baluja S, Kanade T. Neural network-based face detection[J]. IEEE Transactions on Pattern Analysis and Machine Intelligence, 1998, 20(1): 23-38.

[5] Viola P, Jones M. Robust real-time object detection[J]. International Journal of Computer Vision, 2001, 57(2): 34-47.

[6] Felzenszwalb P F, Huttenlocher D P. Pictorial structures for object recognition[J]. International Journal of Computer Vision, 2005, 61(1): 55-79.

[7] Zhang S F, Zhu X Y, Lei Z, et al. S^3FD: Single shot scale-invariant face detector[C]//Proceedings of the IEEE International Conference on Computer Vision, Venice, 2017: 192-201.

[8] Tang X, Du D K, He Z Q, et al. PyramidBox: A context-assisted single shot face detector[C]//Proceedings of the 15th European Conference on Computer Vision, Munich, 2018: 812-828.

[9] Deng J K, Guo J, Zhou Y X, et al. RetinaFace: Single-stage dense face localisation in the wild[EB/OL]. [2019-05-02].http://arxiv.org/abs/1905.00641v2.

[10] Zhu Y J, Cai H X, Zhang S H, et al. TinaFace: Strong but simple baseline for face detection[EB/OL]. [2020-11-26]. http://arxiv.org/abs/2011.13183v3.

[11] Qi D L, Tan W J, Yao Q, et al. YOLO5Face: Why reinventing a face detector[C]//Proceedings of the European Conference on Computer Vision, Tel-Aviv, 2023: 228-244.

[12] Li J, Wang Y B, Wang C G, et al. DSFD: Dual shot face detector[C]//Proceedings of the IEEE Conference on Computer Vision and Pattern Recognition, Long Beach, 2019: 5055-5064.

[13] Li H X, Lin Z, Shen X H, et al. A convolutional neural network cascade for face detection[C]//Proceedings of the IEEE Conference on Computer Vision and Pattern Recognition, Boston, 2015: 5325-5334.

[14] Zhu C C, Zheng Y T, Luu K, et al. CMS-RCNN: Contextual multi-scale region-based CNN for unconstrained face detection[EB/OL]. [2016-06-17]. https:arxiv.org/abs/1606.05413.

[15] Zhang K P, Zhang Z P, Li Z F, et al. Joint face detection and alignment using multitask cascaded convolutional networks[J]. IEEE Signal Processing Letters, 2016, 23(10): 1499-1503.

[16] Chen D, Hua G, Wen F, et al. Supervised transformer network for efficient face detection[C]// Proceedings of the 14th European Conference on Computer Vision, Amsterdam, 2016: 122-138.

[17] Hao Z K, Liu Y, Qin H W, et al. Scale-aware face detection[C]//Proceedings of the IEEE Conference on Computer Vision and Pattern Recognition, Honolulu, 2017: 1913-1922.

[18] Zhang C Z, Xu X, Tu D D. Face detection using improved faster R-CNN[EB/OL]. [2018-02-06]. http://arxiv.org/abs/1802.02142v1.

[19] Zeng D, Liu H, Zhao F, et al. Proposal pyramid networks for fast face detection[J]. Information Sciences, 2019, 495: 136-149.

[20] He J Y, Song X N, Feng Z H, et al. ETM-face: Effective training sample selection and multi-scale feature learning for face detection[J]. Multimedia Tools and Applications, 2023, 82(17): 26595-26611.

[21] He K M, Zhang X Y, Ren S Q, et al. Deep residual learning for image recognition[C]//Proceedings of the IEEE Conference on Computer Vision and Pattern Recognition, Las Vegas, 2016: 770-778.

[22] Tan M, Le Q. EfficientNet: Rethinking model scaling for convolutional neural networks[C]// Proceedings of the International Conference on Machine Learning, Long Beach, 2019: 6105-6114.

[23] Wang J D, Sun K, Cheng T H, et al. Deep high-resolution representation learning for visual recognition[J]. IEEE Transactions on Pattern Analysis and Machine Intelligence, 2021, 43(10): 3349-3364.

[24] Han K, Wang Y H, Tian Q, et al. GhostNet: More features from cheap operations[C]//Proceedings of the IEEE Conference on Computer Vision and Pattern Recognition, Seattle, 2020: 1580-1589.

[25] Zhang H, Wu C R, Zhang Z Y, et al. ResNeSt: Split-attention networks[C]//Proceedings of the IEEE Conference on Computer Vision and Pattern Recognition Workshops, New Orleans, 2022: 2736-2746.

[26] Wen Y D, Zhang K P, Li Z F, et al. A discriminative feature learning approach for deep face recognition[C]//Proceedings of the 14th European Conference on Computer Vision, Amsterdam, 2016: 499-515.

[27] Ranjan R, Castillo C D, Chellappa R, et al. L2-constrained softmax loss for discriminative face verification[EB/OL]. [2017-03-28].http://arxiv.org/abs/1703.09507v3.

[28] Wang F, Xiang X, Cheng J, et al. NormFace: L2 hypersphere embedding for face verification[C]// Proceedings of the ACM International Conference on Multimedia, Bucharest, 2017: 1041-1049.

[29] Wang F, Cheng J, Liu W Y, et al. Additive margin softmax for face verification[J]. IEEE Signal Processing Letters, 2018, 25(7): 926-930.

[30] Deng J K, Guo J, Xue N N, et al. ArcFace: Additive angular margin loss for deep face recognition[C]//Proceedings of the IEEE Conference on Computer Vision and Pattern Recognition, Long Beach, 2019: 4690-4699.

[31] Boutros F, Damer N, Kirchbuchner F, et al. Self-restrained triplet loss for accurate masked face recognition[J]. Pattern Recognition, 2022, 124: 108473.

[32] Terhörst P, Ihlefeld M, Huber M, et al. QMagFace: Simple and accurate quality-aware face recognition[C]//Proceedings of the IEEE Winter Conference on Applications of Computer Vision,

Waikoloa, 2023: 3484-3494.

[33] Yang S, Luo P, Loy C C, et al. WIDER FACE: A face detection benchmark[C]//Proceedings of the IEEE Conference on Computer Vision and Pattern Recognition, Las Vegas, 2016: 5525-5533.

[34] Huang G B, Mattar M, Berg T, et al. Labeled faces in the wild: A database for studying face recognition in unconstrained environments[C]//Proceedings of the Workshop on Faces in 'Real-Life' Images: Detection, Alignment, and Recognition, Marseille, 2008.

[35] Zheng T, Deng W. Cross-pose LFW: A database for studying cross-pose face recognition in unconstrained environments[EB/OL]. [2017-08-28]. http://www.whdeng.cn/CPLFW/Cross-Pose-LFW.pdf.

[36] Zheng T Y, Deng W H, Hu J N. Cross-age LFW: A database for studying cross-age face recognition in unconstrained environments[EB/OL]. [2017-08-28]. http://arxiv.org/abs/1708.08197.

[37] Kemelmacher-Shlizerman I, Seitz S M, Miller D, et al. The MegaFace benchmark: 1 million faces for recognition at scale[C]//Proceedings of the IEEE Conference on Computer Vision and Pattern Recognition, Las Vegas, 2016: 4873-4882.

[38] Moschoglou S, Papaioannou A, Sagonas C, et al. AgeDB: The first manually collected, in-the-wild age database[C]//Proceedings of the IEEE Conference on Computer Vision and Pattern Recognition Workshops, Honolulu, 2017: 51-59.

[39] Howard A G, Zhu M L, Chen B, et al. MobileNets: Efficient convolutional neural networks for mobile vision applications[EB/OL]. [2017-04-17].http://arxiv.org/abs/1704.04861v1.

[40] Wang X J, Zhang S L, Yu Z R, et al. Scale-equalizing pyramid convolution for object detection[C]//Proceedings of the IEEE Conference on Computer Vision and Pattern Recognition, Seattle, 2020: 13359-13368.

[41] Li X, Wang W, Wu L, et al. Generalized focal loss: Learning qualified and distributed bounding boxes for dense object detection[J]. Advances in Neural Information Processing Systems, 2020, 33: 21002-21012.

[42] Simonyan K, Zisserman A. Very deep convolutional networks for large-scale image recognition[EB/OL]. [2014-12-10].http://arxiv.org/abs/1409.1556v6.

[43] Szegedy C, Liu W, Jia Y Q, et al. Going deeper with convolutions[C]//Proceedings of the IEEE Conference on Computer Vision and Pattern Recognition, Boston, 2015: 1-9.

[44] Krizhevsky A, Sutskever I, Hinton G E. ImageNet classification with deep convolutional neural networks[J]. Advances in Neural Information Processing Systems, 2012, 25: 1097-1105.

[45] Wang X B, Zhang S F, Wang S, et al. Mis-classified vector guided softmax loss for face recognition[C]//Proceedings of the AAAI Conference on Artificial Intelligence, New York, 2020: 12241-12248.

[46] Chen S, Liu Y, Gao X, et al. MobileFaceNets: Efficient CNNs for accurate real-time face

verification on mobile devices[C]//Proceedings of the Chinese Conference on Biometric Recognition, Urumqi, 2018: 428-438.

[47] He K M, Zhang X Y, Ren S Q, et al. Delving deep into rectifiers: Surpassing human-level performance on ImageNet classification[C]//Proceedings of the IEEE International Conference on Computer Vision, Santiago, 2015: 1026-1034.

[48] Sun Y F, Cheng C M, Zhang Y H, et al. Circle loss: A unified perspective of pair similarity optimization[C]//Proceedings of the IEEE Conference on Computer Vision and Pattern Recognition, Seattle, 2020: 6398-6407.

[49] Zhang X, Zhao R, Qiao Y, et al. AdaCos: Adaptively scaling cosine logits for effectively learning deep face representations[C]//Proceedings of the IEEE Conference on Computer Vision and Pattern Recognition, Long Beach, 2019: 10823-10832.

[50] Huang C, Li Y N, Loy C C, et al. Deep imbalanced learning for face recognition and attribute prediction[J]. IEEE Transactions on Pattern Analysis and Machine Intelligence, 2020, 42(11): 2781-2794.

[51] Zhang Y B, Deng W H. Class-balanced training for deep face recognition[C]//Proceedings of the IEEE Conference on Computer Vision and Pattern Recognition Workshops, Seattle, 2020: 824-825.

[52] Liu Z, Lin Y T, Cao Y, et al. Swin transformer: Hierarchical vision transformer using shifted windows[C]//Proceedings of the IEEE International Conference on Computer Vision, Montreal, 2021: 10012-10022.

[53] Ding X H, Zhang X Y, Ma N N, et al. RepVGG: Making VGG-style ConvNets great again[C]//Proceedings of the IEEE Conference on Computer Vision and Pattern Recognition, Nashville, 2021: 13728-13737.

第三篇

学习者行为识别与时序动作检测

第 5 章　学习者行为识别

5.1 引　言

学习者行为识别是学习者行为分析与理解的前提和基础。在学习场景中，学习者的行为、动作具有变化幅度小、相似度高、出现频繁，且存在个体差异和背景干扰的特点，加上采集到的视频帧中学习者成像可能存在变形、遮挡等现象，这使利用视频信息识别学习者行为较为困难。现有的行为识别算法或模型难以准确判定学习场景中学习者的微弱动作。

本章探讨学习者行为识别技术，按照从简到繁的思路，对课堂教学和实验环境中的单个学习者行为进行研究。

由于智能视觉计算的行为识别技术是基于大样本数据分析的深度神经网络实现的，因此建立学习者行为识别的基准数据集，为准确识别学习者行为的深度神经网络提供数据支撑是学习者行为分析与理解的必要环节。本章主要内容包括三个部分：分类阐述现有的行为识别技术，构建传统教室、计算机机房和实验室场景的学习者行为识别数据集，探究学习者行为识别的新方法、新技术[1-3]。

5.2 行为识别研究概述

5.2.1 常见方法与模型

行为识别技术旨在从视频或图像序列中识别不同类型的动作，是视觉计算技术领域的挑战性课题。研究人员围绕人类行为的研究产生了一系列研究成果(图 1.3)。

行为识别的传统方法包括 3D SIFT、ST SURF、HOG 3D、DT(dense trajectories，密集轨迹)、iDT(improved dense trajectories，改进的密集轨迹)等。这些方法的特点是先人工设计特征，再进行检测识别。其中，3D SIFT 是在 3D 空间中提取尺度不变特征，用于处理具有空间维度的数据；ST SURF 结合时空信息，在时空域上提取特征；HOG 3D 则是三维方向梯度直方图，用于捕捉物体的形状和运动信息；DT 和 iDT 也是从不同角度设计特征来识别行为。这些传统方法依赖人工设计特征，对复杂场景和多样行为的适应性相对有限。

随后，一些学者利用基础的深度神经网络进行探索并取得了相应成果。主要代表性工作包括：Ji 等构建了具有时空特性的卷积神经网络模型提取视频的三维特征，并应用线性分类器对提取到的 128 维特征向量进行动作分类，可以识别三种动作[4]；针对训练集中样本量对识别率的影响问题，Karpathy 等利用含 487 个体育项目类别的 100 万个 YouTube 视频数据集中的局部时空信息，研究基于时域扩展的 CNN 模型，提出了多分辨率、凹化的体系结构，在 UCF101 数据集上的识别率为 63.3%[5]。这表明在内容丰富的数据集上预训练，是提高现有数据集识别率的有效方式。

不同于上述单个 CNN 模型，Simonyan 和 Zisserman 提出了双流 CNN 模型，通过计算视频序列中每两帧的密集光流，得到密集光流的序列；然后对视频图像和密集光流分别训练 CNN 模型，判断动作类别；最后融合分类结果，在 UCF101 和 HMDB51 数据集的识别率分别为 88.0%和 59.4%[6]。该方法的不足之处在于需用传统的光流估计方法去预计算光流。在文献[6]的基础上，Feichtenhofer 等将 CNN 模型换成 VGG16 模型，并进行空域特征和时域特征融合，在 UCF101 和 HMDB51 数据集的识别率分别提高至 92.5%和 65.4%[7]。显然，这两种方法用传统的光流估计方法去预计算光流，存在速度慢、耗时长的问题。当前双流 CNN 模型的另一个不足是将局部视频片段映射为全局标注，带来的问题是视频级标注信息在帧/片段级别上可能不完整，甚至丢失，最终导致虚假标注分配。

下面按照主干架构的不同，重点论述基于三维卷积神经网络（three dimensional convolutional neural network，3D CNN）的行为识别方法、基于二维卷积神经网络（two dimensional convolutional neural network，2D CNN）的行为识别方法、基于图卷积神经网络的行为识别方法和基于 Transformer 的行为识别方法。

1. 基于三维卷积神经网络的行为识别方法

该类方法的主要思路是将视频或图像序列作为输入，通过由 3D 卷积层和池化层构成的卷积神经网络提取时空特征，然后使用全连接层进行分类。

代表性工作主要包括：Tran 等最早提出含 3D 卷积的 11 层深度网络 C3D（convolutional 3D）模型，是 3D 卷积建模的开创性工作[8]；Carreira 和 Zisserman 提出膨胀 3D 卷积网络（inflated 3D ConvNet，I3D），将 Inception V1 中的 2D 卷积膨胀为 3D 卷积，在大规模 Kinetics 数据集上取得了良好的结果[9]。此类方法将 2D 卷积核扩充为具有时间维度的 3D 卷积核，能够有效提取时空特征。由于 3D CNN 部署成本较高[10]，研究人员提出了基于 3D 卷积变体的方法，如伪 3D 残差网络（pseudo-3D residual network，P3D ResNet）[11]、R(2+1)D[12]、可分离 3D 卷积（separable 3D convolutions，S3D）[13]和通道分离卷积网络（channel-separated convolutional network，CSN）[14]等。此类方法将 3D 卷积分解为空间 2D 卷积和时间 1D 卷积来表示时空之间的联系。Feichtenhofer 提出的 X3D 通过扩展帧数量、帧率、模型深度及特征图宽度等参数优化主干网络的执行效率[15]。但这些改进方法比 2D CNN 方法的计算成本高。

2. 基于二维卷积神经网络的行为识别方法

基于三维卷积神经网络的行为识别方法计算成本高，在实际应用中实时性差，为此人们提出了基于二维卷积神经网络的行为识别方法。该类方法包括基于双流的神经网络的行为识别方法和基于时序建模的卷积神经网络的行为识别方法两类。

第一类方法利用两个分支完成识别任务。例如，Wang 等提出的时间分割网络(temporal segment network，TSN)分别处理由 RGB 特征输入的空间流与光流特征输入的时间流，然后应用后融合策略获得空间-时间语义[16]。Feichtenhofer 等提出的 SlowFast 使用双流方式学习不同采样速率下的特征，其中两个分支都使用 RGB 作为输入[17]。这些方法可以在一定程度上提高识别能力和准确性，但相对独立的双流网络阻碍了互动，不能有效地结合各维度间的信息。

第二类方法通过在主干网络中施加注意模块或权重，使网络能够关注在空间、时间或通道维度的重要信息。例如，Wang 等提出非局部(non-local)模块，将自我注意引入视觉计算过程，并成功应用于行为识别任务[18]；随后，Lin 等提出时间偏移模块(temporal shift module，TSM)，通过不产生额外参数的时间偏移操作实现时序建模[19]；Liu 等提出一种独特的二级自适应建模方法——时间自适应建模(temporal adaptive modeling，TAM)，将动态核解耦为位置敏感的重要性映射和位置不变的聚合权值[20]；Shen 等提出前景提取网络(foreground extraction network，FEXNet)，显式地建模前景线索并探索动作主体[21]。这些方法通过采用空间-时间、通道、运动激发等方式增强重要特征，提升了模型识别准确率。

3. 基于图卷积神经网络的行为识别方法

该类方法以运动者的关节坐标向量作为输入，根据人体相邻关节间物理连接的特点，关注骨骼连通动作的重要性，通过图卷积的局部性和时间动态特性来隐式地学习和识别动作类别信息。

代表性工作主要包括：Yan 等对人的骨骼点模态进行分析研究，提出用于动态骨架建模的时空图卷积网络(spatial temporal graph convolutional network，ST-GCN)[22]；Shi 等提出了多流自适应图卷积网络(multi-stream adaptive graph convolutional network，MS-AAGCN)，其自适应图卷积层进一步加强空间-时间-通道注意模块，有助于模型更加关注重要的关节、框架和特征[23]；Miao 等提出了中心差异图卷积操作，不仅能像普通的图卷积运算一样聚合节点信息，还能够聚合梯度信息[24]；Zhou 等提出时空曲线网络(spatio-temporal curve network，STC-Net)，通过时空曲线模块识别每个相邻帧之间有意义的节点，连接所识别的节点生成时空曲线来动态调整感受野，从而提供自适应的时空覆盖[25]。

4. 基于 Transformer 的行为识别方法

2020 年以来，Transformer 在自然语言处理领域的突破性进展推动了视觉计算领域的相关研究，在基于 Transformer 的视频分析应用中取得很多新进展[26]。

代表性工作主要包括：Neimark 等提出了视频 Transformer 网络（video transformer network，VTN），在预先训练模型上添加时间注意编码器，识别性能良好[27]；Bertasius 等研究了五种时空注意变体，提出能够权衡速度-精度的因式分解方法 TimeSformer[28]；此外，Arnab 等提出的视频视觉 Transformer（video vision transformer，ViViT）方法对输入的向量序列进行空间和时间维度的分解，实现了时间和空间特征的提取和交互[29]；Liu 等采用局部性归纳偏差设计了 Video Swin Transformer 方法，相较于一些时空域因式分解方法更好地平衡了速度与精度性能[30]；随后，Duan 等提出基于骨架及 Transformer 的行为识别框架 SkeleTR，先用图卷积对每个骨架序列的人内骨架动力学进行建模，然后用堆叠 Transformer 编码器捕捉人与人之间的交互[31]。

行为识别算法提取的特征具有时间性和空间性，上述四类方法均在时间维度或空间维度进行了分析。由于视频数据的复杂性，行为识别模型的计算成本过高，加上公开数据集包括的场景有限，无法满足现实环境需要，尤其是应用于识别真实教学场景中成像尺度不同且遮挡严重的学习者时，常见方法与模型的性能均有较大的提升空间。

5.2.2 相关基准数据集

基于视频的行为识别技术的目的是判定已剪辑视频中目标动作的类别。为了满足各类应用中智能视觉计算方法的需要，研究人员提出了许多用于识别视频中动作、行为的数据集，而且样本量不断增长，场景复杂度也越来越接近真实应用。下面简要描述国内外常见的相关数据集。

HMDB51 数据集（https://serre-lab.clps.brown.edu/resoure）[32]：形成于 2011 年，其多数视频来源于电影片段、公共数据库以及 YouTube 等，包含 320×240 的 6849 个视频片段，约为 2GB，共 51 类动作。该数据集的动作类型可大致分为五类：①一般面部动作，如 laugh、chew、smile 和 talk 等；②面部操作，如 eat、drink 和 smoke 等；③与对象的交互动作，如 brush hair、ride bike、golf、shoot gun 等；④一般的身体动作，如 sit up、hand stand、pick 和 climb stairs 等；⑤人体动作，如 hit、hug 和 kiss 等。除了每个视频的标注外，该数据集还提供了额外信息，如相机的运动状态、拍摄角度、视频中包含的人数。图 5.1 展示了 HMDB51 数据集中的部分样本。

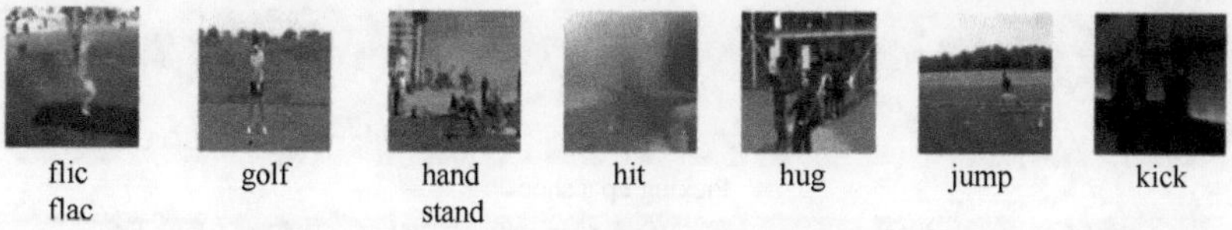

图 5.1　HMDB51 数据集中的部分样本

UCF101 数据集(https://www.crcv.ucf.edu/research/data-sets/ucf101)[33]：形成于 2012 年，源于人工剪辑后的 YouTube 网站视频片段，包含 320×240 的 13320 个视频，约为 6.5GB，101 个动作类型。这些动作大致可分为人与物体互动、人体动作、人与人互动、乐器演奏和体育运动五类，每类动作由 25 个人完成，每人做 4～7 组动作。该数据集数据量大、动作类别多，是目前主流的行为识别数据集。图 5.2 展示了 UCF101 数据集中的部分样本及相应类别。

图 5.2　UCF101 数据集中的部分样本

Kinetics 数据集(https://paperswithcode.com/dataset/kinetics)[34]：形成于 2017 年，源于 YouTube 网站，约 30 万个视频片段，每个视频片段时长约 10s，共 400 类动作。后来该数据集的动作类型扩充到了 600 类，涵盖人类与物体交互的多数动作。图 5.3 展示了部分样本及相应类别。

图 5.3　Kinetics 数据集中的部分样本[34]

Something-Something 数据集(https://paperswithcode.com/dataset/something-something-v2)[35]：形成于 2017 年，包含 108499 个标注视频片段，共 174 类动作，每个视频片段时长为 2～6s。该数据集提供更细粒度的标注，为密集标注信息，有利于以视觉计算的方式推理和理解物理世界中发生的动作，是人与物体交互的大规模数据集，图 5.4 展示了部分样本及相应类别。

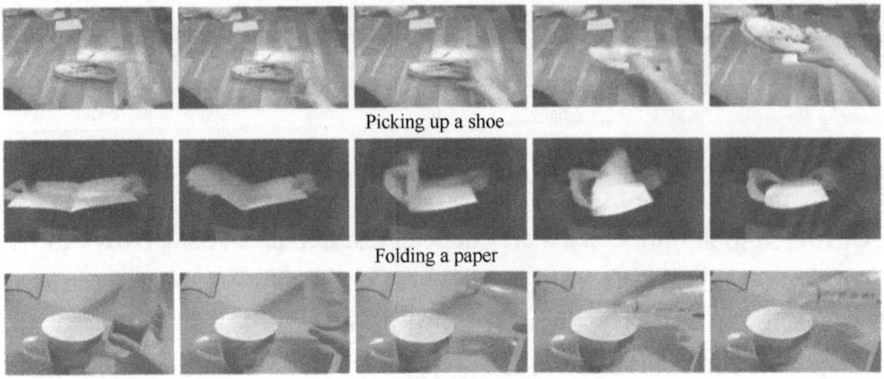

图 5.4　Something-Something 数据集中的部分样本

5.2.3　性能评价指标

行为识别准确率，也称行为分类准确率，指动作或行为分类正确的样本数占分类样本总数的百分比，适用于二分类和多分类任务，定义为

$$\text{Accuracy of Action} = \frac{n_{\text{correct}}}{n_{\text{total}}} \times 100\% \tag{5.1}$$

其中，n_{correct} 表示行为分类正确的样本数；n_{total} 表示行为分类样本总数。

在实际应用中，常用 Top1-Acc 表示置信度最高的动作类别分类正确的样本数占分类样本总数的百分比；用 Top5-Acc 表示置信度最高的五个动作类别分类正确的样本数占分类样本总数的百分比。

5.3　学习场景下的学习者行为识别

5.3.1　学习者行为识别专用数据集构建

1. 学习者行为识别数据集

该数据集的采集部分与 4.3.1 节相同。

本节数据集标注遵循 UCF101-24 数据集的标注格式，对传统教室、办公室、计算机机房和实验室场景下的 80 个视频进行标注，构建学习者行为识别(behavior recognition for learner，BRL)数据集[1]，主要步骤如下：①使用 FFmpeg 工具对视频按顺序进行抽帧处理，抽帧频率为 1 帧/s，部分样本抽帧结果如图 5.5 所示；②将视频动作对应的起止时间和抽帧图像对应起来，并按照动作类别、视频名称、动作起止时间的顺序存储所有图像；③每个视频挑选 10 幅图像，制作一个目标检测数据集，表示该时刻动作发生的位置；④用 Cascade R-CNN R50 在 MS COCO 数据集上的权重，微调一个目标检测模型，生成剩余视频帧的伪标注；⑤人工清洗伪标注，保留置信度高的标注，人工矫正置信度低的标注。

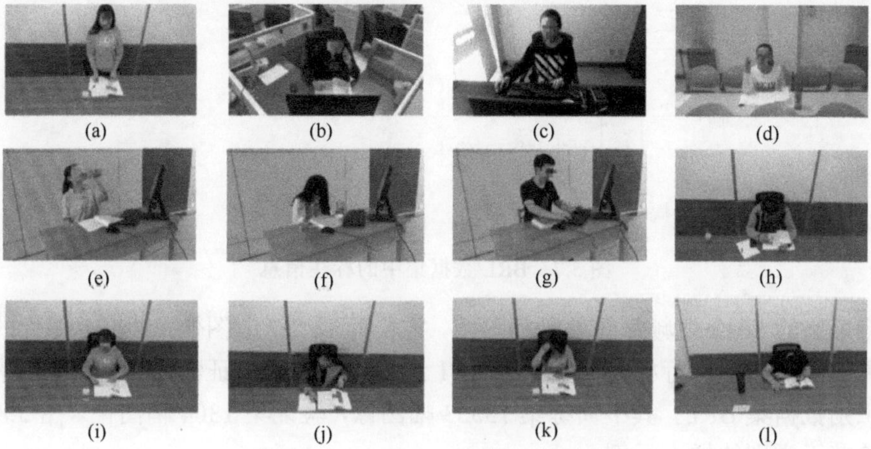

图 5.5　行为识别数据集部分样本

图 5.6 为某示例样本的单帧目标检测标注图像。

图 5.6　某示例样本的单帧目标检测标注图

图 5.7 为 BRL 数据集标注文件的组织结构。根目录有 images 和 labels 两个子文件夹，前者存放视频的抽帧结果，后者为对应的标注文件，两者组织形式相同；二级目录以动作类别命名，包含敲键盘(typing on the keyboard)、点鼠标(clicking the mouse)、记笔记(taking note)、看书(reading book)、举手(raising hand)、吃东西(eating)、喝水(drinking)、玩手机(playing with one's phone)、打电话(calling)、听音乐(listening_to_music)、回答问题(answering)、听讲(attending lecture)、睡觉(sleeping)共 13 个动作类别；三级目录以视频名称命名，其中存放该视频对应动作的所有抽帧图像及标注文件；三级目录中的第一个文件和最后一个文件代表视频中

特定动作的起止时间帧，文本文件中存放动作主体的空间位置信息，图 5.7 中文本文件中的第 1 位代表动作类别编号，本例中类别 4 代表吃东西类别，第 2～5 位代表动作主体所在矩形框的左上角、右下角的水平及竖直位置。

```
images/labels
   ├── calling
   ├── listening_to_music
   ├── sleeping
   ├── answering
        ├── 0
        │    ├── 00095.jpg/txt
        │    ├── 00096.jpg/txt
        │    │      ...
        │    └── 00109.jpg/txt
        │
        ├── 1
        ├── 2
        ├── 3
```

```
1 4,474,1,828,347
```

图 5.7　BRL 数据集中的标注信息

将采集的 80 个视频每隔一秒抽一帧，共获得 14837 幅图像，对每幅图像的学习者位置和动作类别进行标注，按照约 9∶1 划分训练集和验证集，生成学习场景中的行为识别数据集 BRL，其中训练集 13533 幅图像，验证集 1304 幅图像。图 5.8 为打电话等若干类别的样本示例。

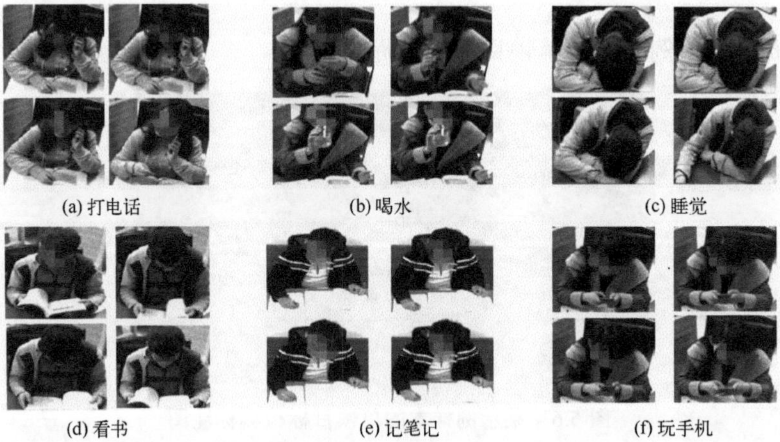

(a) 打电话　(b) 喝水　(c) 睡觉

(d) 看书　(e) 记笔记　(f) 玩手机

图 5.8　BRL 数据集的部分样本[2]

2. 学习者检测行为识别数据集

教学场景与公开数据集中的人类个体成像差异较大，目前最先进的姿态估计器应用于真实教学场景时效果仍不够理想。在教学场景下，经通用的人体姿态数据集训练后，使用近年提出的人体关键点检测模型 ViTPose[36]分析学习者的姿态，检测效果为图 5.9 显示的圆形关键点。显然，利用这些关键点位置很难直接分析学习者行为。

图 5.9　基于 ViTPose 模型的学习者人体的关键点检测结果

细究关键点漏检的原因，主要在于教学场景下学习者的行为与状态与通用数据集中的样本有较大差距，如大部分学习者 50%以上身体被遮挡，绝大部分学习者非正面成像且尺度较小，亟须构建符合教学场景特点的学习者检测与行为识别(learner detection and behavior recognition，LDBR)数据集[3]。

1)数据采集

LDBR 数据集来自传统教室的监控图像数据和网络上选取的教学场景图像，用来支撑分析教学场景中的密集学习者姿态。考虑到对学习者和教室信息的隐私保护，我们对场景中的学习者面部、成像时间及位置信息经过脱敏处理，如图 5.10 所示。

图 5.10　监控视角下教学场景示例图像

LDBR 数据集的组成为：①从两个视角收集了 20 个真实教学场景，从中选择 1800 幅图像，平均每个场景 90 幅图像，每个场景有 25～40 个学习者，均坐在桌子后面，下半身几乎完全被遮挡；②源于百度图像搜索“教室监控”等关键词获取的 200 幅图像，每个场景包含 1～200 人，场景更为复杂，学习者更密集。

2) 数据标定

(1) 学习者行为类别标记。

利用 MS COCO 目标检测数据集预训练后的尺度感知目标检测器(scale-aware detector-L，SAD-L)检测教学场景图像中学习者的位置，并对漏检、错检的目标进行人工修正，同时将所有学习者行为标注为五种类别：举手、低头、睡觉、玩手机和其他，如图 5.11 所示。

(a) 举手 (b) 低头 (c) 睡觉 (d) 玩手机

图 5.11 常见学习者课堂行为样本

(2) 学习者人体关键点标记。

以人工方式为每个学习者标注关键点信息，数据集标注遵循 MS COCO 关键点检测数据集标注规范，每个学习者姿态用 17 个关键点表征，分别为 0-鼻子、1-左眼、2-右眼、3-左耳、4-右耳、5-左肩、6-右肩、7-左肘、8-右肘、9-左腕、10-右腕、11-左胯、12-右胯、13-左膝、14-右膝、15-左踝、16-右踝，如图 5.12 和图 5.13 所示(https://socket.dev/npm/package/@tensorflow-models/pose-detection)。

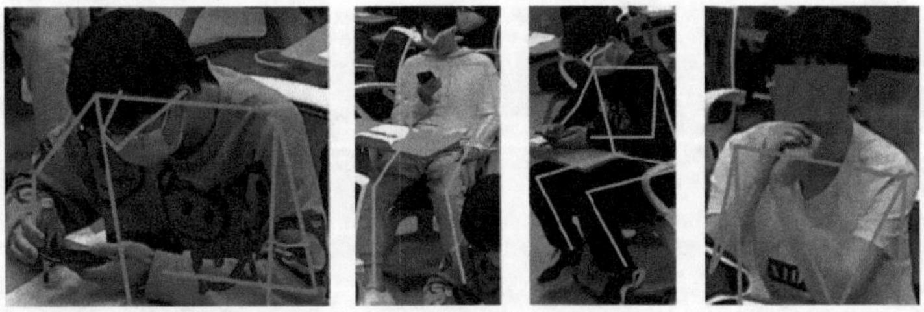

图 5.12 LDBR 人体关键点标注示例

(3) 关于标注过程的说明。

LDBR 数据集的标注由视觉计算项目组的三位研究生共同完成，每个点位的标注以三人标记数据的平均值作为真实值(ground truth，GT)。与 MS COCO Keypoint 数据标注类似，由于多数学习者的身体会被教室桌椅、其他物体或者其他人挡住，在人工标注时明显可见或可猜测到的人体关键点位置均标注为可见，而无法估计的人体关键点均标注为不可见，因此每个学习者实例的关键点都有可见或不可见的信息。

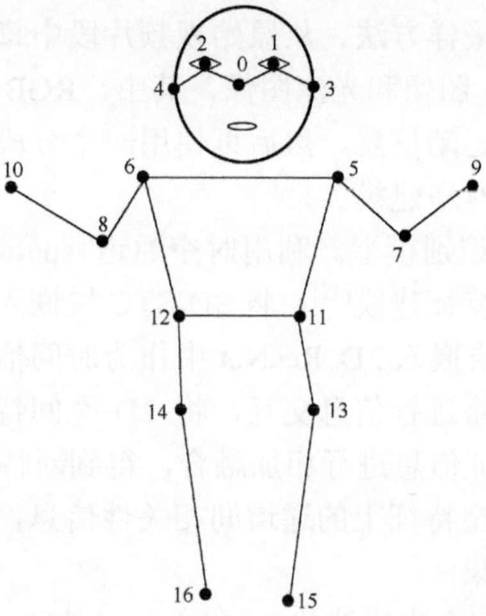

图 5.13 人体 17 个关键点示意图

综上，LDBR 数据集共包括 2000 幅不同分辨率的 57339 个实例，每个实例信息包括其动作类别及关键点信息，在本章后续实验中按照 7∶3 划分训练集和验证集。

5.3.2 基于解耦注意力和多特征融合的行为识别方法

行为识别的主要目标是判断给定视频片段中人的行为类别。在 BRL 数据集中，学习者成像小且帧间的动作变化差异小，现有方法难以捕捉到帧间变化的微弱差异，对小目标行为识别的误检较多。针对视频中目标成像较小以及帧间动作变化差异小的问题，本节给出基于解耦注意力与多特征融合的行为识别(decoupling attention and multi-feature fusion for action recognition, DA-MFF)方法[2]。该方法通过校准空间信息和时间信息，得到更具辨别性、更丰富的信息表征，减少背景对目标的影响。

1. 行为识别方法设计

下面给出 DA-MFF 方法设计的主要环节，如图 5.14 所示。

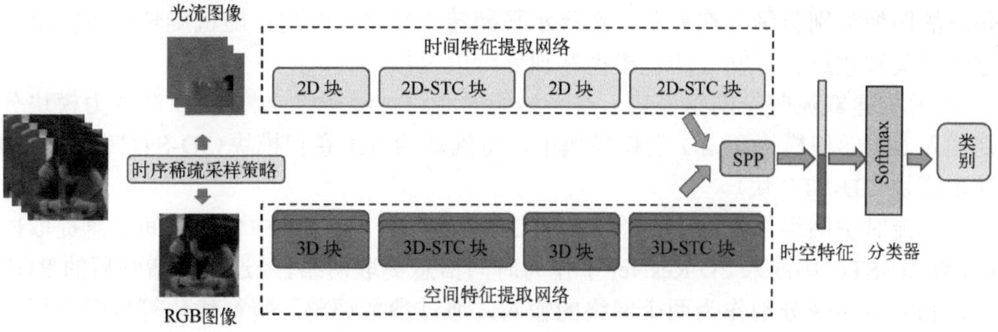

图 5.14 DA-MFF 方法对应的深度网络示意图

首先，设计时序稀疏采样方法。从原始视频片段中每间隔一定时间抽取一部分片段，每个片段包含 RGB 图像和光流图像，其中，RGB 图像涵盖图像静态信息，光流图像涵盖各帧之间的运动信息，然后再使用一个分段结构聚合采样动作片段的信息，以此来进行长距离时序建模。

其次，设计双流行为识别模型。利用时空通道(spatio-temporal channel，STC)注意力模块对时间和空间特征建模[37]，将 3D-STC 块嵌入 3D ResNet 中作为空间信息提取网络，将 2D-STC 块嵌入 2D ResNet 中作为时间信息提取网络。空间信息提取网络和时间信息提取网络进行信息交互，将 2D 空间特征信息通过堆叠的方式改变其深度，与 3D 时间特征信息进行相加融合，得到新特征并作为 Softmax 分类器的输入。STC 模块考虑时空特征上的通道间相关性信息，在不增加模型复杂度的情况下，提升小目标识别效果。

接下来，设计带有空间金字塔池化(spatial pyramid pooling，SPP)结构的 ResNet 模型，通过对不同层之间的特征进行融合，提高小目标识别率。在 ResNet 模型提取特征时，因浅层次特征的维度与深层次特征的维度不同，我们利用 SPP 将每一层的特征缩放到同一尺度进行融合，得到辨别性更强、语义更丰富的特征表示，减少样本识别的误检数量。

最后，我们在 BRL 数据集上测试 DA-MFF 方法的性能。

1) DA-MFF 方法的主要步骤

DA-MFF 方法主要流程如图 5.15 所示。

(1) 原始视频数据预处理及数据增强。从原始视频片段中提取 RGB 图像和光流图像作为模型的训练样本，其中 RGB 图像体现图像的静态信息，光流图像涵盖帧间的运动信息。根据时序稀疏采样策略在 FPS 为 60 帧/s 的视频流中每隔 10 帧抽一帧图像作为 3D 卷积神经网络的输入，通过 OpenCV 计算得到光流图像作为 2D 卷积神经网络的输入。在不影响视频特征的情况下，通过抽帧的方式减小网络的训练以及推理的速度，以达到实时的要求。对得到的训练样本进行线下数据增强以扩充数据集，增加输入特征的多样性。数据增强通过 Albumentations 开源库完成，考虑到获取的图像类别数量存在差距，选择水平翻转、平移、裁剪、随机旋转等数据增强方式对类别数进行平衡，防止模型在训练阶段过拟合。

(2) 构建双流时空网络模块。基于传统的卷积神经网络，将 STC 注意力模块分别插入 3D 卷积模块和 2D 卷积模块中，得到新的 3D 卷积模块(3D-STC 块)和 2D 卷积模块(2D-STC 块)。

双流时空网络搭建如下：将 3D-STC 块嵌入 3D ResNet 中作为空间信息提取网络，将 2D-STC 块嵌入 2D ResNet 中作为时间信息提取网络，经过数据增强后的 RGB 图像和光流图像分别作为两个网络的输入，通过参数调整、特征优化等步骤进行算法模型的训练。

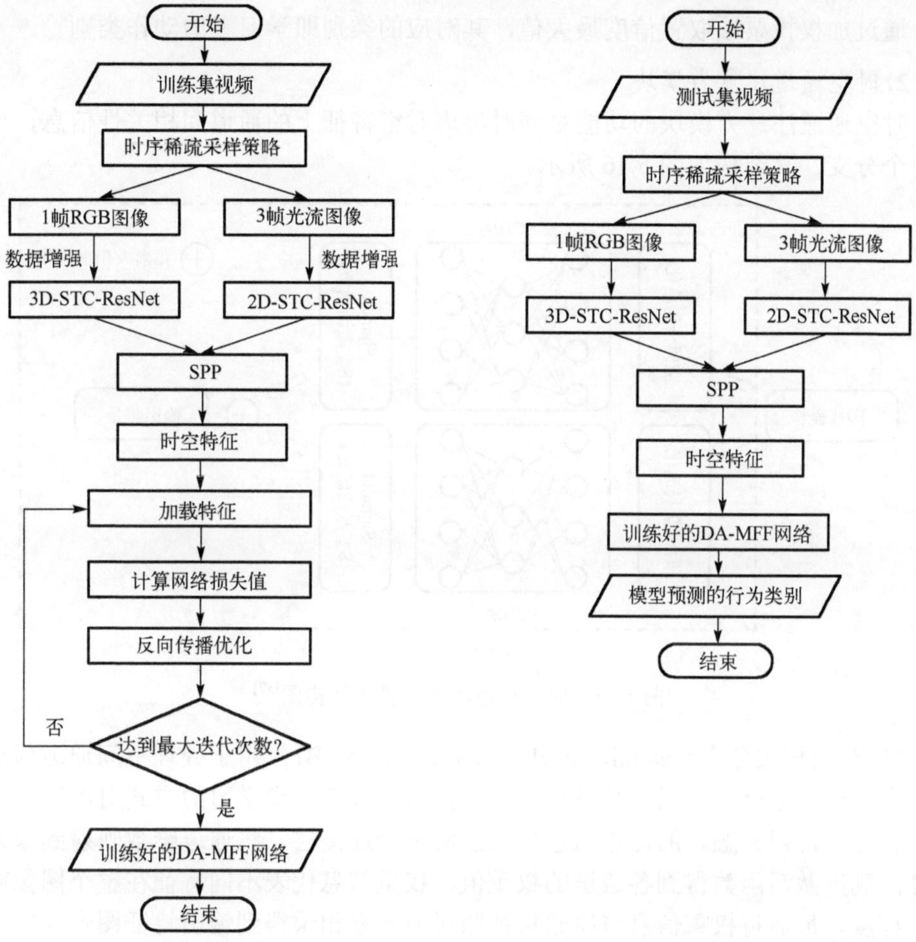

(a) 训练阶段　　(b) 测试阶段

图 5.15　DA-MFF 方法主要流程

(3) 多特征融合。空间信息提取网络和时间信息提取网络进行信息交互，其具体交互操作如下：空间信息特征提取层由 conv1_3d、conv2_3d、conv3_3d、conv4_3d 和 conv5_3d 构成；时间信息网络特征提取层由 conv1_2d、conv2_2d、conv3_2d、conv4_2d 和 conv5_2d 构成；从 conv4_3d 和 conv5_3d 中提取空间特征信息 f4_3d 和 f5_3d，其维度尺寸为 $C\times L\times W\times H$，其中 C 为特征的通道维度，W 和 H 分别为特征的宽度和高度，L 为特征的深度；从 conv4_2d 和 conv5_2d 中提取时间特征信息 f4_2d 和 f5_2d，其维度尺寸为 $C\times W\times H$，将 2D 时间特征信息通过堆叠的方式改变其深度至 L 大小，与 3D 空间特征信息进行相加融合，得到 num_cls 维特征向量。注意：num_cls 即学习者行为类别总数。

(4) 识别学习者行为的类型。num_cls 维向量经过 Softmax 后得到各类别的置信度，通过加权投票法取置信度最大值，其对应的类别即学习者的动作类别。

2) 时空通道注意力模块

时空通道注意力模块的功能是同时考虑时空特征上的通道间相关性信息，可分为两个分支，其结构如图 5.16 所示。

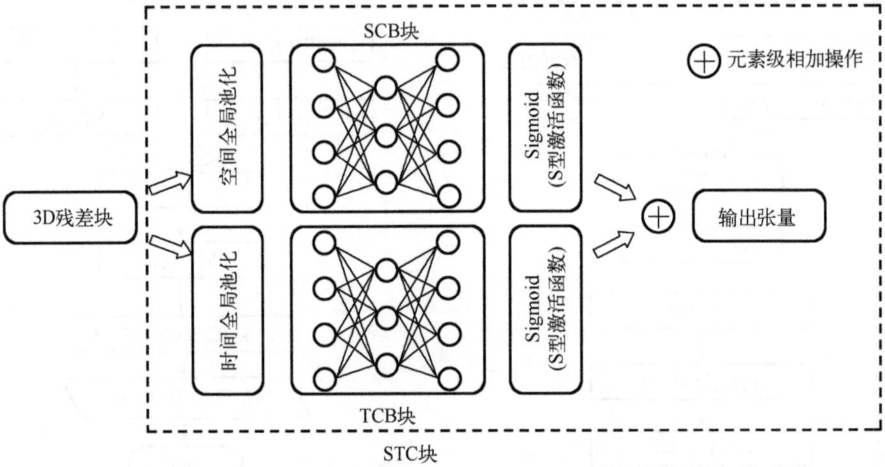

图 5.16　时空通道注意力模块结构图[37]

(1) 空间相关分支(spatial correlation branch，SCB)：用于处理空间通道信息。通过空间全局池化对全局特征进行融合，接着通过跨通道学习的方式对不同通道信息进行交互，得到融合的通道信息后连接两个全连接层，将通道维数映射到原来的维度，利用激活函数得到各通道的权重值，权重信息代表不同特征在整个图像中的重要程度，最后将权重信息与原始特征图对应元素相乘得到输出特征图。

SCB 处理输入特征 X 的过程定义为[37]

$$z_{\text{scb}} = \frac{1}{W \times H} \sum_{i}^{W} \sum_{j}^{H} X_{ijT} \tag{5.2}$$

$$s_{\text{scb}} = F_{\text{scb}}(z_{\text{scb}}, W_{\text{scb}}) = W_{\text{scb2}}(W_{\text{scb1}} z_{\text{scb}}) \tag{5.3}$$

$$x_{\text{scb}} = s_{\text{scb}} \cdot X \tag{5.4}$$

其中，W、H 和 T 分别代表特征图的宽度、高度和时间深度；i、j 分别为特征图宽、高的索引下标；z_{scb} 是尺寸大小为 $T \times C$ 的向量，C 为特征图的通道维度；$F_{\text{scb}}(\cdot,\cdot)$ 为 SCB 的全连接层操作符号；W_{scb} 表示该分支瓶颈(bottleneck)层参数集；$W_{\text{scb1}} \in \mathbb{R}^{\frac{(T\times C)}{r}\times(T\times C)}$ 和 $W_{\text{scb2}} \in \mathbb{R}^{C\times\frac{(T\times C)}{r}}$ 分别为全连接层的第 1 层和第 2 层的参数，r 为压缩比；s_{scb} 为经过全连接层的输出特征；x_{scb} 是 s_{scb} 向量与初始输入特征 X 的乘积，

表示 SCB 的输出特征。

(2)时间相关分支(temporal correlation branch，TCB)：用于处理时间通道信息。与 SCB 不同，该分支用时空全局池化代替 SCB 的空间全局池化，其处理输入特征 X 的过程定义为[37]

$$z_{\mathrm{tcb}}=\frac{1}{W\times H\times T}\sum_{i}^{W}\sum_{j}^{H}\sum_{t}^{T}X_{ijt} \tag{5.5}$$

$$s_{\mathrm{tcb}}=F_{\mathrm{tcb}}(z_{\mathrm{tcb}},W_{\mathrm{tcb}})=W_{\mathrm{tcb2}}(W_{\mathrm{tcb1}}z_{\mathrm{tcb}}) \tag{5.6}$$

$$x_{\mathrm{tcb}}=s_{\mathrm{tcb}}\cdot X \tag{5.7}$$

其中，t 为特征图时间深度的索引下标；z_{tcb} 是经过时空全局池化的输出向量；$F_{\mathrm{tcb}}(\cdot,\cdot)$ 为 TCB 的全连接层操作符号；W_{tcb} 表示该分支瓶颈层参数集；$W_{\mathrm{tcb1}}\in\mathbb{R}^{\frac{C}{r}\times C}$ 和 $W_{\mathrm{tcb2}}\in\mathbb{R}^{C\times\frac{C}{r}}$ 分别为该分支全连接层第 1 层和第 2 层的参数；s_{tcb} 为经过全连接层的输出特征；x_{tcb} 是 s_{tcb} 向量与初始输入特征 X 的乘积，表示 TCB 的输出特征。

STC 注意力模块：从视频中捕获不同的和新的信息，通过分层注意力模块后得到注意力特征图，并与原始特征图信息叠加作为下一层网络结构的输入。该模块在 3D CNN 不同层、不同通道中提取出不同的相关信息，使网络关注重要的特征，抑制不重要的特征。

3) 时序稀疏采样策略

从长视频中每间隔一定时间抽取一部分片段，这种采样是在时序上均匀进行的，再使用一个分段结构聚合采样动作片段的信息，进行长距离时序建模，定义为

$$C(N_1,N_2,\cdots,N_k)=F(E(C(N_1,W),C(N_2,W),\cdots,C(N_k,W))) \tag{5.8}$$

其中，$N_1,N_2,\cdots,N_k$ 表示稀疏采样的序列数，将视频等分为 k 份；$C(N_k,W)$ 表示处理视频序列的卷积神经网络；W 表示卷积神经网络的参数，每个视频序列中包含随机采样的一幅 RGB 图像和三幅光流图像作为模型输入，经过卷积神经网络后，对每个视频序列进行打分，得到每个序列的得分；E 表示集成函数，将所有视频序列的结果进行集成，得到完整视频的置信度分数，集成方法可选用投票法、平均法；F 表示 Softmax 函数，视频经过集成函数 E 后得到归一化后的所有分类的置信度。

4) SPP 结构

卷积神经网络后通常连接全连接层对特征图进行分类，而全连接层的特征数量往往是固定不变的，因此需要对卷积层得到的特征进行裁剪、拉伸或固定网络模型的输入大小，而裁剪或拉伸等预处理操作会造成特征的丢失，固定网络输入的尺寸则会导致网络提取的特征信息不够丰富。SPP 结构使用多个池化核对卷积层得到的

特征图进行处理，得到相同长度的特征，从而解决输入图像尺寸不一致问题。

SPP 结构可加在卷积层与全连接层的中间，任意尺寸的图像经过卷积层后得到特征图 f，在 SPP 结构中对上一层得到的特征图 f 分别使用 1×1、2×2、6×6 三种不同尺寸的池化操作得到三种不同尺寸的特征图 f_1、f_2、f_3，并进一步使用 1×1 卷积降维，在通道维度对这三种不同尺寸的特征图进行拼接后送入全连接层进行分类。SPP 结构将任意尺度的特征图自适应地匹配成全连接层维度大小的特征向量，因此在训练时，网络模型的输入能够接收任意尺度的图像，多尺度训练也能在一定程度上提高识别模型对不同大小目标的鲁棒性。

2. 实验结果和性能分析

1) 实验环境与参数设置

本节实验的硬件环境为 Intel Core i7-6800K CPU @ 3.40GHz，NVIDIA GeForce GTX 1080Ti GPU，128GB 内存，2TB 硬盘；软件环境为 Ubuntu 20.04，CUDA 11.1+cuDNN 8.0，Python 3.8，PyTorch 1.7.0+TorchVision 0.8.0。

为了检验本小节所提方法 DA-MFF 的性能，下面分别在 HMDB51[32]、UCF101[33] 和 BRL 三个数据集上进行实验，并选取 5.2.3 节中的 Top1-Acc 和 Top5-Acc 作为行为识别的评价指标。

实验针对 RGB 图像和光流图像分别训练两个网络。由于数据集中的学习者成像小且帧间的动作变化差异较小，对小目标行为识别的误检较多，因此训练阶段将图像尺寸调整为 448×448，通过随机裁剪、水平翻转等数据增强方法扩充样本。在数据采样过程中，将视频分为 5 个序列片段，每个片段中随机抽取 1 帧图像作为输入。采用随机梯度下降作为模型的优化器，令初始学习率为 0.01，最大迭代次数为 100，前三个 epoch 以热启动方式达到初始学习率，当迭代次数为 40 和 70 时，学习率分别衰减为原来的 10%。在测试阶段，将视频分为 8 个序列片段，每个片段中随机抽取 1 帧图像作为输入。

2) 方法整体性能

选取 C3D、X3D、I3D 等 9 种行为识别方法和 DA-MFF 方法在 BRL 数据集上进行对比实验，其中文献[7]的方法采用 VGG16 作为主干网络，实验结果如表 5.1 所示。

表 5.1　在 BRL 数据集上 DA-MFF 方法和主流方法的对比实验结果　（单位：%）

行为类别	方法									
	C3D[4]	Two-Stream[6]	X3D[15]	TSM[19]	文献[7]所提方法	P3D[11]	I3D[9]	TSN[16]	R[2+1]D[12]	DA-MFF
点鼠标	81.6	84.3	84.6	85.4	84.1	82.1	81.3	83.9	80.4	**86.7**
敲键盘	79.6	78.2	81.6	82.3	80.2	79.9	80.9	82.7	81.5	**83.1**
打电话	76.2	73.3	75.2	**77.8**	75.1	76.1	74.5	76.4	76.9	77.0

续表

行为类别	方法									
	C3D[4]	Two-Stream[6]	X3D[15]	TSM[19]	文献[7]所提方法	P3D[11]	I3D[9]	TSN[16]	R[2+1]D[12]	DA-MFF
记笔记	71.9	73.6	70.9	74.9	72.3	72.3	70.5	73.3	70.5	**76.9**
睡觉	82.5	81.5	83.1	**85.1**	83.6	84.3	82.3	83.9	82.3	83.7
看书	86.5	82.9	83.9	86.5	84.9	85.9	84.4	**86.9**	82.4	86.8
玩手机	91.6	93.2	90.6	93.5	91.5	92.3	89.9	92.7	91.1	**93.6**
听音乐	79.2	74.0	76.6	77.7	76.4	77.6	75.3	78.1	75.2	**79.5**
吃东西	87.5	88.5	88.6	89.4	89.6	87.6	87.5	88.9	87.6	**91.3**
喝水	88.9	91.1	87.5	91.2	89.7	86.2	88.3	**91.5**	90.9	90.8
听讲	72.4	75.5	76.4	77.1	73.2	74.1	75.8	**78.0**	76.8	77.5
回答问题	76.3	77.8	73.1	**78.6**	77.9	75.3	76.1	78.1	77.7	76.9
举手	84.2	81.3	84.0	84.4	84.0	83.5	83.3	84.7	83.2	**85.5**
所有类别	81.4	81.1	81.2	83.3	81.7	81.3	80.7	83.0	81.2	**83.8**

结果表明，采用了双流网络和 3D 卷积策略的方法 TSN 和 TSM 在 BRL 数据集上的行为识别结果均优于其他方法，比 DA-MFF 方法分别低 0.8 个百分点和 0.5 个百分点；仅采用纯 3D 卷积策略的方法 X3D 和 I3D 在“记笔记”类别中效果较差，比 DA-MFF 方法分别低 6 个百分点和 6.4 个百分点。这表明在遮挡情况下，纯 3D 卷积策略的方法明显劣于双流网络和 3D 卷积策略方法的行为识别效果，原因在于 3D 卷积提取到的时序信息辨别性不如光流图像获得的时序信息。

DA-MFF 方法在 BRL 数据集的 13 个类别中有 7 个类别的识别准确率优于其他方法，其中在“点鼠标（86.7%）”“记笔记（76.9%）”“听音乐（79.5%）”“吃东西（91.3%）”这四个类别上，结果相较于其他方法有显著提高，而这四类行为的特点是帧间差异小、在数据集中以小目标为主。由此可见，DA-MFF 方法能够通过对空间信息和时间信息进行校准，融合得到辨别性更强、语义更丰富的特征表示，减少背景对目标的影响，提高模型的识别精度。

为了进一步测试 DA-MFF 方法的有效性，在 UCF101 数据集和 HMDB51 数据集上同样进行了对比实验，结果如表 5.2 和表 5.3 所示。

表 5.2 在 UCF101 数据集上 DA-MFF 方法和主流方法的对比实验结果 （单位：%）

方法	主干网络	Top1-Acc
C3D[4]	3D ConvNets	82.3
Two-Stream[6]	ResNet-50	88.0
X3D[15]	X3D_S	94.8
TSM[19]	ResNet-50	94.3

续表

方法	主干网络	Top1-Acc
文献[7]所提方法	VGG16	92.5
P3D[11]	ResNet-50	88.6
I3D[9]	ResNet-50	95.6
TSN[16]	ResNet-50	94.3
R[2+1]D[12]	ResNet-50	96.8
DA-MFF	ResNet-50	**97.8**

表 5.3　在 HMDB51 数据集上 DA-MFF 方法和主流方法的对比实验结果　（单位：%）

方法	主干网络	Top1-Acc	Top5-Acc
SlowOnly[17]	ResNet-50	68.5	91.0
X3D[15]	X3D_S	67.9	92.8
TSM[19]	ResNet-50	72.6	92.0
文献[7]所提方法	VGG16	63.1	90.1
Two-Stream I3D[9]	ResNet-50	80.7	94.9
TSN[16]	ResNet-50	70.9	84.3
R[2+1]D[12]	ResNet-50	66.6	88.4
TANet[20]	ResNet-50	73.5	93.1
DA-MFF	ResNet-50	**80.9**	**95.5**

由表 5.2 可知，Top1-Acc 值 DA-MFF 方法比纯 3D 卷积网络 C3D 提高 15.5 个百分点，在同主干网络的其余方法中，DA-MFF 方法比双流网络 TSN 提高 3.5 个百分点，比 R[2+1]D 提高 1 个百分点，通过与主流网络的对比，表明了 DA-MFF 方法在 UCF101 数据集上的识别性能优良。

由于 UCF101 数据集视频场景较为简单，许多模型已在该数据集上达到了指标上限，很难有较大突破。HMDB51 数据集包含 51 类动作，每一类动作变化差异大，场景复杂多变，且身体部位存在不同的遮挡情况，与室内学习场景下的行为识别十分相似，因此继续在 HMDB51 数据集上将主流的行为识别方法与 DA-MFF 方法做对比。实验结果如表 5.3 所示。

结果表明，DA-MFF 方法在 HMDB51 数据集上的 Top1-Acc 和 Top5-Acc 均高于其他方法。其中，在 Top1-Acc 指标下 DA-MFF 方法比纯 3D 卷积网络中效果最好的 TANet 提高 7.4 个百分点，比双流网络中效果最好的 Two-Stream I3D 提高 0.2 个百分点。在 Top5-Acc 指标下，DA-MFF 方法也高于主流的行为识别方法；这进一步表明 DA-MFF 方法应用在室内学习场景和复杂场景时均性能突出。

3）消融实验

热图是一种可视化卷积神经网络的工具，颜色深的地方表示模型聚焦的部分，能够帮助分析神经网络的工作原理，本实验通过梯度加权类激活映射（gradient-weighted class activation mapping，Grad-CAM）技术对预测结果进行可视化。由图 5.17 和图 5.18 可见，模型能够聚焦于动作的关键部分，例如，在“喝水、玩手机”行为中颜色深的部分位于手部，表示 DA-MFF 方法能够抽取到更具有辨别性的特征，帮助模型更好地进行分类决策。

图 5.17 含“喝水”动作的热图可视化结果（见彩图）

图 5.18 含“玩手机”动作的热图可视化结果（见彩图）

为了验证本节所提方法各模块的有效性，在 BRL 数据集上的消融实验结果如表 5.4 所示。

表 5.4 DA-MFF 方法的消融实验

ResNet-50	STC 注意力模块	SPP 结构	时序稀疏采样策略	双流网络	Top1-Acc/%	FPS/（帧/s）
√	×	×	×	×	81.2	28
√	√	×	×	×	82.6	26
√	√	√	×	×	83.4	26
√	√	√	√	×	86.4	**35**
×	√	√	√	√	**89.3**	21

结果表明，以 ResNet-50 模型作为基线，在 BRL 数据集上 Top1-Acc 为 81.2%，单独引入 STC 注意力模块后 Top1-Acc 值提高 1.4 个百分点，FPS 由 28 帧/s 降为 26 帧/s；在 STC 注意力模块的基础上继续引入 SPP 结构 Top1-Acc 值比基线提高 2.2 个百分点，而 FPS 与引入 SPP 结构前一致，表明 SPP 结构能够在不影响速度的情况下提高模型的识别准确率；引入时序稀疏采样策略后，ResNet-50 的 Top1-Acc 提高到 86.4%，比基线提高 5.2 个百分点，FPS 由 28 帧/s 提高到 35 帧/s，表明时序稀疏采样策略不但有效缓解了长距离时序信息建模的问题，而且通过对视频序列进行稀疏采样再聚合的方法减少了冗余帧的数量，提升了模型的速度；将 ResNet-50 模型换为双流网络后，Top1-Acc 值比基线提高 8.1 个百分点，FPS 值为 21 帧/s，表明双流网络以模型的检测速度作为代价提高了识别准确率。

3. 所提方法小结

针对行为识别视频中目标成像较小以及帧间动作变化小的问题，以 BRL 数据集为基础，本节研究并提出了 DA-MFF 方法。该方法以 ResNet 模型为基础，设计了一种双流行为识别模型，从视频中提取 RGB 图像和光流图像作为模型的训练样本，并引入 STC 注意力模块和 SPP 结构，通过对空间信息和时间信息进行校准，融合得到辨别性更强、语义更丰富的特征表示，减少了背景的影响。此外，针对经典的卷积神经网络在抽取视频或者图像的表征信息能力较强，但对长距离时序信息建模能力不足的问题，设计了时序稀疏采样策略，通过对视频序列进行稀疏采样再聚合的方法减少冗余帧数量，缓解长距离时序信息建模的影响，提升了模型的精度与速度。

实验结果表明，所提方法的 STC 注意力模块、SPP 结构以及时序稀疏采样策略行之有效，在 BRL、UCF101 和 HMDB51 三个数据集上的实验结果均优于原始 ResNet 网络，在学习场景下对学习者的 13 种行为识别性能优良。

5.3.3　基于尺度感知目标检测器的行为识别方法

1. 目标检测器方法设计

在教学场景下的目标检测任务中，常会出现如图 5.19 所示的前后排学习者的成像尺度差异大、后排学习者成像尺度小的问题，使现有常见目标检测器准确检测所有学习者十分困难。

为此，本小节提出基于 YOLOX[38]的无锚框目标检测器：尺度感知目标检测器(scale-aware detector，SAD)[3]，其通过增加尺度感知模块(scale-aware module，SAM)和尺度敏感损失(scale-sensitive loss，SSL)，将不同特征层的注意力集中于不同尺度的目标，提高特征表征能力。此处，SAM 为检测头中的模块，可以突出或削弱不同尺度的特征；作为一部分损失，SSL 可以直接体现预测框与真实框的误差。

(a)不同目标的尺度差异　(b) 后排目标成像小

图 5.19　教学场景下目标检测难点示意图

目标检测器一般由主干网络(backbone)、检测颈(neck)和检测头(head)三部分组成，其中，主干网络负责特征提取，检测颈负责将主干网络输出特征融合，检测头负责分类和目标框回归。

为了尽可能减少计算量、提高运行效率，我们在设计上利用结构轻量的 YOLOX，并针对教学场景进行优化。所提 SAD 的网络结构如图 5.20 所示。

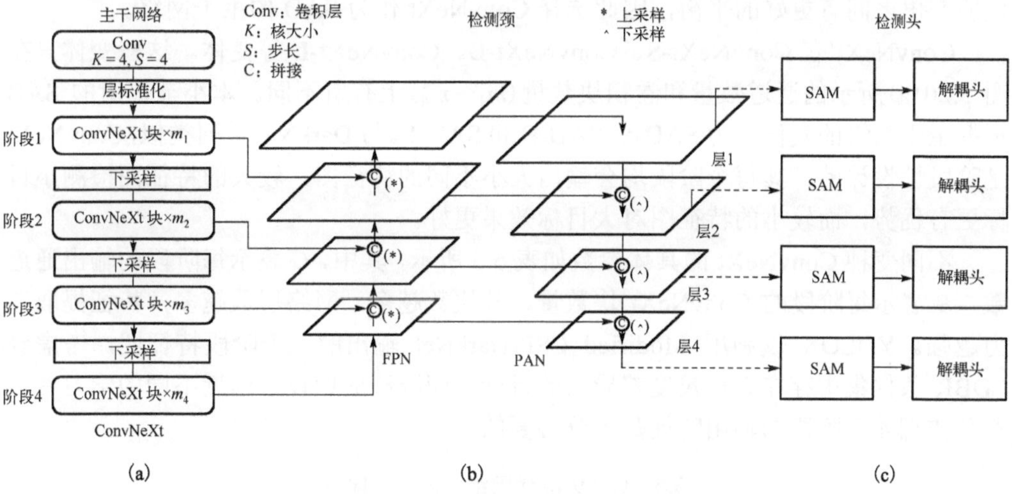

图 5.20　SAD 的网络整体结构示意图

如图 5.20(a)所示，首先，主干网络使用 ConvNeXt[39]替换 YOLOX 的 Modified CSP-DarkNet，以获取多个阶段更高质量的特征，多个阶段的特征随后经过由图 5.20(b)所示的特征金字塔网络(FPN)和路径聚合网络(path aggregation network，PAN)[40]拼接而成的路径聚合特征金字塔网络(path aggregation feature pyramid network，PAFPN)进行特征融合，其中，FPN 从下往上传递强语义信息，PAN 从上到下传递强定位信息；然后，融合多个不同尺度特征并送入图 5.20(c)所示的解耦头

(decoupled head)，并在每个解耦头之前增加 SAM 使预测特征具有尺度感知能力；最后，损失函数中包含交叉熵损失(cross entropy loss，CE Loss)、交并比损失(IoU Loss)和本节提出的 SSL。

SAD 目标检测网络的特点在于：①主干网络使用更先进的多阶段卷积神经网络；②为了解决教学场景图像中前后排学习者的尺度差异问题，检测头部分增加 SAM，使检测器对多尺度物体敏感；③设计新的 SSL 损失函数，作为回归损失的额外部分和每个特征层的一组尺度敏感权重，在特征细化过程中突出预测目标的尺度误差和不同特征层的重要性。

在训练阶段，通过分类损失函数和回归损失函数优化检测头中不同的分支。在测试阶段，考虑到教学场景中存在大量目标重叠现象，即前后排学习者发生遮挡，对候选的目标框使用 Soft-NMS 去掉冗余框，得到图像中学习者的位置和行为类别。

1) 主干网络

主干网络的作用是提取输入的图像特征，其提取质量直接决定后续模块的处理效果。ConvNeXt 整合了 ViT(vision transformer)和 ConvNets 的优点，在计算消耗和性能产出之间有更好的平衡，因此选择 ConvNeXt 作为 SAD 的主干网络。

ConvNeXt 有 ConvNeXt-S、ConvNeXt-B、ConvNeXt-L 等变体。这些变体只在图 5.20(a)所示的通道数量和卷积块数量(m_1～m_4)上有所不同。本小节提出的 SAD 根据主干网络的变体分为 SAD-S、SAD-B 和 SAD-L。与 DarkNet 系列类似，ConvNeXt 是阶段性设计的，其每个阶段均会输出大小不同的特征图，较大的特征图检测小目标更有优势，而较小的特征图对大目标效果更好。

不同变种 ConvNeXt 的具体参数如表 5.5 所示，其中，C 表示每阶段的输出通道数，B 表示每阶段的 ConvNeXt 块数量，其块数越多，网络层数越多，特征提取能力越强。YOLOX 仅利用 Modified CSP-DarkNet 输出的三个阶段特征图，考虑到 LDBR 数据集中存在大量尺度差异大的目标，即距离成像设备远近不同的学习者，充分挖掘 4 个阶段的输出特征是十分必要的。

表 5.5　ConvNeXt 网络变体的具体结构

阶段	主干网络		
	ConvNeXt-S	ConvNeXt-B	ConvNeXt-L
1	C=96, B=3	C=128, B=3	C=192, B=3
2	C=192, B=3	C=256, B=3	C=384, B=3
3	C=384, B=27	C=512, B=27	C=768, B=27
4	C=768, B=3	C=1024, B=3	C=1536, B=3

2) 特征融合模块

特征融合模块，即检测颈，目的是融合主干网络不同阶段在不同特征尺度上输出的特征图，每个检测颈层级都会输出一个负责预测的特征层。以图 5.20 中自下而上传递特征的 FPN 为例，对特征层来说，其感受野与它所在的层级高度成正比，FPN 层级越高，特征尺度越小，像素的感受野就越大，因此不同层级的特征关注点不同。简单来说，特征尺度越小，越适合检测大目标；反之，特征尺度越大，越适合检测小目标。由于 FPN 只有单向特征传递，因此低层特征不会影响高层特征。不同的是，PAN 提出了一个自上而下的路径，使用准确的低层定位信息来增强同层的 FPN 表征信息，因此本小节在 SAD 中引入了这一结构，如图 5.20(b) 所示。

在 PAFPN 联合结构中，FPN 从下到上传递高层语义特征；同时，PAN 自上而下传递有效的定位信息。两种结构相结合，可从不同的主干网络阶段聚集特征产生不同的检测层，有效提高了特征表征能力。

考虑到大量后排学习者带来的小目标检测困难问题，本节在 FPN 和 PAN 的设计上增加了一层对应主干网络输出的 4 个特征图，更好地检测后排学习者。

3) SAM

SAM 为 SAD 的检测头中最特殊的部分，目的是突出或削弱不同尺度的特征，以实现尺度敏感性，其特点在于基于自注意力机制，根据特征的重要性动态地调整不同层次的特征，且计算成本低。高和宽分别为 H 和 W，通道数为 C 的特征 $f \in \mathbb{R}^{C,H,W}$，对应的自注意力定义为

$$f' = \alpha(f) \times f \tag{5.9}$$

其中，$\alpha(\cdot)$ 是一个具有尺度感知的注意力函数，通过将某一层特征的语义体现为一个系数并映射回原特征来提高或削弱该层特征的重要性。

SAM 由数量可变的尺度感知的注意力(scale-aware attention，SAA)块组成，如图 5.21 所示。在视觉模型中，Non-local[18]、Transformer 等许多思想可以引入 SAM 设计中作为可学习的函数 $\alpha(\cdot)$。SAA 块的设计思路是：首先，在不同检测颈层上的特征都通过自适应最大池化下采样到 $C\times1\times1$；然后通过 1×1 卷积操作将通道数减少到 1，形成 1×1×1 的特征点；最后将 ReLU 和 Hard-Sigmoid 激活函数叠加，形成 $\alpha(\cdot)$。

SAA 块定义为

$$\alpha(\cdot) = \mathrm{HSigmoid}(\mathrm{ReLU}(\mathrm{conv}(\mathrm{maxpool}(f)))) \tag{5.10}$$

其中，HSigmoid(·) 和 ReLU(·) 分别为 Hard-Sigmoid 激活函数和 ReLU 激活函数；conv(·) 为卷积操作；maxpool(·) 为最大池化操作。这样设计的原因是：ReLU(·) 首先确保 1×1×1 的特征点值为 0 或一个正值，然后通过 HSigmoid(·) 调整至[0.5, 1]范围内，其大小决定了该特征的语义重要程度，使重要性较低的特征层的有价值像素变得更

加稀疏，而重要性较高的特征得到更好的保留。简而言之，这种尺度感知的注意力是逐层计算的，即通过一个放大或缩小每个检测颈特征层重要性的正系数决定该特征层在最后预测中的贡献。

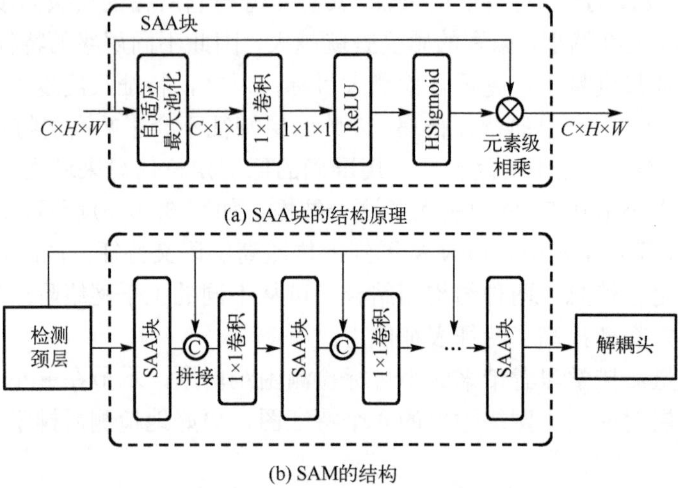

图 5.21　SAA 块和 SAM 结构示意图

图 5.22 为预测过程中检测颈特征层经过 SAM 处理后的效果。通过 SAM 后检测颈的低层特征注意力集中于目标较小的后排学习者，而高层特征更关注前排学习者。

图 5.22　SAM 处理后学习者特征图的可视化结果(见彩图)

4) 检测头模块

检测头模块负责最终预测，其输入是检测颈特征层，输出为定位和分类的结果，在该部分的设计中存在分类和回归冲突问题[41,42]，为此，我们在YOLO系列检测器中沿用的YOLO Head被替换为常见的解耦头(decoupled head)，其特点是将分类和回归分支分开，不再共享特征层。这样可以提高预测层的表征能力，并且使模型更快收敛，具体结构如图5.23所示。

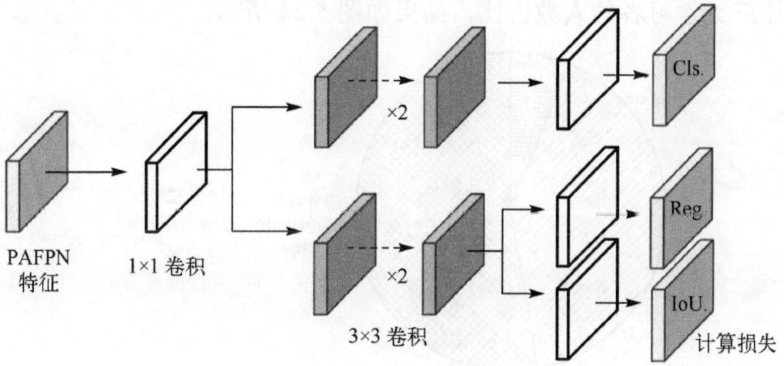

图 5.23　解耦头示意图[38]

从图5.23可见，对于每一级PAFPN的输出特征，首先采用1×1的卷积层调整通道；然后增加两个平行分支，分别用于分类和回归任务，以计算分类损失(Cls.)和回归损失(Reg.)，每个分支有两个3×3的卷积层；最后在回归分支中加入IoU分支，以计算IoU损失(IoU.)。除此之外，解耦头是基于无锚框的检测头，其每个位置的预测值从3个减少到1个，并直接预测4个值，即距离网格左上角的两个偏移量以及预测的目标框的高度和宽度，相比于需要预先计算分配锚框的方法，可以减轻计算负担。

5) 尺度敏感损失函数

损失函数(loss function)和目标框分配(label assignment)是密切相关的。常见的目标检测器大多使用最大IoU匹配(max IoU assignment)算法，即选择预测框中与真实框之间交并比最大的一个或多个作为正样本来计算损失。

YOLOX中的SimOTA首先通过一个cost值来计算真实框 g_i 与预测框 p_j 配对的匹配程度，然后选取cost值最低的 K_{low}(一般情况下 $K_{\text{low}}=7$)个预测框作为正样本。cost定义为

$$\text{cost}_{ij} = L_{ij}^{\text{cls}} + \lambda L_{ij}^{\text{reg}} \tag{5.11}$$

其中，L_{ij}^{cls} 和 L_{ij}^{reg} 分别是分类损失和回归损失；λ 是一个平衡系数。在原始SimOTA中用到的 L_{ij}^{cls} 和 L_{ij}^{reg} 分别为交叉熵(cross entropy，CE)损失和IoU损失。

为了进一步提高模型对目标尺度的敏感性，本节在目标框分配过程中加入了一个额外损失 SSL 来改进 SimOTA。SSL 函数包含两部分，既适用于目标框实例，也适用于特征层，例如，在教学场景中，检测头应关注颈部不同层次、不同尺度的目标，前排学习者成像尺度较大，更关注检测颈部较高的特征层；相反，对于成像较小的后排学习者，更关注颈部低层特征。

根据教学场景数据集中学习者成像大小，将所有目标分为 small、medium 和 large 三类，统计三类学习者的人数占比，结果如图 5.24 所示。

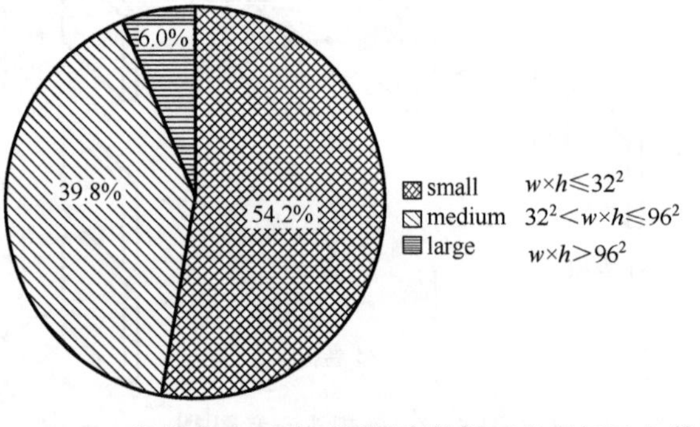

图 5.24　LDBR 数据集中三种不同尺度的学习者目标及人数占比

利用尺度敏感的层系数和尺度距离来调整回归损失，使损失集中在重要的预测分支上。损失函数定义为

$$\text{cost}_{ij}=L_{ij}^{\text{cls}}+\lambda \text{SSL}_{ij}^{\text{reg}} \tag{5.12}$$

$$\text{SSL}_{ij}^{\text{reg}}=\theta_l\times(\text{loss}_{ij}^{\gamma}+\text{loss}_{ij}^{\text{IoU}}) \tag{5.13}$$

$$\text{loss}_{ij}^{\gamma}=\min(1,(1-(w_j/w_i+h_j/h_i)/2)^2) \tag{5.14}$$

其中，$\text{loss}_{ij}^{\gamma}$ 代表真实框 g_i 和预测框 p_j 之间的尺度距离，也表示宽度和高度的平均距离；w_i 和 h_i 分别为真实框的宽和高，w_j 和 h_j 为预测框的宽和高；θ_l 是经验值超参数，控制某个包含预测框 p_j 的特征层 l 的重要性；$\text{loss}_{ij}^{\text{IoU}}$ 是原始 SimOTA 的 IoU 损失，即式(5.11)中的 L_{ij}^{reg}。

6)方法实现的主要步骤

基于尺度感知目标检测器的行为识别(action recognition based on scale-aware detector，AR-SAD)方法的主要流程如图 5.25 所示。

(1)训练阶段：①提取待训练视频对应的 RGB 帧；②将 RGB 帧送入检测器主干网络 ConvNeXt，提取 4 个阶段的特征；③4 个阶段特征经过 PAFPN 检测颈得到一系列融合强化后的 4 个特征层；④上述特征层对应 4 个检测头，利用每个检测头的 SAM，得到 4 个预测层；⑤4 个预测层送入解耦头，经分类分支计算 CE 损失、经回归分支计算 IoU 损失和 SSL 损失，最后按照 cost 值选取最低的 K_{low} 个正样本，作为一次迭代训练的总损失。

(2) 测试阶段：①提取待训练视频对应的 RGB 帧；②将 RGB 帧送入检测器主干网络 ConvNeXt，提取 4 个阶段的特征；③4 个阶段特征经过 PAFPN 检测颈得到一系列融合强化后的 4 个特征层；④上述特征层对应 4 个检测头，利用每个检测头的 SAM，得到 4 个预测层；⑤经过 SAM 增强后的特征送入解耦头的分类分支和回归分支输出预测结果，使用 Soft-NMS 作为后处理方式得到最终结果。

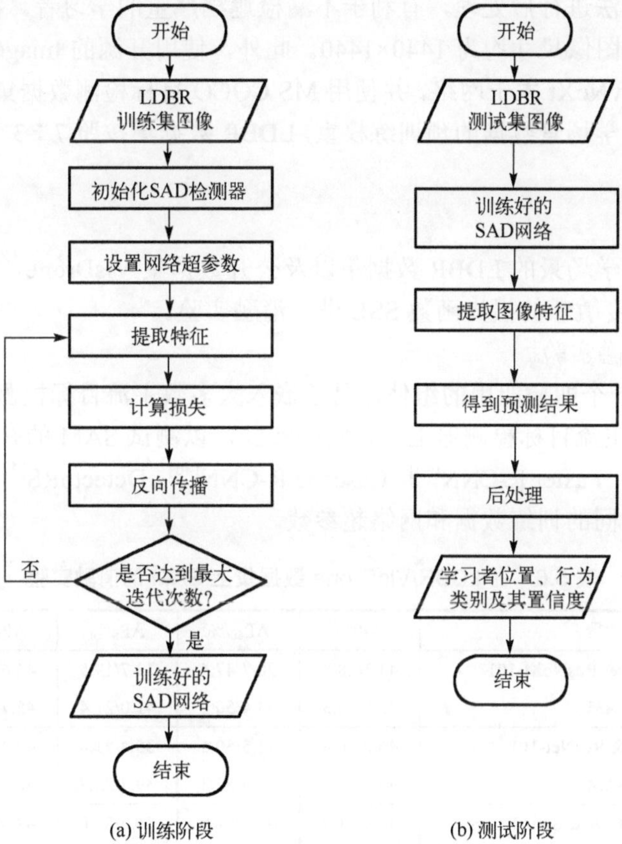

图 5.25　AR-SAD 方法的主要流程

2. 实验结果与性能分析

1) 实验环境与参数设置

本节实验的硬件环境为 Intel Xeon Silver 4114 CPU，8 个 NVIDIA Tesla-V100

32GB GPU；软件环境为 Ubuntu 20.04，Python 3.8，PyTorch 1.8.1，Albumentations 数据增强库[43]。为了检验本节所提方法 AR-SAD 的性能，分别在 LDBR 和 VisDrone 两个数据集上进行实验。对 SAD 性能的评价指标与 MS COCO 中的方法一致，使用 AP 和 *P-R* 曲线，见式(3.1)和式(3.2)。AP_S、AP_M、AP_L 分别代表 small、medium 和 large 物体的 AP，AP_{50} 为 IoU=0.5 阈值时的 AP。

本节所有模型均用 AdamW 优化器，最大迭代次数为 100，批次大小为 16，初始学习率为 0.0001，当迭代次数为 60 和 90 时，学习率分别衰减为原来的 10%。因为数据集中严重的物体遮挡，即前后排学习者发生较多重叠，使用 IoU 阈值为 0.3 的 Soft-NMS 方法进行后处理，有利于不漏检遮挡严重的学习者。在计算模型的计算量时，令输入图像尺寸均为 1440×1440。此外，使用开源的 ImageNet[44]预训练权重来初始化 ConvNeXt 主干网络，并使用 MS COCO 目标检测数据集来训练 SAD 器作为后续训练教学场景数据的预训练权重，LDBR 数据集按照 7∶3 划分训练集和验证集进行实验。

2)消融实验

本节基于教学场景的 LDBR 数据集以及公开数据集 VisDrone，对具有尺度感知的 SAM 以及尺度敏感的损失函数 SSL 进行消融实验。

(1)SAM 消融实验。

SAM 作为一个即插即用的组件，易于嵌入大多数主流目标检测网络中。表 5.6 对 SAM 在不同主流目标检测器上进行消融实验，以测试 SAM 的有效性和鲁棒性，包括 YOLOX[38]、Faster R-CNN[45]、Cascade R-CNN[46]、DetectoRS[47]和 YOLOv5[48]，实验中采用了相同的训练数据和网络超参数。

表 5.6　在 LDBR/VisDrone 数据集上 SAM 的消融实验

检测器	AP/%	AP_{50}/%	AP_S/%	AP_M/%	AP_L/%
Faster R-CNN & ResNeXt-101	43.1/28.8	90.7/47.4	33.7/19.5	44.6/40.3	40.4/47.9
+SAM	45.6/30.3	93.4/50.2	41.0/21.4	45.7/41.9	49.5/48.6
DetectoRS & ResNet-101	46.0/30.8	92.5/50.6	35.4/21.6	47.4/41.9	43.2/50.9
+SAM	46.4/31.7	94.5/52.3	39.7/22.7	46.5/43.9	51.7/53.0
Cascade R-CNN & Dual-SwinT Large	46.9/31.9	93.7/51.9	36.2/23.0	47.1/43.5	51.9/53.4
+SAM	49.2/32.5	95.1/53.0	37.9/23.8	49.1/44.0	54.6/53.6
YOLOv5-X6	43.5/30.2	90.9/48.6	34.4/20.7	45.0/41.5	41.0/52.0
+SAM	45.3/31.0	93.3/49.9	39.7/22.2	45.5/42.5	48.0/51.8
YOLOX-X	43.6/30.6	91.1/50.5	34.6/21.1	45.0/42.2	40.8/52.2
+SAM	45.9/31.5	94.5/51.2	39.2/22.7	46.0/42.9	47.4/52.2

注：“/”符号前为 LDBR 数据集结果，后为 VisDrone 数据集结果。

结果表明，SAM 在多种目标检测器中均带来性能提升，由于 LDBR 数据量较小，因此 AP 存在一定的抖动，VisDrone 数据量较大，SAM 对 AP 的影响较为稳定；LDBR 数据集的 AP 提升 0.4～2.5 个百分点，VisDrone 数据集的 AP 提升 0.6～1.5 个百分点；因 SAM 使模型尺度感知能力增强，较难检测的小目标 AP_S 的提升最为明显。

在 LDBR 数据集上进一步测试 SAA 块对 SAM 的影响，结果如表 5.7 所示。

表 5.7　SAA 块堆叠数量的消融实验

块数	AP/%	AP_{50}/%	AP_S/%	AP_M/%	AP_L/%	计算量/GFLOPs
0	46.2	93.5	39.6	48.6	47.8	805.28
1	46.3	93.4	42.6	47.7	50.2	805.45
2	47.1	94.8	35.9	48.9	50.8	805.61
4	48.0	94.4	45.8	42.9	49.3	805.95
6	48.8	95.4	43.3	50.1	54.4	806.28
8	49.2	95.4	43.6	50.9	52.8	806.62
10	48.5	91.9	41.8	50.2	52.1	806.95

结果表明，利用 SAD-B 目标检测器，当堆叠 2 个 SAA 块时，AP 提高 0.9 个百分点；当堆叠 8 个 SAA 块时达到最佳性能 49.2%。与没有 SAM 的 SAD-B 基线相比，仅在增加 0.17%计算成本的情况下就达到性能最优，说明 SAM 轻量有效。

(2) SSL 损失函数的测试。

与 YOLOX 中的原始 cost 公式即式(5.11)相比，SSL 损失函数将特征层级的系数 θ_l 和一个实例级的距离损失 $loss^{\gamma}$ 加入了 cost 的回归损失中，以突出真实框与预测框的尺度差异。以 SAD-L 为基准，表 5.8 为在 LDBR 数据集和 VisDrone 数据集上系数 θ_l 和距离损失 $loss^{\gamma}$ 对检测性能的影响。

表 5.8　在 LDBR/VisDrone 数据集上 SSL 使用不同参数的消融实验

$loss^{\gamma}$	θ_l	AP/%	AP_{50}/%	AP_S/%	AP_M/%	AP_L/%
×	×	50.0/31.9	96.2/52.0	40.5/22.5	49.7/43.3	53.1/52.8
√	×	50.3/32.2	96.2/52.4	42.3/23.4	50.3/43.4	54.0/53.1
×	√	50.5/32.0	96.1/52.2	43.9/22.6	50.7/43.4	53.3/52.9
√	√	50.7/32.4	96.4/52.8	44.1/23.7	50.7/43.5	52.9/53.1

结果表明，在 LDBR 数据集上使用 θ_l 和 $loss^{\gamma}$ 比未使用 θ_l 和 $loss^{\gamma}$ 的 AP 提高 0.7 个百分点，在 VisDrone 数据集上提高 0.5 个百分点，其中，LDBR 数据集的 AP_S 提高 3.6 个百分点，VisDrone 数据集的 AP_S 提高 1.2 个百分点，说明两个参数增加了预测框与真实框的尺度差异敏感性。

3) 有效性与对比实验

(1) SAD 检测结果可视化。

为了验证 SAD 在教学场景和公开数据集上的检测性能，随机选取 LDBR 测试集中的部分图像进行检测结果可视化，如图 5.26 所示。图中可视化使用了 SAD-L 的检测结果，可以明显地观察到，在常见教室场景中，所提出的 SAD-L 可以精确地同时检测到密集的前后排学习者位置。

图 5.26　SAD 在 LDBR 数据集上的检测结果(见彩图)

所选公开数据集 VisDrone 包含 8629 幅图像，其中，6471 幅用于训练，548 幅用于验证，1610 幅用于测试。在两个数据集的实验中均采用了相同的数据增强策略，保持样本图像长宽比的前提下，短边边长随机调整在(800, 1440)范围内的多尺度训练和随机裁剪，然后将裁剪区域边长调整至(640, 1280)，以提高小目标的精确度。本节所提方法在 VisDrone 测试集的检测效果如图 5.27 所示。

图 5.27　SAD 在 VisDrone 数据集上的检测结果

(2) 对比实验。

本节使用同样的数据训练目前主流的目标检测模型，对比实验结果如表 5.9 所示。

表 5.9　在 LDBR/VisDrone 数据集上所提方法与主流方法的对比实验结果

模型	AP/%	AP_{50}/%	计算量/GFLOPs
Faster R-CNN & ResNet-101	42.2/26.6	87.2/44.3	624.46
Cascade R-CNN & ResNeXt-101	45.7/29.6	91.0/47.5	904.46
Cascade R-CNN & ConvNeXt-L	47.3/31.7	92.7/51.2	1678.12
Cascade R-CNN & Dual SwinT-L[49]	46.9/31.9	93.7/51.9	2002.30
DetectoRS & ResNet-101	46.0/30.8	92.5/50.6	700.98
YOLOX-X	43.6/30.6	91.1/50.5	713.66
SAD-S	48.7/30.3	94.0/48.2	665.93
SAD-B	49.2/31.8	94.7/51.0	806.62
SAD-L	**50.7/32.4**	**96.4/52.8**	1206.38

结果表明，SAD 在检测精度上优势明显，在相似的性能下，计算量更小。具体地，对比使用同样主干网络的 Cascade R-CNN 检测器，所提方法(SAD-L)以其 71.9%的计算量在 LDBR 数据集上将 AP 提高 3.4 个百分点；在 VisDrone 数据集上，所提方法(SAD-L)的计算量仅为 Cascade R-CNN & ConvNeXt-L 的 71.9%，AP 却提高 0.7 个百分点。

3. 所提方法小结

本节提出了基于尺度感知目标检测器的行为识别方法。该方法基于 SAD，其包括具有尺度感知的 SAM 和尺度敏感的 SSL 损失函数来解决物体尺度的差异，同时有效提升了小目标的检测效果。在 LDBR 数据集的实验结果表明，在教学场景中，前后排学习者成像尺度差异较大时，SAD 性能优良，其 SAM 和 SSL 损失函数在几乎不增加计算量的前提下带来了性能提升。本节所提方法可有效识别“举手、低头、睡觉、玩手机”等 4 种教学场景下的学习者行为。在公开数据集 VisDrone 的进一步实验结果表明，SAD 的通用性较好。

5.3.4　基于姿态估计器的行为识别方法

1. 行为识别方法设计

1)掩码自编码器

掩码自编码器(masked autoencoder，MAE)是一种非对称的编码器-解码器结构，可以从已知像素重建被遮蔽的未知像素[50]，主要思想是：首先将输入图像分成多个块；然后随机对其中 75%的块进行遮蔽，并将没有遮蔽的像素块按顺序形成带有位置编码的向量，送入 Transformer 编码器中，获得特征向量；再将遮蔽的块按原来的位置插入特征向量中，送入解码器重构像素信息，从而重建原始图像[51,52]。

一般来说，预训练增强通过初始化姿态估计器的主干网络或者扩大训练集实现。

下面提出的姿态掩码(Pose Mask)增强策略使用自监督 MAE 在 MS COCO Keypoint 数据集上进行预训练，在易发生遮挡的区域实现更好的重建能力，因为被遮蔽的像素块和被遮挡的肢体部分在特征不完整性方面是一致的，需要与周围的像素建立依赖关系。

2) Pose Mask

原始的 MAE 掩码策略先将图像分割成大小相同的像素块，然后用位置嵌入将所有像素块拉伸成矢量，在对所有像素块随机洗牌后，选择前 25%像素块排序后作为输入数据送至编码器中，可减少 75%的计算负担。

与之不同，我们在 Pose Mask 中首先设定一个 256×256 的图像模板，然后统计 MS COCO 数据集中所有人体关键点映射在图像模板的概率分布，概率分布热图可参考文献[53]。概率分布热图被分割成一个 8×8 的“棋盘”，关于每个区块的分布概率从暗红色到蓝色块递减。

设计概率热度等级的目的是作为下一步随机掩码中选择遮蔽块的参考。计算每个区块的概率，步骤如下：

(1) 将 MS COCO 数据集中不同尺寸图像中的关键点都映射到 256×256 像素的区域；

(2) 将 256×256 像素区域转化为 8×8 的像素块(每个区块 32×32 像素)，然后计算每个像素块内落入的关键点数量，并按降序排列；

(3) 根据每个像素块中关键点的数量将 64 个块分为 4 个不同的概率热度，这些区块的概率热度从高到低出现 20 个暗红色、16 个亮红色、20 个橙色和 8 个蓝色。

关于掩码策略，首先调整输入图像为正方形比例，并在被送入 Transformer 编码器之前划分为多个块；然后将概率热图大小调整为输入图像的大小，图像块会与概率热图不同区域的色块相重叠，具有四种不同颜色的块被赋予不同的热度权重，从高到低分别设置为 4、3、2、1；最后应用线性加权随机化算法对输入图像块进行加权，定义为

$$W_i = 4 \times A_i^{\mathrm{DR}} + 3 \times A_i^{\mathrm{BR}} + 2 \times A_i^{\mathrm{O}} + 1 \times A_i^{\mathrm{B}} \tag{5.15}$$

其中，W_i 表示一个输入图像块 i 的权重；A_i^{DR} 、A_i^{BR} 、A_i^{O} 和 A_i^{B} 分别代表第 i 个图像块所占的暗红色、亮红色、橙色和蓝色的区域面积，此输入图像块的权重是区域面积乘以其热度权重之和。

在赋予所有输入图像块权重后，选择应该被遮蔽的部分，AW_i 表示 N 个图像块中第 i 个补丁位置的当前权重，定义为

$$\mathrm{AW}_i = \mathrm{AW}_{i-1} + W_i \tag{5.16}$$

Pose Mask 通过一个随机数 $F \in [\mathrm{AW}_1, \mathrm{AW}_N]$，从 AW_i 遍历到 AW_N 进行比较；如

果 $AW_i \leqslant F < AW_{i+1}$，则遮蔽当前第 i 个图像块，随机数生成空间中删除当前权重范围。在这里，遍历操作的执行次数等于图像块数量的 75%，这与原始 MAE 的掩码策略部分相同。通过累计权重的方式，较大权重的图像块容易被遮蔽，在一定程度上给了关键点区域更多被遮蔽的机会，引导 MAE 学习缺失的关键点信息，提高模型对严重遮挡时的学习者姿态估计效果。

3) 预训练方法

引入预训练权重作为数据增强策略，通过生成遮挡场景图像实现数据扩充，也可由姿态估计器的主干网络加载，用于模型微调。首先，使用只包含 person 类别的 MS COCO 数据集进行预训练，以更好地适应教学场景中密集的人体姿态估计；然后利用提出的 Pose Mask 策略替代 75%随机掩码策略。图 5.28 为基于传统教室监控图像的姿态估计框架，整个流程可以被概括为 MAE 使用 Pose Mask 的预训练和姿态估计器的微调。

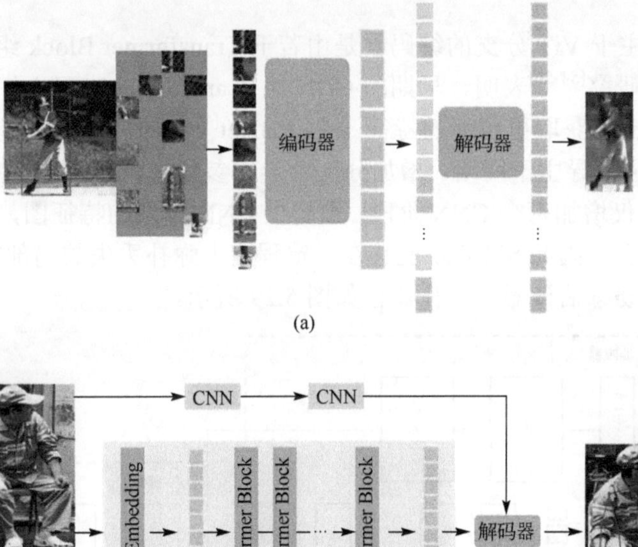

(a)

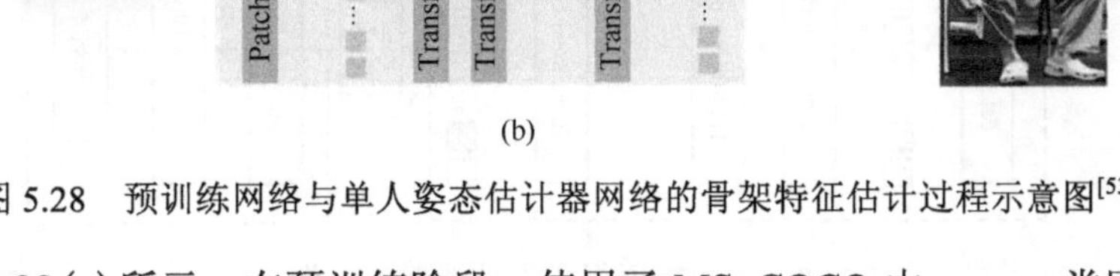

(b)

图 5.28　预训练网络与单人姿态估计器网络的骨架特征估计过程示意图[53]

如图 5.28(a)所示，在预训练阶段，使用了 MS COCO 中 person 类别的裁切图像，包含 262465 个单人样本，使模型能够更好地适应人体骨架特征。具体流程是：首先，用 Pose Mask 策略对裁切过的图像进行遮蔽，将剩余的未遮蔽图像块使用位置嵌入后送入 ViT 编码器；之后，解码器采用与 MAE 相同的设计，采用线性映射进行图像重建，只计算未遮蔽图像块的损失。在图 5.28(b)中，在姿态估计器的设计中采用加载 MAE 预训练权重但是没有掩码的 ViT 主干网络。

在原始 MAE 中，用于图像重建的训练数据集是 ImageNet-1K(IN-1K)[44]，包含 120 万幅训练图像。由于 IN-1K 是图像分类数据集，没有准确的人类标注，无法作为预训练 Pose Mask 的数据。经典的 MS COCO 数据集包含 118287 幅训练图像，被广泛用于目标检测、姿态估计及图像分割等。因此本节使用目标检测的标注剪裁了 person 实例，共获得 262465 幅人物图像。使用 Pose Mask 策略训练了 2000 次迭代后，权重被用来生成 MS COCO 相同数据量的重构图像。

4)基于双分支结构的姿态估计器

基于双分支结构的姿态估计器包含两部分：主干网络和关键点解码器。其中，主干网络由 ViT 分支以及 SideCar 辅助分支两部分组成。前者主干部分与预训练阶段相同，只是没有使用掩码策略；后者作为 CNN 辅助模块起到特征增强的作用，具有多种选择。

主干网络：主干 ViT 分支的编码器是由若干 Transformer Block 组成的，其深度是可变的。许多研究[54-56]表明，早期的 CNN 比 Transformer 表现更好，提取的特征有助于 Transformer 获取更清晰的特征。在 CBNet[49,57]的启发下，提出主干辅助分支 SideCar 来增强主导主干网络。增加分支会导致参数量剧增，为了减轻计算负担，可在 ViT 的一侧仅增加两个 CNN 阶段，来提供 CNN 早期的特征图，与 ViT 编码器的输出特征图融合，因此 SideCar 能够在一定程度上弥补丢失的局部特征。

本小节所提姿态估计器的工作流程如图 5.29 所示。

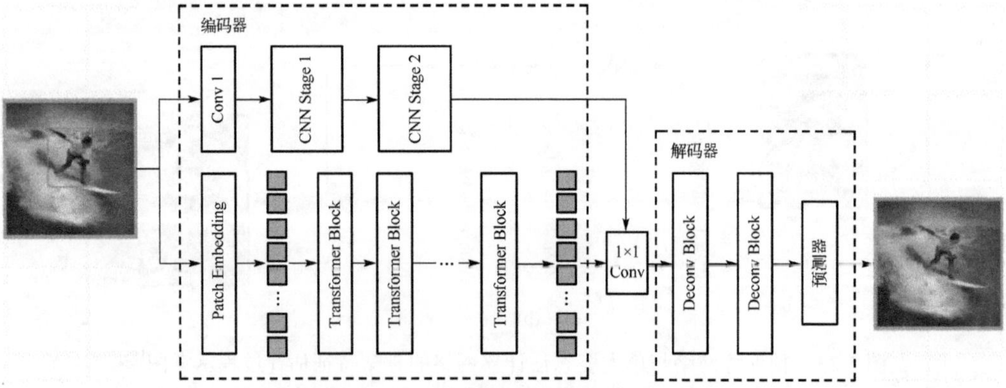

图 5.29 本小节所提姿态估计器的工作流程

对于 ViT 分支，一个输入图像被分成 $N \times N$ 个图像块，并被送入 Transformer Block，其结构如图 5.30 所示，使用自注意力机制(self-attention mechanism)提取特征，定义为

$$F_0 = \text{PatchEmbed}(X) \tag{5.17}$$

$$F'_{i+1} = F_i + \text{MHSA}(\text{LN}(F_i)), \quad F_{i+1} = F'_{i+1} + \text{FNN}(\text{LN}(F'_{i+1})) \tag{5.18}$$

其中，X 是一个人类实例的原始图像；F_i 表示第 i 个 Transformer Block 的输出特征；PatchEmbed 表示对图像进行分块的操作，以得到 F_0 作为下一步操作的输入图像向量；MHSA(·) 为多头自注意力操作；LN(·) 为层归一化(layer normalization，LN) 操作；FFN(·) 表示前馈神经网络操作。

SideCar 分支可以从各种 CNN 结构中选择，本节实验部分选择了 ResNet-50 的前两个阶段作为基线，并将 SideCar 特征输出与 ViT 特征输出叠加后经过一个 1×1 卷积调整维度送入解码器。

关键点解码器：负责根据主干输出的预测热图输出关键点坐标以及每个坐标的置信度。反卷积是有效获取预测热图的方式之一[36,58]，此处通过两个连接的反卷积结构恢复高分辨率热图，然后经过 1×1 卷积的预测器(Predictor) 输出预测关键点坐标，没有使用任何跳跃连接或交叉注意策略。解码器结构如图 5.31 所示。

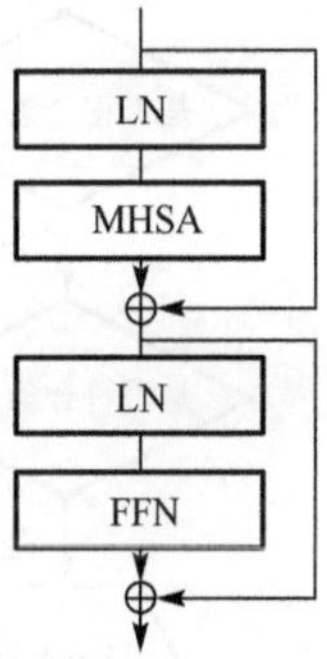

图 5.30　Transformer Block 结构示意图

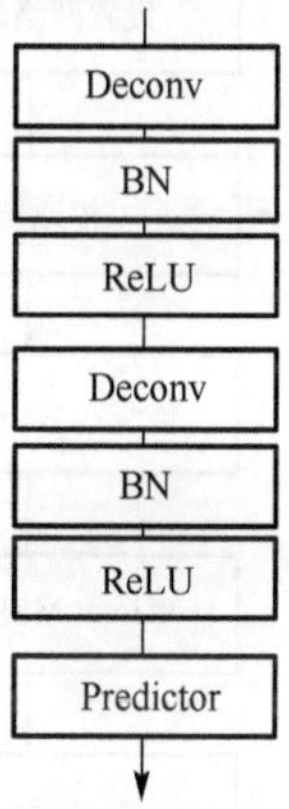

图 5.31　解码器结构示意图

解码器输出的是关键点数量的热图，每个热图为一个关键点的高斯分布预测，定义为

$$H_k = \text{Conv}_{1\times1}(\text{Deconv}(\text{Deconv}(F_b))) \tag{5.19}$$

其中，H_k 代表 k 个通道的热图；k 是关键点的数量，常令 $k = 17$；F_b 表示主干网络的输出热图；Deconv 表示反卷积层，最后使用一个 1×1 卷积得到 17 个关键点坐标。基于热图的姿态估计常用联合均方误差损失(Joint MSE Loss) 函数计算损失，即预测热图与真实高斯热图关键点间的偏差。

2. 方法实现的主要步骤

基于姿态估计器的行为识别(action recognition based on posture estimator，ARPE)方法将图像中所有的人体目标作为姿态估计器的输入，依次进行独立的肢体关键点识别。在训练阶段，先给定每个人体关键点的坐标，在测试阶段需要在新的人体图像中进行预测，即主要任务是找到每个人体图像中指定数量的肢体关键点坐标[3]。主要过程如图 5.32 所示。

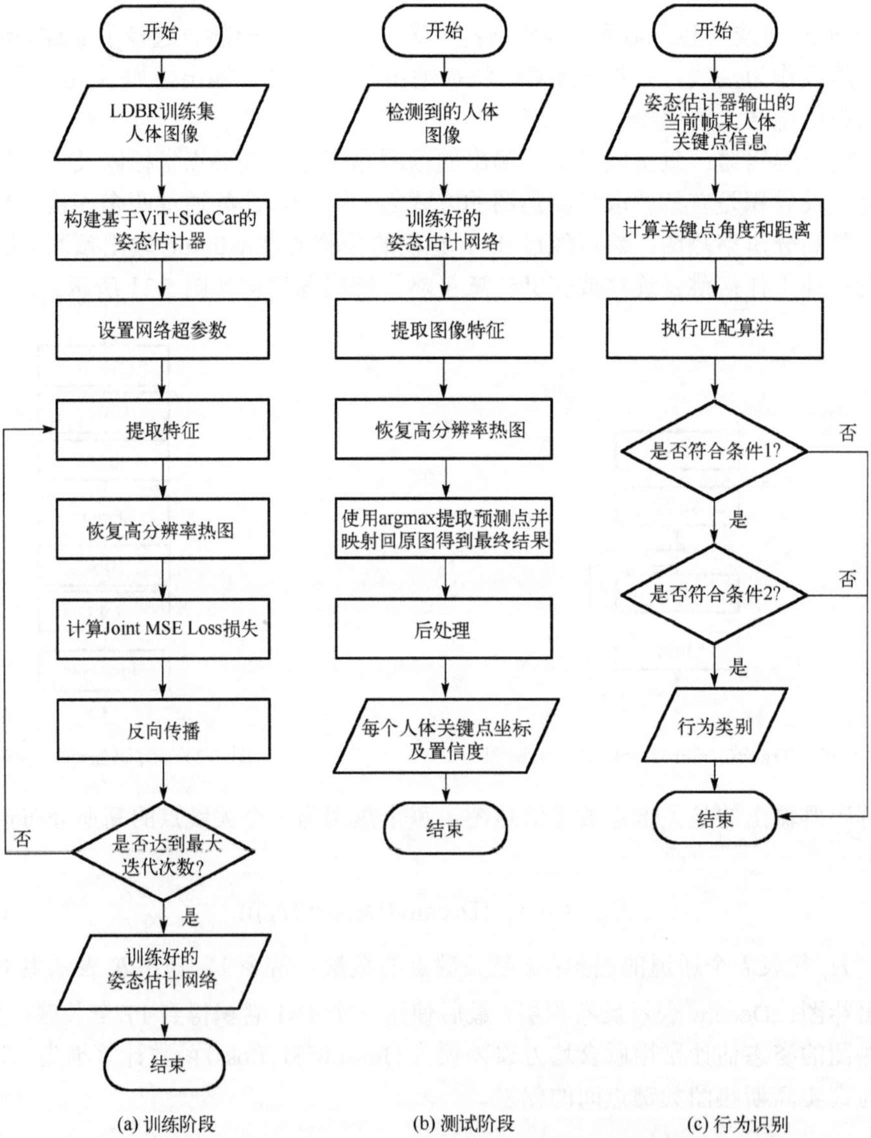

图 5.32　基于姿态估计器的行为识别方法的训练、测试和识别流程图

(1) 训练阶段主要包括以下步骤：

①将 LDBR 训练集中人体图像送入姿态估计器主干网络 ViT+SideCar (encoder)，提取特征；

②将 encoder 提取到的特征送入反卷积构成的 decoder 恢复高分辨率热图；

③通过 1×1 卷积输出对应关键点个数的热图；

④使用 Joint MSE Loss 函数计算预测热图与真实热图的损失。

(2) 测试阶段主要包括以下步骤：

①将目标检测获得的人体图像送入姿态估计器主干网络 ViT+SideCar (encoder)，提取特征；

②将 encoder 提取到的特征送入反卷积构成的 decoder 恢复高分辨率热图；

③通过 1×1 卷积输出对应关键点个数的热图；

④使用 argmax 计算每个热图中的关键点坐标，并映射回原图；

⑤使用置信度阈值筛选进行后处理，获得人体 17 个关键点的坐标位置。

(3) 以“起立”为代表的基于姿态估计器的行为识别方法的主要过程如下。

①把姿态估计器输出的关键点坐标作为输入。

②按照算法 5.1，对当前帧进行“起立”为代表的动作判断；这里使用肢体角度或关键点相对距离匹配预先定义动作条件实现行为识别，匹配细节包含行为过程中依次满足的 2 个条件。

条件 1：两膝部夹角小于 100°，或上半身与下半身夹角小于 120°。

条件 2：两膝部夹角大于 150°，或上半身与下半身夹角大于 120°，且肩部与膝部连线、胯部与脚踝连线与水平坐标轴夹角接近 90°。

③判断条件成立时，输出学习者行为类别“起立”或“非起立”。

行为识别的数据来源是与课堂中学习者 ID 个数一致的动态姿态队列，每个队列对应设置 1 个起立条件状态数组，该条件状态数组包含两个标志位，分别对应需要依次达成的条件。对每一帧的关键点信息与起立行为模板多线程同步进行判断，具体过程如下。

(1) 按照所有学习者姿态估计结果 P_{ID} 数量创建动态姿态队列 DynamicArray 和条件状态数组 Action[] (初始化为[0, 0])，将对应 ID 的动作类别初始化为 None。

(2) 读取目标检测结果中没有识别为“举手、睡觉、低头和玩手机”的目标，并通过姿态估计得到关键点信息，按照学习者 ID 将关键点信息存储为 P_{ID} 作为判断规则输入，存入对应的动态姿态队列。

(3) 并行遍历所有 DynamicArray 存储的每帧关键点信息，计算关键点位移及角度变化与指定动作条件的匹配情况，并按照顺序更新标志位。

(4) 若 Action[]数组出现[1, 1]，则清空对应 ID 的 DynamicArray，并返回该 ID 对应学习者的行为类别“起立”。

行为判断规则算法如算法 5.1 所示。

算法 5.1　行为判断规则算法

输入：当前帧画面中没有标记动作类别的所有学习者姿态估计结果 P_{ID}

输出：对应 ID 的当前帧存在的行为 A_{ID}

```
begin
  for i in length(P_ID) do
    DynamicArray_i = {}, Action_i = [0, 0], A_i = None
  end
  DynamicArray_i ← P_ID
  for i in length(P_ID) do
    if flag0 & !flag1
      Action_i = [1,0]
    if flag1 & flag0
      Action_i = [1, 1]
  if Action_i = [1, 1]
    DynamicArray_i = {}
    A_i = Action
  return {A_i}
end
```

在此规则的约束下，只有当动作按照规定顺序发生时，才认为是一次有效的“起立”。类似的，常见学习者行为如“举手”“低头”等都可以通过类似的判断规则进行识别。

3. 实验结果与性能分析

1) 实验环境与参数设置

本小节实验的硬件环境为 Intel Xeon Silver 4114 CPU，4 个 NVIDIA RTX 3090 24GB GPU；软件环境为 Ubuntu 20.04，Python 3.8，PyTorch 1.8.1。本小节所提方法与前面提出的 SAD 紧密相连，将 SAD-L 对教学场景学习者的目标检测结果作为本节所提出姿态估计器的输入。

为了检验本小节所提方法的性能，在 LDBR 数据集上进行实验，并使用 MS COCO Keypoint 标准中的 AP 作为姿态估计的性能评价指标。AP 为不同物体关键点的相似度(object keypoint similarity，OKS)阈值下的精度平均值，是由查准率、查全率和坐标轴在阈值 OKS=θ 时围成的区域。OKS 定义为

$$\mathrm{OKS}=\sum_i[\exp(-d_i^2/(2s^2k_i^2))\sigma(v_i>0)]\Big/\sum_i[\sigma(v_i>0)] \tag{5.20}$$

其中，v_i 表示关键点真实值(Ground Truth)是否可见；d_i 是每对 Ground Truth 和预测点之间的欧氏距离，通过一个标准差为 sk_i 的非正态化高斯计算；s 表示物体尺度；

k_i 是控制每个关键点衰减的常数。当预测结果接近 Ground Truth 时，OKS 趋向 1，反之趋向 0。

在预训练过程中，将输入图像尺寸调整至 224×224，使用 AdamW 优化器，初始学习率为 0.003，权重衰减为 0.05，使用 75%的 Pose Mask 策略对 MAE 进行 2000 次迭代的预训练，批次大小为 256，使用随机裁剪和水平翻转作为数据增强策略。

在微调过程中，预训练的 MAE 权重用于初始化姿态估计器主干的 ViT 分支，最大迭代次数为 210，批次大小为 128，输入图像的尺寸为 256×192 或 384×288。Pose Mask 方法是基于 MAE 和 ViTPose 的官方网站代码实现的，我们将 MAE 掩码策略改进为 Pose Mask；另外，在 ViTPose 的主干部分加入 SideCar 辅助模块，优化特征提取效果。

2) 消融实验

(1) Pose Mask 策略。

为了对比 Pose Mask 与原始掩码策略，预训练阶段使用 MS COCO 数据集中含有 person 类的图像对 ViT 主干网络进行预训练，包含没有使用 MAE 的分类预训练、原始 MAE 预训练和使用 Pose Mask 的 MAE 预训练。将三种预训练权重用于微调训练提出的姿态估计器，并在 LDBR 验证集上测试效果，结果如表 5.10 所示。

表 5.10　不同预训练策略的对比实验结果

预训练策略	主干选择	AP/%
原始 MAE	ViT-B	59.5
MAE Pose Mask	ViT-B	60.5
原始 MAE	ViT-L	60.5
MAE Pose Mask	ViT-L	**61.9**
MAE IN-1K	ViT-B	59.1
MAE IN-1K	ViT-L	59.9
无 MAE	ViT-B	57.6
无 MAE	ViT-L	58.7

结果表明，ViT-B 主干网络下 MAE IN-1K 的预训练策略与原始 MAE 预训练策略相比，AP 值从 59.1%提高到 59.5%；ViT-L 主干网络下 MAE IN-1K 的预训练策略与 MAE Pose Mask 预训练策略相比，AP 从 59.9%提高到 61.9%。

表 5.10 中的姿态估计器训练数据包含 LDBR 训练集、MS COCO Keypoint 原始图像和使用 Pose Mask 重建的图像。与没有使用 MAE 进行预训练的 ViT 主干网络相比，原始 MAE 策略和 Pose Mask 策略将模型(ViT-L)的 AP 分别提高 1.8 个百分点和 3.2 个百分点，这表明使用概率热图的加权随机掩码策略使模型学会了被遮蔽的关键点区域特征，Pose Mask 可以较好地模拟教学场景中的遮挡问题。

图 5.33 显示了两种掩码策略的重建图像。观察可知，遮挡策略不影响图像重建效果，因为无论何种掩码方式，MAE 的主要目的是恢复丢失的图像信息。然而，Pose Mask 使模型聚焦于可能被遮挡的热点区域，有利于完成姿态估计任务。

(a) 原始图像　(b) 重建图像（原始方法）　(c) 重建图像（Pose Mask）

图 5.33　采用不同掩码策略的重建图像

(2) SideCar。

由于 CNN 中卷积操作所包含的归纳偏差，即平移不变性和局部性，其相比于自注意力机制在提取底层视觉特征方面是有优势的[54-56]，可以作为补偿添加到 ViT 部分的输出热图中，因此设计了辅助分支 SideCar。SideCar 结构有多种选择，这里选择了三种常见的 CNN 结构进行实验，包括 ResNet、ResNeSt 和 Res2Net[59]，结果见表 5.11。

表 5.11　不同 SideCar 结构时各方法的实验结果

模型	阶段	AP/%
ResNet-50	1	61.7
ResNet-50	2	62.3
ResNet-50	3	62.4

续表

模型	阶段	AP/%
ResNet-50	4	62.1
ResNet-152	2	**63.0**
ResNeSt-50	2	62.6
Res2Net-50	2	62.4

结果表明，以 ResNet-50 作为基线，在使用前三个阶段的特征时，AP 最大为 62.4%，与使用前两个阶段时的 AP 差距仅为 0.1 个百分点，为了避免增加计算量，将 SideCar 默认设置为两阶段 CNN 特征；当进一步提升 SideCar 的两阶段结构时，使用 ResNet-152、ResNeSt-50 和 Res2Net-50。它们均与 ResNet-50 的前两阶段有着不同的层数或结构，因此结构更复杂的 SideCar 可以提供更好的辅助效果，其中，ResNet-152 的 AP 值达到了 63.0%。

3）有效性与对比实验

(1)姿态估计结果可视化。

为了直观地展示本节所提方法的有效性，下面对一些传统教室内的图像的姿态估计结果进行可视化并将肢体关键点连线，当关键点置信度阈值为 0.3 时，如图 5.34 所示。

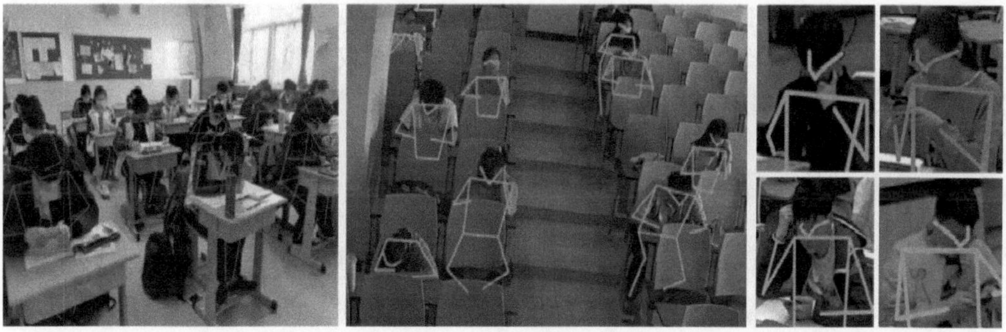

图 5.34　姿态估计测试结果

结果表明，对比之前的先进(state-of-the-art，SOTA)模型，本节所提方法的性能有明显提升，部分遮挡时仍能找到关键点，呈现身体姿态。

(2)对比主流姿态估计模型。

所有对比方法均使用同样的 SAD-L 检测器的结果作为姿态估计的输入，均使用 MS COCO train 2017 和 LDBR 训练集重新训练，并使用 LDBR 验证集进行验证，表 5.12 列出了相关的实验结果。

表 5.12　不同 SideCar 结构时所提方法和主流方法的对比实验结果

模型	输入尺寸	AP/%
Simple Baselines（ResNet-152）[58]	256×192	52.5
Simple Baselines（ResNet-152）[58]	384×288	54.9
HRNet-W48	256×192	54.4
HRNet-W48	384×288	56.1
HRNet-W48 + DarkPose[60]	384×288	57.9
UDP-Pose-PSA[61]	256×192	58.6
UDP-Pose-PSA	384×288	59.7
ViTPose[36]	256×192	60.2
ViTPose[36]	384×288	60.4
ViTPose + Pose Mask	384×288	62.0
ViTPose + SideCar	384×288	61.1
ViTPose + SideCar + Pose Mask（本节方法）	384×288	**62.4**

结果表明，图像输入尺寸对姿态估计的性能有着较大影响，由于传统教室场景中学习者的成像普遍偏小，因此选取 384×288 作为主要对比尺寸。在同样的输入尺寸条件下，Pose Mask 机制和 SideCar 模块均带来了稳定的性能提升。具体表现为：姿态估计器 ViTPose + SideCar 的性能分别超越了 Simple Baselines、HRNet-W48、UDP-Pose-PSA 及 ViTPose 等 4 种方案；相比于 ViTPose 方法，引入 SideCar 分支使 AP 值提高 0.7 个百分点；通过加载 Pose Mask 预训练权重和训练重建图像，本小节所提方法的 AP 值提高 1.6 个百分点；教学场景中后排学习者成像非常小且质量差，因此输入尺寸的影响也是明显的。

(3) 对比其他数据增强方式。

Pose Mask 对缺失的关键点区域有很好的推理能力，可视为基于预训练模型的数据增强方式。因此，本节使用原始 MAE 重构图像的数据增强方式与其他数据增强方法进行对比。实验中所使用的模型是 ViT-Large +前两阶段的 ResNet-50，将 Pose Mask 与许多传统的数据增强方法和先前基于模型增强的方法进行比较，结果如表 5.13 所示。

表 5.13　不同数据增强方式时所提方法的实验结果

增强方式	类型	AP/%
无增强	无	59.3
加入原始MAE重构的图像	基于模型	61.5
加入Pose Mask策略MAE重构的图像（本节方法）	基于模型	**62.4**
CycleGAN[62]	基于模型	59.3
水平翻转	传统算法	60.0

续表

增强方式	类型	AP/%
竖直翻转	传统算法	56.7
随机旋转	传统算法	58.5
随机裁切	传统算法	59.1
色彩抖动	传统算法	59.5
通道变换	传统算法	58.3
高斯模糊	传统算法	58.0
Cutout[63]	传统算法	59.5

结果表明，部分传统数据增强算法未考虑图像的特点，导致精度下降，如竖直翻转、随机旋转、高斯模糊等；对比水平翻转数据增强策略，使用原始 MAE 重构图像的数据增强方式和加入 Pose Mask 策略 MAE 重构图像的数据增强方式的 AP 分别提高 1.5 个百分点和 2.4 个百分点；对于基于模型的数据增强策略，两种掩码策略生成的 MAE 重构图像提升稳定，Pose Mask 比原始 MAE 重构图像的数据增强方式的 AP 提高 0.9 个百分点。由于 CycleGAN 生成的增强图像质量不可控，多次测试性能没有提升。

4) 行为识别

教学场景下学习者的行为与其肢体动作是密切相关的。对肢体的运动进行判断也是一种分析行为的有效途径。对于 LDBR 训练集中存在较多的“举手、低头、睡觉和玩手机”行为，可以使用 5.3.3 节基于尺度感知目标检测器的行为识别方法进行识别，而对于训练集中样本较少的行为，可采用本节所提方法。

下面以“起立”行为为例，给出行为识别的主要过程，见图 5.35 中椭圆内的膝部夹角变化，即以肢体角度或关键点相对距离匹配预先定义的动作条件规则，然后进行行为识别。

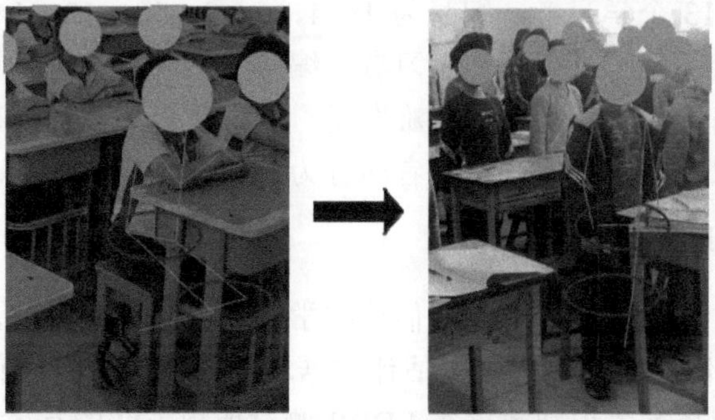

图 5.35　“起立”行为示意图

(1) 初始条件状态数组置为[0, 0]。

(2) 当与条件 1 匹配时，两膝部夹角小于 100°，或上半身与下半身夹角小于 120°，条件状态数组置为[1, 0]。

(3) 当与条件 2 匹配时，两膝部夹角大于 150°，或上半身与下半身夹角大于 120°，且肩部与膝部连线、胯部与脚踝连线与水平坐标轴夹角接近 90°，条件状态数组置为[1, 1]，输出“起立”行为。

(4) 若过程中条件没有匹配成功，则不输出具体动作。

类似地，可以进行课堂中如“举手”“低头”等其他行为的小样本识别。

学习者行为识别基于本节所研究的姿态估计方法和行为判断规则算法来完成。此功能每 3 帧对监控视频中所有的学习者目标进行定位和常见行为识别，使用固定区域赋予学习者 ID，然后对每个学习者进行姿态估计，最后根据行为判断规则算法对少见的行为进行识别。场景中包含更多学习者的实验结果，见图 5.36，行为类别以不同颜色实时显示在可视化窗口中，图中 9 为玩手机。

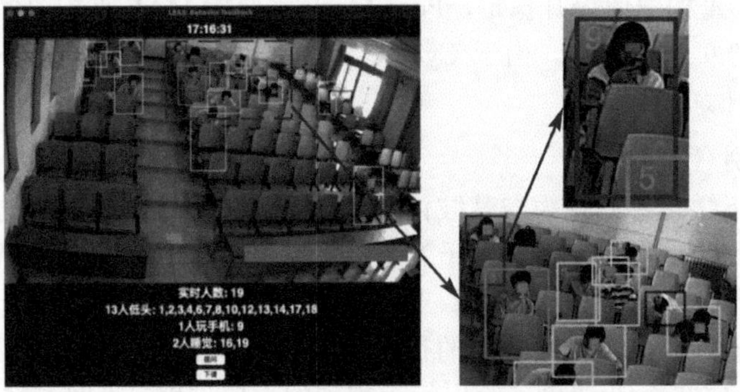

图 5.36　学习者实时行为分析(见彩图)

上述实验结果表明，当前学习者场景中教室有 19 个学习者。其中，黄色框标识“低头”行为，有 13 个学习者，编号为 1～4、6～8、10、12～14、17 和 18；红色框标识“玩手机”行为，只有一个学习者，编号为 9；蓝色框标识“睡觉”行为，有两个学习者，编号为 16 和 19。不难发现，本节所提方法在准确定位学习者的前提下，能够正确识别场景中所有学习者的行为。

4. 所提方法小结

本节提出了教学场景下基于姿态估计的学习者行为识别方法，包含带有辅助分支 SideCar 的姿态估计器和作为姿态估计数据增强的 Pose Mask 策略。采用 5.3.1 节构建的学习者检测与行为识别数据集 LDBR 测试所提方法的有效性。实验结果初步显示，使用带有 SideCar 辅助模块的姿态估计器和 Pose Mask 训练 MAE 作为预训练数据增强是行之有效的。

5.4 小　结

本章重点论述学习者行为识别技术，主要内容包括以下几点。

(1)分析并梳理现有的行为识别方法，分类论述基于 3D 卷积神经网络、2D 卷积神经网络、图卷积神经网络(graph convolutional network，GCN)和 Transformer 的行为识别方法，简要概述了常见的国际基准数据集 HMDB51、UCF101、Kinetics 和 Something-Something，以及常用行为识别评价指标 Top1-Acc 和 Top5-Acc 的定义。

(2)针对考试场景下的学习者行为，构建了学习者行为识别专用数据集 BRL 和 LDBR，可用于支持基于深度神经网络的智能视觉计算任务中的学习者行为识别。

(3)在所构建的两个数据集的基础上，提出了基于解耦注意力和多特征融合的行为识别方法、基于尺度感知目标检测器的行为识别方法和基于姿态估计器的行为识别方法共三种学习者行为识别方法。实验结果初步表明，这些方法能够有效地对学习者行为进行识别，为后续的学习者行为分析与理解提供技术支持。

参 考 文 献

[1] 王哲. 学习场景中的多目标跟踪与行为识别方法研究[D]. 西安：陕西师范大学, 2021.

[2] 邱佳宝. 学习场景下的学习者检测和行为识别方法研究[D]. 西安：陕西师范大学, 2023.

[3] 刘士昌. 教学场景中学习者行为识别方法研究[D]. 西安：陕西师范大学, 2023.

[4] Ji S W, Xu W, Yang M, et al. 3D convolutional neural networks for human action recognition[J]. IEEE Transactions on Pattern Analysis and Machine Intelligence, 2013, 35(1): 221-231.

[5] Karpathy A, Toderici G, Shetty S, et al. Large-scale video classification with convolutional neural networks[C]//Proceedings of the IEEE Conference on Computer Vision and Pattern Recognition, Columbus, 2014: 1725-1732.

[6] Simonyan K, Zisserman A. Two-stream convolutional networks for action recognition in videos[J]. Advances in Neural Information Processing Systems, 2014, 1: 568-576.

[7] Feichtenhofer C, Pinz A, Zisserman A. Convolutional two-stream network fusion for video action recognition[C]//Proceedings of the IEEE Conference on Computer Vision and Pattern Recognition, Las Vegas, 2016: 1933-1941.

[8] Tran D, Bourdev L, Fergus R, et al. Learning spatiotemporal features with 3D convolutional networks[C]//Proceedings of the IEEE International Conference on Computer Vision, Santiago, 2015: 4489-4497.

[9] Carreira J, Zisserman A. Quo vadis, action recognition? A new model and the kinetics dataset[C]//Proceedings of the IEEE Conference on Computer Vision and Pattern Recognition,

Honolulu, 2017: 6299-6308.

[10] 田卓钰. 学生多目标检测与行为描述方法研究[D]. 西安: 陕西师范大学, 2022.

[11] Qiu Z F, Yao T, Mei T. Learning spatio-temporal representation with pseudo-3D residual networks[C]//Proceedings of the IEEE International Conference on Computer Vision, Venice, 2017: 5533-5541.

[12] Tran D, Wang H, Torresani L, et al. A closer look at spatiotemporal convolutions for action recognition[C]//Proceedings of the IEEE Conference on Computer Vision and Pattern Recognition, Salt Lake City, 2018: 6450-6459.

[13] Xie S N, Sun C, Huang J, et al. Rethinking spatiotemporal feature learning: Speed-accuracy trade-offs in video classification[C]//Proceedings of the 15th European Conference on Computer Vision, Munich, 2018: 318-335.

[14] Tran D, Wang H, Feiszli M, et al. Video classification with channel-separated convolutional networks[C]//Proceedings of the IEEE International Conference on Computer Vision, Seoul, 2019: 5552-5561.

[15] Feichtenhofer C. X3D: Expanding architectures for efficient video recognition[C]//Proceedings of the IEEE Conference on Computer Vision and Pattern Recognition, Seattle, 2020: 203-213.

[16] Wang L, Xiong Y, Wang Z, et al. Temporal segment networks for action recognition in videos[J]. IEEE Transactions on Pattern Analysis and Machine Intelligence, 2018, 41(11): 2740-2755.

[17] Feichtenhofer C, Fan H Q, Malik J, et al. SlowFast networks for video recognition[C]//Proceedings of the IEEE International Conference on Computer Vision, Seoul, 2019: 6202-6211.

[18] Wang X L, Girshick R, Gupta A, et al. Non-local neural networks[C]//Proceedings of the IEEE Conference on Computer Vision and Pattern Recognition, Salt Lake City, 2018: 7794-7803.

[19] Lin J, Gan C, Han S. TSM: Temporal shift module for efficient video understanding[C]//Proceedings of the IEEE International Conference on Computer Vision, Seoul, 2019: 7083-7093.

[20] Liu Z Y, Wang L M, Wu W, et al. TAM: Temporal adaptive module for video recognition[C]//Proceedings of the IEEE International Conference on Computer Vision, Montreal, 2021: 13708-13718.

[21] Shen Z W, Wu X J, Xu T Y. FEXNet: Foreground extraction network for human action recognition[J]. IEEE Transactions on Circuits and Systems for Video Technology, 2022, 32(5): 3141-3151.

[22] Yan S J, Xiong Y J, Lin D H. Spatial temporal graph convolutional networks for skeleton-based action recognition[C]//Proceedings of the AAAI Conference on Artificial Intelligence, New Orleans, 2018: 1-9.

[23] Shi L, Zhang Y, Cheng J, et al. Skeleton-based action recognition with multi-stream adaptive graph convolutional networks[J]. IEEE Transactions on Image Processing, 2020, 29: 9532-9545.

[24] Miao S Y, Hou Y H, Gao Z M, et al. A central difference graph convolutional operator for skeleton-based action recognition[J]. IEEE Transactions on Circuits and Systems for Video Technology, 2022, 32(7): 4893-4899.

[25] Zhou H Y, Liu Q J, Wang Y H. Learning discriminative representations for skeleton based action recognition[C]//Proceedings of the IEEE Conference on Computer Vision and Pattern Recognition, Vancouver, 2023: 10608-10617.

[26] Dosovitskiy A, Beyer L, Kolesnikov A, et al. An image is worth 16×16 words: Transformers for image recognition at scale[EB/OL]. [2020-10-22]. https://arxiv.org/abs/2010.11929.

[27] Neimark D, Bar O, Zohar M, et al. Video transformer network[C]//Proceedings of the IEEE International Conference on Computer Vision Workshops, Montreal, 2021: 3163-3172.

[28] Bertasius G, Wang H, Torresani L. Is space-time attention all you need for video understanding? [EB/OL]. [2021-06-09]. http://arxiv.org/abs/2102.05095v4.

[29] Arnab A, Dehghani M, Heigold G, et al. ViViT: A video vision transformer[C]//Proceedings of the IEEE International Conference on Computer Vision, Montreal, 2021: 6836-6846.

[30] Liu Z, Ning J, Cao Y, et al. Video swin transformer[C]//Proceedings of the IEEE Conference on Computer Vision and Pattern Recognition, New Orleans, 2022: 3202-3211.

[31] Duan H D, Xu M Z, Shuai B, et al. SkeleTR: Towards skeleton-based action recognition in the wild[C]//Proceedings of the IEEE International Conference on Computer Vision, Paris, 2023: 13634-13644.

[32] Jhuang H, Gall J, Zuffi S, et al. Towards understanding action recognition[C]//Proceedings of the IEEE International Conference on Computer Vision, Sydney, 2013: 3192-3199.

[33] Soomro K, Zamir A R, Shah M. UCF101: A dataset of 101 human actions classes from videos in the wild[EB/OL]. [2012-12-03]. http://arxiv.org/abs/1212.0402v1.

[34] Kay W, Carreira J, Simonyan K, et al. The kinetics human action video dataset[EB/OL]. [2017-05-19]. http://arxiv.org/abs/1705.06950v1.

[35] Goyal R, Kahou S E, Michalski V, et al. The "something something" video database for learning and evaluating visual common sense[C]//Proceedings of the IEEE International Conference on Computer Vision, Venice, 2017: 5842-5850.

[36] Xu Y, Zhang J, Zhang Q, et al. ViTPose: Simple vision transformer baselines for human pose estimation[EB/OL]. [2022-04-26]. https://arxiv.org/abs/2204.12484.

[37] Diba A L, Fayyaz M, Sharma V, et al. Spatio-temporal channel correlation networks for action classification[C]//Proceedings of the 15th European Conference on Computer Vision, Munich, 2018: 299-315.

[38] Ge Z, Liu S, Wang F, et al. YOLOX: Exceeding YOLO series in 2021[EB/OL]. [2021-07-18]. https://arxiv.org/abs/2107.08430.

[39] Liu Z, Mao H Z, Wu C Y, et al. A ConvNet for the 2020s[C]//Proceedings of the IEEE Conference on Computer Vision and Pattern Recognition, New Orleans, 2022: 11976-11986.

[40] Liu S, Qi L, Qin H, et al. Path aggregation network for instance segmentation[C]//Proceedings of the IEEE Conference on Computer Vision and Pattern Recognition, Utah, 2018: 8759-8768.

[41] Song G L, Liu Y, Wang X G. Revisiting the sibling head in object detector[C]//Proceedings of the IEEE Conference on Computer Vision and Pattern Recognition, Seattle, 2020: 11563-11572.

[42] Wu Y, Chen Y P, Yuan L, et al. Rethinking classification and localization for object detection[C]//Proceedings of the IEEE Conference on Computer Vision and Pattern Recognition, Seattle, 2020: 10186-10195.

[43] Buslaev A, Iglovikov V I, Khvedchenya E, et al. Albumentations: Fast and flexible image augmentations[J]. Information, 2020, 11(2): 125.

[44] Deng J, Dong W, Socher R, et al. ImageNet: A large-scale hierarchical image database[C]//Proceedings of the IEEE Conference on Computer Vision and Pattern Recognition, Miami, 2009: 248-255.

[45] Ren S, He K, Girshick R, et al. Faster R-CNN[C]//Proceedings of the IEEE International Conference on Computer Vision, Santiago, 2015: 1440-1448.

[46] Cai Z W, Vasconcelos N. Cascade R-CNN: Delving into high quality object detection[C]//Proceedings of the IEEE Conference on Computer Vision and Pattern Recognition, Salt Lake City, 2018: 6154-6162.

[47] Qiao S Y, Chen L C, Yuille A. DetectoRS: Detecting objects with recursive feature pyramid and switchable atrous convolution[C]//Proceedings of the IEEE Conference on Computer Vision and Pattern Recognition, Nashville, 2021: 10213-10224.

[48] Jocher G. ultralytics/yolov5: v3.1-Bug fixes and performance improvements[EB/OL]. [2020-06-15]. https://github.com/ultralytics/yolov5.

[49] Liang T, Chu X, Liu Y, et al. CBNet: A composite backbone network architecture for object detection[J]. IEEE Transactions on Image Processing, 2022, 31: 6893-6906.

[50] He K M, Chen X L, Xie S N, et al. Masked autoencoders are scalable vision learners[C]//Proceedings of the IEEE Conference on Computer Vision and Pattern Recognition, New Orleans, 2022: 16000-16009.

[51] Devlin J, Chang M W, Lee K, et al. BERT: Pre-training of deep bidirectional transformers for language understanding[EB/OL]. [2018-10-11]. https://arxiv.org/abs/1810.04805.

[52] Xu H, Ding S, Zhang X, et al. Masked autoencoders are robust data augmentors[EB/OL]. [2022-06-10]. https://arxiv.org/abs/2206.04846.

[53] Liu S C, Ma M, Li H Y, et al. Pose mask: A model-based augmentation method for 2D pose estimation in classroom scenes using surveillance images[J]. Sensors, 2022, 22(21): 8331.

[54] Yuan Y, Fu R, Huang L, et al. HRFormer: High-resolution vision transformer for dense predict[J]. Advances in Neural Information Processing Systems, 2021, 34: 7281-7293.

[55] Dai Z, Liu H, Le Q V, et al. CoatNet: Marrying convolution and attention for all data sizes[J]. Advances in Neural Information Processing Systems, 2021, 34: 3965-3977.

[56] Xiao T, Singh M, Mintun E, et al. Early convolutions help transformers see better[J]. Advances in Neural Information Processing Systems, 2021, 34: 30392-30400.

[57] Liu Y D, Wang Y T, Wang S W, et al. CBNet: A novel composite backbone network architecture for object detection[C]//Proceedings of the AAAI Conference on Artificial Intelligence, New York, 2020: 11653-11660.

[58] Xiao B, Wu H P, Wei Y C. Simple baselines for human pose estimation and tracking[C]//Proceedings of the 15th European Conference on Computer Vision, Munich, 2018: 472-487.

[59] Gao S H, Cheng M M, Zhao K, et al. Res2Net: A new multi-scale backbone architecture[J]. IEEE Transactions on Pattern Analysis and Machine Intelligence, 2021, 43 (2) : 652-662.

[60] Zhang F, Zhu X T, Dai H B, et al. Distribution-aware coordinate representation for human pose estimation[C]//Proceedings of the IEEE Conference on Computer Vision and Pattern Recognition, Seattle, 2020: 7093-7102.

[61] Liu H, Liu F, Fan X, et al. Polarized self-attention: Towards high-quality pixel-wise regression[EB/OL]. [2021-07-02]. https://arxiv.org/abs/2107.00782.

[62] Zhu J Y, Park T, Isola P, et al. Unpaired image-to-image translation using cycle-consistent adversarial networks[C]//Proceedings of the IEEE International Conference on Computer Vision, Venice, 2017: 2223-2232.

[63] DeVries T, Taylor G W. Improved regularization of convolutional neural networks with cutout[EB/OL]. [2017-08-15]. https://arxiv.org/abs/1708.04552.

第 6 章　学习者时序动作检测

6.1　引　　言

学习者时序动作检测是学习者行为分析与理解的重要环节。在学习场景中，学习者的常见行为有敲键盘、使用鼠标、看书、起立回答问题、戴耳机听歌、记笔记、举手、吃东西、喝水、玩手机、打电话、趴着睡觉和正常听课等，分析这些动作的特点，如出现频次、持续时间等有利于理解和掌握学习者的学习状态，为制定个性化的“教”与“学”和学习的过程性评价提供可靠依据。为了在长时的教学监控视频中自动获取学习者的个体行为特征和班级的集体行为规律，本章对课堂教学和实验环境中单个学习者的时序动作检测进行研究。

本章探讨学习者时序动作检测技术，对课堂教学和实验环境中的单个学习者的时序动作检测进行研究，在长时间的教学监控视频中自动获取学习者的行为动作信息。由于智能视觉计算的行为识别技术是基于大样本数据分析的深度神经网络实现的，因此建立学习者时序动作检测的基准数据集，为准确识别学习者行为的深度神经网络提供数据支撑是学习者行为分析与理解的必要环节。本章主要内容包括三个部分：分类阐述现有的时序动作检测技术，构建学习场景下学习者时序动作检测数据集，探究学习者时序动作检测的新方法、新技术[1,2]。

6.2　时序动作检测研究概述

6.2.1　常见方法与模型

2014 年以前，视频行为理解相关研究集中在行为识别上，其研究对象通常为人为剪辑过的短视频。之后，随着 THUMOS14 等国际基准数据集的发布和深度学习技术的发展[3,4]，视频行为理解研究逐渐向时序动作检测等技术深化，其研究对象也拓展到未剪辑的长视频，工作更具挑战性和实用性(图 1.3)。

如 1.2.2 小节所述基于深度学习的时序动作检测方法分为两阶段方法和单阶段方法两大类，其中，前者是动作提议生成和动作分类分别进行，后者是同时进行。此外，不同于有监督的机器学习思路，一些研究人员根据视频信息中自带的弱标注信息，提出了一系列弱监督时序动作检测方法。

1. 两阶段时序动作检测方法

两阶段时序动作检测方法主要借鉴两阶段目标检测框架的思想[5]，即采用“先生成候选动作提议，后动作分类”的方式进行时序动作检测。由于动作提议生成和动作分类分开进行，具有检测精度高、运行速度慢的特点。

1)基于滑动窗口的时序动作检测

基于滑动窗口的时序动作检测在进行时序动作检测时依靠人为预设不同尺度的窗口生成动作提议。代表性工作主要包括：Zhu 和 Newsam 提出的分段卷积神经网络(segment based CNN，SCNN)将三个子网络转换为单一网络后，实现三个分支的并行训练和测试，明显加快了算法运行速度[6]；为了获取更为精确的时间边界，Shou 等在 C3D 网络的基础上提出了卷积反卷积(convolutional-de-convolutional，CDC)网络，通过在空间维度使用卷积进行下采样，在时间维度使用反卷积进行上采样的方式得到帧级动作分类概率，在 THUMOS14 数据集上，IoU=0.5 时的 mAP 值为 23.3%[7]。由于该类方法生成的动作提议时长不够灵活、存在大量冗余且计算代价巨大，近年来研究成果相对较少。

2)基于动作概率序列的时序动作检测

基于动作概率序列的时序动作检测技术的代表性工作主要包括：Zhao 等提出结构化分段网络(structured segment network，SSN)，解决滑动窗口方式存在的问题[8]，采用自底向上合并视频片段的时序行为分组(temporal actionness grouping，TAG)算法生成时长灵活的动作提议，并通过结构化时序金字塔对动作的开始、活动、结束三个阶段进行时序结构建模以判断动作的完整性，在 THUMOS14 数据集上，IoU=0.5 时的 mAP 值为 29.8%；此后，Qiu 等在 SSN 的基础上提出三阶段的演化时序提议(evolving temporal proposal，ETP)网络[9]，通过优化网络和加入非局部块的定位网络对动作提议时间边界进行多次优化，在 THUMOS14 数据集上，IoU=0.5 时的 mAP 值为 34.2%；Lin 等提出了边界敏感网络(boundary sensitive network，BSN)，定位具有高概率的时间边界，并合并这些边界为动作提议[10]；之后，他们进一步提出利用密集边界匹配通信图的边界匹配网络(boundary-matching network，BMN)，获得更加准确的边界信息[11]；Chen 等提出端到端的双上下文聚合网络，将上下文聚合到边界层级和提议层级，生成高质量的动作提议[12]。

3)基于锚框机制的时序动作检测

基于锚框机制的时序动作检测主要借鉴目标检测领域的锚框机制，通过在特征序列的时序位置预设不同尺度的锚框生成一系列候选动作提议。代表性工作主要包括：Xu 等提出了区域卷积 3D 网络(region convolutional 3D network，R-C3D)，直接将经典的目标检测框架迁移到时序动作检测任务中[13]；Tran 等提出在 C3D 网络的基础上[14]，采用类似 RPN 的时序候选框提取网络生成动作提议，但其不足之处在于直接输入连续的视频帧受计算资源的约束；Chao 等针对 R-C3D 存在的问题提出了时序动作定位网络（temporal action localization network，TAL-Net），在 THUMOS14 数据集上，IoU=0.5 时的 mAP 值为 42.8%[15]；Yang 等设计了合并锚定模块和无锚模块的动作检测框架，以提升检测效果[16]；Wang 等引入了循环连续定位，用于学习完全连续的锚定表示，并设计了尺度不变抽样策略，在反复迭代中细化检测结果[17]；Chen 等提出了增强型位置感知网络（ELAN），通过时间位置感知编码器建模时间连续的位置感知上下文[18]。

2. 单阶段时序动作检测方法

单阶段时序动作检测方法由于动作提议生成和分类同时进行，因此具有检测精度低、运行速度快的特点。代表性工作主要包括：受 YOLO[19]、SSD[20]等单阶段目标检测算法的启发，Lin 等提出单阶段时序动作检测（single shot temporal action detection，SSAD）方法[21]，即通过多个一维时序卷积层生成多尺度时序特征序列，再利用一维时序卷积层直接对预设的多尺度锚框进行重叠置信度、位置偏移量和动作类别概率评估；Buch 等提出基于循环神经网络的单流时序动作检测（single-stream temporal action detection，SS-TAD）[22]方法；Huang 等在 SSAD 的基础上提出 Decouple-SSAD 网络[23]，其特点是通过反卷积的方式引入并行的分类分支和定位分支，对分类任务和定位任务进行解耦，在 THUMOS14 数据集上表现良好；此外，为了解决单阶段时序动作检测卷积核感受野固定的问题，Long 等提出高斯时序感知网络（Gaussian temporal awareness network，GTAN）[24]，通过学习高斯核来表达时序信息，在 THUMOS14 数据集上，IoU=0.5 时的 mAP 值为 38.8%；针对视频中动作边界模糊的问题，Shi 等提出了通过估计相对概率分布建模动作边界的 TriDet 方法，并提出可扩展粒度感知层聚合不同时间粒度的信息[25]。

3. 弱监督时序动作检测方法

视频数据集的帧级时序标注需要花费大量人力、物力，而且不同人员之间存在标注的差异性。实际上，大部分视频会包含一些不精准的弱标注（标注有误、标注不全、标注冲突等），如视频级动作类别信息或动作实例出现频率或动作实例出现的时序位置等。如何利用这些弱标注信息进行时序动作检测逐渐成为近年的研究热点。

代表性工作主要包括：Wang 等提出 UntrimmedNets，通过 TSN 从视频中采样出较短的动作片段集合，并将这些动作片段输入预训练好的特征提取网络，进行特征提取；然后分别使用分类模块和选择模块对每个动作片段进行分类和排序；最后结合分类模块和选择模块的输出生成视频级预测结果（video-level predication）[26,27]。Paul 等提出基于多实例损失和协同动作相似性损失的弱监督时序动作检测方法[28]。

Narayan 等提出 3C-Net[29]，在分类损失的基础上使用计数损失对动作实例的数量进行建模，并借鉴人脸识别领域的中心损失学习具有辨别性的动作特征[30]。Lee 等提出 BasNet，通过添加背景类和构建双分支网络来抑制视频中背景帧的干扰[31]。Zhang 等提出的 CoLA 方法利用代码片段对比学习的方式来提高定位结果[32]。此外，Huang 等提出了代表片段知识传播(representative snippet knowledge propagation，RSKP)框架，联合记忆库和伪标注以纠正动作预测结果[33]。He 等建模和捕捉动作片段之间和片段内部的潜在时间结构，实现了准确的动作定位[34]。Zhou 和 Wu 提出时间特征增强空洞卷积网络(temporal feature enhancement dilated convolution network，TFE-DCN)，解决初始特征不充分和特征提取时间跨度短的问题[35]。

6.2.2 相关基准数据集

THUMOS14 数据集(https://www.crcv.ucf.edu/THUMOS14/home.html)[3]：形成于 2014 年，可用于时序动作提议生成和时序动作检测任务。验证集和测试集分别包含 1010 个和 1574 个未经剪辑的长视频。为了满足时序动作检测任务需求，我们从中选取了具有 3007 个动作实例的 200 个验证集视频和具有 3358 个动作实例的 213 个测试集视频并进行了起止时间和类别标注，时序动作类型共 20 类。

该数据集的视频平均时长超过 3min，包含约 71%的背景片段，总时长超过 20h。由于动作实例多且时长灵活多变，构建该数据集具有一定的挑战性。图 6.1 展示了数据集中的部分样本帧。

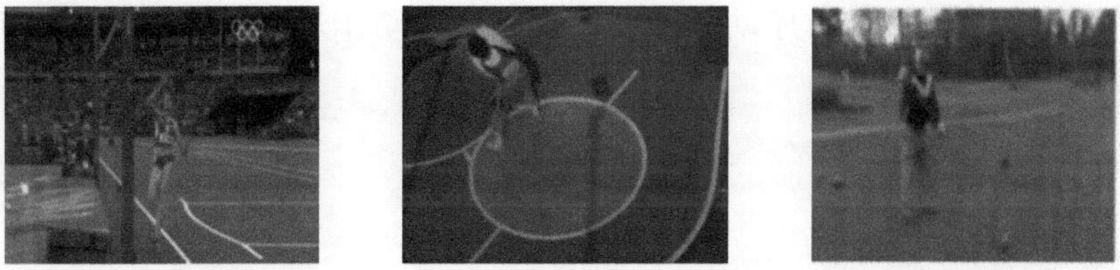

(a) High Jump　　(b) Shot Put　　(c) Golf Swing

图 6.1　THUMOS14 数据集中的部分样本帧

ActivityNet 数据集(http://activity-net.org/index.html)[4]：形成于 2017 年，多为 YouTube 用户上传的真实场景视频，可用于视频动作检测、动作提议生成等视频理解任务，有 v1.2 和 v1.3 两个版本。

ActivityNet v1.2 包含 100 个动作类别、9691 个视频。ActivityNet v1.3 包含 200 个动作类别、19994 个视频，每个视频中约有 1.5 个动作实例，约 36%为背景片段。该数据集按照 2∶1∶1 的比例划分为训练集、验证集和测试集，其中，测试集主要用于比赛，并不对外公开，因此大部分研究在验证集上检测模型性能。

6.2.3 性能评价指标

1. 时序动作提议生成评价指标

通常使用平均召回率(average recall，AR)作为评价指标。常用的任务评价指标有平均动作提议数量(average number of proposals per video，AN)下的平均召回率(AR@AN)和在固定提议数量 N 下，不同 IoU 阈值下的平均召回率(AR-IoU@AN=N)。

1) AR@AN 指标

AR@AN 反映某方法定位到的动作片段的起止时间与标注中的动作起止时间是否一致。为了评价不同提议数量下的平均召回率，通常采用 AR@AN 曲线下的面积(area under curve，AUC)作为最终的评测指标。

例如，当 AN=100 时，AR@100 可以理解为对于每个视频，候选提议集合中分数最高的前 100 个动作提议所能达到的召回率。

2) AR-IoU@AN=N 指标

AR-IoU@AN=N 反映固定动作提议数量下，时序动作提议生成方法在不同 IoU 阈值下的平均召回率。在计算过程中，只有当 IoU 高于设定的阈值时，预测的时序动作提议片段结果才被认为是正确的。

例如，AR-0.5@AN=100 表示动作提议数量为 100、IoU=0.5 的情况下所能达到的召回率，其中，预测的时序动作提议片段与真实动作片段之间的重叠率 IoU 可定义为

$$\mathrm{IoU}(p,\mathrm{gt})=\frac{R_p\cap R_{\mathrm{gt}}}{R_p\cup R_{\mathrm{gt}}} \tag{6.1}$$

其中，R_p 表示预测的时序动作提议片段的起止时间；R_{gt} 表示真实动作的起止时间。该指标体现了时序动作检测方法产生的候选时序段与动作所在真实段的吻合度，其值越逼近 1，效果越好。

2. 时序动作检测评价指标

一般使用 mAP 作为评价指标，即各个动作类别 AP 的平均值。AP 值是以查准率和查全率作为纵、横轴坐标的二维 P-R 曲线所围成的面积。通常，选用 IoU=0.5 或多个阈值下的 mAP 进行比较。均值平均精度、查准率和查全率作为评价指标，即 mAP、P 和 R，见式(3.1)和式(3.2)。

6.3　学习场景下的学习者时序动作检测

6.3.1　学习者时序动作检测专用数据集构建

1. 学习者行为类型

现在公用数据集的大部分视频中目标人物的动作行为幅度较大，如体育比赛中出现的扔铅球、跳远、跳高等。由于视频数据分布的差异性，经公开数据集训练后的模型并不适用于室内教学场景下的学习者行为检测任务，而基于深度学习方法的研究又依赖于特定任务相关的数据集，因此准确地选择和构建学习场景下学习者行为数据集是后续正确理解学习者行为的基础和前提。

首先我们分析学习场景，并进行分类。如图 6.2 所示，场景分为传统教室、计算机机房、体育馆、声乐教室和标准化考场五类。

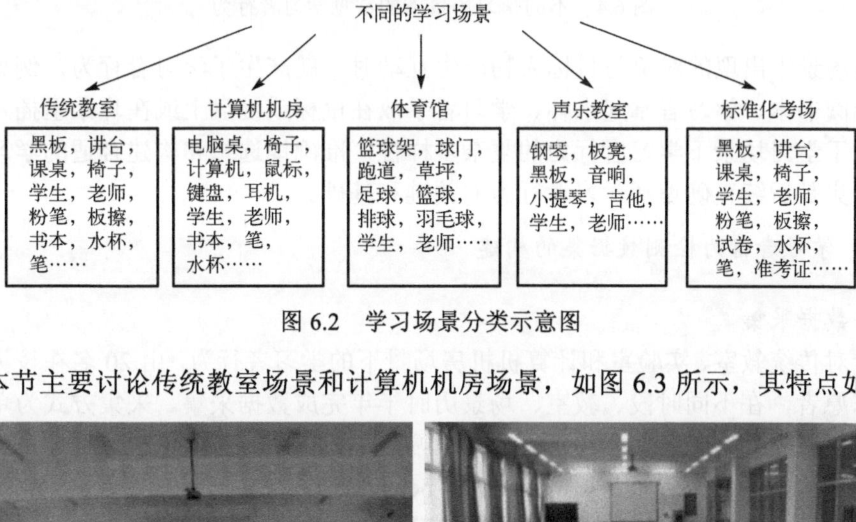

图 6.2　学习场景分类示意图

本节主要讨论传统教室场景和计算机机房场景，如图 6.3 所示，其特点如下。

(a) 传统教室　　　　(b) 计算机机房

图 6.3　两种常见的学习场景

(1)传统教室：课堂讲授的主要场景，在该场景下潜在对象主要包括黑板、讲台、课桌、椅子等。传统教室有场景小、人数多、动作并发性高和行为密集等特点。

(2)计算机机房：实验教学的主要场景，潜在对象主要包括电脑桌、椅子、计算机、鼠标、键盘等。除传统教室的场景特点外，计算机机房还存在潜在人物交互动作变化微弱和右手动作频率高等特点。

根据学习场景和实际情况，我们统计了传统教室、计算机机房等场景中学习者特有的动作行为，如图 6.4 所示。

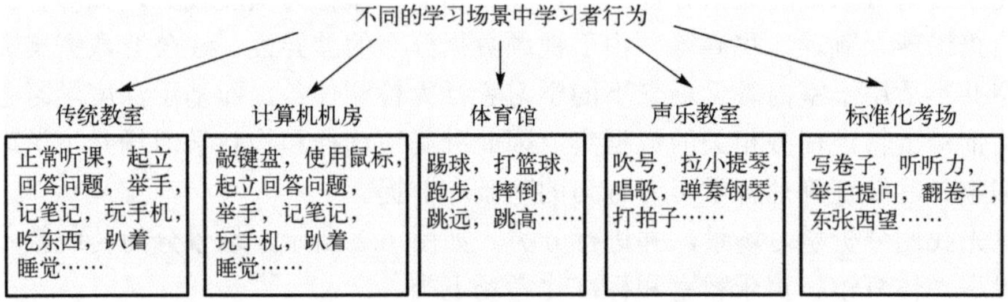

图 6.4　不同学习场景下的常见学习者行为

当场景中出现的对象与目标人物产生互动时，就产生了学习者行为，例如，学习者翻阅书本、学习者拿起水杯、学习者手放在鼠标或键盘上或在耳朵里插入耳机等。由于学习场景下学习者行为的复杂多样性，准确地选择和构建合适的学习者行为数据集是后续正确理解学习者行为的关键和基础。

2. 学习者行为检测数据集的构建

1)数据采集

针对传统教室、实验室和计算机机房场景下的学习者行为，由 20 名在校大学生作为志愿者，在不同时段、教室、场景历时半年完成数据采集。采集方式为单人录制，录制时充分考虑了实际场景下的动作幅度，模拟了各类常见学习行为。

我们构建了学习者行为检测(learner behavior detection，LBD)数据集[1]，共有 383 个视频，大小为 3.61GB，视频分辨率为 1280×720，FPS 为 30 帧/s，每个视频的时长为 30～60s 不定，每个动作持续时间为 6～9s，数据构成如表 6.1 所示。

表 6.1　LBD 数据集中的不同学习场景

人数/人	样本量/个	分辨率	示例图像	学习场景
1	15	1280×720	 v_20180412_194240_clip_01.mp4	传统教室

续表

人数/人	样本量/个	分辨率	示例图像	学习场景
1	97	1280×720	 v_20180710_154420_02.mp4	传统教室
1	24	1280×720	 v_20180930_102751_01.mp4	传统教室
1	50	1280×720	 v_20180412_100505_03.mp4	实验室
1	39	1280×720	 v_20180710_160705_02.mp4	计算机机房
1	28	1280×720	 v_20180930_100401_03.mp4	传统教室
多个	130	1280×720	 v_20190617_170851_02.mp4.mp4	计算机机房

考虑到不同场景对动作识别的影响，在设计室内教学场景下的学习者行为时，我们采集了传统教室、实验室、计算机机房等不同场合下的学习者行为，供学习者行为检测任务专门使用。

2)类别标注

为了构建室内教学环境的视频数据集，我们在传统教室、实验室等各类场景中观察大量教学视频中的学习者动态行为，对其中出现的高频率动作类别进行统计，再根据专业人员对学习者在课堂的行为研究，将学习者行为划分为13类动作，即敲键盘、使用鼠标、看书、起立回答问题、戴耳机听歌、记笔记、举手、吃东西、喝水、玩手机、打电话、趴着睡觉和正常听课。表 6.2 给出了不同动作类别的动作示例及典型特征。

表 6.2　不同类别的动作示例及典型特征

动作标注	动作类别	英文对照	示例图像	动作特征
1	敲键盘	typing on the keyboard		手在键盘上，手不时移动
2	使用鼠标	using the mouse		手握鼠标，不时移动
3	看书	reading book		人低头，手不时翻动书
4	起立回答问题	standing up to answer a question		起立一段时间后坐下
5	戴耳机听歌	listening to music through headphones		手去戴耳机，并有耳机线
6	记笔记	taking notes		手拿笔，并书写
7	举手	raising one’s hand		手臂举起，五指并拢

续表

动作标注	动作类别	英文对照	示例图像	动作特征
8	吃东西	eating food		送食物入口，伴随低头咀嚼
9	喝水	drinking water		拿起水杯送入口，伴随仰头吞咽
10	玩手机	playing on a mobile phone		拿出手机，手指在屏幕滑动
11	打电话	talking on the phone		手持手机，放在耳边
12	趴在桌子上睡觉	sleeping on the desk		趴在桌子上，头枕胳膊
13	正常听课	attending lecture		正坐，目视前方

3) 数据标定

数据集标注遵循 THUMOS14 数据集中对时序动作检测信息的标记格式，标注了视频中学习者密集行为的起止时间和对应的动作类别。考虑到动作的并发性，例如，使用鼠标时可能会敲键盘，正常听课时可能会记笔记，玩手机时可能戴着耳机听音乐等，在标注时会分别注明。具体地，对某个视频片段的人工标注示例如表 6.3 所示。

表 6.3　某视频片段中的人工标注示例

人工标注示例	视频中动作区间所截图像展示

"v_20190617_171226_01": {
//视频编号
"duration_second": 12.0,
//视频总时长，单位：秒
"annotations": [
{"segment": [0, 5.0]　　//动作的时间戳，开始与结束时间，
"label": "Typing at the keyboard" //时间戳对应的类别
},　//第一个动作标注
{
"segment": [5.0, 12.0],
"label": "Using the mouse"
}　//第二个动作标注
]}

标注完后，对每类动作出现的次数进行统计，得到图 6.5。

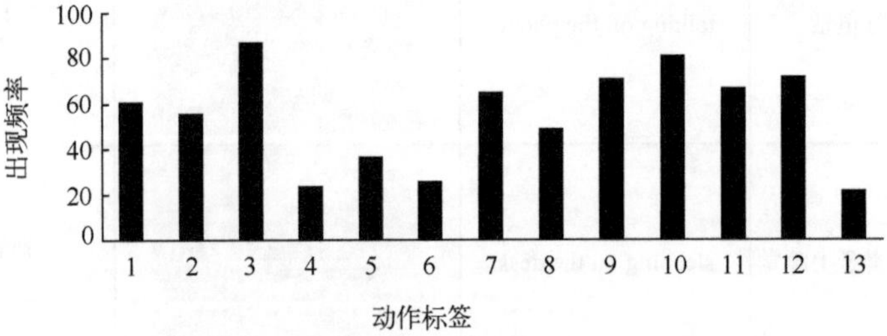

图 6.5　数据集中各类动作的出现次数

3. 学习者时序动作检测数据集的构建

数据集标注遵循 THUMOS14 数据集中对时序动作检测信息的标记格式，我们构建了学习者时序动作检测(learner temporal action detection，LTAD)数据集[2]。主要场景为传统教室和实验室中的单个学习者，包含表 6.2 中“敲键盘、使用鼠标、看书”等 13 类行为及新增“低头玩手机”行为，共 14 类行为。

LTAD 数据集的组织与标注方式与 LBD 数据集相同，由 321 个视频组成，视频总时长为 2.81h，平均每个视频时长约 31.51s，共包含 681 个有效动作实例。每个视频包含约 2.12 个动作实例，平均每个动作实例时长为 13.835s。该数据集的 229 个视频用于训练，92 个视频用于测试。

与公开数据集不同，LTAD 数据集中的动作发生场景为传统教室和实验室，并非日常生活场景或运动场景。从图 6.6 中可以看到部分实验室场景视频为真实的学习者上机实验视频，存在复杂背景干扰；此外，学习者的行为动作幅度较小，如“记笔记”“使用鼠标”等行为只有手指部分发生小幅度位移。这些因素也使得学习者行为识别变得更为复杂，充满挑战性。

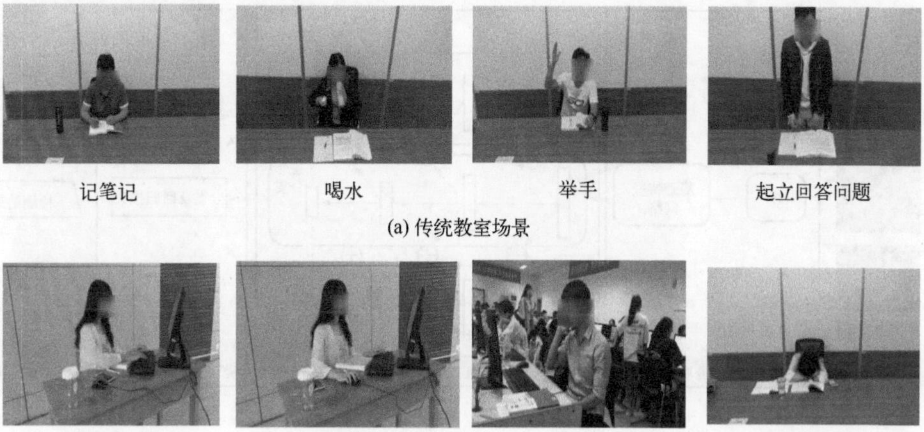

记笔记　喝水　举手　起立回答问题

(a) 传统教室场景

敲键盘　使用鼠标　打电话　趴着睡觉

(b) 实验室场景

图 6.6　LTAD 数据集中的常见学习者动作

6.3.2　基于增强解耦的单阶段时序动作检测方法

1．单阶段时序动作检测方法设计[1]

本节在 Decouple-SSAD 网络的基础上[23]进行优化，提出基于增强解耦的单阶段时序动作检测(Enhanced-Decouple-SSAD，ED-SSAD)方法，以捕捉更抽象、复杂的特征。

1) Enhanced-Decouple-SSAD 网络

Enhanced-Decouple-SSAD 网络结构主要包括视频特征提取网络层、增强解耦锚定(enhanced decouple anchor，EDA)网络层、提议与分类预测层。基于 Enhanced-Decouple-SSAD 网络的时序动作检测方法设计如图 6.7 所示。

方法的主要流程如下。

(1) 视频特征提取。对于 I3D 提取的一维特征序列，经过基础特征网络降低时间维度，增大特征图中每个位置的感受野。基础特征网络由两个一维时序卷积层和对应的最大池化层组成，其中，一维时序卷积层使用的卷积核大小为 9，步长为 2；最大池化层使用的卷积核大小为 4，步长为 2。

(2)构建 EDA 网络。EDA 网络主要由主干分支、提议分支和分类分支三部分构成。三个分支均采用多尺度卷积，小尺度卷积获取短时快速的行为特征，大尺度卷积捕获长时慢速的行为特征，以应对时长复杂多变的行为。每经过一层时序卷积层和最大池化层，特征序列的时间维度降低一半，时间维度分别是 32、16、8 和 4。

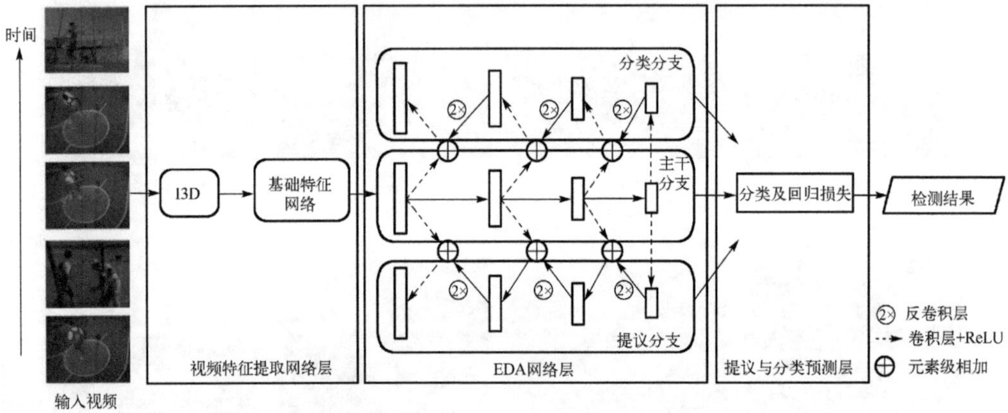

图 6.7　基于 Enhanced-Decouple-SSAD 网络的时序动作检测方法示意图

由于现有的卷积神经网络往往通过堆叠多个时序卷积层建模长程依赖(long-term dependencies)关系，传统方法只从单一时间粒度上获取特征序列，无法顾及不同尺度动作间的结构关系，所以我们采用主干网络生成的多尺度锚定层作为提议分支和分类分支的输入。由主干分支生成的多尺度特征图经过反卷积和前一层主干分支得到的特征图融合，得到对应提议分支和分类分支的多尺度特征图，最后三个分支的输出进入定位与分类预测层。

(3)提议与分类预测。主干分支、分类分支和提议分支的输出通过提议与分类预测层生成预测结果。

下面详细论述视频特征提取网络层、EDA 网络层、提议与分类预测层的工作过程。

(1)视频特征提取网络层。

Decouple-SSAD 采用传统的双流网络提取特征，即以窗口大小为 512、步长为 128 对生成的帧序列进行滑动窗口。对于 RGB 帧序列，以步长为 4 采样窗口内的帧序列，并使用双流网络的空间子网络提取空间特征；类似地，对于 Flow 帧序列，以连续堆叠 5 帧光流图像的方式使用时序网络提取运动特征。采用重叠的滑动窗口主要是为了处理某些动作实例位于窗口边界的情况，最终分别得到 64×1024 的特征序列。

Enhanced-Decouple-SSAD 采用 I3D 网络进行特征提取。相比于传统的双流网络，I3D 网络能够同时进行时空特征的提取，由于其内的 3D 卷积核是由 2D 卷积核经过膨胀得到的，因此可以有效利用 Kinetics 预训练的模型对网络参数进行初始化。此外，I3D 网络还加入了光流信息，进一步增强了检测效果。与原始 Decouple-SSAD

类似，我们对抽取得到的帧序列采用滑动窗口的方式进行特征提取。由于 I3D 网络提取得到的是片段级的特征，因此我们将经过混合的第 5 个卷积层输出的片段级特征进行拼接，得到最终该窗口对应的特征。经过 I3D 网络后，最终得到 64×1024 的特征序列，将其输入 EDA 网络层。

(2) EDA 网络层。

单阶段的动作检测方法将动作提议和动作分类过程结合为一步进行，通过端到端的训练生成最终结果。然而，这种设计方式忽视了每一个子任务的特性，例如，对于生成的两个接近的动作提议，分类优化器期望将两个提议分为同一类，定位优化器期望尽可能区分两个提议的时间边界，而分类优化器和定位优化器共享相同的特征序列，可能导致两个优化结果都不理想，因此 EDA 网络层通过两个并行的提议分支和分类分支对两个任务进行解耦，主干分支和两个并行分支生成的结果分别融合后有效地增强了动作检测效果。

具体地，解耦过程可定义为

$$f_c^j = \begin{cases} C(f_m^j), & j = N_l \\ C(S(C(f_m^j), D(f_c^{j+1}))), & 1 \leqslant j < N_l \end{cases} \tag{6.2}$$

其中，C 代表传统的一维时序卷积；D 代表反卷积操作；N_l 为主干分支时序卷积层数；S 代表对应元素相加操作。对于来自更深层的特征 f_c^{j+1}，通过反卷积操作将其时间维度扩大两倍以便和前层的维度对齐，对于前层的特征 f_m^j 通过一维时序卷积进一步增强其非线性表达。对于来自更深层的语义信息 f_c^{j+1} 和当前层的语义信息 f_m^j，通过对应元素相加进行融合，从而得到增强的语义信息，最后通过一维时序卷积得到最终增强后的语义信息 f_c^j。

分类分支和提议分支流程相同，不再赘述。最后，将得到的三个分支输出的特征图输入提议与分类预测层。

(3) 提议与分类预测层。

对于主干分支生成的多个多尺度的特征图，通过提议预测层生成中心偏移值 Δ_C 和宽度偏移值 Δ_W，通过分类预测层生成 C+1 个类别得分（对于 THUMOS14 数据集而言，C = 20+1，1 为背景类）；对于分类分支，由于其主要目的为分类，分类分支的特征图经过分类预测层主要生成 C+1 个类别得分，因此将主干分支和分类分支生成的类别得分经过平均融合，得到最终的类别得分；对于提议分支，其主要目的为获取更精确的提议时间边界，因此使提议分支的特征图经过提议预测层生成时序偏移值 Δ_C 和 Δ_W。融合后的分类和提议结果定义为

$$\begin{aligned} P' &= (P_m + P_b)/2 \\ \Delta'_C &= (\Delta_{mc} + \Delta_{bc})/2 \\ \Delta'_W &= (\Delta_{mw} + \Delta_{bw})/2 \end{aligned} \tag{6.3}$$

其中，下标 m 代表主干分支的结果；b 代表两个并行分支的结果；P'、Δ'_C、Δ'_W 分别代表最终的分类得分、中心偏移值和宽度偏移值。

特别地，对于时间维度为 T 的特征图，其每个时序位置会预设一系列默认尺度的锚框，本节采用的锚框尺度为{0.5, 0.75, 1, 1.5, 2}五种，因此对于每一种尺度的特征图，会对应生成 $5\times T$ 个默认锚框，对于预设的每一个动作提议，由分类和定位预测层生成对应的分类和坐标偏移值。

2)方法实现的主要步骤

基于 Enhanced-Decouple-SSAD 网络的时序动作检测方法的主要流程如图 6.8 所示。

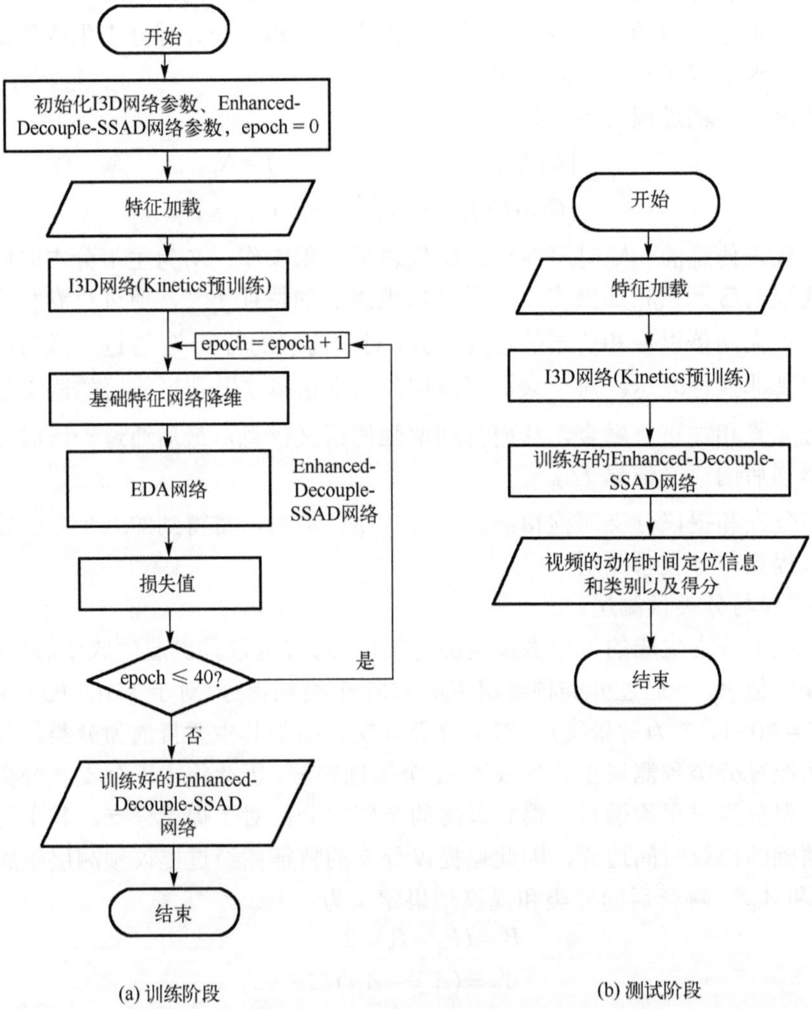

图 6.8　基于 Enhanced-Decouple-SSAD 网络的时序动作检测方法的主要流程

(1)训练阶段：①根据 Kinetics 数据集预训练的结果，初始化 I3D 网络的参数，按照 Xavier 算法，初始化 Enhanced-Decouple-SSAD 网络的参数，令迭代次数即 epoch=0；②将数据集中的训练集视频输入初始化好的 I3D 网络中，提取视频特征，其维度为 128×1024；③将视频特征输入 Enhanced-Decouple-SSAD 网络中，先用基础特征网络对特征降维至 32×1024，再将其输入 EDA 网络中进行训练，得到损失值；④更新损失值，并判断是否满足 epoch≤40，若满足，则 epoch++，转到步骤③，反之，输出 Enhanced-Decouple-SSAD 网络的权重与偏置参数，得到训练好的网络，并将训练得到的 Softmax Loss 作为分类损失值，Smooth L1 Loss 作为定位损失值，均方误差(mean square error，MSE)函数作为重叠度损失值。Softmax Loss 公式定义为

$$L(x_i) = -\sum_{j=1}^{T} y_j \log(s_j) \tag{6.4}$$

其中，s_j 是 Softmax 的输出向量 s 的第 j 个值，表示此样本属于第 j 个类别的概率；y_j 是一个 $1\times T$ 的向量，只有真实类别处为 1，其他为 0，表示真实类别标签。

Smooth L1 Loss 定义为

$$\text{Smooth}_{\text{L1}}(x) = \begin{cases} 0.5x^2, & |x| < 1 \\ |x| - 0.5, & \text{其他} \end{cases} \tag{6.5}$$

其中，x 为真实值和预测值的差值。

均方误差定义为

$$\text{MSE} = \frac{\sum_{i=1}^{n} (f_{x^i} - y_i)^2}{n} \tag{6.6}$$

其中，y_i 和 f_{x^i} 分别表示第 i 个样本的真实值及其对应的预测值；n 为样本的个数。

(2)测试阶段：①将数据集中的测试样本输入已初始化的 I3D 网络中，提取视频特征；②将提取好的特征输入训练好的 Enhanced-Decouple-SSAD 网络中；③得到视频中动作片段的起止时间、类别及得分。

2. 实验结果与性能分析

1)实验环境与参数设置

本节实验的硬件环境为 Intel Xeon E5-2637 v4 CPU @ 3.50GHz，NVIDIA GeForce GTX TITAN X GPU，12GB 显存；软件环境为 Ubuntu 16.04，TensorFlow。

为了检验所提方法的性能，分别在 LBD 和 THUMOS14 两个数据集上进行实验，并选取 6.2.3 节中不同 IoU 阈值下的 mAP 作为本节所提方法的评价指标。

网络模型参数量为 90.21MB，训练时间约为 10min。网络超参数设置：模型最

大迭代次数为 40，批次大小为 36，训练时采用 Adam 算法进行优化，初始学习率为 0.0001，在迭代次数为 30 时，学习率衰减为原来的 10%。

2) 有效性实验

在 THUMOS14 与 LBD 数据集上进行时序动作提议生成的有效性实验，训练时的空间损失(spatial loss)函数曲线与时间损失(temporal loss)函数曲线结果如图 6.9 所示。

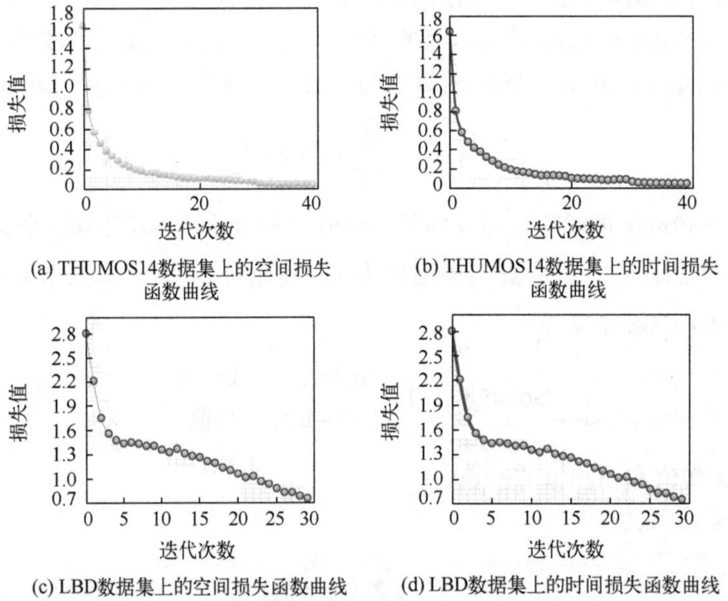

(a) THUMOS14数据集上的空间损失函数曲线

(b) THUMOS14数据集上的时间损失函数曲线

(c) LBD数据集上的空间损失函数曲线

(d) LBD数据集上的时间损失函数曲线

图 6.9　本节所提方法的损失函数曲线变化图

图 6.9(a)和图 6.9(b)为 THUMOS14 数据集在两种模态特征下训练过程的收敛情况。随着迭代次数的增加，两种模态特征的损失值逐渐下降，在第 30 次迭代时，由于学习率降低，损失值进一步下降，从最初的 1.7 左右逐渐降低到小于 0.1，在第 40 次收敛。图 6.9(c)和图 6.9(d)为 LBD 数据集在两种模态特征下训练过程的收敛情况。随着迭代次数的增加，两种模态特征的损失值逐渐下降，从最初的 2.8 左右逐渐降低至 0.7，在第 30 次收敛。

为了方便观察网络检测结果，从 THUMOS14 测试集中随机挑选了视频“video_test_0001431”的动作时序检测结果，如图 6.10 所示，视频类别为 Shot put，置信度为 0.73。

不难发现图 6.10 视频的 266～302s 中，Decouple-SSAD 网络误检出很多无效片段，动作发生的起止时间与真实值也存在偏差，而 Enhanced-Decouple-SSAD 网络的错检漏检较少，能更精确地检测出视频中存在的动作片段。

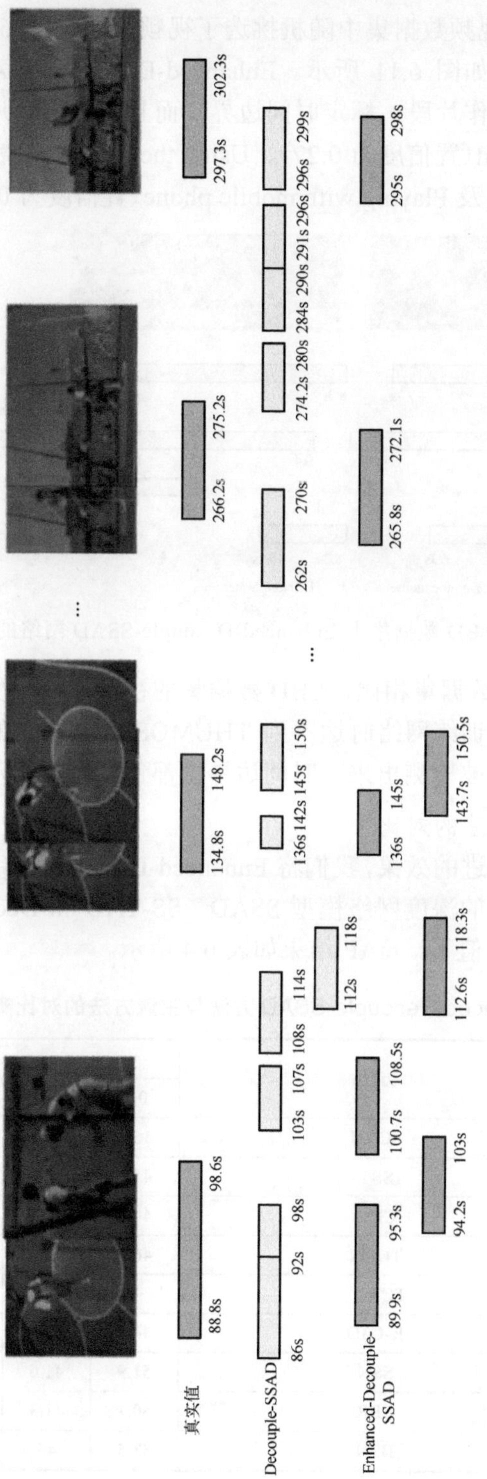

图 6.10　在 THUMOS14 数据集上 Enhanced-Decouple-SSAD 网络与 Decouple-SSAD 网络的可视化效果对比

另外，从 LBD 视频数据集中随机挑选了视频“v_20190617_171226”的动作检测结果，可视化结果如图 6.11 所示。Enhanced-Decouple-SSAD 不仅可以有效地检测出视频中存在的动作片段，标定时间边界，而且识别出了片段中出现的动作类别 Typing at the keyboard(置信度为 0.27)、Using the mouse(置信度为 0.23)、Drinking water(置信度为 0.38)及 Playing with mobile phone(置信度为 0.17)。

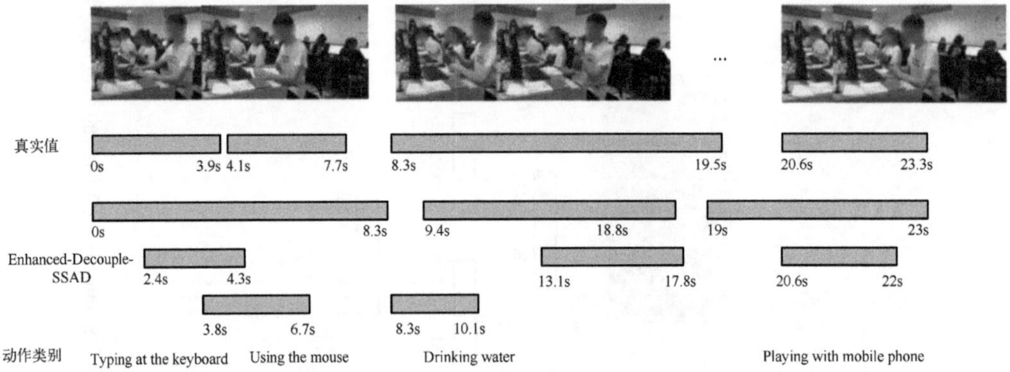

图 6.11　在 LBD 数据集上 Enhanced-Decouple-SSAD 网络的可视化效果图

与 THUMOS14 数据集相比，LBD 数据集的视频数量较少，学习者动作幅度更小，所以用此数据集训练网络时达不到 THUMOS14 数据集的分类效果，但出现的动作片段基本都可以被检测出来，时间边界也都包含在区间范围内。

3) 和其他主流方法的对比

为了定量评价改进的效果，我们将 Enhanced-Decouple-SSAD 网络与现有主流的视频动作检测方法中的深度网络模型 SSAD、SS-TAD 和 Decouple-SSAD 等进行对比。在不同的 IoU 阈值下，mAP 结果如表 6.4 所示。

表 6.4　Enhanced-Decouple-SSAD 方法与主流方法的对比实验结果　　(单位：%)

阶段	方法	mAP@IoU				
		0.3	0.4	0.5	0.6	0.7
两阶段	SCNN	36.3	28.7	19.0	10.3	5.3
	SST	41.2	31.5	20.0	10.9	4.7
	CDC	40.1	29.4	23.3	13.1	7.9
	TURN	46.3	35.5	24.5	14.1	6.3
	TCN[36]	—	33.3	25.6	15.9	9.0
	R-C3D	44.8	35.6	28.9	19.1	9.3
	SSN	51.9	41.0	29.8	19.6	10.7
	CBR	50.1	41.3	31.0	19.1	9.9
	BSN	53.5	45	36.9	28.4	**20.0**

续表

阶段	方法	mAP@IoU				
		0.3	0.4	0.5	0.6	0.7
单阶段	文献[37]所提方法	36.0	26.4	17.1	—	—
	SSAD	43.0	35.0	24.6	15.4	7.7
	SS-TAD	45.7	—	29.2	—	9.6
	Decouple-SSAD-UCF101	49.9	44.4	35.8	24.3	13.6
	Decouple-SSAD-Kinetics	60.9	53.4	43.7	31.2	18.6
	Enhanced-Decouple-SSAD-Kinetics	**61.9**	**55.7**	**46.4**	**33.0**	19.9

结果表明，Enhanced-Decouple-SSAD 网络性能优良。在 IoU 阈值为 0.5 时，mAP 值为 46.4%比单阶段方法 Decouple-SSAD- Kinetics 高出 2.7 个百分点，比两阶段方法中效果最好的 BSN 高出 9.5 个百分点。

4) 消融实验

THUMOS14 数据集上消融实验的结果如表 6.5 所示，其中包括 Decouple-SSAD 网络结构和 Enhanced-Decouple-SSAD 网络结构，最大迭代次数分别为 30 次和 40 次，TSN 是原始 Decouple-SSAD 采用的双流特征提取网络[27]，I3D 为改进后采取的提取特征方法，Temporal-mAP、Spatial-mAP 分别为时间流特征和空间流特征对应的 mAP。

表 6.5 在 THUMOS14 数据集上所提方法的消融实验

Decouple-SSAD	Enhanced-Decouple-SSAD	迭代次数 30 次	迭代次数 40 次	I3D	TSN	Temporal-mAP/%	Spatial-mAP/%	mAP/%
√	×	√	×	×	√	33.1	22.1	35.8
√	×	×	√	×	√	32.6	21.0	35.1
×	√	√	×	×	√	33.0	21.2	35.4
×	√	×	√	×	√	33.5	22.3	36.3
√	×	√	×	√	×	41.3	36.1	45.1
√	×	×	√	√	×	42.9	35.8	45.9
×	√	√	×	√	×	42.0	**36.5**	44.3
×	√	×	√	√	×	**43.3**	34.1	**46.4**

前 4 行的数据结果表明：增大迭代次数时由于网络过拟合，原始 Decouple-SSAD 的检测结果 mAP 值下降 0.7 个百分点，而 Enhanced-Decouple-SSAD 检测结果 mAP 值提高 0.9 个百分点，说明迭代次数对改进后的网络结果有正面影响；第 2 行和第

4 行的数据结果表明：当最后迭代次数为 40 时，Enhanced-Decouple-SSAD 的性能比 Decouple-SSAD 提高 1.2 个百分点，说明增加网络深度可在一定程度上提升性能。所提方法 Enhanced-Decouple-SSAD 的 mAP 值为 46.4%，性能最优。

如表 6.6 所示，Enhanced-Decouple-SSAD 网络的 AP 值在 Clean And Jerk、Frisbee Catch、Soccer Penalty、Volleyball Spiking 动作类别中比 Decouple-SSAD 网络的 AP 值分别提高 10 个百分点、9.7 个百分点、7.4 个百分点和 6.2 个百分点，在 Long Jump(86.2%)、Pole Vault(80.2%)和 Hammer Throw(77.7%)动作类别上的检测结果较好。

表 6.6　在 THUMOS14 数据集上的各 AP 值对比实验结果　　(单位：%)

动作序号	类别	Decouple-SSAD AP	Enhanced-Decouple-SSAD AP
1	Baseball Pitch	29.5	27.1
2	Basketball Dunk	47.2	44.6
3	Billiards	12.2	13.0
4	Clean And Jerk	35.9	45.9
5	Cliff Diving	69.0	69.9
6	Cricket Bowling	17.4	20.2
7	Cricket Shot	9.7	1.0
8	Diving	65.3	70.6
9	Frisbee Catch	13.1	22.8
10	Golf Swing	45.5	43.5
11	Hammer Throw	78.1	77.7
12	High Jump	75.3	75.1
13	Javelin Throw	74.2	69.2
14	Long Jump	86.6	86.2
15	Pole Vault	82.5	80.2
16	Shot put	40.9	3.9
17	Soccer Penalty	6.9	14.3
18	Tennis Swing	22.6	23.3
19	Throw Discus	73.6	72.1
20	Volleyball Spiking	17.5	23.7

综上可见 Enhanced-Decouple-SSAD 网络和 I3D 特征网络的有效性。

在 LBD 数据集上，采取上述 Enhanced-Decouple-SSAD 网络和 I3D 特征网络，结果如表 6.7 所示，最大迭代次数分别为 30 次和 40 次，给出了当 IoU 取值为 0.3～0.7 对应的 mAP 值，通常选取 IoU 为 0.5 时的 mAP 作为最后结果。

表 6.7 在 LBD 数据集上 Enhanced-Decouple-SSAD 网络的消融实验 (单位：%)

Enhanced-Decouple-SSAD网络	最大迭代次数30次	最大迭代次数40次	mAP@IoU				
			0.3	0.4	0.5	0.6	0.7
√	√	—	**20.0**	**17.1**	**13.4**	**5.7**	**1.2**
√	—	√	12.1	9.0	5.8	2.7	1.2

结果表明，迭代次数对结果有影响，增大迭代次数时，由于网络过拟合，Enhanced-Decouple-SSAD 的检测结果下降 7.6 个百分点，当迭代次数为 30 次，网络的性能最佳，所提方法的 mAP 值为 13.4%。

如表 6.8 所示，在 LBD 数据集上，可以看出在动作幅度较大的动作类别上的 AP 值较高，如“起立回答问题(standing up to answer a question)”(20.3%)、“举手(raising one’s hand)”(18.3%)、“打电话(talking on the phone)”(17.9%)等动作，但由于数据集规模较小，训练不完全，场景复杂，一些幅度较小的动作检测不准确。若能扩大 LBD 数据集的规模并增加动作的多样性，那么数据集对室内教学场景下学习者行为检测的支撑是行之有效的。

表 6.8 在 LBD 数据集上 Enhanced-Decouple-SSAD 网络的实验结果 (单位：%)

动作序号	类别(英文)	对应中文类别	Enhanced-Decouple-SSAD AP
1	typing on the keyboard	敲键盘	10.2
2	using the mouse	使用鼠标	9.6
3	reading book	看书	5.3
4	standing up to answer a question	起立回答问题	20.3
5	listening to music through headphones	戴耳机听歌	12.4
6	taking notes	记笔记	16.8
7	raising one’s hand	举手	18.3
8	eating food	吃东西	7.3
9	drinking water	喝水	17.1
10	playing on a mobile phone	玩手机	15.3
11	talking on the phone	打电话	17.9
12	sleeping on the desk	趴在桌子上睡觉	10.3
13	attending lecture	正常听课	13.4

3. 所提方法小结

本节论述了时序动作检测的概念和基础工作，分析了视频信息特征提取方法，并在对 Decouple-SSAD 网络结构进行深入分析的基础上，提出了基于 Enhanced-Decouple-SSAD 的时序动作检测方法。实验结果表明，双流 I3D 特征的使用提高了时序动作检测的效果，同时，网络深度的增加更适合长时、慢速动作的检测。

在公开数据集 THUMOS14 上的实验表明，IoU=0.5 时的 mAP 值为 46.4%，其中，对 Long Jump (86.2%) 和 Pole Vault (80.2%) 类别动作的检测效果显著，比 Decouple-SSAD-Kinetics 网络提高 2.7 个百分点，比 BSN 提高 9.5 个百分点，在 LBD 数据集上的 mAP 值为 13.37%，其中，在“起立回答问题”(20.3%)、“举手”(18.3%)、“打电话”(17.9%)等大幅度动作上有显著效果。

6.3.3 基于 Timeception 与超事件的时序动作检测方法

1. 时序动作检测方法设计

本节研究运行速度更快的单阶段时序动作检测方法，并提出基于 Timeception 与超事件的时序动作检测(timeception and super-events based temporal action detector，TS-TAD)方法[2]。

1) 时序动作检测问题定义

时序动作检测的检测对象为未经分割的长视频 $X=\{f_t\}_{t=1}^{T}$，其中，T 为视频 X 的帧数，f_t 为视频 X 中的第 t 帧。每个视频 X 中包含一系列动作实例 $\phi=\{\phi_i=[s_i,e_i,c_i]\}_{i=1}^{N}$，其中，$N$ 为视频中真实动作实例的总数，s_i、e_i 和 c_i 分别是某一动作实例 ϕ_i 对应的起始时间、结束时间和动作类别。其中，$c_i \in \{1,2,\cdots,C\}$，C 为总的动作类别数。在训练阶段 ϕ 是事先给定的，在测试阶段需要对 ϕ 进行预测。

2) TS-TAD 网络的结构

针对单阶段时序动作检测技术中存在的定位和分类任务耦合、不能很好地适应动作时间跨度多样性和利用全局上下文信息的问题，本节构建了 TS-TAD 网络，如图 6.12 所示。

首先，用双流 I3D 网络将长视频对应的帧序列编码为一维特征序列[38]；再经两个一维时序卷积层和最大池化层降低时间维度；其次，将降维后的特征序列送入一个三分支网络生成多尺度特征序列，此处的三分支网络由主干分支、并行的分类分支和定位分支构成；最后，三分支网络生成的一系列多尺度特征序列经过分类预测层和定位预测层，预测动作提议对应的类别置信度和坐标偏移值。

如图 6.12 所示的三分支网络的特点在于：主干分支由多个 Timeception 层和超事件(super-events，SE)模块以级联的方式构成[39,40]；分类分支由主干分支的深层特征序列经过反卷积操作和前层特征序列融合得到，用于生成动作类别置信度；定位分支同样由主干分支的深层特征序列经过反卷积操作和前层特征序列融合得到，用来预测动作起止时间。

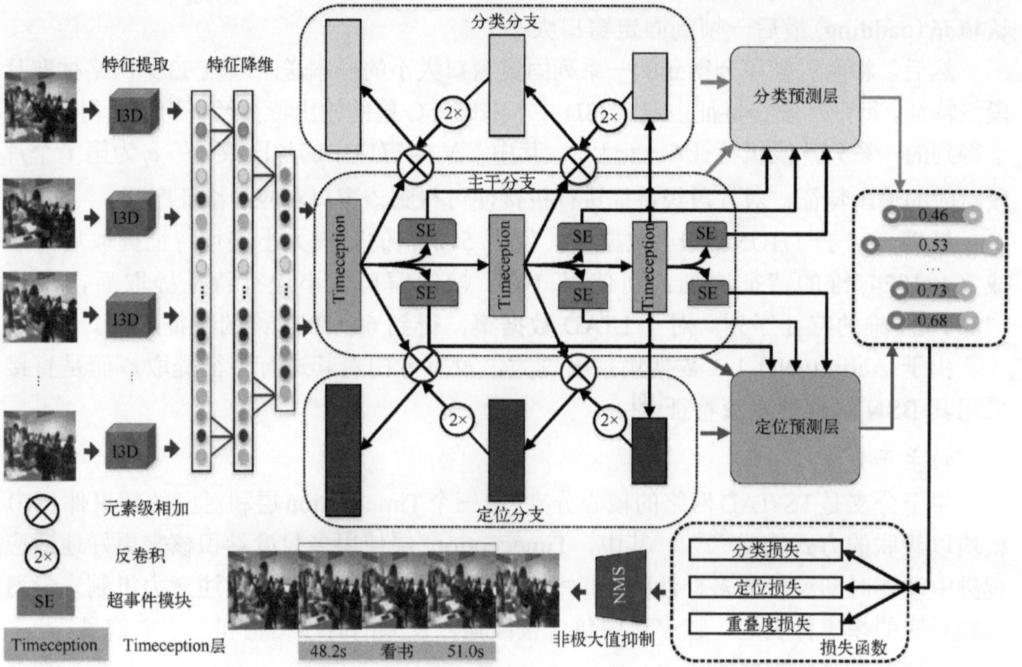

图 6.12 基于 TS-TAD 网络的时序动作检测方法示意图

为了学习整段输入视频中的时序结构和上下文信息，主干分支中每个 Timeception 层生成的特征序列都利用超事件模块来获取对应的超事件表达，并分别和分类分支与定位分支生成的多尺度特征序列融合，得到分类预测层和定位预测层的输入特征。

在 TS-TAD 网络训练时，通过分类 Loss、回归 Loss 和重叠度 Loss 优化不同的分支。在 TS-TAD 网络测试时，对生成的候选动作提议进行 NMS 算法去重，得到预测结果，即动作类型与起止时间。

3) 视频特征提取

对于给定的输入视频，需要通过 2D 或 3D 卷积网络提取视频特征。鉴于双流 I3D 网络在行为识别领域的优异性能，本节将其作为基础特征提取网络[38]。

首先，用 TSN 模型抽取得到视频对应的图像帧序列 R_f 和光流帧序列 F_f[27]。以滑动窗口的方式提取特征时，由于 THUMOS14 数据集中视频时长普遍较长，为了验证 TS-TAD 网络对长程帧序列的建模能力，使用 512 帧和 1024 帧两种窗口大小。当窗口大小为 512 帧时，以步长 128 帧对两种帧序列进行采样；当窗口大小为 1024 帧时，以步长 256 帧进行采样。对于 LTAD 数据集，由于视频平均时长较短(约为 31.51s)，在使用滑动窗口时只采用 512 帧的窗口大小，同样以步长 128 帧对两种帧序列进行采样。在进行滑动窗口操作时，若最终剩余帧数小于指定窗口大小，则默认填充(padding)最后一帧到固定窗口大小。

然后，将两种帧序列得到的一系列固定窗口大小的样本送入双流 I3D 网络抽取片段级特征。每个片段级特征由双流 I3D 中 Mixed_5C 层的输出特征经平均池化得到。对于得到的一系列片段级特征 $C=\{c_i\}_{i=1}^{N}$，其中，N 为窗口中的片段数量；c_i 为第 i 个片段对应的输出特征，对片段级特征进行拼接便可得到该窗口对应的特征序列。

最后，对于 THUMOS14 数据集，使用 512 帧的窗口大小进行特征提取后，生成 64×1024 维的特征序列；而使用 1024 帧的窗口大小进行特征提取后，生成 128×1024 维的特征序列。对于 LTAD 数据集，得到 64×1024 维的特征序列。

由于 ActivityNet-1.3 数据集规模过大，没有专门对其进行特征提取，而是直接采用其 BSN 提供的双流特征[10]。

4) 主干分支

主干分支是 TS-TAD 网络的核心分支，由三个 Timeception 层和对应的超事件(SE)模块以级联的方式构成[39,40]，其中，Timeception 层使用多尺度卷积核来更好地适应视频中动作时间跨度的多样性；超事件模块通过时序结构滤波器和注意力机制来学习视频对应的超事件表达，该表达中包含整段输入视频的时序结构和上下文信息。

(1) Timeception 层。

对于经两个一维时序卷积层和最大池化层降维后得到的特征序列 F，其特征维度 $d_m \in \mathbb{R}^{T\times L\times L\times C}$，其中，$T$ 为特征序列长度；L 为空间维大小；C 为特征序列通道数。如图 6.13 所示，由 Timeception 层经以下步骤可得到主干分支中的多尺度特征序列。

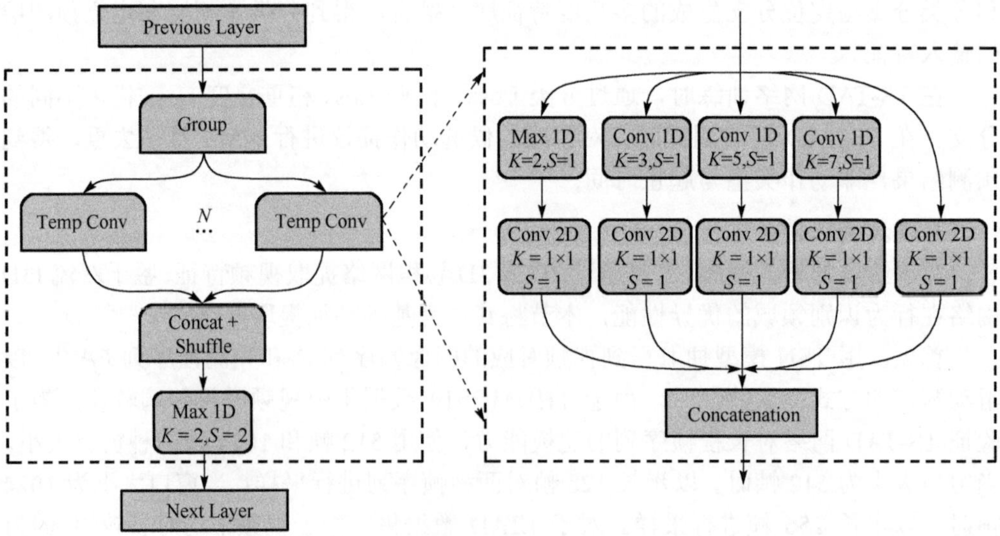

图 6.13 Timeception 层的结构图[39]

首先，将特征序列 F 按通道 C 分为 N 个组，以降低通道间的依赖关系和复杂度，每个组的特征维度 $g_m \in \mathbb{R}^{T\times L\times L\times C/N}$ 。

其次，每个组包含五个分支，均使用多分支卷积模块对得到的特征序列进行卷积，其中，中间三个分支使用具有多尺度卷积核的深度可分离时序卷积，在降低网络参数量的同时保证网络可以很好地适应动作片段时间跨度的多样性；最右侧分支只进行卷积核 $K=2$、步长 $S=1$ 的最大池化操作；每个分支后连接卷积核大小为 1 的 2D 卷积，用于增强 Timeception 层的非线性表达能力；最终，五个分支得到的特征序列经过按列拼接操作，得到该组的输出特征序列。

最后，对于每个组的输出特征序列，首先通过随机置乱(shuffle)操作来交互不同通道的信息，保证下一个 Timeception 层进行分组操作时通道的随机性。接下来，将置乱后的每个组的输出特征序列进行按列拼接，再经过卷积核大小为 2、步长为 2 的最大池化操作，得到该层最终的输出特征序列。

值得注意的是，每经过一个 Timeception 层，特征序列的时间维度就降为原来的 1/2，通道数增加为原来的 1.25 倍。对于输入主干网络的特征序列，经过三个 Timeception 层后最终会生成三种不同尺度的特征序列。

(2)超事件模块。

一个长视频中往往包含多个动作，这些动作可能以顺序或并行的方式发生。多个动作在时序上应该存在一定的时序结构。例如，在一段打篮球的视频中，如果没有投篮动作的发生，阻止投篮的动作就不会发生。同时，运球动作的出现会为判定投篮动作的发生提供时序上下文信息。相比于短视频，长视频中包含着丰富的时序结构和上下文信息，利用这些信息可以更好地进行时序动作检测。因此，我们在 Timeception 层后加入了超事件模块来学习整段输入视频的时序结构和上下文信息(即超事件表达)。学习得到的超事件表达和两个并行分支得到的多尺度特征序列融合后得到最终用于动作分类和边界回归的特征表达。

超事件表达由超事件模块中的时序结构滤波器通过学习每类动作的软注意力权重得到。如图 6.14 所示，时序结构滤波器通过关注某些时序位置的帧信息将变长的输入视频特征表示成固定长度的特征向量来捕获视频中的时序上下文信息[40]。每一个时序结构滤波器由 N 个柯西分布组成。对于长度为 T 的特征序列，每个时序结构滤波器定义为[40]

$$
\begin{aligned}
\hat{x}_n &= \frac{(T-1)(\tanh(x_n)+1)}{2} \\
\hat{\gamma}_n &= \exp(1-2\,|\tanh(\gamma_n)|) \\
F[t,n] &= \frac{1}{Z_n \pi \hat{\gamma}_n \left(\dfrac{(t-\hat{x}_n)}{\hat{\gamma}_n}\right)^2}
\end{aligned}
\tag{6.7}
$$

其中，$t \in \{1,2,\cdots,T\}$；$n \in \{1,2,\cdots,N\}$；x_n 和 γ_n 两个参数分别用于控制柯西分布的中心和宽度；Z_n 为归一化常数。特别地，对于每一个超事件模块，只需要学习 x_n 和 γ_n 两个参数。

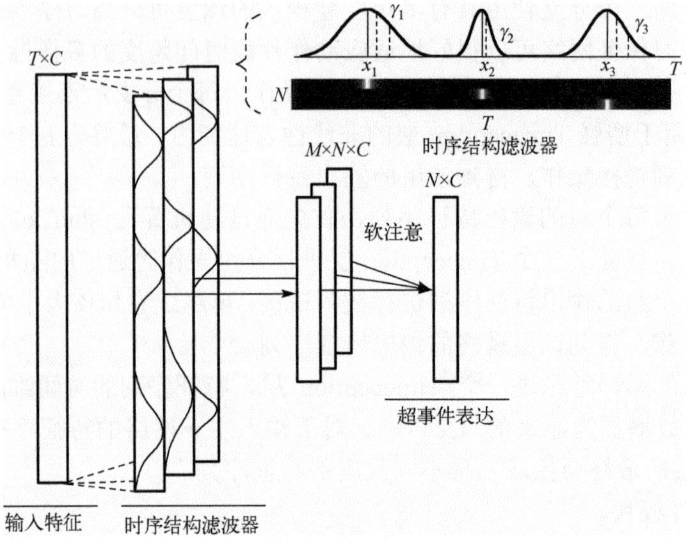

图 6.14　超事件模块的结构图

由于动作类别数远远大于时序结构滤波器的个数，为了用固定数量的时序结构滤波器表示多类动作，需将时序结构滤波器和软注意力机制结合，从而得到超事件表达，定义为[40]

$$S_C = \sum_{m}^{M} A_{c,m} \cdot \sum_{t}^{T} F_m[t] \cdot v_t$$
$$A_{c,m} = \frac{\exp(W_{c,m})}{\sum_{k}^{M} \exp(W_{c,k})} \tag{6.8}$$

其中，S_C 为最终得到的超事件表达；M 为时序结构滤波器的个数；v_t 表示输入超事件模块的视频特征，也就是 Timeception 层的输出；$F_m[t]$表示第 m 个时序结构过滤器；$A_{c,m}$ 表示每个时序结构滤波器对应的软注意力权重；$W_{c,m}$ 为可学习权重；下标 c 代表视频的动作类别数。本节设置每一个超事件模块中的 N=M。

5) 分类分支和定位分支

为了解决单阶段时序动作检测分类和定位任务耦合问题，Decouple-SSAD 通过引入并行的分类分支和定位分支来对两个任务进行解耦，并取得了很好的效果[23]，为此，TS-TAD 保留了两个并行分支。和主干分支一样，每个并行分支包含三种多尺度特征序列。每种特征序列由主干分支中对应的深层特征序列通过反卷积操作和浅层特征序列经相加融合得到。解耦过程具体定义为[23]

$$f_k^L = \begin{cases} C(f_n^L), & L = N_f \\ C(S(C(f_n^L), D(f_k^{L+1}))), & 1 \leqslant L < N_f \end{cases} \tag{6.9}$$

其中，f_n^L 表示主干分支第 L 层卷积层特征图；f_k^L 表示分类分支第 L 层卷积层特征图；C 表示时序卷积操作；D 代表反卷积操作；S 表示对应元素相加融合操作；N_f 为主干分支中 Timeception 层的层数；L 用于指示当前对哪一层进行操作。

令时序卷积层卷积核大小为 3，步长为 1；反卷积核大小为 4，步长为 2，因此每经过一次反卷积操作，特征序列的时间维度将扩大 2 倍。此外，每经过一个 Timeception 层，输入特征序列 F 的通道数 C 就扩大到 1.25 倍。为了在解耦过程中保持各层特征维度对齐，将每个 Timeception 输出特征的通道数通过 1×1×1 的卷积升至 2480 维。

6) 分类预测层和定位预测层

对于三个分支生成的多尺度特征序列，首先为特征序列的每个时序位置预设一系列不同尺度的锚框。以 THUMOS14 为例[3]，本小节所提方法为三种特征序列预设的基本尺度 $B_S = \{1/16, 1/8, 1/4\}$，每种特征序列的长宽比为 $R_S = \{0.5, 0.75, 1, 1.5, 2\}$。每个预设锚框的宽度 W 为对应层的基本尺度 B_S 与长宽比 R_S 的乘积。因此，对于时长为 T 的特征序列，对应的预设锚框个数为 $5 \times T$。

对于每层预设得到的一系列预设锚框，本小节所提方法将与之对应的特征序列送入分类和定位预测层来生成预测结果向量 $V_{\text{pred}} = (S_{\text{cls}}, S_{\text{over}}, \Delta_C, \Delta_W)$，其中，$S_{\text{cls}}$ 和 S_{over} 分别为预测的类别置信度和重叠置信度；Δ_C 和 Δ_W 分别为预测的中心和宽度坐标偏移值。

需要注意的是，分类分支、定位分支分别关注分类任务和定位任务，因此分别使用一个多分类预测层和二分类预测层来生成结果向量。对于每个预设锚框，最终的预测结果定义为

$$\begin{aligned} \varphi_C &= \mu_C + \alpha_1 \mu_W \cdot \Delta_C \\ \varphi_W &= \mu_W \cdot \exp(\alpha_2 \cdot \Delta_W) \end{aligned} \tag{6.10}$$

其中，μ_C 和 μ_W 分别为预设的锚框中心点和宽度；α_1 和 α_2 用于控制预测偏移值对结果的影响程度；φ_C 和 φ_W 为最终计算得到的预测中心点和宽度。

7) 网络优化

训练 TS-TAD 网络是一个多任务优化问题，其损失函数定义为

$$L = L_{\text{cls}} + \lambda L_{\text{reg}} + \beta L_{\text{over}} \tag{6.11}$$

其中，L_{cls}、L_{reg} 和 L_{over} 分别为分类、定位和重叠度损失函数；λ和β为用于平衡不同任务和分支的权重参数。

对于多分类任务，常见的 Softmax 损失函数定义为

$$L_{\text{cls}} = -\sum_{n=0}^{C} I_{n=c} \log(y_n^a), \quad I_{n=c} = \begin{cases} 1, & n = c \\ 0, & n \neq c \end{cases} \tag{6.12}$$

其中，C 为动作类别数；c 为真实的标签类别；y_n^a 为预测的类别概率；$I_{n=c}$ 为指示项。

对于定位任务，采用 Smooth L1 损失函数来衡量预测坐标值与真实值的误差程度，定义为[23]

$$L_{\text{reg}} = S_{\text{L1}}(\varphi_C - g_C) + S_{\text{L1}}(\varphi_W - g_W) \tag{6.13}$$

其中，φ_C 和 φ_W 分别为预测动作实例的中心和宽度；g_C 和 g_W 分别为真实动作实例的中心和宽度；S_{L1} 为平滑 L1 损失。

此外，使用均方误差损失函数来衡量预测的动作实例与真实动作实例的重叠度：

$$L_{\text{over}} = (y_{\text{over}} - g_{\text{IOU}})^2 \tag{6.14}$$

其中，y_{over} 为预测重叠置信度；g_{IOU} 为真实重叠度。

特别地，以上三种 Loss 分别由三个分支对应的 Loss 通过加权融合得到：

$$L_K = \theta \cdot L_{\text{branch}} + (1-\theta) \cdot L_{\text{main}} \tag{6.15}$$

其中，L_{branch} 表示两个并行分支对应的 Loss；L_{main} 表示主干分支对应的 Loss；θ 为超参数。

8) 方法实现的主要步骤

TS-TAD 方法主要流程如图 6.15 所示。

(1) 训练阶段主要包括以下步骤：①提取待训练视频对应的 RGB 帧和光流帧；②将步骤①中获得的两种帧送入双流 I3D 网络提取视频双流 I3D 特征；③双流 I3D 特征经基础特征网络编码得到降维后的一维特征序列；④将降维后的一维特征序列送入三分支网络生成多尺度特征序列，经过分类预测层和定位预测层分别获取动作实例的动作类别及预测偏移值；⑤计算损失函数，并根据反向传播算法回传至步骤③，使之调整 TS-TAD 网络的参数，直至达到最大迭代次数，得到训练好的网络。

(2) 测试阶段主要包括以下步骤：①提取待测试视频对应的 RGB 帧和光流帧；②将步骤①中获得的两种帧送入双流 I3D 网络提取视频双流 I3D 特征；③加载训练好的 TS-TAD 网络，经定位分支获取动作提议中心和宽度，经分类分支获取动作提议类别；④经非极大值抑制操作去除冗余的动作提议，得到最终测试结果。

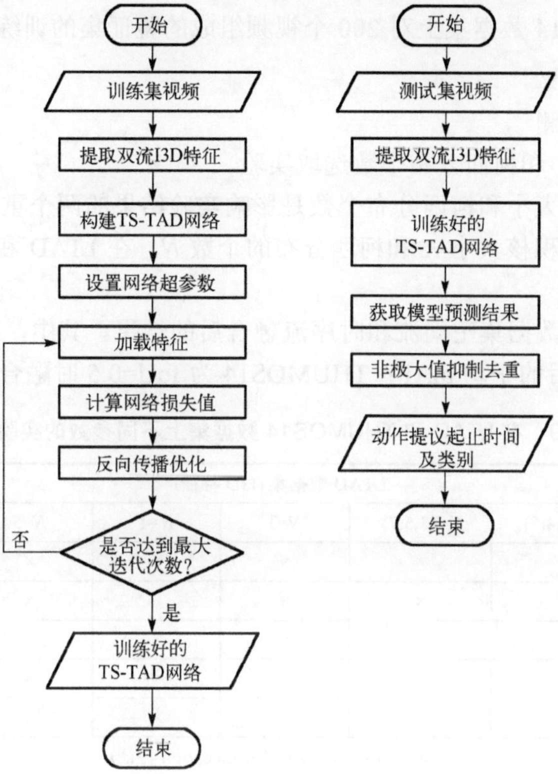

(a) 训练阶段　　(b) 测试阶段

图 6.15　TS-TAD 方法主要流程

2. 实验结果与性能分析

1) 实验环境与参数设置

本小节实验的硬件环境为 Intel Xeon E5-2637 v4 CPU @ 3.50GHz，NVIDIA GeForce GTX TITAN GPU，12GB 显存；软件环境为 Ubuntu 16.04，CUDA 9.0+cuDNN 7.1.4，TensorFlow 1.12.0，Keras 2.2.4。

为了检验所提方法的性能，分别在 LTAD、THUMOS14 和 ActivityNet-1.3 三个数据集上进行实验，并选取 6.2.3 节中不同 IoU 阈值下的 mAP 作为本节所提方法的评价指标。

LTAD 和 THUMOS14 数据集参数设置：训练批次大小为 24；最大迭代次数为 41 次，初始学习率为 0.0001，当迭代次数为 39 次时，学习率衰减为原来的 10%；基本尺度为 $B_S = \{1/16, 1/8, 1/4\}$，长宽比为 $R_S = \{0.5, 0.75, 1, 1.5, 2\}$；分类损失权重为 1，定位损失和重叠度损失的权重为 10。ActivityNet-1.3 数据集参数设置为：基本尺度为 $B_S = \{1/16, 1/12, 1/8, 1/6, 1/4\}$，长宽比为 $R_S = \{0.15, 0.25, 0.5, 0.75, 1, 1.5, 2, 3\}$。使用 Adam 算法优化网络并使用 Xavier 算法对网络参数进行随机初始化[41]。使用单张显卡时，THUMOS14 数据集上对 200 个视频组成的验证集的训练时间约为 102min，测试时间约为 4min。

2) 时序动作检测

(1) 卷积核大小和柯西分布个数选取实验。

多尺度卷积核大小和柯西分布个数是影响实验结果的两个重要超参数。为了选取合适的多尺度卷积核大小 K 和柯西分布的个数 N，在 LTAD 和 THUMOS14 数据集上进行实验。

表 6.9 为两个数据集空间流和时序流融合后的结果。其中，LTAD 为 IoU 阈值从 0.1 至 0.9 融合后的平均 mAP；THUMOS14 为 IoU=0.5 时融合后的 mAP。

表 6.9 在 LTAD 和 THUMOS14 数据集上不同参数的实验结果

LTAD 数据集（I3D 特征）						
K={2,3,4}	K={3,4,5}	K={3,5,7}	N=3	N=4	N=5	mAP/%
√	×	×	√	×	×	21.8
×	√	×	√	×	×	20.9
×	×	√	√	×	×	**22.3**
×	×	√	×	√	×	21.9
×	×	√	×	×	√	21.3
THUMOS14 数据集（Bn-Inception 特征）						
K={2,3,4}	K={3,4,5}	K={3,5,7}	N=3	N=4	N=5	mAP/%
√	×	×	√	×	×	34.5
×	√	×	√	×	×	36.1
×	×	√	√	×	×	**38.2**
×	×	√	×	√	×	35.4
×	×	√	×	×	√	35.2

结果表明，两个数据集均在卷积核大小 K={3, 5, 7}和时序结构滤波器个数 N=3 时取得最佳效果。原因在于，相比于小尺度卷积核，大尺度卷积核能捕获更多信息。当时序结构滤波器的个数 N 大于 3 时，效果下降。这是因为对于固定大小的窗口，窗口中包含的动作实例数量有限，当时序结构滤波器数量增加时，其关注了过多的无用信息，导致了性能的下降。因此，后续均采用卷积核大小 K={3, 5, 7}和时序结构滤波器个数 N=3 进行实验。

(2) LTAD 和 THUMOS14 数据集时序动作检测结果及分析。

LTAD 和 THUMOS14 数据集的实验结果如表 6.10 所示，可知 LTAD 数据集上 IoU 阈值从 0.1 至 0.9 的平均 mAP 和 THUMOS14 数据集上 IoU=0.5 时的 mAP。Feature 列中的 Bn-Inception 和 Inception_V3 为原始 Decouple-SSAD 网络采用的两种特征提

取网络[23]，I3D 为本小节使用的特征提取网络；Model 列中的 Decouple-SSAD 表示改进前的原网络；DS 表示使用 Decouple-SSAD 中的并行解耦分支；TC 表示使用 Timeception 层；SE 表示使用超事件模块；括号中为滑动窗口尺寸(帧数)。Spatial-mAP 和 Temporal-mAP 分别为空间流特征和时间流特征对应的 mAP。

表 6.10　在 LTAD 和 THUMOS14 数据集的各方法的对比实验结果　(单位：%)

方法	Feature	Model	Spatial-mAP	Temporal-mAP	mAP
LTAD 数据集					
文献[23]所提方法	I3D	Decouple-SSAD(512)	13.6	18.4	19.6
TS-TAD	I3D	DS+TC(512)	12.7	20.8	21.0
	I3D	DS+TC+SE(512)	**14.1**	**21.5**	**22.3**
THUMOS14 数据集					
文献[23]所提方法	Bn-Inception	Decouple-SSAD(512)	22.1	33.1	35.8
	Inception_V3	Decouple-SSAD(512)	**30.7**	**44.2**	**43.7**
TS-TAD	Bn-Inception	DS+TC(512)	23.9	35.1	36.6
	Bn-Inception	DS+TC+SE(512)	23.3	36.9	38.2
	I3D	DS+TC(512)	32.5	35.6	38.2
	I3D	DS+TC+SE(512)	33.1	**41.1**	42.3
	I3D	DS+TC+SE(1024)	**36.4**	41.0	**44.3**

①Timeception 层和超事件模块有效性分析。下面验证本小节所提方法 TS-TAD 中 Timeception 层和超事件模块的有效性。首先在 LTAD 数据集上使用双流 I3D 特征进行实验。结果表明，当加入 Timeception 层后，融合后的 mAP 值 21.0%比未加入时的 mAP 值 19.6%提高 1.4 个百分点；当加入超事件模块后，融合后的 mAP 值 22.3%比未加入时的 mAP 值 21.0%提高 1.3 个百分点。

其次，在 THUMOS14 数据集上使用 Bn-Inception 特征进行了文献[23]所提方法与 TS-TAD 网络的对比实验。TS-TAD 方法使用 Timeception 层时，相比于原始 Decouple-SSAD 在 Spatial 特征和 Temporal 特征上 mAP 值分别提高 1.8 个百分点和 2.0 个百分点，融合后的 mAP 提高 0.8 个百分点。在此基础上，加入超事件模块后性能有较大提升，融合后的 mAP 值提高到 38.2%。

②不同特征影响分析。为了验证不同特征输入对结果的影响，和 Decouple-SSAD 一样，在 THUMOS14 数据集上先以 512 帧窗口大小提取双流 I3D 特征。在此特征的基础上，仅使用 Timeception 层就能达到使用 Bn-Inception 特征时加入超事件模块后的效果，表明了双流 I3D 特征的有效性。

值得注意的是，双流 I3D 特征的使用只对 Spatial 特征有了明显提升，对于 Temporal 特征并没有明显效果。这是因为 Temporal 特征本身就包含运动信息，双流

I3D 的优势并未得到发挥。当加入超事件模块后，mAP 值进一步提高到 42.3%。Temporal 特征的提高最大，为 5.5 个百分点，进一步说明了学习整段视频时序结构和上下文信息对于时序动作检测的重要性。

此外，当窗口扩大为 1024 帧(时长约 34s)时，实验发现 TS-TAD 网络在 THUMOS14 数据集上存在性能提升，mAP 值由 42.3%提升为 44.3%。这是因为随着窗口扩大，视频中包含更为丰富的时序结构和上下文信息，超事件模块有效捕获了对应的超事件特征。

最后，在 ActivityNet-1.3 数据集上进行实验，均采用 BSN[10]提供的双流(Two-Stream)特征，融合后 IoU={0.5, 0.75, 0.95}时的 mAP 和 AVG(0.5:0.05:0.95)结果如表 6.11 所示，其中 AVG(0.5:0.05:0.95)表示 IoU 阈值从 0.5 到 0.95，以步长 0.05 的变化计算所得的 AVG 值。

表 6.11　在 ActivityNet-1.3 数据集上各方法的对比实验结果　　(单位：%)

方法	特征	模型	融合			
			IoU=0.5	IoU=0.75	IoU=0.95	AVG
文献[23]所提方法	Two-Stream	Decouple-SSAD	33.15	19.99	1.78	19.81
TS-TAD	Two-Stream	DS+TC	**34.11**	20.17	**2.47**	20.41
	Two-Stream	DS+TC+SE	33.61	**20.71**	2.32	**20.42**

结果表明，本节所提方法相比于 Decouple-SSAD，平均 mAP 在 ActivityNet-1.3 数据集上提高 0.61 个百分点。另外，使用超事件模块后，结果并未得到有效提升且一些阈值下的结果还有所降低，这是因为 ActivityNet-1.3 数据集包含 200 类动作且每个视频仅含有约 1.5 个动作实例，大多数动作实例几乎占据整个视频一半以上的时长。这种情况下，视频中并没有丰富的时序结构和上下文信息可供学习。

③每类动作 AP 分析。为了分析 TS-TAD 网络在 LTAD 和 THUMOS14 数据集上不同类别动作的具体表现，本节对比了其与 Decouple-SSAD 网络融合后每类动作的 AP 值。

如图 6.16(a)所示，TS-TAD 方法在“戴耳机听歌”(13.6%)、“低头玩手机”(22.1%)、“举手”(17.0%)、“趴在桌子上睡觉”(10.6%)、“打电话”(37.8%)五个动作类别上取得了显著性能提升，括号中的数字为 AP 提升值。通过进一步分析发现，这些类别的动作幅度微弱且幅度较大的部分持续时间较短。以图 6.17 展示的“趴在桌子上睡觉”这一动作为例，该类动作只在起始一段时间内动作幅度相对较大(11～12s)，接下来的大部分时间均处于接近静止的状态(12～18s)。由于动作幅度微弱且幅度较大的部分持续时间短，给检测造成了很大困难。

此外，分析发现这些类别的动作持续时间差异大。例如，“举手”这一动作最短的持续时间仅为 1s，最长的持续时间为 21s。如何去适应这种时间跨度的差异和多样性对于检测同样重要。TS-TAD 方法一方面采用多尺度卷积核，能更好地适应动作时间跨度的多样性；另一方面采用超事件模块，可有效学习整段输入视频的时序结构和上下文信息，为微弱动作的时间边界判定和分类提供了更丰富的上下文信息。两者的合理使用有效解决了上述问题。但是，TS-TAD 在“看书”“记笔记”“敲键盘”三类动作上的检测性能与 Decouple-SSAD 有着较大差距。通过分析这些类别的动作，发现这些类别的动作幅度较大且动作持续时长比较均匀(普遍大于 15s)。因此，Timeception 的性能并未得到充分发挥，反而由于采用了大尺度卷积核引入了较多背景无关信息。

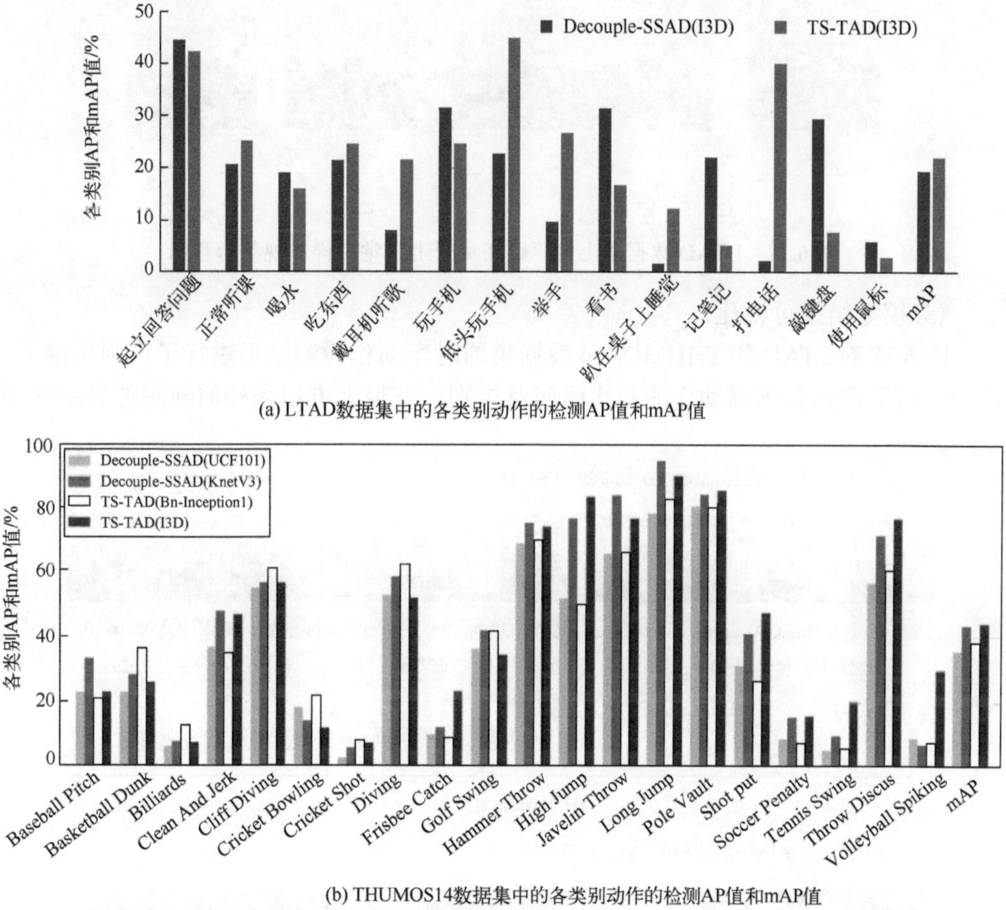

图 6.16　LTAD 和 THUMOS14 数据集中的各类别动作的检测 AP 值和 mAP 值

此外，可观察到这些类别动作所在的视频中动作实例数量较多且目标动作与其余动作实例间的时间间隔非常小，约 0.5s，这说明使用超事件模块在一定程度上过多引入了其余无关动作的干扰，影响最终性能。

如图 6.16(b)所示，本节所提方法基于两种不同的特征提取均表现出了良好的性能。使用 Bn-Inception 特征时，融合后的结果在 Basketball Dunk(7.3 个百分点)、

Billiards（4.9 个百分点）、Cliff Diving（3.7 个百分点）三类动作上有较大提升，括号中的数字为 AP 提升值。通过分析这些类别的视频，可发现这些类别的动作持续时间差异较大。使用双流 I3D 特征，融合后的结果同样在多个类别上超过了原始 Decouple-SSAD 网络。Frisbee Catch（11.3 个百分点）、Tennis Swing（10.7 个百分点）、Volleyball Spiking（13 个百分点）三类动作的提升最明显，这主要是因为双流 I3D 网络可以同时学习视频的时空特征，对 Spatial 类型的特征有很好提升。

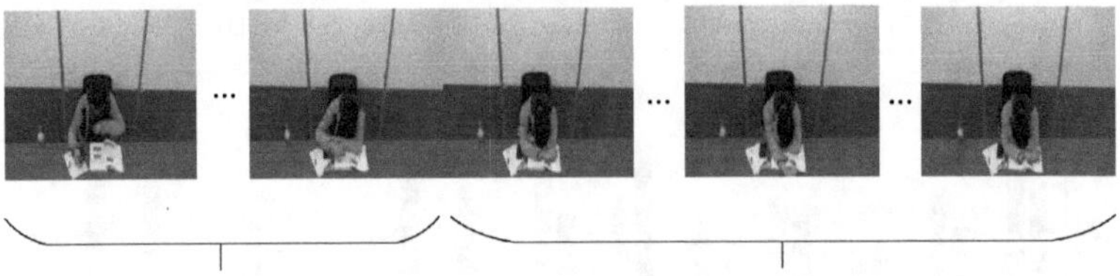

图 6.17　LTAD 数据集上的“趴在桌子上睡觉”样本视频示意图

（3）模型结果可视化。

图 6.18 对 LTAD 和 THUMOS14 数据集的时序动作检测结果进行了可视化展示。每一行结果均包含预测动作的起止时间及类别，在最上方用采样的帧图像展示视频中的内容。

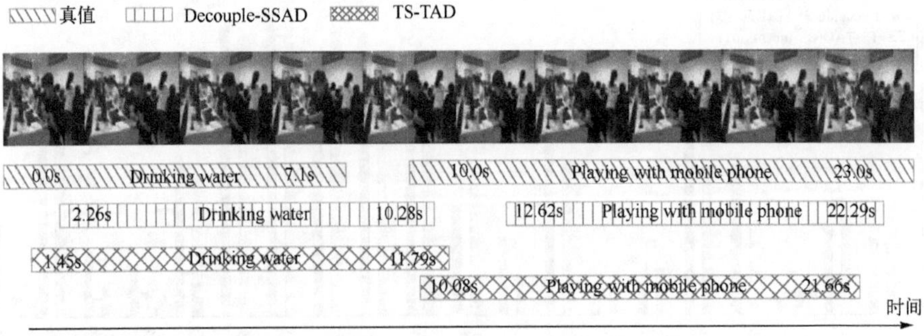

(a) LTAD数据集

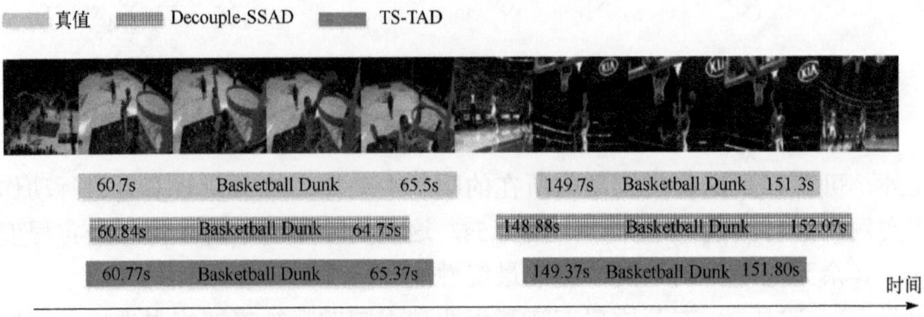

(b) THUMOS14数据集

图 6.18　两个不同数据集上 TS-TAD 方法的时序动作检测结果可视化

结果表明，本节所提方法 TS-TAD 预测的动作起止时间更为精确。特别地，在图 6.18(a)中，本节所提方法在预测 LTAD 数据集时，两个动作实例间存在了重叠现象且预测得到的动作提议与真实动作重叠度更大，说明所提方法更有效。

3) 动作提议生成

图 6.19 展示了本节所提方法与当前主流方法在 THUMOS14 数据集上的平均召回率-平均时序提议数量曲线(AR@AN)，以及在 Top 100 提议数量下不同 IoU 阈值下平均召回率-交并比指标(AR-IoU@AN=100)。

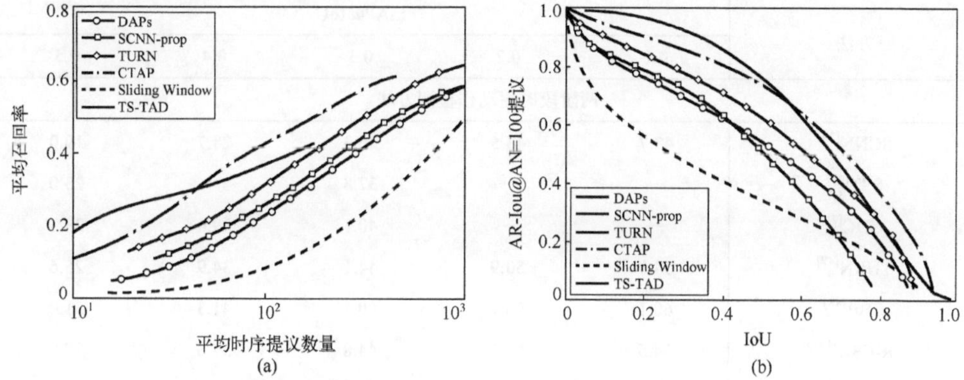

图 6.19 本节所提方法与先进的动作提议生成方法对比结果

显然，所提方法在动作提议数量较少时，优于深度动作提议(deep action proposals，DAPs)、分段卷积神经网络-提议子网络(segment based CNN-proposal，SCNN-prop)、时间单元回归网络(temporal unit regression network，TURN)、互补时序动作提议(complementary temporal action proposal，CTAP)和滑动窗口(Sliding Window)等 5 种现有主流方法。但在动作提议数量较多时与 CTAP 相比仍有很大差距[42]，这是因为 CTAP 采用互补滤波的方式对滑动窗口和 TAG 算法的性能优劣进行平衡[8]。特别地，当动作提议数量较少时(如 10 个)，本节所提方法仍能达到 0.18 左右的召回率。当采用固定的 Top 100 提议时，本节所提方法在不同 IoU 阈值下保持了较好性能。

4) 对比主流方法

TS-TAD 与目前主流方法在 ActivityNet-1.3 和 THUMOS14 数据集上的性能对比如表 6.12 和表 6.13 所示。

表 6.12 在 ActivityNet-1.3 数据集上不同 IoU 阈值时各方法的对比实验结果 (单位：%)

方法	mAP@0.5	mAP@0.75	mAP@0.95	mAP@AVG
文献[43]所提方法	45.11	4.11	0.05	16.41
文献[44]所提方法	26.01	15.22	2.61	14.62
CDC[7]	45.30	26.00	0.20	23.80

续表

方法	mAP@0.5	mAP@0.75	mAP@0.95	mAP@AVG
TAG-D[45]	39.12	23.48	5.49	23.98
BSN[10]	52.50	33.53	8.85	33.72
GTAN[24]	**52.61**	**34.14**	**8.91**	**34.31**
TS-TAD	33.61	20.71	2.32	20.42

表 6.13　在 THUMOS14 数据集不同 IoU 阈值时各方法的 mAP 对比实验结果　（单位：%）

方法	mAP@IoU				
	0.1	0.2	0.3	0.4	0.5
两阶段时序动作检测方法					
SCNN[39]	47.7	43.5	36.3	28.7	19.0
SST[46]	—	—	37.8	—	23.0
CDC[7]	—	—	40.1	29.4	23.3
TURN[47]	54.0	50.9	44.1	34.9	25.6
CBR[48]	60.1	56.7	50.1	41.3	31.0
R-C3D[13]	54.5	51.5	44.8	35.6	28.9
SSN[8]	66.0	59.4	51.9	41.0	29.8
CTAP[42]	—	—	—	—	29.9
BSN[10]	—	—	53.5	45.0	36.9
TAL-Net[15]	59.8	57.1	53.2	48.5	42.8
P-GCN[49]	**69.5**	**67.8**	**63.6**	**57.8**	**49.1**
单阶段时序动作检测方法					
SMS[50]	51.0	45.2	36.5	27.8	17.8
SSAD[21]	50.1	47.8	43.0	35.0	24.6
SS-TAD[22]	—	—	45.7	—	29.2
GTAN[24]	69.1	63.7	57.8	47.2	38.8
Decouple-SSAD[23]	66.4	65.1	60.9	53.4	43.7
TS-TAD	**69.1**	**67.0**	**63.0**	**55.0**	**44.3**

不难发现，本节所提方法在 ActivityNet-1.3 数据集上的表现不佳，相比于大多数主流时序动作检测方法还有很大差距。究其原因，一是因为 ActivityNet-1.3 数据集中动作时间跨度变化过大，一些动作实例几乎会占据整个视频时长而一些动作实例时长仅不到 1s，采用预设尺度的锚框无法很好地捕获时间跨度过于多样的动作；二是因为 ActivityNet-1.3 数据集中的动作类别过多且场景更为丰富，一些类别的动作幅度很小，易受无关行为和背景干扰，不利于定位和分类。

对于 THUMOS14 数据集，表 6.13 分别给出两阶段和单阶段方法在不同 IoU 阈值下的 mAP 值。

结果表明，就 mAP 值而言，在 THUMOS14 数据集上 TS-TAD 方法优于大多数主流的时序动作检测方法。

3. 所提方法小结

本小节以 LTAD 数据集为基础，研究并提出了 TS-TAD 方法。该方法通过构建级联的 Timeception 层和超事件模块来更好地适应视频中动作时间跨度的多样性并有效利用整段输入视频的时序结构和上下文信息。实验结果表明，本小节所提方法在 LTAD 和常用公开数据集上的实验结果均优于原始 Decouple-SSAD 网络。特别地，在 LTAD 数据集“戴耳机听歌”“低头玩手机”“举手”“趴在桌子上睡觉”“打电话”五个动作类别上取得了显著性能提升。此外，在 THUMOS14 数据集上的结果也优于 SSAD、GTAN 等主流时序动作检测方法。

6.3.4　基于双流完整性建模的弱监督时序动作检测方法

1. 弱监督时序动作检测方法设计

本小节提出基于双流完整性建模的弱监督时序动作检测(two stream completeness modeling based weakly supervised temporal action detection，TSCM)方法[2]，避免微弱动作起止时间标注不精确问题。

1) TSCM 网络的结构

TSCM 网络主要包含视频特征提取及编码、多分支互补完整性建模两个模块。基于 TSCM 网络的弱监督时序动作检测方法设计如图 6.20 所示。

与 6.3.3 节的 TS-TAD 网络类似，首先用双流 I3D 网络将长视频对应的帧序列编码为一维空间流与时序流特征序列[38]，再分别经一层全连接(FC)层对两种特征序列进行编码；其次，将编码后的特征序列分别送入对应的多分支互补完整性建模模块获取平均动作类别激活序列(category activation sequence，CAS)；最后，两个多分支互补完整性建模模块的平均动作类别激活序列经融合后得到最终动作类别激活序列。因此，多分支互补完整性建模模块特点在于：由 K 个全连接层和一维时序卷积层构成(即一个分支)；每个分支负责生成对应的动作类别激活序列并关注动作实例的某一部分。

在训练 TSCM 网络时，通过三元组夹角中心损失函数(angular center loss with a pair of triplets，ACL-PT)、差异损失(Diversity Loss)、正则化损失(Norm Loss)和多实例学习损失(multiple instance learning loss，MILL)优化网络。在测试 TSCM 网络时，通过对最终动作类别激活序列进行阈值化和 NMS 操作，得到预测结果，即动作类型与起止时间。

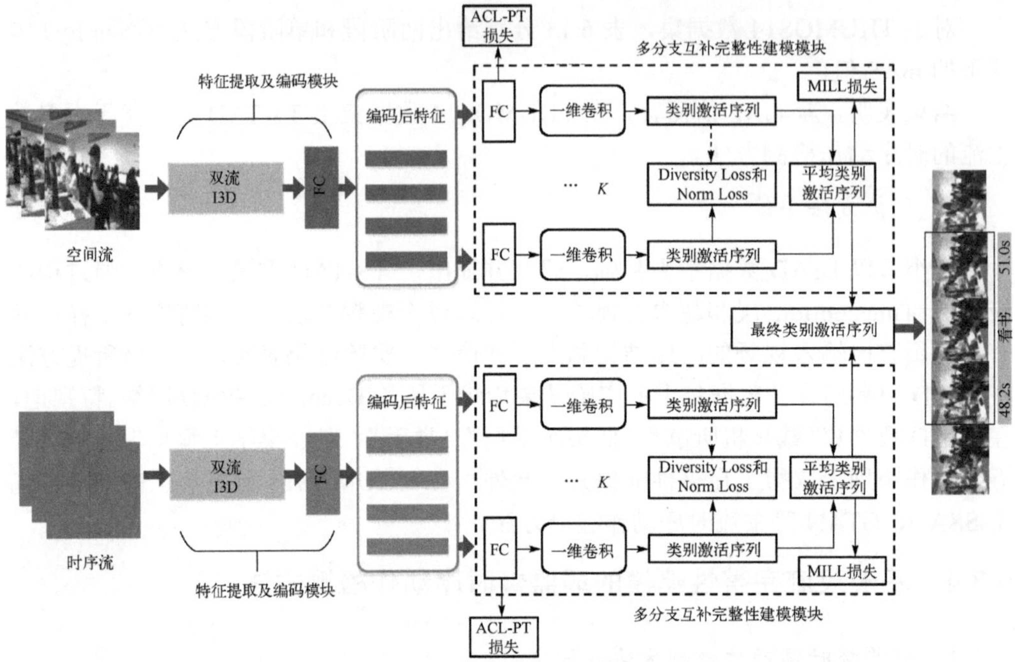

图 6.20　基于 TSCM 网络的弱监督时序动作检测方法示意图

2) 视频特征提取及编码

首先，使用双流 I3D 网络提取视频特征[38]；然后，通过 TSN 模型对视频进行分帧处理[27]，得到对应的图像帧序列 R_f 和光流帧序列 F_f；接下来，对于两种帧序列，将不重叠的 16 帧作为一组输入双流 I3D 网络，经卷积核尺寸为 2×7×7 的三维平均池化操作得到 L×1024 维的特征序列，其中 L 为特征时序长度；最后，对于得到的空间流和时序流特征，经一层带 ReLU 激活函数的全连接层进行编码以将特征嵌入特定任务空间，编码后特征维度仍为 L×1024 维。

3) 多分支互补完整性建模

(1) 模块构成。

为了获取完整的动作实例，使用多分支互补完整性建模模块进行动作完整性建模。以空间流分支为例，其由 K 个并行的全连接层和一维时序卷积层构成(即 K 个分支)，每个分支的输入为编码后的特征序列。对于输入的特征序列，经过全连接层和一维时序卷积层处理后，由全连接层预测得到该分支对应的帧级分类得分序列。具体过程定义为

$$F_{\text{conv}} = f_{\text{conv}}(X;\theta)$$
$$S^k = W_{\text{cls}}^k \cdot F_{\text{conv}} + b_{\text{cls}}^k \tag{6.16}$$

其中，$F_{\text{conv}} \in \mathbb{R}^{L\times 1024}$ 为经时序卷积层编码后的特征序列，L 为特征时序长度；f_{conv} 为

一维时序卷积层；X 为输入视频特征序列；θ 为时序卷积层参数；$S^k \in \mathbb{R}^{L\times C}$ 为帧级分类得分序列，C 为动作类别数；W_{cls}^k 和 b_{cls}^k 分别为全连接层的权重和偏置。

对得到的帧级分类得分序列沿动作类别维度进行 Softmax 归一化操作，得到该分支对应的动作类别激活序列，定义为

$$A^k = \frac{\exp(S^k(j))}{\sum_{j}^{C}\exp(S^k(j))} \tag{6.17}$$

其中，$j \in \{1,2,\cdots,C\}$ 为动作类别索引。对 K 个并行分支得到的动作类别激活序列求均值，得到平均动作类别激活序列。

为了使 K 个并行分支关注动作实例的不同部分，在多分支互补完整性建模模块使用基于余弦相似度的差异损失函数进行训练。差异损失函数定义为

$$L_{\text{div}} = \frac{1}{Z}\sum_{c=1}^{C}\sum_{i=1}^{K}\sum_{j=i+1}^{K}\frac{A_c^i \cdot A_c^j}{\| A_c^i \|\| A_c^j \|} \tag{6.18}$$

其中，A_c^i 表示第 $i \in \{1,2,\cdots,K\}$ 个分支在类别 $c \in \{1,2,\cdots,C\}$ 对应的动作类别激活序列；Z 为归一化参数。

从式(6.18)可知，这 K 个并行的分支处于一种对抗关系，每个分支负责关注动作实例的不同部分。在训练时为了避免某一分支占据主导地位而其余分支的类别激活得分全为零的现象发生，引入正则化项 L_{norm} 稳定训练过程，定义为

$$L_{\text{norm}} = \frac{1}{K(C+1)}\sum_{c=1}^{C}\sum_{i=1}^{K}\left\|\left\|A_c^i\right\|-\left\|A_c^{\text{avg}}\right\|\right\| \tag{6.19}$$

其中，K 为并行分支数；C 为动作类别数；A_c^{avg} 为第 c 类动作对应的平均动作类别激活序列。

(2) ACL-PT 损失函数。

该函数受多视角三维物体识别中夹角三元中心损失(angular triplet-center loss，ATCL)启发得到，如图 6.21 所示，中心 μ 表示每个类特征向量簇的中心，其余类特征向量簇的中心则被视为负中心 μ_n。该函数的主要目的是抑制视频中的背景帧干扰，并学习更具辨别性的前后景特征[51]。

在训练过程中，训练样本为特征向量、中心和负中心构造的三元组，通过减小嵌入特征与对应类中心之间的角度距离来更新中心。

由于 ATCL 可以减小同一类特征距中心的距离并扩大该类特征与负中心的距离，可使学习到的特征具有更好的分类特性。由于每个视频特征序列长度不同，不能直接使用 ATCL。ACL-PT 中，使用自顶向下的注意力机制来消除特征序列的时间维度。以空间流特征为例，对于分支 $k \in \{1,2,\cdots,K\}$，将得到的帧级分类得分序列

$S^k \in \mathbb{R}^{L\times C}$ 沿时间维度进行 Softmax 归一化操作，得到时序注意力权重 $\mathrm{Att}^k \in \mathbb{R}^{L\times C}$，定义为

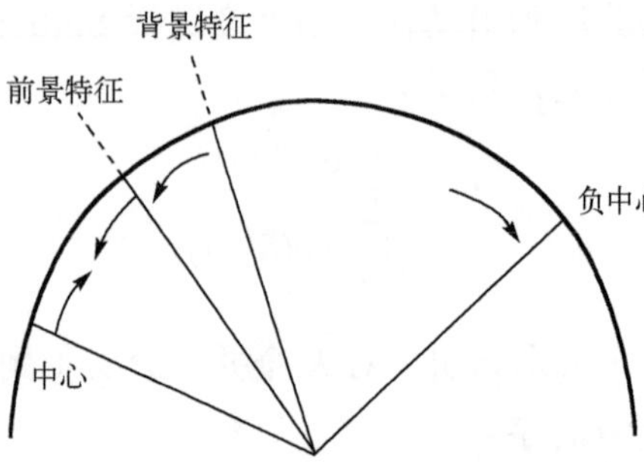

图 6.21　ACL-PT 损失函数示意图[52]

$$\mathrm{Att}^k = \frac{\exp(S^k(j,t))}{\sum_{t'}^{L}\exp(S^k(j,t'))} \tag{6.20}$$

其中，$j\in\{1,2,\cdots,C\}$ 为动作类别索引；t 和 t'为特征序列的帧序号；L 为特征序列长度。

将上述时序注意力权重 Att^k 和视频特征序列 X 进行矩阵相乘，得到消除时间维度后的视频级特征，定义为

$$F_{\mathrm{att}}^k = \sum_{t=1}^{L}\mathrm{Att}^k(j,t)X(t) \tag{6.21}$$

其中，$F_{\mathrm{att}}^k \in \mathbb{R}^{D\times C}$，$D$ 为特征通道数，C 为动作类别数。

对于 N 个视频，将得到的视频级特征 F_{att}^k 视为锚框，构造 ATCL 中所需的三元组，得到对应的 ATCL 损失，定义为

$$L_{\mathrm{ATCL}} = \frac{1}{N}\sum_{i=1}^{N}\sum_{j:y_i(j)=1}\max(0, d(F_{\mathrm{att},i}^k(j),\mu_j^k) - d(F_{\mathrm{att},i}^k(j),\mu_{n_{i,j}}^k) + m_1) \tag{6.22}$$

其中，$i\in\{1,2,\cdots,N\}$ 为视频索引；$j\in\{1,2,\cdots,C\}$ 为动作类别索引；$y_i(j)=1$ 表示第 i 个视频样本是否被标记为第 j 类动作；$\mu_j^k \in \mathbb{R}^D$ 为第 j 类动作对应的特征向量簇中心；$n_{i,j} = \arg\min_{m\neq j} d(F_{\mathrm{att},i}^k(j),\mu_m^k)$ 为距离当前类 j 最近的负中心类索引；$m_1\in[0,\pi]$ 为夹角距离；d 为夹角距离函数，定义为

$$d(F_{\mathrm{att},i}^k(j),\mu_j^k) = \arccos\left(\frac{F_{\mathrm{att},i}^k(j),\mu_j^k}{\|F_{\mathrm{att},i}^k(j)\|_2\|\mu_j^k\|_2}\right) \tag{6.23}$$

在帧级分类得分序列中，动作部分对应的得分高于非动作(背景)部分，其注意

力权重也更高。为了得到视频中背景片段对应的视频级特征表示，在进行 Softmax 归一化时，增加系数 β 构造背景片段对应的注意力权重，定义为

$$\mathrm{Att}_b^k = \frac{\exp(\beta \cdot S^k(j,t))}{\sum_{t'}^{L} \exp(\beta \cdot S^k(j,t'))} \tag{6.24}$$

其中，β 为 0～1 的常数。

与式(6.21)一样，将得到的背景注意力权重 $\mathrm{Att}_b^k \in \mathbb{R}^{L \times C}$ 和视频特征序列进行矩阵相乘，得到背景片段对应的视频级特征 $F_{\mathrm{att},b}^k \in \mathbb{R}^{D \times C}$，并以此为基础构造另一组 ATCL 损失，定义为

$$L_{\text{ATCL-back}} = \frac{1}{N}\sum_{i=1}^{N}\sum_{j:y_i(j)=1} \max(0, d(F_{\mathrm{att},i}^k(j), \mu_j^k) - d(F_{\mathrm{att},b_i}^k(j), \mu_j^k) + m_2) \tag{6.25}$$

其中，$m_2 \in [0,\pi]$ 为夹角距离。通过应用 $L_{\text{ATCL-back}}$ 损失函数，动作片段特征与类中心的距离会缩小，而背景片段特征与类中心的距离会扩大，从而达到抑制背景帧干扰的效果。

最终，将 L_{ATCL} 和 $L_{\text{ATCL-back}}$ 结合便可得到 ACL-PT 损失函数，定义为

$$L_{\text{ACL-PT}} = L_{\text{ATCL}} + \lambda L_{\text{ATCL-back}} \tag{6.26}$$

其中，λ 为平衡因子，用于调控不同损失的影响。

(3) 多实例学习损失函数。

在多实例学习框架下，一个视频可被视为多个独立的帧构成的样本集合。为了获取每个视频的 MILL，需要计算视频级分类得分向量 $S \in \mathbb{R}^C$，其中 C 为动作类别数。

具体地，对于给定的某一视频的每一类动作，需沿该类动作对应的时间维度计算 Top-K 激活值的均值作为该类动作的视频级分类得分，此处的 K 定义为

$$K = \max\left(1, \left\lfloor \frac{L}{S} \right\rfloor\right) \tag{6.27}$$

其中，L 为动作类别激活序列的长度；S 为超参数。

此外，每个视频中可能存在多个动作类别，因此在计算 MILL 时需要将类别标注向量进行归一化。MILL 为一个交叉熵损失，定义为

$$L_{\text{MILL}} = \frac{1}{N}\sum_{i=1}^{N}\sum_{j=1}^{C} -y_i^j \log(y_i^j) \tag{6.28}$$

其中，N 为视频总数；C 为动作类别数；$y_i = [y_i^1, \cdots, y_i^C]^{\mathrm{T}}$ 为归一化后的真实类别标注向量。

4) 空间流和时序流动作类别激活序列融合

对于空间流和时序流特征生成的动作类别激活序列，通过学习对应的类参数向

量 $W^r \in \mathbb{R}^C$ 和 $W^f \in \mathbb{R}^C$，对空间流和时序流的平均动作类别激活序列进行融合，得到最终的动作类别激活序列，定义为

$$A_{\text{final}} = W^r \cdot A_r^{\text{avg}} + W^f \cdot A_f^{\text{avg}} \tag{6.29}$$

其中，A_r^{avg} 和 A_f^{avg} 分别为空间流和时序流特征对应的平均动作类别激活序列。

5) 网络优化

训练 TSCM 网络是一个多任务优化问题，其损失定义为

$$L_{\text{total}} = L_{\text{MILL}} + L_{\text{div}} + L_{\text{norm}} \tag{6.30}$$

其中，$L_{\text{MILL}} = L_{\text{MILL}}^r + L_{\text{MILL}}^f + L_{\text{MILL}}^{\text{final}}$ 由空间流、时序流和最终动作类别激活序列三部分损失相加得到；$L_{\text{div}} = L_{\text{div}}^r + L_{\text{div}}^f$ 和 $L_{\text{norm}} = L_{\text{norm}}^r + L_{\text{norm}}^f$ 均由空间流和时序流对应损失相加得到。这里我们认为三种损失同等重要并赋予相同的权重。

6) 方法实现的主要步骤

TSCM 方法主要流程如图 6.22 所示。

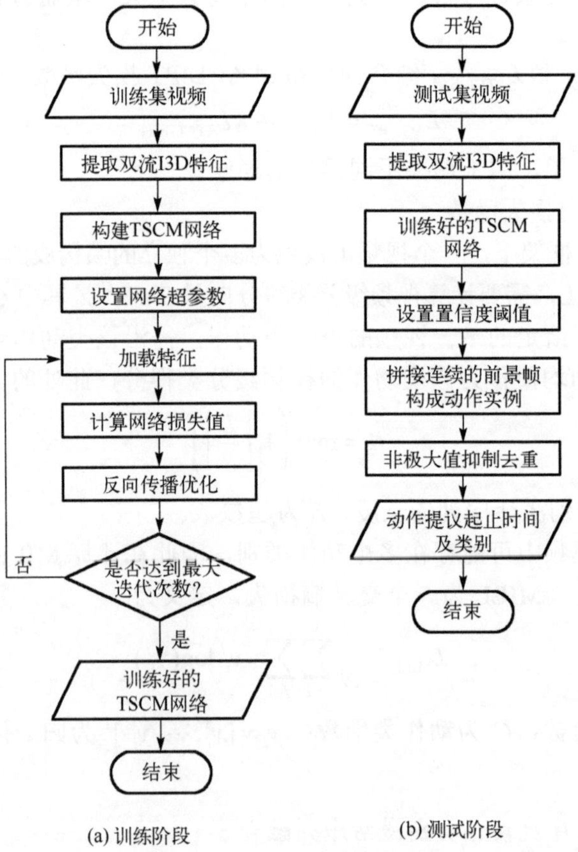

图 6.22　TSCM 方法主要流程

(1) 训练阶段主要包括以下步骤：①提取待训练视频对应的 RGB 帧和光流帧；②将步骤①中获得的两种帧送入双流 I3D 网络提取通道数为 1024 的视频双流 I3D 特征；③两种流特征均首先经一层全连接层编码再经多分支互补完整性建模模块获取动作类别激活序列；④计算不同部分的损失函数，并根据反向传播算法回传至步骤③，使之调整 TSCM 网络各部分的参数，直至达到最大迭代次数，保存其间的最优模型作为训练好的网络。

(2) 测试阶段主要包括以下步骤：①提取待测试视频对应的 RGB 帧和光流帧；②将步骤①中获得的两种帧送入双流 I3D 网络提取通道数为 1024 的视频双流 I3D 特征；③将两种流特征输入训练好的 TSCM 网络，得到最终的动作类别激活序列，在此基础上设定动作帧得分阈值，拼接连续的动作帧构成动作实例；④经非极大值抑制操作去除冗余的动作提议，得到最终测试结果。

2. 实验结果与性能分析

1) 实验环境与参数设置

本小节实验的硬件环境为 Intel Xeon E5-2637 v4 CPU @ 3.50GHz，NVIDIA GeForce GTX TITAN GPU，12GB 显存；软件环境为 Ubuntu 16.04，CUDA 10.2+ Python 3.6，PyTorch 1.3.1。

为了检验所提方法的性能，下面分别在 LTAD、THUMOS14 和 ActivityNet-1.2 三个数据集上进行实验，并选取 6.2.3 节中不同 IoU 阈值下的 mAP 作为本节所提方法的评价指标。

LTAD 数据集：训练批次大小为 16；学习率为 0.0001；最大迭代次数为 5000 次；视频特征序列最大长度为 200(即同一批次的视频特征序列长度均为 200，若长度大于 200 则强制截断为 200，否则填充零向量至 200)；Dropout 率为 0.7。模型优化方面，采用权重衰减为 0.0005 的 Adam 算法进行优化[41]；ACL-PT 损失函数中，夹角距离 $m_1=2$，夹角距离 $m_2=1$，Softmax 系数 $\beta \in (0.001, 0.1)$，$\lambda=0.2$。在进行 ACL-PT 损失函数优化时，空间流学习率为 0.1，时序流学习率为 0.2。

THUMOS14 数据集[3]：训练批次大小为 8；最大迭代次数为 20000 次；视频特征序列最大长度为 300；ACL-PT 损失函数中，$\lambda=0.4$；其余参数设置和 LTAD 数据集保持一致。

ActivityNet-1.2 数据集[4]：训练批次大小为 8；最大迭代次数为 80000 次；视频特征序列最大长度为 200；ACL-PT 损失函数中，$\lambda=0.1$；其余参数设置和 LTAD 数据集保持一致。

2) 时序动作检测

(1) LTAD 数据集实验结果及分析。

在 LTAD 数据集上，不同 IoU 阈值下的 mAP 结果如表 6.14 所示。

表 6.14 在 LTAD 数据集上 TSCM 方法不同 IoU 阈值时的实验结果

IoU	0.1	0.2	0.3	0.4	0.5	0.6	0.7	AVG(0.1：0.7)
mAP/%	52.84	46.28	39.93	34.05	27.45	17.80	11.55	32.84

结果表明，TSCM 方法在 LTAD 数据集上检测精度较好，IoU=0.5 时的 mAP 值为 27.45%，AVG 值为 32.84%。

经过分析发现，本节的弱监督方式甚至优于 6.3.3 节的强监督方法 TS-TAD，这是因为：LTAD 数据集由人为拍摄得到，数据集规模较小且动作实例的数量也有限，强监督方法可能会发生过拟合问题；标注过程中由于动作幅度较小和人为主观性，一些动作实例的标注不精确，TS-TAD 方法在这种不精确监督信息的引导下效果也会受到一定影响；TS-TAD 方法采取锚框方式生成动作提议，预设的动作实例时长缺乏灵活性。与之不同，TSCM 方法一方面不需要使用起止时间这一监督信息，另一方面，其时间边界的判定基于帧级得分，更适用于 LTAD 数据集。

如图 6.23 所示，TSCM 方法在 LTAD 数据集上“看书”动作类别取得了最佳 AP(75.8%)，“记笔记”和“趴在桌子上睡觉”两类动作的 AP 值均超过 57%。对比 6.3.3 节的 TS-TAD 方法对这三类动作上的检测结果(性能较改进前有较大下降且 AP 值很低)，可发现 TSCM 方法对这三类动作的检测效果反而最佳。主要是因为 TSCM 方法基于帧级动作得分可得到任意时长的提议且充分抑制了背景帧干扰，因此受动作持续时长和动作实例间隔的影响较小。

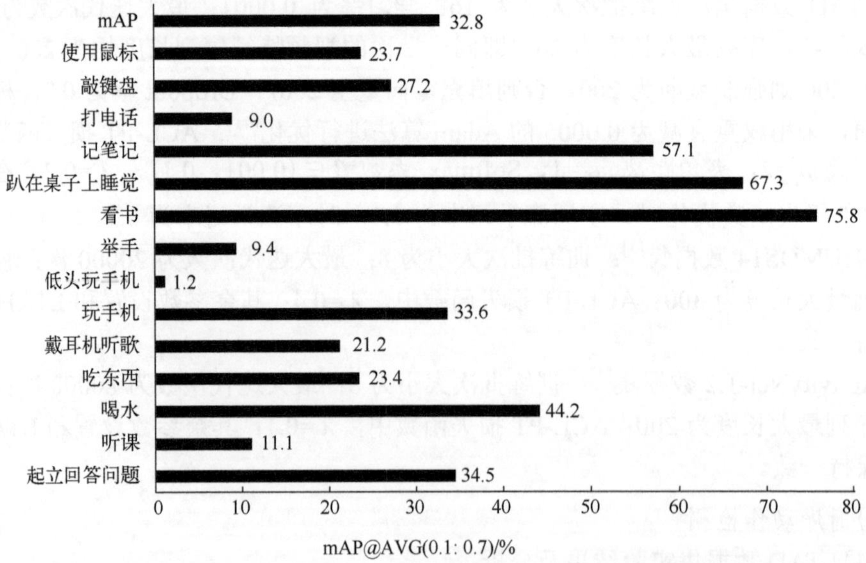

图 6.23 在 LTAD 数据集上 TSCM 网络的各类别动作检测 AP 直方图

此外，结果表明“打电话”“举手”“低头玩手机”行为的 AP 值均低于 10%。“打电话”和“举手”两种行为的低 AP 值是网络误分类造成的，两类行为均涉及抬手这一短时行为(该行为也是动作类别判断的关键)且行为相似度较高，使网络发生了严重的误分类问题。

“低头玩手机”的 AP 值非常低，这是因为划分动作类别时将玩手机细分为“玩手机”和“低头玩手机”两类，其中“低头玩手机”包含明显的低头动作。但实验结果表明，对“低头玩手机”的检测效果欠佳，这是因为网络仍无法有效区分短时且细微的动作差别，将绝大部分“低头玩手机”误判为“玩手机”。

(2) 公开数据集实验结果及分析。

为了进一步验证 TSCM 方法的优越性，本节在 THUMOS14 上进行以下实验。

表 6.15 为 TSCM 方法与目前主流方法的性能对比结果，其中，Full 表示在训练时使用帧级时序标注信息；Weak 表示在训练时只使用动作类别标注。

表 6.15　在 THUMOS14 数据集上的各方法不同 IoU 阈值时的对比实验结果　(单位：%)

监督方式	方法	mAP@IoU							
		0.1	0.2	0.3	0.4	0.5	0.6	0.7	AVG
Full	SCNN[39]	47.7	43.5	36.3	28.7	19.0	10.3	5.3	27.2
	R-C3D[13]	54.5	51.5	44.8	35.6	28.9	—	—	—
	SSN[8]	66.0	59.4	51.9	41.0	29.8	—	—	—
	GTAN[24]	**69.1**	**63.7**	**57.8**	**47.2**	**38.8**	—	—	—
Weak	UntrimmedNets[26]	44.4	37.7	28.2	21.1	13.7	—	—	—
	STPN[53]	52.0	44.7	35.5	25.8	16.9	9.9	4.3	27.0
	W-TALC[28]	55.2	49.6	40.1	31.1	22.8	—	7.6	—
	AutoLoc[54]	—	—	35.8	29.0	21.2	13.4	5.8	—
	3C-Net[29]	59.1	53.5	44.2	34.1	26.6	—	8.1	—
	文献[55]所提方法	57.4	50.8	41.2	32.1	23.1	15.9	7.0	32.5
	MAAN[56]	59.8	50.8	41.1	30.6	20.3	12.0	6.9	31.6
	BasNet[31]	58.2	52.3	44.6	36.0	27.0	18.6	10.4	35.3
	A2CL-PT[52]	**61.2**	52.3	44.6	36.0	**30.1**	**19.2**	**10.6**	**36.2**
	TSCM	60.2	**55.0**	**45.4**	34.6	26.1	15.2	7.1	34.8

结果表明，TSCM 网络在 THUMOS14 数据集上优于 STPN、W-TALC 等主流弱监督时序动作检测方法：在 0.2 和 0.3 两种 IoU 阈值下优于表中所有的其他弱监督方法。当 IoU=0.5 时，比文献[55]所提方法的 mAP 值提高 3 个百分点，AVG 值提高 2.3 个百分点。这是因为文献[55]的方法只通过构造 Hard Negative 视频对动作和上

下文环境进行分离，并未抑制背景帧干扰，而本小节所提方法 TSCM 同时兼顾了动作实例完整性建模和抑制背景帧干扰。

相比 3C-Net 的结果[29]，IoU 为 0.1～0.3 时，本小节所提方法的 mAP 值分别提高 1.1 个百分点、1.5 个百分点和 1.2 个百分点。但是，相比于 BasNet 和 A2CL-PT 还有较大差距，在 IoU=0.5 时分别降低 0.9 个百分点和 4.0 个百分点，mAP@AVG 值分别降低 0.5 个百分点和 1.4 个百分点。其中，A2CL-PT 也以抑制背景帧干扰和建模完整的动作实例为出发点[52]，但是其在进行动作实例完整性建模时，采用两个并行的分支在初次建模的基础上再次进行二次建模，第一个分支负责检测显著的动作片段，之后第二个分支负责检测第一个分支未检测出的动作部分。

接下来，在 ActivityNet-1.2 数据集上进行实验。表 6.16 给出了所提方法与目前主流方法的性能对比结果，其中“AVG(0.5:0.05:0.95)”表示 IoU 阈值从 0.5 到 0.95，以步长 0.05 的变化计算 AVG 值。

表 6.16 在 ActivityNet-1.2 数据集上各方法不同 IoU 阈值时的对比实验结果 （单位：%）

方法	mAP@IoU			
	0.5	0.75	0.95	AVG(0.5:0.05:0.95)
UntrimmedNets[26]	7.4	—	—	3.6
文献[57]所提方法	27.3	14.7	2.9	15.6
AutoLoc[54]	27.3	15.1	3.3	16.0
W-TALC[28]	37.0	—	—	18.0
文献[55]所提方法	36.8	**22.0**	**5.6**	**22.4**
3C-Net[29]	**37.2**	—	—	21.7
TSCM	36.6	21.5	4.2	22.1

结果表明，TSCM 方法在 ActivityNet-1.2 数据集上的 mAP 值优于目前大多数主流方法。在不同 IoU 阈值下，均比文献[57]的方法和 AutoLoc 有较大提升，与文献 [55] 的方法和 3C-Net 方法相当。

(3) 模型结果可视化。

本小节对 THUMOS14 和 LTAD 数据集的部分动作类别激活序列进行了可视化，其中，图 6.24(b) 展示了 LTAD 数据集“敲键盘”类的预测结果。从图 6.24(a) 中可以发现：大部分背景帧的动作类别激活值被显著抑制；空间流和时序流特征的平均动作类别激活序列融合后得到的时间边界更精确。

如图 6.24(b) 所示，第一行为采样的视频帧序列用于展示特定时刻的视频内容；第二行为最终的动作类别激活序列(CAS)；之后，分别可视化了空间流和时序流特征两个分支的动作类别激活序列及相应的平均动作类别激活序列。易知，不同分支关注着动作实例的不同部分，存在着一定的互补关系；时序流特征的结果往往比空间流特征更精确。

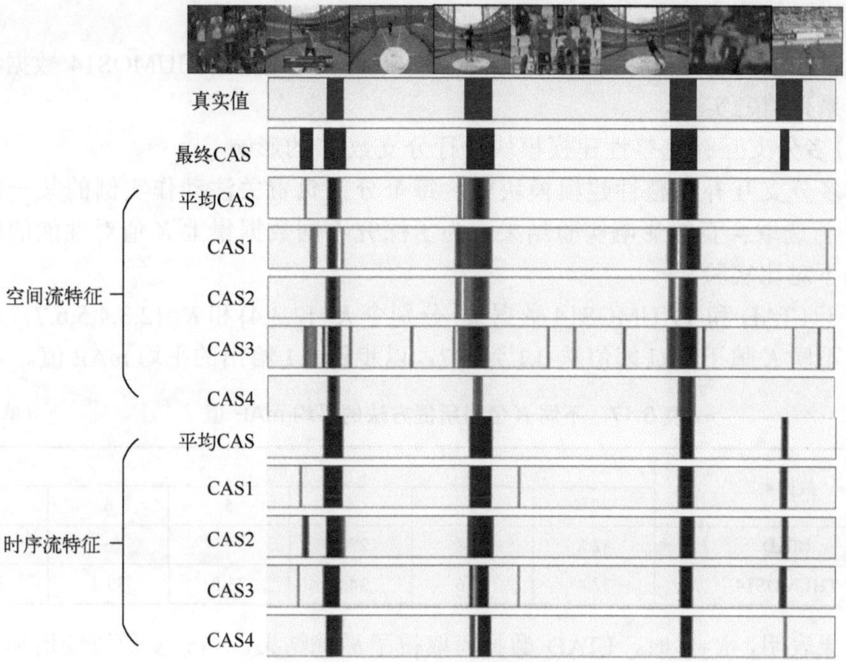

(a) THUMOS14数据集

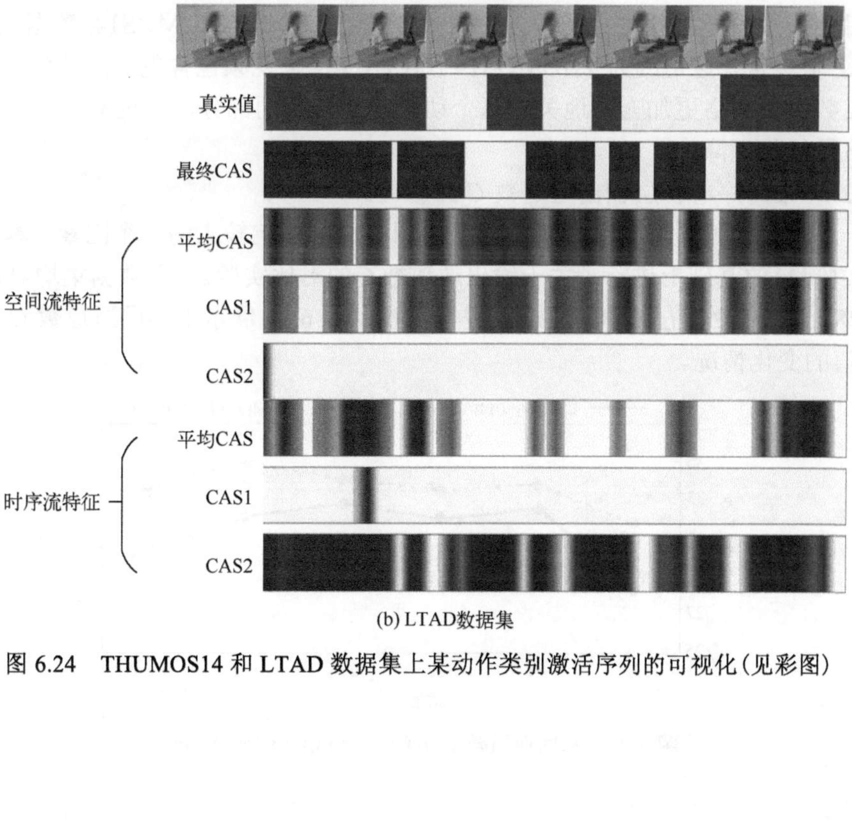

(b) LTAD数据集

图 6.24　THUMOS14 和 LTAD 数据集上某动作类别激活序列的可视化(见彩图)

3) 消融实验

为了分析模型各部分对结果的影响，本节在 LTAD 和 THUMOS14 数据集上进行了一系列消融实验。

(1) 多分支互补完整性建模模块并行分支数 K 的影响。

在多分支互补完整性建模模块中，每个分支负责关注动作实例的某一部分，因此 K 值选取会直接影响实验结果。为了探究不同数据集上 K 值对性能的影响，进行如下对比实验。

对于 LTAD 和 THUMOS14 数据集，分别令 $K=\{2,3,4\}$ 和 $K=\{2,3,4,5,6,7\}$。表 6.17 展示了不同 K 值下 IoU 阈值从 0.1 到 0.7，以步长 0.1 给出的平均 mAP 值。

表 6.17 不同 K 值时所提方法的平均 mAP 值 （单位：%）

数据集	K 值					
	2	3	4	5	6	7
LTAD	**32.8**	29.8	27.8	—	—	—
THUMOS14	32.4	32.6	**34.8**	33.8	33.4	33.3

结果表明，K=2 时，LTAD 数据集取得了最优结果。当分支数继续增加时性能有了大幅下降，这是因为 LTAD 数据集中大部分视频只有约两个动作实例，各分支间的对抗关系过多的分支数反而会造成网络混淆。对于 THUMOS14 数据集，K=4 时 mAP 值最优，这是因为 THUMOS14 比 LTAD 每个视频包含更多的动作实例，增加分支数会让网络更加充分地关注每个动作实例的不同部分，但过多的分支也会造成网络性能的下降。

(2) 一维时序卷积层输出通道数 C 的影响。

一维时序卷积层输出通道数 C 也是对网络性能影响较大的一个因素。本小节在消融实验(1)的基础上进行了关于输出通道数 C 的对比实验。两个数据集均对 C={32, 64, 128, 512, 1024}五种输出通道数进行实验。图 6.25 展示了不同通道数 C 下平均 mAP 值的变化情况。

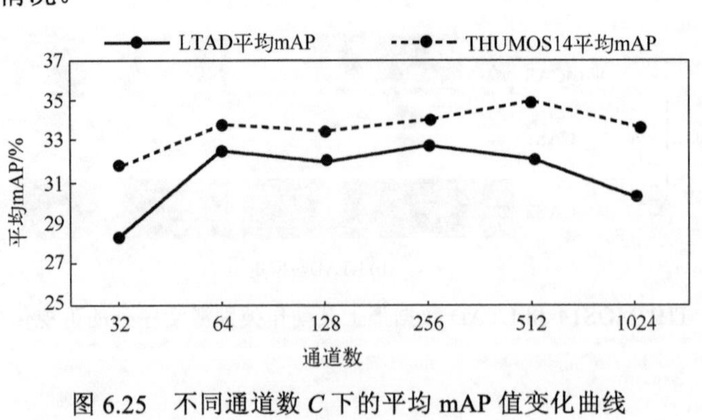

图 6.25 不同通道数 C 下的平均 mAP 值变化曲线

可见，在 LTAD 和 THUMOS14 两个数据集上，当通道数由 32 增加为 64 时，网络性能有明显提升。在 THUMOS14 数据集上，当通道数为 512 时，网络性能最优；在 LTAD 数据集上，当通道数为 256 时，网络性能最优。

(3) λ 取值的影响。

参数 λ 用于调节 $L_{\text{ATCL-back}}$ 在 ACL-PT 损失函数中的比值。下面在消融实验(1)和(2)的基础上进行参数 λ 取值的消融实验。两个数据集均对 $\lambda=\{0.1, 0.2, 0.3, 0.4, 0.5, 0.6, 0.7, 0.8\}$ 八种取值进行实验。

图 6.26 展示了不同 λ 取值下的平均 mAP 值变化曲线。由平均 mAP 值变化趋势可知，LTAD 和 THUMOS14 数据集分别在 $\lambda=0.2$ 和 $\lambda=0.4$ 时取得最优平均 mAP。由于 LTAD 中含有的背景片段较少(人为模拟行为的发生，拍摄时两个动作间的时间间隔较短)，因此当 λ 较小时取得的结果较好。当 λ 值继续增大时，模型性能有不同程度的下降，这是因为 ACL-PT 损失函数过度抑制了背景片段，甚至会将动作片段也作为背景片段抑制，造成过度优化。

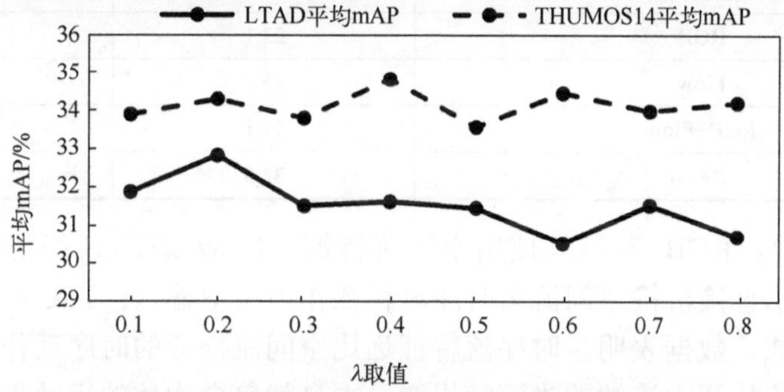

图 6.26　不同 λ 取值下的平均 mAP 值变化曲线

(4) 不同损失函数对结果的影响。

使用多个损失函数对 TSCM 网络进行联合优化。为了探究各个损失函数对模型性能的影响，本节在上述消融实验的基础上进行不同损失函数的消融实验。两个数据集的平均 mAP 值如表 6.18 所示。

表 6.18　不同损失函数下所提方法的平均 mAP 值　　　　(单位：%)

损失函数	LTAD 数据集	THUMOS14 数据集
MILL	31.1	27.2
MILL+Diversity	31.9	28.5
MILL+Diversity+Norm	32.7	28.8
MILL+Diversity+Norm+ACL-PT	**32.8**	**34.8**

结果表明，在 MILL 的基础上，通过 Diversity Loss 优化多分支互补完整性建模

模块可以有效提升模型效果；引入 Norm 项可有效提升模型训练的稳定性；ACL-PT 损失函数能有效提升模型在 THUMOS14 数据集上的性能，比加入 Norm 项时高出 6 个百分点。然而，在 LTAD 数据集上几乎无提升效果。通过分析 LTAD 数据集的视频可以发现，LTAD 数据集视频中背景片段所占时长很少。ACL-PT 损失函数抑制背景帧干扰的能力并没有得到有效发挥。与 LTAD 不同，THUMOS14 中平均每个视频中约有 71%为背景片段，因此使用 ACL-PT 损失函数性能提升较大。

(5) 不同模态输入特征的影响。

在 TSCM 网络中，本节所提方法将空间流和时序流特征进行了分离，分别在两种流特征上进行动作类别激活序列生成，最后通过学习对应的类参数进行融合。为了验证该思路的有效性和正确性，进行不同模态输入特征对结果影响的消融实验，结果如表 6.19 所示。

表 6.19 不同模态输入特征时所提方法的 mAP （单位：%）

输入特征	LTAD 数据集	THUMOS14 数据集
RGB	23.1	23.8
Flow	25.5	31.8
RGB+Flow	31.1	32.2
TSCM	**32.8**	**34.8**

表 6.19 中，RGB 表示只使用空间流特征；Flow 表示只使用时序流特征；RGB+Flow 表示直接拼接空间流与时序流特征作为模型输入；TSCM 表示本节采用的特征输入方式。数据表明，时序流特征远比空间流特征的时序动作检测效果好。这是因为时序流特征由连续的光流帧提取，本身就包含物体的运动信息，而运动信息对于时序动作检测来说是至关重要的。相比于简单地对空间流与时序流特征进行拼接，本节所提方法分别在两种模态特征上生成动作类别激活序列再进行后融合，能更好地利用两种模态特征自身的特性，最后一行的结果也充分验证了这一点。

3. 所提方法小结

本节对弱监督时序动作检测方法进行了相关研究，并进一步提出了基于 TSCM 网络的时序动作检测新方法。首先，TSCM 网络采用在空间流和时序流特征上分别生成动作类别激活序列再进行后融合的方式，可以更好地利用两种模态特征自身的特性；其次，对于每种模态特征，使用多分支互补完整性建模模块对动作完整性进行建模；最后，通过引入 ACL-PT 损失函数抑制视频中背景帧干扰并学习更具辨别性的前后景特征。

实验结果表明，本节所提方法在 LTAD 上且 IoU=0.5 时，检测精度 mAP 值为 27.45%，AVG 值为 32.84%。其中，“看书”类取得了最佳 AP(75.8%)，“记笔记”

和"趴在桌子上睡觉"两类动作的 AP 值均超过 57%。在 THUMOS14 和 ActivityNet-1.2 的结果也优于 STPN、W-TALC 等主流弱监督检测方法。

6.4　小　结

本章重点论述了学习者时序动作检测技术，主要内容包括以下几点。

(1) 分析并梳理了现有的时序动作提议生成和时序动作检测方法，从两阶段、单阶段、弱监督三方面分类论述了时序动作检测方法，简要概述了常见的国际基准数据集 THUMOS14 和 ActivityNet，以及常用动作提议生成和时序动作检测评价指标。

(2) 针对考试场景下的学习者行为，构建了学习者时序动作检测专用数据集 LBD 和 LTAD，用于支持基于深度神经网络的智能视觉计算任务中的学习者时序动作检测。

(3) 在所构建的两个数据集的基础上，提出了基于增强解耦的单阶段时序动作检测方法、基于 Timeception 与超事件的时序动作检测方法和基于双流完整性建模的弱监督时序动作检测方法。实验结果初步表明，这些方法能够有效地检测学习场景下学习者行为类别及起止时间，为后续的学习者行为分析与理解提供技术支持。

参 考 文 献

[1] 宋辰阳. 基于时序动作检测的学习者行为分类方法研究[D]. 西安: 陕西师范大学, 2021.

[2] 陈小秋. 基于视频理解的学生行为检测与描述方法研究[D]. 西安: 陕西师范大学, 2021.

[3] Idrees H, Zamir A R, Jiang Y G, et al. The THUMOS challenge on action recognition for videos "in the wild"[J]. Computer Vision and Image Understanding, 2017, 155: 1-23.

[4] Heilbron F C, Escorcia V, Ghanem B, et al. ActivityNet: A large-scale video benchmark for human activity understanding[C]//Proceedings of the IEEE Conference on Computer Vision and Pattern Recognition, Boston, 2015: 961-970.

[5] Ren S, He K, Girshick R, et al. Faster R-CNN: Towards real-time object detection with region proposal networks[J]. IEEE Transactions on Pattern Analysis and Machine Intelligence, 2016, 39(6): 1137-1149.

[6] Zhu Y, Newsam S. Efficient action detection in untrimmed videos via multi-task learning[C]//Proceedings of the IEEE Winter Conference on Applications of Computer Vision, Santa Rosa, 2017: 197-206.

[7] Shou Z, Chan J, Zareian A, et al. CDC: Convolutional-de-convolutional networks for precise

temporal action localization in untrimmed videos[C]//Proceedings of the IEEE Conference on Computer Vision and Pattern Recognition, Honolulu, 2017: 1417-1426.

[8] Zhao Y, Xiong Y J, Wang L M, et al. Temporal action detection with structured segment networks[C]//Proceedings of the IEEE International Conference on Computer Vision,Venice, 2017: 2933-2942.

[9] Qiu H N, Zheng Y B, Ye H, et al. Precise temporal action localization by evolving temporal proposals[C]//Proceedings of the 2018 ACM on International Conference on Multimedia Retrieval, Yokohama, 2018: 388-396.

[10] Lin T W, Zhao X, Su H S, et al. BSN: Boundary sensitive network for temporal action proposal generation[C]//Proceedings of the 15th European Conference on Computer Vision, Munich, 2018: 3-21.

[11] Lin T W, Liu X, Li X, et al. BMN: Boundary-matching network for temporal action proposal generation[C]//Proceedings of the IEEE International Conference on Computer Vision, Seoul, 2019: 3889-3898.

[12] Chen G, Zheng Y D, Wang L M, et al. DCAN: Improving temporal action detection via dual context aggregation[C]//Proceedings of the AAAI Conference on Artificial Intelligence, Tel-Aviv, 2022: 248-257.

[13] Xu H J, Das A, Saenko K. R-C3D: Region convolutional 3D network for temporal activity detection[C]//Proceedings of the IEEE International Conference on Computer Vision, Venice, 2017: 5783-5792.

[14] Tran D, Bourdev L, Fergus R, et al. Learning spatiotemporal features with 3D convolutional networks[C]//Proceedings of the IEEE International Conference on Computer Vision, Santiago, 2015: 4489-4497.

[15] Chao Y W, Vijayanarasimhan S, Seybold B, et al. Rethinking the faster R-CNN architecture for temporal action localization[C]//Proceedings of the IEEE Conference on Computer Vision and Pattern Recognition, Salt Lake City, 2018: 1130-1139.

[16] Yang L, Peng H, Zhang D, et al. Revisiting anchor mechanisms for temporal action localization[J]. IEEE Transactions on Image Processing, 2020, 29: 8535-8548.

[17] Wang Q, Zhang Y H, Zheng Y, et al. RCL: Recurrent continuous localization for temporal action detection[C]//Proceedings of the IEEE Conference on Computer Vision and Pattern Recognition,

New Orleans, 2022: 13566-13575.

[18] Chen G, Zheng Y D, Chen Z, et al. ELAN: Enhancing temporal action detection with location awareness[C]//Proceedings of the IEEE International Conference on Multimedia and Expo, Brisbane, 2023: 1020-1025.

[19] Redmon J, Divvala S, Girshick R, et al. You only look once: Unified, real-time object detection[C]//Proceedings of the IEEE Conference on Computer Vision and Pattern Recognition, Las Vegas, 2016: 779-788.

[20] Liu W, Anguelov D, Erhan D, et al. SSD: Single shot multiBox detector[C]//Proceedings of the 14th European Conference on Computer Vision, Amsterdam, 2016: 21-37.

[21] Lin T W, Zhao X, Shou Z. Single shot temporal action detection[C]//Proceedings of the 25th ACM International Conference on Multimedia, Mountain View, 2017: 988-996.

[22] Buch S, Escorcia V, Ghanem B, et al. End-to-end, single-stream temporal action detection in untrimmed videos[C]//Proceedings of the British Machine Vision Conference, London, 2017: 93.1-93.12.

[23] Huang Y P, Dai Q, Lu Y T. Decoupling localization and classification in single shot temporal action detection[C]//Proceedings of the IEEE International Conference on Multimedia and Expo, Shanghai, 2019: 1288-1293.

[24] Long F C, Yao T, Qiu Z F, et al. Gaussian temporal awareness networks for action localization[C]//Proceedings of the IEEE Conference on Computer Vision and Pattern Recognition, Long Beach, 2019: 344-353.

[25] Shi D F, Zhong Y J, Cao Q, et al. TriDet: Temporal action detection with relative boundary modeling[C]//Proceedings of the IEEE Conference on Computer Vision and Pattern Recognition,Vancouver, 2023: 18857-18866.

[26] Wang L M, Xiong Y J, Lin D H, et al. UntrimmedNets for weakly supervised action recognition and detection[C]//Proceedings of the IEEE Conference on Computer Vision and Pattern Recognition, Honolulu, 2017: 4325-4334.

[27] Wang L M, Xiong Y J, Wang Z, et al. Temporal segment networks: Towards good practices for deep action recognition[C]//Proceedings of the 14th European Conference on Computer Vision, Amsterdam, 2016: 20-36.

[28] Paul S, Roy S, Roy-Chowdhury A K. W-TALC: Weakly-supervised temporal activity localization

and classification[C]//Proceedings of the 15th European Conference on Computer Vision, Munich, 2018: 588-607.

[29] Narayan S, Cholakkal H, Khan F S, et al. 3C-Net: Category count and center loss for weakly-supervised action localization[C]//Proceedings of the IEEE International Conference on Computer Vision, Seoul, 2019: 8679-8687.

[30] Wen Y D, Zhang K P, Li Z F, et al. A discriminative feature learning approach for deep face recognition[C]//Proceedings of the 14th European Conference on Computer Vision, Amsterdam, 2016: 499-515.

[31] Lee P, Uh Y, Byun H. Background suppression network for weakly-supervised temporal action localization[C]//Proceedings of the AAAI Conference on Artificial Intelligence, New York, 2020: 11320-11327.

[32] Zhang C, Cao M, Yang D M, et al. CoLA: Weakly-supervised temporal action localization with snippet contrastive learning[C]//Proceedings of the IEEE Conference on Computer Vision and Pattern Recognition, Nashville, 2021: 16010-16019.

[33] Huang L J, Wang L, Li H S. Weakly supervised temporal action localization via representative snippet knowledge propagation[C]//Proceedings of the IEEE Conference on Computer Vision and Pattern Recognition, New Orleans, 2022: 3272-3281.

[34] He B, Yang X T, Kang L, et al. ASM-Loc: Action-aware segment modeling for weakly-supervised temporal action localization[C]//Proceedings of the IEEE Conference on Computer Vision and Pattern Recognition, New Orleans, 2022: 13925-13935.

[35] Zhou J X, Wu Y. Temporal feature enhancement dilated convolution network for weakly-supervised temporal action localization[C]//Proceedings of the IEEE Winter Conference on Applications of Computer Vision, Waikoloa, 2023: 6028-6037.

[36] Dai X Y, Singh B, Zhang G Y, et al. Temporal context network for activity localization in videos[C]//Proceedings of the IEEE International Conference on Computer Vision, Venice, 2017: 5793-5802.

[37] Yeung S, Russakovsky O, Mori G, et al. End-to-end learning of action detection from frame glimpses in videos[C]//Proceedings of the IEEE Conference on Computer Vision and Pattern Recognition, Las Vegas, 2016: 2678-2687.

[38] Carreira J, Zisserman A. Quo vadis, action recognition? A new model and the kinetics

dataset[C]//Proceedings of the IEEE Conference on Computer Vision and Pattern Recognition, Honolulu, 2017: 6299-6308.

[39] Hussein N, Gavves E, Smeulders A W M. Timeception for complex action recognition[C]//Proceedings of the IEEE Conference on Computer Vision and Pattern Recognition, Long Beach, 2019: 254-263.

[40] Piergiovanni A, Ryoo M S. Learning latent super-events to detect multiple activities in videos[C]//Proceedings of the IEEE Conference on Computer Vision and Pattern Recognition, Salt Lake City, 2018: 5304-5313.

[41] Kingma D P, Ba J. Adam: A method for stochastic optimization[EB/OL]. [2017-01-30]. https://arxiv.org/abs/1412.6980.

[42] Gao J Y, Chen K, Nevatia R. CTAP: Complementary temporal action proposal generation[C]//Proceedings of the European Conference on Computer Vision, Munich, 2018: 70-85.

[43] Wang R, Tao D. UTS at ActivityNet 2016[J]. AcitivityNet Large Scale Activity Recognition Challenge, 2016, 8: 2016.

[44] Singh B, Marks T K, Jones M, et al. A multi-stream Bi-directional recurrent neural network for fine-grained action detection[C]//Proceedings of the IEEE Conference on Computer Vision and Pattern Recognition, Las Vegas, 2016: 1961-1970.

[45] Xiong Y, Zhao Y, Wang L, et al. A pursuit of temporal accuracy in general activity detection[EB/OL]. [2017-03-08]. https://arxiv.org/abs/1703.02716.

[46] Buch S, Escorcia V, Shen C Q, et al. SST: Single-stream temporal action proposals[C]//Proceedings of the IEEE Conference on Computer Vision and Pattern Recognition, Honolulu, 2017: 2911-2920.

[47] Gao J Y, Yang Z H, Sun C, et al. TURN TAP: Temporal unit regression network for temporal action proposals[C]//Proceedings of the IEEE International Conference on Computer Vision, Venice, 2017: 3648-3656.

[48] Gao J, Yang Z, Nevatia R. Cascaded boundary regression for temporal action detection[EB/OL]. [2017-05-02]. https://arxiv.org/abs/1705.01180.

[49] Zeng R H, Huang W B, Gan C, et al. Graph convolutional networks for temporal action localization[C]//Proceedings of the IEEE International Conference on Computer Vision, Seoul, 2019: 7094-7103.

[50] Yuan Z H, Stroud J C, Lu T, et al. Temporal action localization by structured maximal sums[C]//Proceedings of the IEEE Conference on Computer Vision and Pattern Recognition, Honolulu, 2017: 3684-3692.

[51] Li Z Q, Xu C, Leng B. Angular triplet-center loss for multi-view 3D shape retrieval[C]//Proceedings of the AAAI Conference on Artificial Intelligence, Honolulu, 2019: 8682-8689.

[52] Min K, Corso J J. Adversarial background-aware loss for weakly-supervised temporal activity localization[C]//Proceedings of the 16th European Conference on Computer Vision, Glasgow, 2020: 283-299.

[53] Nguyen P, Han B, Liu T, et al. Weakly supervised action localization by sparse temporal pooling network[C]//Proceedings of the IEEE Conference on Computer Vision and Pattern Recognition, Salt Lake City, 2018: 6752-6761.

[54] Shou Z, Gao H, Zhang L, et al. AutoLoc: Weakly-supervised temporal action localization in untrimmed videos[C]//Proceedings of the European Conference on Computer Vision, Munich, 2018: 162-179.

[55] Liu D C, Jiang T T, Wang Y Z. Completeness modeling and context separation for weakly supervised temporal action localization[C]//Proceedings of the IEEE Conference on Computer Vision and Pattern Recognition, Long Beach, 2019: 1298-1307.

[56] Yuan Y, Lyu Y, Shen X, et al. Marginalized average attentional network for weakly-supervised learning[EB/OL]. [2019-05-21]. https://arxiv.org/abs/1905.08586.

[57] Zhong J X, Li N N, Kong W J, et al. Step-by-step erasion, one-by-one collection: A weakly supervised temporal action detector[C]//Proceedings of the 26th ACM International Conference on Multimedia, New York, 2018: 35-44.

第四篇

学习者行为的视觉场景描述

第 7 章　学习者行为图像描述

7.1　引　言

学习者行为图像描述是学习者行为分析与理解的关键技术之一。在基于视觉场景的学习者行为分析研究中，可以利用视觉场景描述技术将图像或视频中的场景内容以文本的形式呈现出来，例如，根据某图像中班内学习者的不同动作或状态，如看书、起立、戴耳机、记笔记、举手、吃东西、喝水、玩手机、打电话、趴着睡觉和正常听课，生成文本形式的语句信息。在此基础上，通过关键字统计或分析固定时长中各类动作出现的频次，可以快速生成学习者学习状态报告，为个性化的“教、学、管、评”提供依据。

本章探讨学习者行为图像描述技术，对课堂教学和实验环境中单个学习者的行为图像描述进行研究，在传统教室及实验室的视频帧中自动获取文本形式描述，分析学习者的行为特征。由于智能视觉计算的行为描述技术是基于大样本数据分析的深度神经网络实现的，因此建立学习者行为图像描述基准数据集，为准确描述学习者行为的深度神经网络提供数据支撑是学习者行为分析与理解的重要环节。本章主要内容包括三个部分：分类阐述现有的图像描述技术，构建传统教室、实验室场景中的学习者行为图像描述数据集，探究学习者行为图像描述的新方法、新技术[1]。

7.2　图像描述研究概述

7.2.1　常见方法与模型

图像描述技术可根据图像内容，生成视觉场景相关的描述语句。显然，语句越长、越多，越有可能给出详细、细致的表述，其内容可能涵盖视觉场景中的时间、地点、对象、对象的状态及行为等特征。在考场监控或课堂教学中，利用图像描述技术对考场或课堂的学习者进行行为描述，可以反映学习者的表现。相比学习者行为分类问题，学习者行为描述可以产生更加详细的表述信息，且能够以此更加方便地生成带有学习者编号索引的相关记录及课堂或实验室行为日志以供后续的分析或查询。

图像描述技术主要有基于模板或检索的图像描述方法[2-9]、基于深度学习的图像单句描述方法和基于深度学习的图像密集描述方法三类(图 1.4)。近年来，基于模板或检索的图像描述方法的研究相对较少。下面重点介绍后两类方法。

1. 基于深度学习的图像单句描述方法

基于深度学习的图像单句描述方法的特点是在编码器-解码器框架下，利用深度神经网络来提取视觉场景的内容，并产生内容的文本描述，是一种端到端的语句描述技术。常见的组合有 CNN+RNN 及 CNN+LSTM 等。

代表性工作包括：Vinyals 等从图像中提取特征并与人工标注语句输入 RNN 中训练，得到图像内容描述[10]；Karpathy 和 Li 以基于区域的卷积神经网络(regions with CNN)为编码器提取图像中的各个目标区域，再以双向循环神经网络(bidirectional recurrent neural network，BRNN)作为解码器，并参考上下文来生成语句，最终得到图像中各个区域的描述[11]；Donahue 等利用 CNN 作为编码器、长短期记忆(long short-term memory，LSTM)模型为解码器生成图像内容描述[12]；Huang 等提出了具有选择性的多通道 LSTM 模型，以改进局部图像信息与生成文本语句之间的匹配效果，提升图像描述的合理性[13]；Ren 等利用局部预测模型“政策网络”和全局评估模型“价值网络”共同协作生成图像描述[14]；Wang 等则利用基于视觉注意机制的 CNN 提取图像特征，设计了 Skel-LSTM 和 Atrr-LSTM，分别用来产生文本语句中的“主、谓、宾”和“定、状、补”[15]。

后来，研究人员结合注意力机制和图神经网络进一步提升描述效果。Anderson 等结合目标检测技术将图像划分为若干目标区域和对应单词，再对这些区域进行注意力机制加权，最后输入生成描述，在 MS COCO 数据集上效果良好[16]；Lu 等将模板与目标检测结合，利用神经网络生成空缺名词的模板句，并使用图像中检测的目标单词补全模板句中空缺的名词，以得到完整的语句[17]；Cornia 等提出在给定条件下以不同顺序聚焦不同区域来描述图像的方法[18]；Wang 等提出基于内容的注意力框架来存储之前由注意力模块参与的图像区域，使用图神经网络表示图像元素之间的关系[19]；Li 和 Jiang 利用场景图中的知识进行图像描述，引入了一个分层的基于注意力的融合模块，在语句生成过程中关注视觉特征和语义特征[20]；Pan 等提出一种称为 X-Linear 注意网络的模型，使用空间和通道双线性注意来提取二阶相互作用[21]；与上述方法不同，Li 等提出了基于 Transformer 结构的理解并排序语义网络(comprehending and ordering semantics networks，COS-Net)，将丰富的语义理解和可学习的语义排序过程统一到一个体系结构中，从而在语言上连贯地描述图像[22]；Luo 等提出基于语义条件扩散网络(semantic-conditional diffusion networks，SCD-Net)的图像描述方法，通过级联多个扩散 Transformer 结构的方式逐步加强描述语句[23]。

2. 基于深度学习的图像密集描述方法

与上述图像描述技术不同，图像密集描述任务是将图像中的内容用多条语句进行描述，每条语句可以描述场景中的一个属性、区域或目标等。

主要代表性工作有：Johnson 等提出一种包括 CNN、密集定位层和 LSTM 语言层的全卷积网络结构，利用双线性插值定位层(localization layer，LL)的可导性实现端到端式的训练，无须生成候选区域，只需进行一次优化和前馈计算就可以得到输出结果[24]；Yang 等提出一种基于推理和上下文融合的密集描述方法，其推理机制依赖区域的图像特征和预测描述定位区域边界，解决因区域密集而产生的区域重叠问题[25]；Wu 等则充分利用图像标注中的正、负信息，提出基于多样化标注的图像内容描述方法[26]；为了将属性预测阶段和图像表示提取阶段紧密耦合，He 等提出结合语义和注意力特征的图像描述框架，即密集视觉语义注意力网络(visual-densely semantic attention network，VD-SAN)[27]；Kim 等为密集描述提出一个多任务三流网络，可以在不同词性标签之间建立不同的语义关系，生成更加密集、信息量更大的图像描述[28]；Yin 等指出在密集描述中不同图像区域之间缺少语义关联，并提出多尺度特征融合模型和语义属性监督机制，使模型在生成更加人性化的描述语句的同时，增强不同图像区域之间的相关性，体现了不同图像区域之间的上下文关系[29]；Shao 等提出基于 Transformer 的图像密集字幕(transformer-based dense captioner，TDC)生成架构，通过 Transformer 学习图像与密集描述之间的映射关系，并优先关注更具信息性的区域[30]；进一步地，Shao 等提出增强的 TDC 方法，从文本周围区域获取上下文信息，并在描述过程中生成动态多样化的词汇库[31]。

7.2.2　相关基准数据集

一般地，为获取高质量的标注数据，许多大型数据集的构建会依赖像 Amazon Mechanical Turk 之类的劳务众包平台，通过平台招募标注者以完成大规模的人工标注任务。目前，国际上通用的可用于图像描述研究的公开基准数据集有 Flickr 系列(https://hockenmaier.cs.illinois.edu/DenotationGraph)[32,33]、MS COCO(https://cocodataset.org)[34]和 YFCC100M(https://paperswithcode.com/dataset/yfcc100m)[35]等，如表 7.1 所示。

表 7.1　图像描述的基准数据集

数据集	产生年份	主要内容	主题或来源	备注
Flickr[32,33]	2010 和 2015	Flickr8k 和 Flickr30k 分别包括 8000 幅和 31783 幅图像。Flickr8k 中，5 个标注语句/图像；Flickr30k Entities 有 24.4 万条共指链，15.8 万个标注	人类活动	Flickr8k、Flickr30k 和 Flickr30k Entities 三个版本
MS COCO[34]	2014	82783 幅训练图像、40504 幅验证图像和 40775 幅测试图像，包括 80 个目标类别，5 个标注语句/图像	日常场景	2014、2015 和 2017 三个版本

续表

数据集	产生年份	主要内容	主题或来源	备注
YFCC100M[35]	2014	9920 万幅图像、80 万视频；32%图像有描述语句，22.52 单词/语句	公共多媒体	—

目前可用于图像密集描述的数据集较少，最有影响力的公开数据集是由斯坦福大学的李飞飞团队构建的 Visual Genome 数据集，包含 108077 幅图像、540 万个区域描述、170 万个视觉问答、380 万个对象实例、280 万个属性和 230 万个对象间的关系，支持 WordNet SynSets 同义词库映射，是结构化的图像概念与语言连接起来的数据集/知识库[36]。一个具体的区域描述标注示例如图 7.1 所示。

图 7.1　Visual Genome 数据集中的一个样本示例[36]

该数据集集合了支撑目前计算机视觉中图像分类、目标检测、区域描述及视觉问答等重要任务的图像标注信息，是大型综合图像数据集/知识库。借鉴该数据集的构建思想，可以通过对学习场景图像进行目标、属性、关系及区域描述的大规模人工标注，形成一个包含学习者与物品的属性、区域及其交互关系的综合图像数据集，从而为更加详细、精准的学习者行为分析和个性化学习辅导提供数据支撑。从人力和时间等成本因素考虑，我们将聚焦于日常学习场景下学习者并行行为的多区域描述的人工标注，为之后构建学习者行为密集描述方法提供数据支撑。

7.2.3　性能评价指标

研究图像描述效果的常用评价指标有双语评估替补(bilingual evaluation understudy，BLEU)[37]、显式排序翻译评价指标(metric for evaluation of translation with explicit ordering，METEOR)[38]和基于最长公共子序列的面向召回率的摘要评价方法(recall-oriented understudy of gisting evaluation-longest common subsequence，ROUGE-L)[39]等。这些指标可以利用微软的 COCO 评估工具包[34]来计算获得。

1. BLEU

通过对生成语句与目标语句中匹配的 n 元（n-gram）相关性（其中 n=1, 2, 3, 4）进行计算，获得 BLEU-1、BLEU-2、BLEU-3、BLEU-4。n 取值越大，对应的 BLEU-n 分值越高，说明语句连贯性越好。BLEU 统计同时出现在系统译文和参考译文中的 n 元词个数，将匹配到的 n 元词数目除以系统译文的单词数目，得到评测结果，定义为

$$\log \mathrm{BLEU} = \min\left(1 - \frac{l_r}{l_c}, 0\right) + \sum_{n=1}^{N} w_n \log p_n \tag{7.1}$$

其中，l_r 为目标语句；l_c 为生成语句；w_n 是 n 元的权重；p_n 为 n 元的覆盖率，N 表示最大 n 元的长度。

2. METEOR

与基于精度的标准（如 BLEU）相比，基于单精度的加权调和平均数和单字召回率的评价结果与人类感知更相符。具体地，通过多种匹配对齐的方式生成对齐集合，并以该集合大小与生成语句长度的比值为准确率，以该集合与目标语句长度的比值为召回率，最后计算其调和平均数作为评价分值，定义为

$$\mathrm{METEOR} = F_{\mathrm{mean}}(1 - p) \tag{7.2}$$

其中，$F_{\mathrm{mean}} = \dfrac{PR}{\alpha P + (1-\alpha)R}$，$\alpha$=0.9，$P$=$m/c$，$R$=$m/r$，$m$ 表示生成语句和目标语句中共同出现字母组合的数目，c 表示生成语句的长度，r 表示目标语句的长度；p 为惩罚因子。

METEOR 值越大，代表描述语句语义越丰富，其取值范围为 0～1，常用百分比来表示。

3. ROUGE

基于召回率的相似性度量，主要考察译文的充分性和忠实性，无法评价参考译文的流畅性，包括 ROUGE-N、ROUGE-L、ROUGE-W 和 ROUGE-S，其中 ROUGE-L 较为常用。ROUGE-L 侧重考虑单词的顺序性，通过计算生成语句与目标语句之间最长公共子序列（longest common subsequence，LCS）查准率和召回率分值来进行评价，定义为

$$\text{ROUGE-L} = \frac{(1+\beta^2) R_{\mathrm{lcs}} P_{\mathrm{lcs}}}{R_{\mathrm{lcs}} + \beta^2 P_{\mathrm{lcs}}} \tag{7.3}$$

其中，$R_{\mathrm{lcs}} = \dfrac{\mathrm{LCS}(X,Y)}{m}$；$P_{\mathrm{lcs}} = \dfrac{\mathrm{LCS}(X,Y)}{n}$，$\mathrm{LCS}(X,Y)$ 是生成语句 X 和目标语句 Y 的最长公共子序列长度，n、m 分别为 X 和 Y 的长度；$\beta = P_{\mathrm{lcs}} / R_{\mathrm{lcs}}$。ROUGE-L 取值

范围为[0,1]，也可用百分比来表示，显然，其值越高，生成语句顺序性越好。

4. mAP、*P*、*R* 和 FPS

图像密集描述质量评价指标包括区域预测的 mAP、BLEU、METEOR 和 ROUGE 等指标。检测多个目标时，常选取 mAP、*P*、*R* 和 FPS，计算方式详见式(3.1)、式(3.2)和式(3.4)。

7.3 考试场景下学习者行为图像单句描述

尽管图像场景描述的方法与模型研究在近年获得了丰硕的研究成果，但准确认知学习场景下学习者行为并生成高质量的文本描述，需深入探究学习者的行为定位与生成文本之间的映射关系。本节将结合基于序列的图像描述技术，构建学习者行为描述专用数据集，并进一步研究考试场景及学习场景下学习者行为图像单句描述方法。

7.3.1 学习者行为的图像单句描述专用数据集构建

在标准化考场的视频监控中，考试场景视频具有持续时间长、学习者行为变化幅度相对较小且行为之间相似度高等特点，这使场景描述问题变得更加复杂。我们的思路是：以目标间遮挡较少的考试场景为对象，利用目标检测方法将考场中的每个学习者划分为独立的区域，再对每个独立的区域进行学习者行为描述。在这个过程中，可以参考感兴趣区域检测和异常行为检测等方法快速捕捉特定学习者区域并进行描述，提高行为描述的准确性和实时性。

1. 数据采集

学习者行为的图像单句描述专用数据集的数据源来自标准化考场监控设备获取的真实考试视频，分辨率为 720×576，FPS 为 30 帧/s，时间长度略大于考试时长。将采集的视频进行区域分割，得到单个考生的区域图像。

考生在考试过程中可能有不同的动作或状态，例如，常见的“写试卷”“翻试卷”，有时可能会因为思考或焦虑“摸头或挠头发”，也有“双手在下”和“东张西望”等潜在的异常行为。为了方便后续的内容描述，这些常见行为被归类为“写试卷”“翻试卷”“双手在下”“东张西望”“摸头或挠头发”共五种。

因视频中相邻帧往往具有高度相似性，为了提高模型泛化能力，我们从视频截取的帧图像至少间隔 50 帧，部分数据如图 7.2 所示。

构建的考生行为描述数据集(examinee behavior captioning dataset，EBCD)[1]共有 7000 幅图像，包含 14 位考生，每个考生的五类行为各 100 幅图像，训练集和测试集比例为 1∶1。

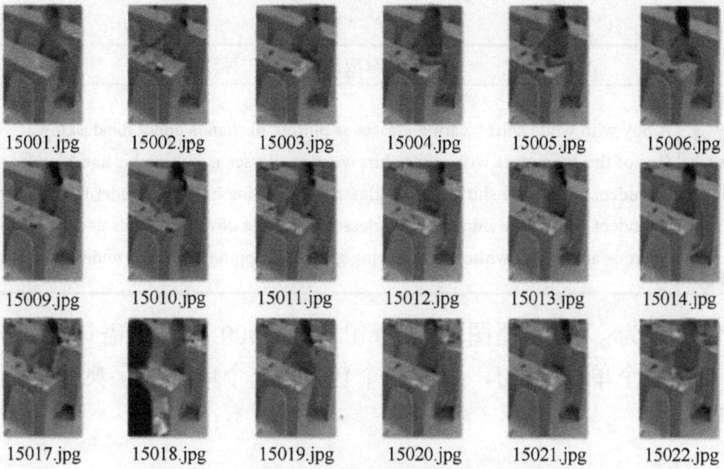

图 7.2　EBCD 数据集的部分样本帧示例

2. 数据标定

本节数据集标注遵循 MS COCO 数据集图像描述的标注规范，以人工方式对每幅图像给出五条内容描述标注语句，示例如表 7.2 所示。

表 7.2　示例图像及标注语句

图像	对应的五条人工标注语句
	A girl with ponytail wearing pink shirt is sitting on a stool and writing the paper carefully. A girl with ponytail wearing pink shirt is sitting and filling out the exam paper. A girl with ponytail wearing pink shirt is lowering her head and writing the exam paper. There is a girl with ponytail wearing pink shirt hunching over a desk and writing the exam paper. There is a girl with ponytail wearing pink shirt bending over the desk and writing the exam paper.
	A boy with glasses wearing pink and gray short sleeves is sitting on a chair and flipping over the papers on the table. A boy with glasses wearing pink and gray short sleeves is turning over the exam paper. A boy with glasses wearing pink and gray short sleeves is sitting and opening the examination paper. A boy with glasses wearing pink and gray short sleeves is leafing through the paper. There is a boy with glasses wearing pink and gray short sleeves sitting and flipping page.
	A girl with hair tied up in a bun wearing glasses and pink shirt is touching her head. One of the examinees with hair tied up in a bun wearing glasses and pink shirt is touching her head. A student with hair tied up in a bun wearing glasses and pink shirt is rubbing her head. A student with hair tied up in a bun wearing glasses and pink shirt is touching her head with her hand. There is a student with hair tied up in a bun wearing glasses and pink shirt touching her head.

续表

图像	对应的五条人工标注语句
	A boy with white shirt wearing glasses is putting his hands under the desktop. One of the examinees with white shirt wearing glasses is putting his hands under the tabletop. A student with white shirt wearing glasses is dropping his hands under the desktop. A student with white shirt wearing glasses is putting down his hands under the tabletop. There is a boy with white shirt wearing glasses dropping his hands under the tabletop.

全部语句数量为：7000 幅图×5 条语句/图=35000 条描述语句，共计 533000 个单词；平均 15.23 个单词/语句，形成一个包含 84 个单词的字典集，词频统计情况如图 7.3 所示。

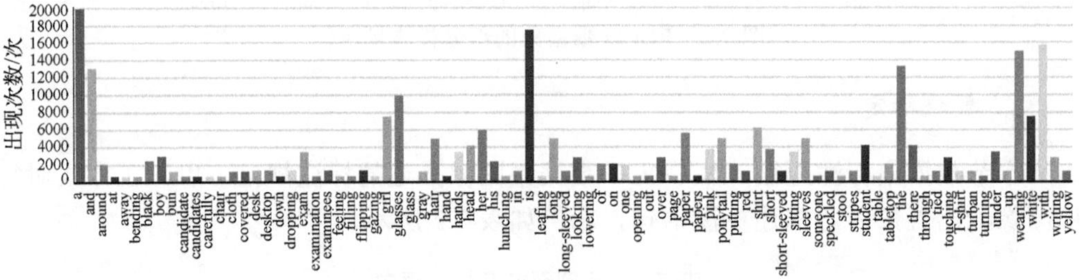

图 7.3　84 个单词按字母序的词频统计

统计考生行为的英文描述文本信息，可得表 7.3。

表 7.3　考场中不同行为对应英文描述的出现次数

五种行为	文本描述	出现次数/次
写试卷	writing the paper	700
	writing the exam paper	2100
	filling out the exam paper	700
翻试卷	flipping over the papers	700
	turning over the exam paper	700
	flipping pages	700
	leafing through the paper	700
	opening the examination paper	700
摸头或挠头发	touching one’s head	2800
	rubbing one’s head	700
东张西望	looking around	1400
	looking at someone	700
	gazing around	700
	looking away	700

续表

五种行为	文本描述	出现次数/次
双手在下	dropping one's hands under the desktop	700
	putting down one's hands under the tabletop	700
	putting one's hands under the tabletop	700
	dropping one's hands under the tabletop	700
	putting one's hands under the desktop	700

表 7.3 对应的分布直方图如图 7.4 所示。

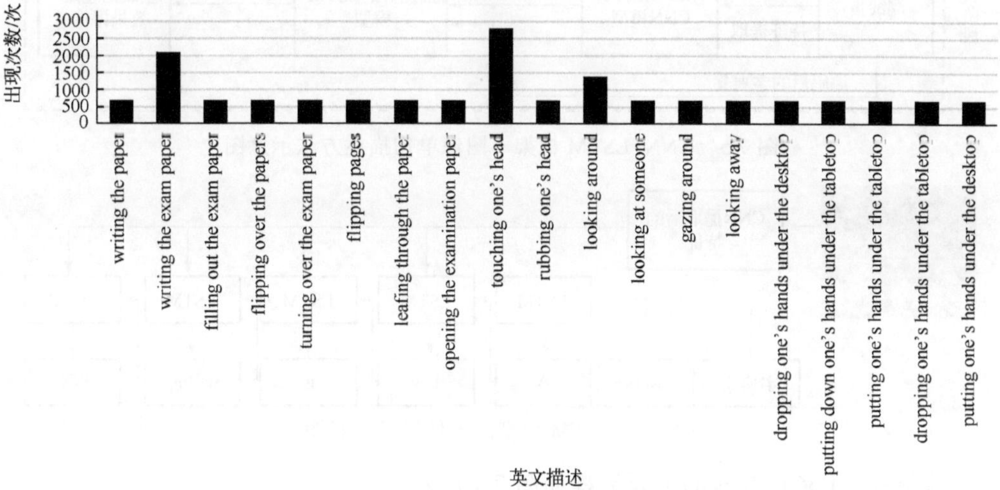

图 7.4　五类考生行为对应的 19 种文本描述词频统计分布直方图

7.3.2　CNN+LSTM 框架下的图像单句描述方法

1. 图像单句描述方法设计

在 EBCD 的基础上，我们提出一种 CNN+LSTM 框架下的图像单句描述(image single sentence description in CNN+LSTM framework，IDCL)方法[1]。该方法的主要思路是：构建适用于考生行为描述的 CNN(LeNet-5、CaffeNet 或 VGG16)，设置学习率、批次大小等网络超参数，利用 CNN 自动提取考生行为特征，通过 LSTM 网络将行为特征转化为描述考生行为的单条语句，如图 7.5 和图 7.6 所示。

由 CNN 的第一个全连接层输出的特征向量与编码后的字典集一起作为 LSTM 模型的输入，从起始符<BOS>开始，在 LSTM 的每个时刻输出当前时刻预测的单词或标点符号，直到某时刻预测的字符为结束符<EOS>，完成图像描述的文本生成。

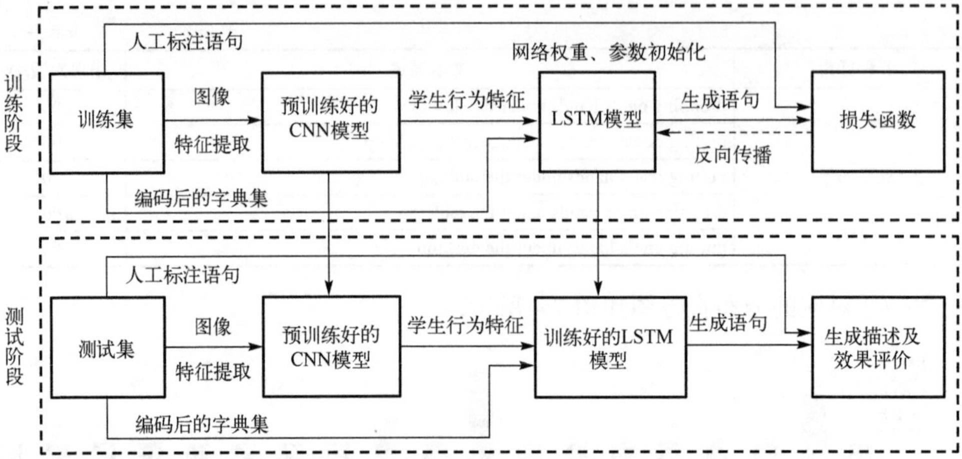

图 7.5　CNN+LSTM 框架下图像单句描述方法示意图

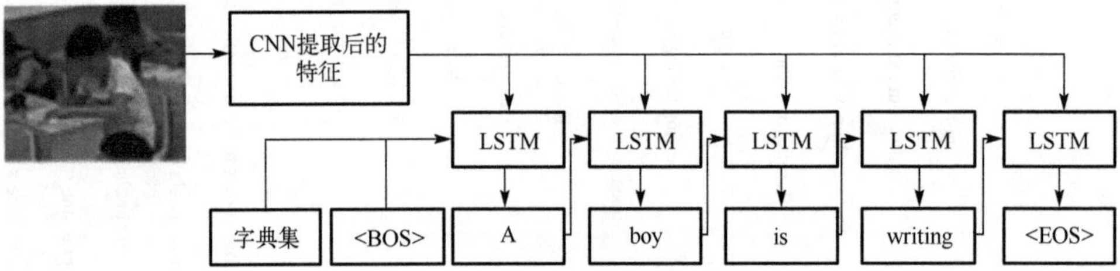

图 7.6　LSTM 模型的图像描述示意图

具体地，IDCL 方法的主要流程如图 7.7 所示。

此外，使用在 ImageNet 数据集上预训练的权重初始化 CNN，其他权重取值来源于标准差为 0.01 的高斯分布。

(1) 训练阶段主要包括以下步骤：①待训练图像输入 CNN 模型；②利用预训练好的 CNN 提取图像特征；③将图像特征输入 LSTM 模型产生对应的单句文本描述；④计算损失函数，并根据反向传播算法回传至步骤③，直至损失函数收敛，得到训练后的 CNN+LSTM 模型。

(2) 测试阶段主要包括以下步骤：①待测试图像进入输入层；②利用训练得到调优后的 CNN 提取上述图像的特征；③将上步所得图像特征输入 LSTM 模型，产生对应考生行为的单句文本描述。

2. 实验结果与性能分析

1) 实验环境与参数设置

本节实验的硬件环境为 Intel Xeon E5-2637 v4 CPU @ 3.50GHz，NVIDIA GeForce GTX TITAN GPU，12GB 显存；软件环境为 Ubuntu 16.04 和 Caffe。

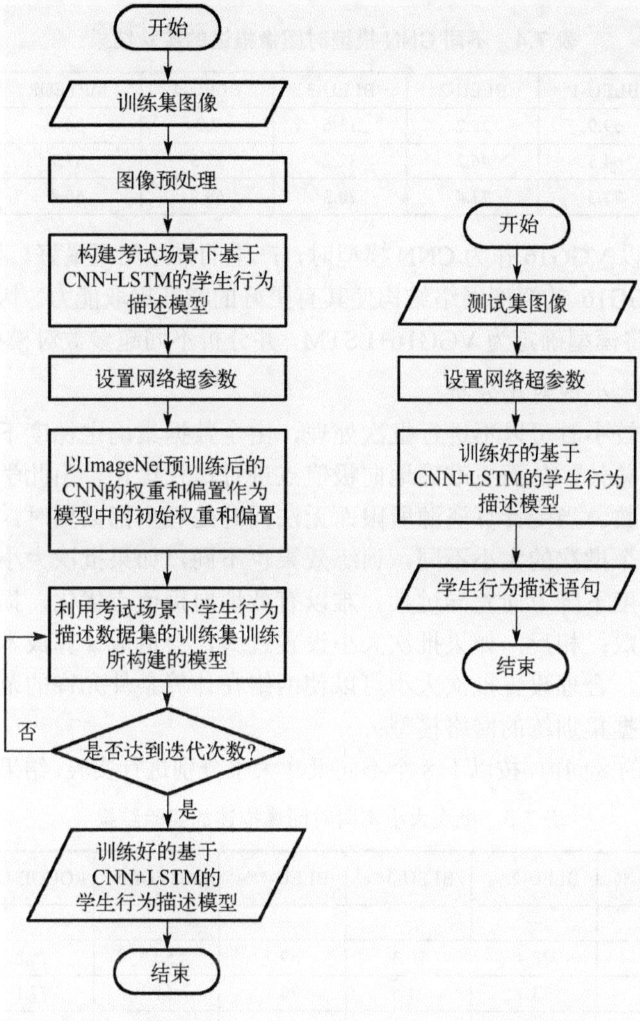

图 7.7　IDCL 方法的训练与测试流程图

本节所提方法 IDCL 的深度网络模型超参数设置中，学习率为 0.01，批次大小为 50；在实验中分别以 VGG16、LeNet-5 和 CaffeNet 作为 CNN 模型，并对比性能，之后确定最佳 CNN 模型下的批次大小和学习率；选取 7.2.3 节中的 BLEU-1、BLEU-2、BLEU-3、BLEU-4、METEOR 和 ROUGE-L 作为评价指标。

2) CNN 模型的效果对比

分别以 VGG16、LeNet-5 和 CaffeNet 作为 CNN 模型进行训练，所得到的 3 个图像描述方法的测试结果如表 7.4 所示。

表 7.4　不同 CNN 模型时图像描述的实验结果　　（单位：%）

CNN 模型	BLEU-1	BLEU-2	BLEU-3	BLEU-4	METEOR	ROUGE-L
LeNet-5	49.9	25.2	13.6	8.2	34.4	6.5
CaffeNet	64.5	46.2	32.2	22.5	47.7	67.6
VGG16	**77.3**	**72.4**	**70.3**	**69.7**	**50.9**	**76.8**

结果表明，以 VGG16 作为 CNN 模型时，产生的描述结果最好。相比于 LeNet-5 和 CaffeNet，VGG16 的深度网络结构使其有更好的特征提取能力。因此，在接下来的实验中，我们将模型确定为 VGG16+LSTM，并分析不同超参数对模型优化的效果。

3) 不同批次大小的对比分析

当数据集比较小时可以不进行批次处理，由全数据集确定梯度下降的方向能够更好地代表样本总体，从而更准确地向极值点进行迭代优化，由此学习到当前样本下最佳的网络参数。当受计算资源所限而无法同时处理全部数据时，可以采用分批训练的方式。每个批次的大小不同，训练效果也不同，如果批次大小设置过小，会使每批训练的梯度下降方向差异过大，难以有效地向极值点优化，损失函数无法收敛，导致训练失败；相反，如果批次大小设置过大，会造成计算成本过高，且参数优化缓慢。因此，合理设置批次大小可以使网络在计算条件允许的范围内训练得到性能最接近全数据集训练的网络模型。

在 10～110 的区间内，按以下 8 个不同批次大小分别进行实验，结果如表 7.5 所示。

表 7.5　批次大小不同时图像描述的实验结果

批次大小	BLEU-1/%	BLEU-2/%	BLEU-3/%	BLEU-4/%	METEOR/%	ROUGE-L/%	网络基本收敛时的迭代次数
10	—	—	—	—	—	—	无法收敛
50	77.3	72.4	70.3	69.7	50.9	76.8	1000
60	77.6	73.1	71.5	70.1	51.1	77.1	1400
70	77.9	74.3	72.1	70.4	51.4	77.4	1750
80	78.4	75.9	73.8	71.5	51.8	78.1	2000
90	79.0	76.8	74.5	72.1	52.1	78.9	2100
100	80.5	77.3	75.1	73.3	52.7	80.6	2250
110	80.9	77.9	75.8	73.5	52.9	80.9	2800

结果表明，批次大小越大，模型效果越好，在批次大小为 110 时，训练所需的迭代次数明显增多，时间更长，但性能提升并不明显，而且在批次大小超过 110 时易引起内存溢出，因此令后续实验批次大小为 100。

4) 不同学习率的对比分析

学习率在梯度下降算法中扮演着关键角色，其数值的设定将直接影响参数更新时步长的大小，大步长可以更快地接近极值点，但易于错过极值点；反之，小步长不易错过极值点，但优化速度慢。选择合适的学习率既能保持训练效果，又能加快网络模型收敛速度。下面分别给出四个不同数量级的学习率实验结果，如表 7.6 所示。

表 7.6　不同学习率时图像描述的实验结果

学习率	BLEU-1/%	BLEU-2/%	BLEU-3/%	BLEU-4/%	METEOR/%	ROUGE-L/%	网络基本收敛时的迭代次数
0.1	—	—	—	—	—	—	未收敛
0.01	80.5	77.3	74.8	72.3	52.7	80.6	2250
0.001	85.1	82.7	80.4	78.2	57.8	85.3	2500
0.0001	84.2	81.6	79.4	75.8	54.1	83.4	3000

可以看出，学习率设置过大会使损失函数无法收敛，过小会导致收敛缓慢且性能没有提高反而有所下降，因此令后续实验学习率为 0.001。

通过以上实验和分析，在 EBCD 上，本节所提方法 IDCL 的具体结构和网络超参数，即 CNN 模型使用 VGG16、批次大小为 100 和学习率为 0.001 时，在计算机硬件设备条件允许范围内能够准确地对图像中的学习者行为进行描述文本生成，实验结果如表 7.7 所示。

表 7.7　IDCL 方法的图像描述实验结果

测试图像	生成的描述	人工标注
	A girl is sitting and filling out the exam paper.	A girl is sitting on a stool and writing the paper carefully. **A girl is sitting and filling out the exam paper.** A girl is lowering her head and writing the exam paper. There is a girl hunching over a desk and writing the exam paper. There is a girl bending over the desk and writing the exam paper.
	A girl is sitting and opening the examination paper.	A girl is sitting on a chair and flipping over the papers on the table. A girl is turning over the exam paper. **A girl is sitting and opening the examination paper.** A girl is leafing through the paper. There is a girl sitting and flipping pages.
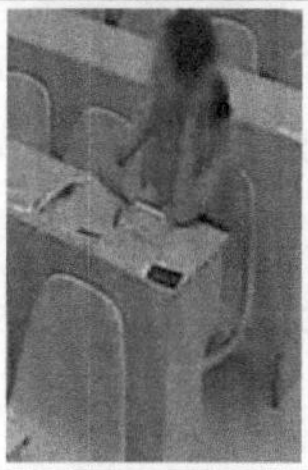	A student is touching her head with her hand.	A girl is touching her head. One of the examinees is touching her head. A student is rubbing her head. **A student is touching her head with her hand.** There is a student touching her head.

续表

测试图像	生成的描述	人工标注
	A girl is looking around.	**A girl is looking around.** There is a candidate looking away. A student is looking at someone. One of the candidates is looking around. A girl is gazing around.

3. 所提方法小结

针对标准化考场视频监控中，监控老师需要以人眼观察的方式同时监控多个考场的视频，长时间、不间断的连续工作不可避免地会引起视觉疲劳并可能造成对考试中作弊行为漏检的问题，本节研究了 CNN+LSTM 框架下的图像单句描述方法。

主要内容是借鉴现有的 MS COCO 等图像描述数据集的构建规则和数据结构，深入分析考试场景的特点和学习者的分布规律，对考试行为进行分类，并进一步设计完成 EBCD。在此基础上，提出 CNN+LSTM 框架下的图像单句描述方法。

利用所构建的 EBCD，从 LeNet-5、CaffeNet、VGG16 这三种经典 CNN 模型中确定了适用于考生行为描述的 CNN 模型以及批次大小和学习率等网络超参数。实验结果表明，本节所提方法在考试场景下的学习者行为描述应用中能正确描述学习者的“写试卷”“翻试卷”“双手在下”“东张西望”“摸头或挠头发”五类行为。

7.4　学习场景下学习者行为图像密集描述

7.3 节所建的数据集和所提方法可以完成对一幅考试场景图像中的学习者行为的单句描述。本节在此基础上，进一步讨论如何利用智能视觉计算技术更加细粒度地描述图像中的视觉场景信息，本质是分析图像中的感兴趣区域，对每个区域进行单句描述，从而获得学习场景中的学习者行为密集描述语句，目的是支持传统教室和实验室中的学习者行为分析与理解。

7.4.1　学习者行为图像密集描述专用数据集构建

本节在常见的传统教室和计算机实验室学习场景下，进行学习者行为描述数据集的构建。对学习者在课堂上常见的积极行为如“认真听课”“举手提问”“回答问题”“记笔记”等，以及消极行为如“玩手机”“睡觉”“吃零食”“上课戴耳机”等进行采集和处理，构建学习场景下学习者行为密集描述(learner behavior dense captioning，LBDC)数据集[1]。

1. 数据分析

与考试场景描述的思路一致，学习场景下的学习者行为描述目前也是针对单一学习者进行行为描述。由于平时上课与考试不同，加上出于对学习者的隐私保护，不宜公布真实教室监控录像。为此，我们在传统教室和计算机实验室环境下由志愿者模拟上课情景，对单一学习者进行拍摄，以获取学习场景下的学习者行为视频。

采集的学习者行为视频分辨率为 1280×720，FPS 为 30 帧/s，每个学习者的拍摄时长为 3～5min。从视频数据集中人工截选出若干不相邻的视频帧作为学习者行为描述集的原始图像，分辨率和原视频一致，部分样本如图 7.8 所示。

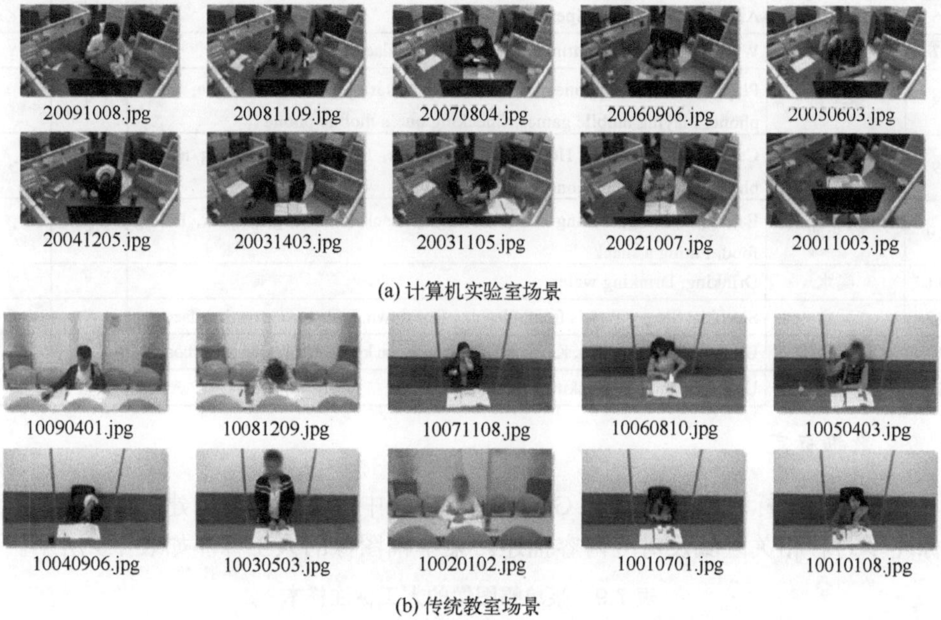

(a) 计算机实验室场景

(b) 传统教室场景

图 7.8　两种学习场景下的原始图像实例

与考试场景相比，传统教室场景中的学习者行为更加自由，桌面的物品更加丰富，因此学习者的行为种类也更加多样。例如，胡小玲将大学生课堂行为归类为“不适当行为”“异常行为”“反教育行为”“暴力行为”4 类问题行为和“打架斗殴”“玩手机”“后排坐”“睡觉”“发呆”“看课外书”“闲聊”“吃零食”“课中外出”“无视教师提问”“上课戴耳机”11 种常见问题行为[40]。

在传统教室和计算机实验室这两类场景下，筛除上述需要结合长时视频分析的“发呆”“无视教师提问”等行为，加入计算机实验室场景下常见的操作，如“使用鼠标”“使用键盘”等行为，我们将常见的学习过程中学习者可能出现的行为划分为 14 类，相应的英文描述及行为产生的场景见表 7.8。

表 7.8　学习者潜在行为类型及潜在学习场景

序号	行为	对应英文描述	传统教室	计算机实验室
1	听课	Looking ahead, Listening, Listening to class, Attend a lecture, Listening to the teacher, Having a listening in the class	√	×
2	看书	Reading, Reading book, Turning over a book	√	√
3	记笔记	Taking notes, Making notes, Writing down in a notebook, Writing, Taking a pen, Holding a pen, Put pen to paper	√	×
4	举手	Hands up, Raising hand, Putting up one’s hand, Raising question, Show one’s hand	√	√
5	起立	Standing up, Rising to one’s feet, Getting up, Rising, Standing	√	×
6	回答问题	Answering question, Speaking	√	×
7	戴耳机	Wearing earphone, Putting on earphone, Headset, listening to music	√	√
8	玩手机	Playing a mobile phone, Using phone, Absorbing in one’s phone, Smart phone, Playing mobile games, Checking one’s mobile phone	√	√
9	打电话	Calling someone up, Holding a cell phone, Ringing up, Making mobile phone calls, On the phone, Making a call	√	√
10	吃东西	Eating, Feeding, Taking food, Having a snack, Grabbing a snack, Eating food, Eating a snack	√	√
11	喝水	Drinking, Drinking water	√	√
12	睡觉	Sleeping, Sleep on one’s front, Sleeping face down, Lying prone on their face	√	√
13	使用键盘	Using keyboard, Typing, Keyboarding, Tapping on keyboard, Taking to keyboard	×	√
14	使用鼠标	Using the mouse, Clicking the mouse	×	√

2. 数据标定

本节数据集标注遵循 Visual Genome 数据集中区域描述的构建方式，以人工形式标注学习者相关区域及对应内容描述。某单幅图像的人工标注如表 7.9 所示。

表 7.9　某单幅图像的人工标注样本

人工标注信息	区域标注的可视化图像
{"region_id": 01001010101,　//区域编号 "width": 332,　//区域框的宽 "height": 275,　//区域框的高 "image_id": 010010101,　//图像编号 "phrase": "A long hair girl with pink cloth is writing", //人工描述的语句，对应虚线框 "y": 281, //区域框起始的水平坐标 "x": 504},　//区域框起始的竖直坐标 {"region_id": 01001010102, "width": 330, "height": 361, "image_id": 010010101, "phrase": "A student is sitting on black chair", //对应实线框 "y": 505, "x": 197}	

按照以上数据集组织与标注规则，我们对每个学习者的每个行为采集 10 幅图像进行标注。由于每幅图像中的学习者可能存在并发行为，所以总行为类别数与总学习者人数的乘积不等于总图像的个数。LBDC 数据集共包含 2020 幅图像、3033 个行为区域及对应的学习者行为描述数据。数据集中的一些样本示例如图 7.9 所示，关于学习者 14 类行为的英文描述出现次数统计如图 7.10 所示。

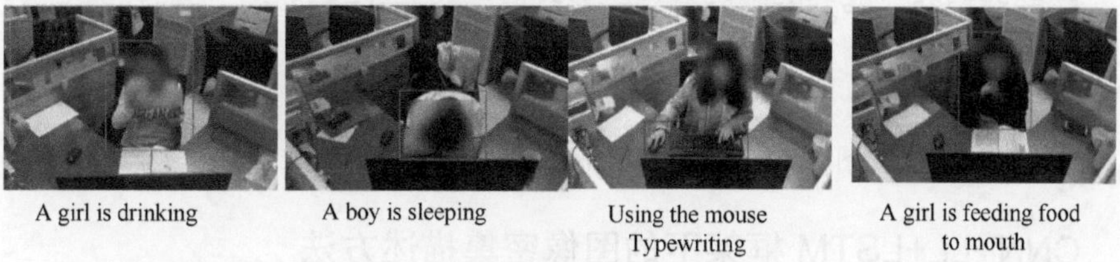

(a) 计算机实验室场景

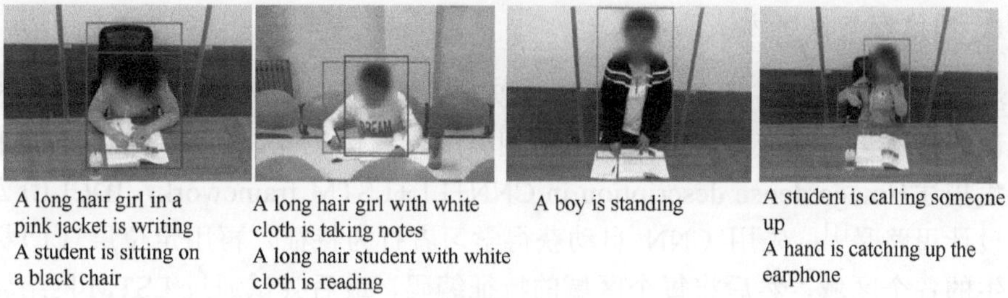

(b) 传统教室场景

图 7.9　两种学习场景下的样本标注示例

在 LBDC 数据集中，人工标注的英文描述文本可以形成 130 个单词的数据字典，用于 LSTM 网络语句生成时的单词候选库。按字母顺序统计该字典中的信息，得到所有单词的使用频次，部分单词的出现次数如图 7.11 所示。

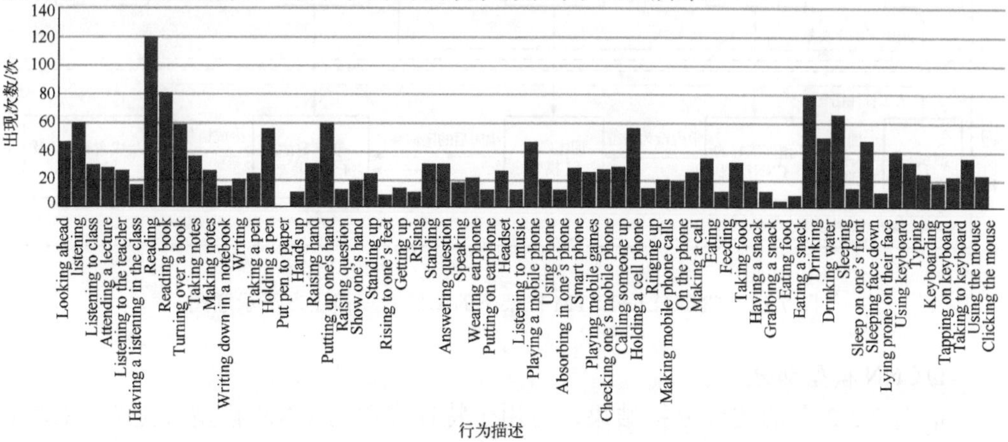

图 7.10　14 种行为对应的 64 个描述的出现次数

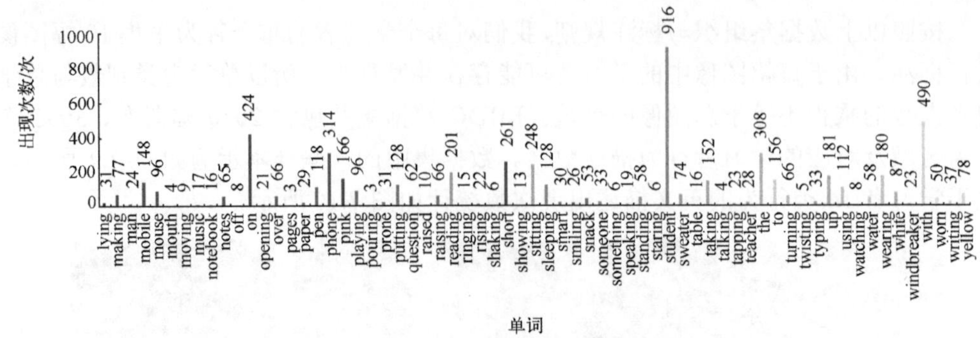

图 7.11 以字母序显示部分单词的出现次数

7.4.2 CNN+LL+LSTM 框架下的图像密集描述方法

1. 图像密集描述方法设计

深度学习中的编码器-解码器框架可以对图像进行端到端的自动描述，其效果依赖于训练样本与实际应用时输入样本的相关度。构建 CNN+LL+LSTM 框架下的图像密集描述(image dense description in CNN+LL+LSTM framework，IDCLL)方法的主要设计思路是[1]：先用 CNN 自动获得学习者行为特征，再用定位层(LL)标识行为发生的各个区域，然后将每个区域的特征编码，最后尝试通过 LSTM 网络转化为描述学习者行为的单个语句，从而形成学习者行为分区域密集描述的语句序列。

该方法包括训练阶段和测试阶段两个阶段，如图 7.12 所示。

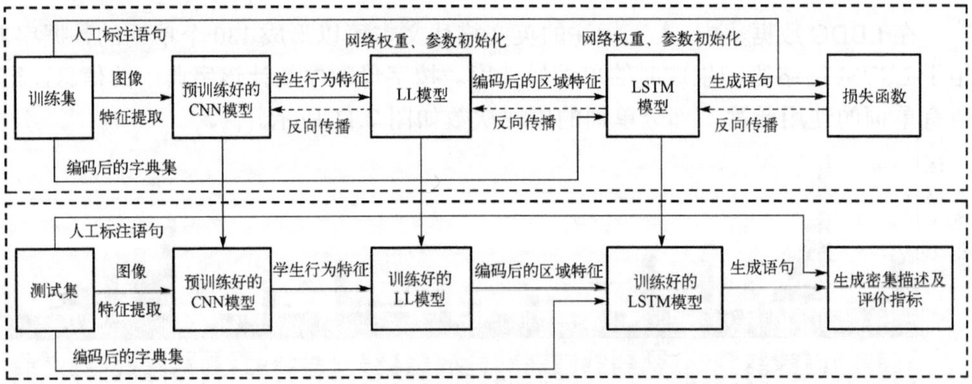

图 7.12 CNN+LL+LSTM 框架下的图像密集描述方法示意图

1) CNN 模型部分

根据 7.3.2 节的实验分析结果，将用于特征提取的 CNN 模型确定为 VGG16 网络。

VGG16 由 5 个卷积池化组构成，共包含 13 个卷积层和 5 个最大池化层，但是我们只用 VGG16 网络做特征提取，所以将第 5 组的池化层以及之后用于分类和输出的全连接层及 Softmax 层移除，把最后一个卷积层输出的特征图输入 LL 模型中提取行为区域。由于每个卷积层的卷积核大小均为 3，每个池化层的大小都为 2，因此经过 13 个卷积层和 4 个池化层后得到的特征图的宽和高(W_0和 H_0)分别是原输入图像 W 和 H 的 1/16。

2) LL 模型部分

LL 模型的作用是接收 CNN 输出的特征图，识别出图像中学习者行为区域并将每一个区域映射成固定尺寸作为 LSTM 的输入。具体来说，就是把输入的特征向量，也就是 $W_0 \times H_0$ 网格中的每一个点映射回 $W \times H$ 的原始图像平面中，并以该投影点为中心生成若干预设区域，这些区域称为锚框，之后 LL 模型对每个锚框都进行置信度和坐标的回归预测，并对其进行二次采样，进一步减少建议区域。经过采样过后的建议区域通过双线性插值将不同尺寸的区域映射为固定尺寸的特征表示，以便输入 LSTM 模型中计算。

具体地，通过一个 $X \times Y \times 2$ 的采样矩阵把矩阵 V 中的每个元素和矩阵 U 中的实值坐标联系起来。V 是对 U 的特征进行插值后得到的新特征图，所以根据 U 中坐标就可以计算出 V 中对应元素的值。采样核定义为

$$V_{c,i,j} = \sum_{i'=1}^{W} \sum_{j'=1}^{H} U_{c,i',j'} k(i' - x_{i,j}) k(j' - y_{i,j}) \tag{7.4}$$

其中，$k(\cdot) = \max(0, 1 - |\cdot|)$；$c$，$i$，$j$ 分别为矩阵 V 在通道维度、宽度和高度的索引下标。在测试阶段则对建议区域使用 NMS 算法对候选区域进行整合，将重叠度高的区域合并后得到置信度最高的 B 个区域的特征，经过区域编码和两个全连接层整合，输出包含不同区域特征的二维向量作为 LSTM 模型的输入，二维向量的列表示区域的个数，每行分别表示每个区域的特征。

3) LSTM 模型部分

每个区域的特征即二维向量的每一行与编码后包含数据集中全部字典的二维矩阵一起输入 LSTM 生成该区域的单句描述，利用 GPU 可以并行地计算二维向量的每一行，最终输出多个行为区域的描述。对于单区域的图像描述，其过程与 7.3.2 节类似，不再赘述。

LSTM 网络以起始符<BOS>为开始，每个时刻采样下一个最有可能的字符并且在下一时刻将其送至 LSTM，这个过程将被不断重复直到结束符<EOS>被采样到，最终生成的文本与人工标注的文本求交叉熵损失函数，并利用反向传播和梯度下降算法对网络进行参数更新，过程示例如图 7.13 所示。

4) 本节所提方法的主要步骤

CNN+LL+LSTM 框架下的图像密集描述方法主要流程如图 7.14 所示，主要包

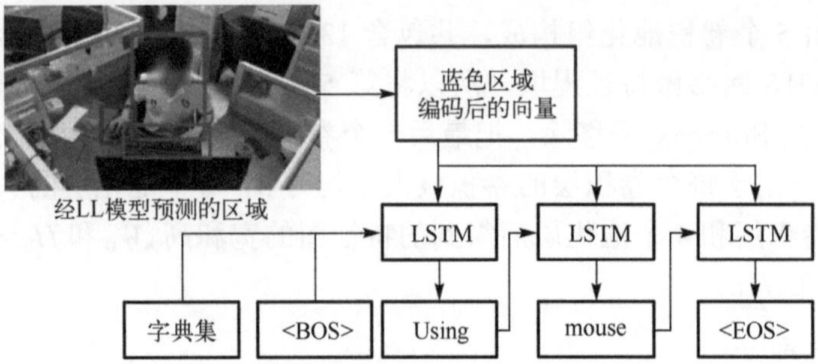

图 7.13　LSTM 模型图像描述示意图(见彩图)

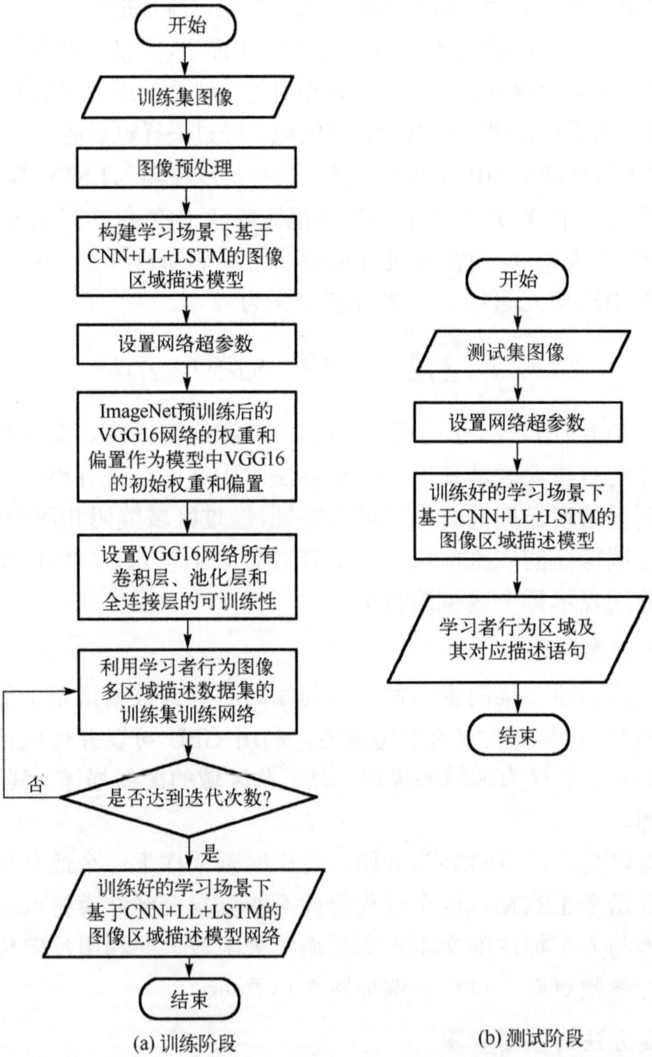

图 7.14　CNN+LL+LSTM 框架下的图像密集描述方法主要流程

括训练阶段和测试阶段。训练阶段通过网络的前向传播计算出输入图像中学习者行为的位置坐标、置信度及对应的区域描述，计算损失函数以确定预测输出结果与真实人工标注的差距，并利用梯度下降算法反向传播来更新网络参数；测试阶段不需要反向传播，通过前向传播计算出输入图像中学习者行为的位置坐标、置信度及对应的区域描述。

我们用预训练 ImageNet 的权重来初始化 CNN，其他权重的取值来源于标准差为 0.01 的高斯分布。

(1) 训练阶段主要包括以下步骤：①待训练图像进入 CNN 模型；②图像经过在 ImageNet 数据集上预训练的 VGG16 网络，得到图像的特征；③特征图经过 LL 模型，输出置信度靠前的若干个潜在区域；④将这些潜在区域进行编码，使其可以作为 LSTM 的输入；⑤编码信息通过 LSTM 模型产生对应区域的描述；⑥计算损失函数，并根据反向传播算法回传至步骤③，使之调整 LL 模型和 LSTM 模型的参数，直至损失函数收敛，得到训练好的 CNN+LL+LSTM 模型。损失函数定义为

$$\text{Loss}=\alpha\left(-\sum_{i=1}^{m}\log P(l_i\mid a_i;\omega,b)\right)+\beta\left(\sum_{j\in\{x,y,w,h\}}\text{smooth}_{\text{L}_1}(u_j-v_j)\right)+\lambda\left(-\frac{1}{T}\sum_{t=1}^{T}\log p_t(h_t)\right) \tag{7.5}$$

其中，α 、β 和 λ 为各部分的权重；P 为条件概率；矩阵 ω 和向量 b 为网络模型中要训练的权重和偏置；a_i 是输入图像区域尺寸为 $n\times m$ 的特征图矩阵 $A=[a_1,\cdots,a_m]$ 的列向量；l_i 为对应的标注；$u=(u_x,u_y,u_w,u_h)$ 表示预测边框的位置信息；$v=(v_x,v_y,v_w,v_h)$ 表示真实边框的位置信息；h_t 表示描述语句中的第 t 个单词；p_t 表示第 t 个单词的预测分布；T 为描述语句中单词的最大数量；$\text{smooth}_{\text{L1}}$ 为平滑 L1 损失。

(2) 测试阶段主要包括以下步骤：①待训练图像进入输入层；②经过在 ImageNet 数据集上预训练好的 VGG16 网络，提取图像的特征；③经过训练好的 LL 模型，输出置信度靠前的若干个区域；④对这些潜在区域进行判定，对 IoU 大于设定阈值的区域进行编码；⑤将编码后的信息输入训练好的 LSTM 模型，产生对应区域的描述。

2. 实验结果与性能分析

本节实验的硬件环境为 Intel Xeon E5-2637 v4 CPU @ 3.50GHz，NVIDIA GeForce GTX TITAN GPU，12GB 显存；软件环境为 Ubuntu 16.04 和 PyTorch。选取 7.2.3 节中的 METEOR 和 mAP 作为本节所提方法的评价指标。

用在 Visual Genome 数据集上预训练好的 CNN+LL+LSTM 原始网络对 LBDC 数据集进行测试作为对比基准，实验结果如表 7.10 所示。

表 7.10　原始 CNN+LL+LSTM 模型的实验结果

测试时间/s	METEOR/%	mAP/%
0.26	30.5	27.03

原始 CNN+LL+LSTM 模型测试结果的示例如图 7.15 所示。

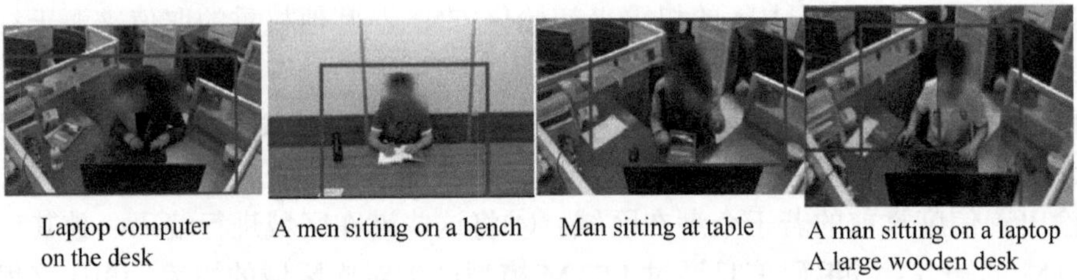

图 7.15　原始 CNN+LL+LSTM 模型的测试结果示例

结果表明，原始的 CNN+LL+LSTM 网络是针对 Visual Genome 数据集进行参数设定和训练的，对日常学习场景下的学习者行为描述不准确，难以直接应用于学习者行为分析和记录，需要针对 LBDC 数据集，对 CNN+LL+LSTM 网络调整合适的超参数。通过实验，我们确定建议区域的数量为 10，非极大值抑制的阈值为 0.8，参与微调的 CNN 层为 cov3_1～cov5_3；锚框尺寸设置为 50×81、81×50、101×163、163×101、201×326 和 326×201；且式(7.5)中损失函数权重为 α=1000、β=10、λ=1 时在 LBDC 数据集上得到了良好的测试结果。

为了分析不同改进对效果提升的影响程度，设计了如下 5 个实验方案。

方案 1：在 LBDC 数据集中训练原始 CNN+LL+LSTM 模型，并在 LBDC 数据集中测试。

方案 2：对原网络改进参数并在 LBDC 数据集中训练，之后在 LBDC 数据集中测试。

方案 3：对原网络改进参数并改进锚框的数量和大小，之后在 LBDC 数据集中训练，最后在 LBDC 数据集中测试。

方案 4：对原网络改进参数并改进损失函数中的权重，之后在 LBDC 数据集中训练，最后在 LBDC 数据集中测试。

方案 5：综合方案 3 和方案 4，对原网络改进参数和损失函数中的权重，并改进锚框的数量和大小，之后在 LBDC 数据集中训练，最后在 LBDC 数据集中测试。

在这 5 个方案中，相同的网络超参数设置相同的数值，具体为权重衰减为 10^{-6}，学习率为 10^{-5}，迭代次数为 7 万次。

不同的参数具体设置如表 7.11 所示。

表 7.11　不同方案的具体设置

方案	网络超参数	锚框设定	损失函数权重设定
1	区域建议的数量：1000 非极大值抑制的阈值：0.6 CNN 参与微调的层：无	ANCHOR_A	α=0.5，β=0.1，λ=1
2	区域建议的数量：10 非极大值抑制的阈值：0.8 CNN 参与微调的层：cov3_1～cov5_3	ANCHOR_A	α=0.5，β=0.1，λ=1
3	区域建议的数量：10 非极大值抑制的阈值：0.8 CNN 参与微调的层：cov3_1～cov5_3	ANCHOR_B	α=0.5，β=0.1，λ=1
4	区域建议的数量：10 非极大值抑制的阈值：0.8 CNN 参与微调的层：cov3_1～cov5_3	ANCHOR_A	α=1000，β=10，λ=1
5	区域建议的数量：10 非极大值抑制的阈值：0.8 CNN 参与微调的层：cov3_1～cov5_3	ANCHOR_B	α=1000，β=10，λ=1

观察可知，原网络的区域建议数有 1000 个，虽然可以对图像进行详尽的目标识别，但会耗费大量的计算资源和时间，而且如此规模的区域建议数更适用于在 Visual Genome 数据集中复杂场景下的密集区域标注，而 7.4.1 节构建的 LBDC 数据集中每个学习者标注的行为区域不超过 3 个，因此针对我们构建的 LBDC 数据集，区域建议数量缩减至 10 个，原始网络中 ANCHOR_A 的 12 个锚框尺寸大小分别为：45×90、90×45、64×64、90×180、180×90、128×128、181×362、362×181、256×256、362×724、724×362、512×512。

以上是原始网络的设定，适用于目标大小差异较大的综合性目标区域定位任务。7.4.1 节构建的 LBDC 数据集中，不同学习者各行为区域的大小比较接近，所需锚框数量可适当减少，并根据标注区域调整锚框的预设大小。调整后的锚框设置项 ANCHOR_B 的具体信息为：一共 6 个锚框，大小分别为 50×81、81×50、101×163、163×101、201×326、326×201。我们分别用这 5 种实验方案进行实验，其结果如表 7.12 所示。

表 7.12　不同方案的图像密集描述实验结果

实验方案	训练时间/min	单幅图像测试时间/s	METEOR/%	mAP/%
1	360	0.26	33.74	34.51
2	350	0.26	35.62	42.27
3	350	0.26	37.67	48.51
4	315	0.24	35.99	37.26
5	315	0.24	38.01	51.89

首先，分析 5 个实验方案的 mAP 变化情况，其统计信息如表 7.13 所示。

表 7.13　不同实验方案的 mAP 变化　　(单位：%)

方案	迭代次数/万次							
	0	1	2	3	4	5	6	7
1	0.01	17.49	22.51	28.69	30.05	31.59	32.25	34.51
2	0.01	12.57	30.19	34.97	38.12	38.23	39.23	42.27
3	0.01	17.03	28.46	36.18	37.62	37.61	35.67	37.26
4	0.01	27.37	33.00	41.99	45.73	50.10	49.96	50.67
5	0.01	24.96	30.66	40.01	43.29	47.98	50.01	51.89

表 7.13 对应的 mAP 变化曲线如图 7.16 所示。

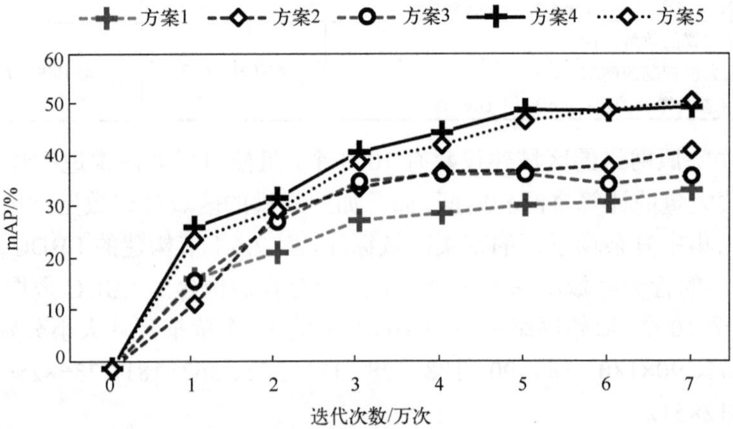

图 7.16　不同方案的 mAP 变化曲线

结果表明，以原网络的训练结果为基准，不同的策略下区域建议的性能均有提升，具体来说，对原网络进行调参可以获得明显的性能提升，而在调参基础上改进锚框尺寸及数量后性能出现一定程度的下降，这是由于在不改变其他策略的情况下单独减少了锚框数量，拟合程度不如原锚框精确，但是明显减少了预测框的建议数量及计算量，提高了网络训练的速度且效果仍然优于原网络。方案 4 进一步改进了损失函数权重，相比于只对原网络进行调参又有明显的性能提升。将方案 3 和 4 联合得到的方案 5 既能大幅提升网络性能，又可提高网络训练速度。

5 个实验方案的 METEOR 变化情况，其统计结果如表 7.14 所示。

表 7.14 对应的 METEOR 变化曲线如图 7.17 所示。

结果表明，各方案的变化曲线与 mAP 变化曲线的趋势和结果一致，即以原网络的训练结果为基准，不同的策略下区域建议的性能均有提升，且方案 3 和 4 联合所得的方案 5 既能大幅提升网络性能，又可提高网络训练速度。

表 7.14　不同实验方案的 METEOR 变化　　（单位：%）

方案	迭代次数/万次							
	0	1	2	3	4	5	6	7
1	0.45	19.11	24.88	31.11	32.47	35.09	33.92	33.74
2	4.73	17.18	22.57	26.24	29.33	29.55	30.96	35.62
3	4.73	26.91	31.55	34.67	34.8	35.14	35.87	35.09
4	4.73	15.2	24.34	29.4	34.96	36.81	36.95	37.67
5	4.73	14.72	21.1	28.51	31.06	34.37	36.25	38.01

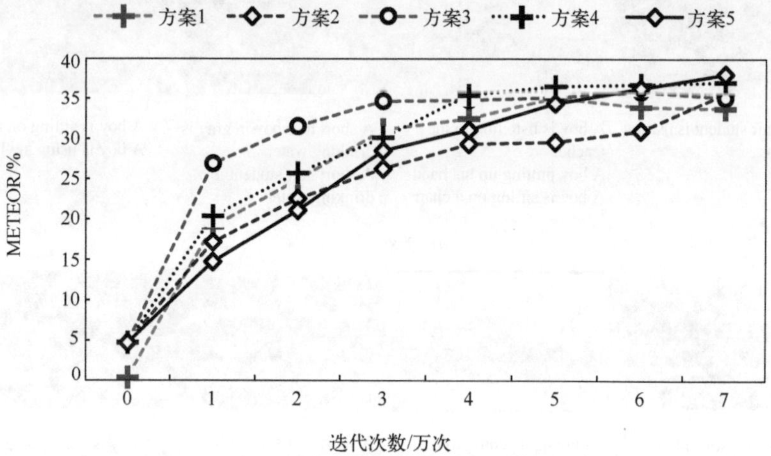

图 7.17　不同方案的 METEOR 函数变化曲线

综上，CNN+LL+LSTM 框架下的图像密集描述方法在方案 5 下性能最佳，相比于原网络，对学习者行为区域定位效果评价指标 mAP 提高 17.38 个百分点，学习者行为的描述效果 METEOR 提高 4.27 个百分点。

各方案下对相同的四幅图像进行测试的结果示例如图 7.18 所示。

A long hair student is taking keyboard

A boy is sitting on a chair
A student with white shirt is listening to class

A short hair boy in gray is drinking water
A short hair student in gray is reading book

A boy is sitting on a chair
A boy is using keyboard

(a) 方案1

A long hair student is taking keyboard | A boy is sitting on the chair Taking notes | A short hair boy in gray is drinking water A short hair student in gray is reading book | A boy is sitting on the chair Typing Clicking the mouse button

(b) 方案2

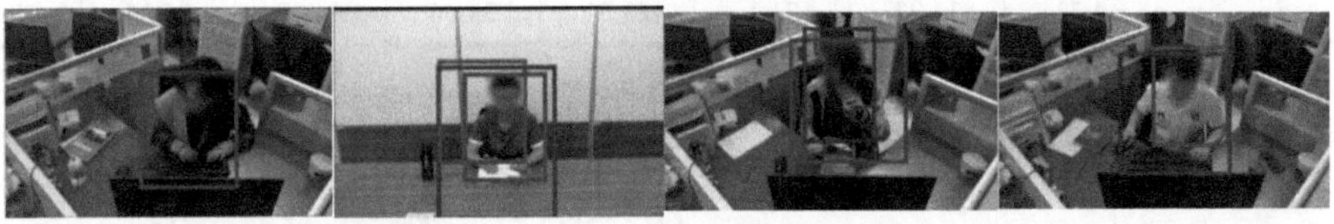

A long hair student is using keyboard | A boy is listening to the teacher A boy putting up his hand A boy is sitting on a chair | A short hair boy in gray is drinking water A short hair student is drinking water | A boy is sitting on a chair A boy is using keyboard

(c) 方案3

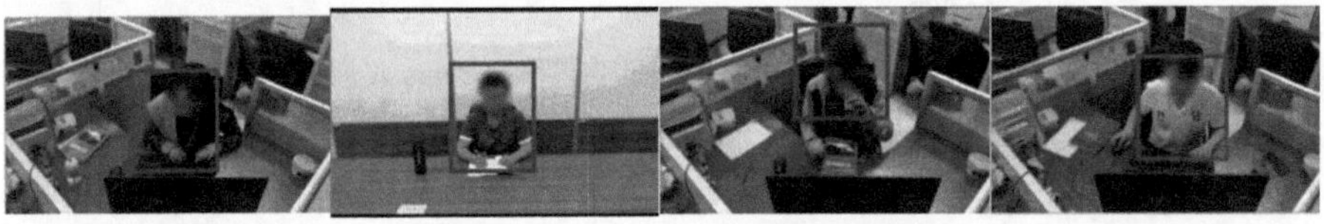

A long hair student is taking keyboard | A boy is listening to the teacher | A short hair student in gray is drinking water | A boy is sitting on a chair

(d) 方案4

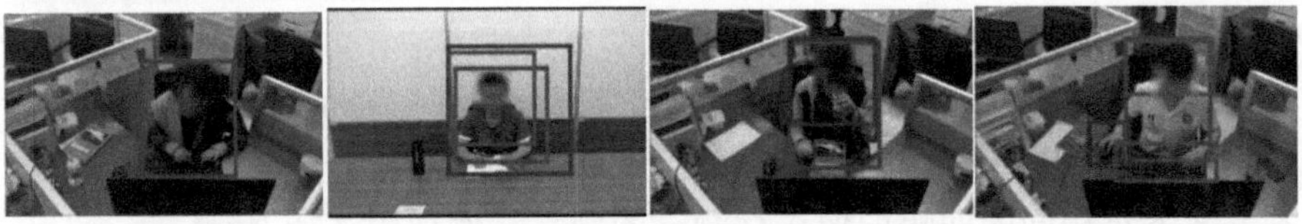

A long hair student is taking keyboard | A boy is listening to the teacher Taking notes A boy in blue shirt is sitting on a chair | A short hair student in gray is reading book A short hair boy in gray is drinking water | A boy is sitting on a chair Using the mouse A boy is sitting on a chair Typing on the keyboard

(e) 方案5

图 7.18　五个实验方案的测试结果示例

图 7.18 进一步说明，本节所提方法对学习者行为描述的文本生成效果性能优良。

3. 所提方法小结

本节以日常学习场景下学习者行为描述为研究对象，探索结合 CNN+LL+LSTM

网络的日常学习场景下学习者行为密集描述方法，借鉴 Visual Genome 图像密集描述数据集中区域描述标注的数据结构规范，设计和存储学习场景下的学习者行为密集描述数据集。

针对传统教室等日常教学环境下的学习者可能有“边看书边记笔记”等多种行为同时发生的情况，本节构建了 LBDC 数据集，并提出了 CNN+LL+ LSTM 框架下的图像密集描述方法。该方法首先用 CNN 提取学习者行为特征，再用 LL 网络以区域建议的方式标识行为发生的各个区域，最后将每个区域的特征编码后分别用 LSTM 网络转化为描述学习者行为的单条语句，从而形成了学习者行为的分区域密集描述。根据 LBDC 数据集确定了适用于学习者行为分区域密集描述的 CNN+LL+LSTM 网络，包括区域建议数量、非极大值抑制的阈值、CNN 参与微调的网络层数等网络超参数、LL 网络中锚框的大小与数量，以及损失函数中置信度损失函数、边框位置回归损失函数和交叉熵损失函数三种损失函数权重。实验结果表明，本节所提出的基于 CNN+LL+LSTM 网络的学习者行为密集描述方法能够在传统教室、实验室等常见学习环境下对学习者听课、举手、回答问题、睡觉等 14 类行为进行准确、有效的定位和描述。

7.4.3 YOLOv3+LSTM 框架下的图像密集描述方法

1. 图像密集描述方法设计

学习场景下的学习者行为通常具有并发性和瞬时性，利用学习场景的监控视频来分析学习者行为需要模型有足够快的检测速度。7.3.2 节所提出的方法经过改进后对单幅图像的处理时间缩短至 0.24s，但若将其作为实际应用系统中的一个环节，则可能会由于监控设备的读写速度、通信设备的网络延迟等因素降低对学习者行为描述的速度，造成漏检和误检，影响最终的效果。因此需要对原网络模型进行改进，借鉴目前能够快速、有效地进行区域定位、目标识别任务的 YOLOv3 模型，对 7.4.2 节所提出的 CNN+LL+LSTM 模型进行改进，提高学习者行为区域预测的速度。YOLOv3+LSTM 框架下的图像密集描述(image dense description in YOLOv3+LSTM framework，IDYL)方法如图 7.19 所示[1]。

1)用 YOLOv3 模型进行学习者行为区域检测

学习者行为区域检测包括特征提取和行为区域检测(包含行为区域标记和行为置信度)两个部分。

特征提取由 YOLOv3 模型中的 Darknet53 网络完成，其包含 23 个残差卷积组，每组中的残差(residual)层进行残差计算，以解决网络的梯度弥散(也称梯度爆炸)现象[41]。

根据 CNN 训练过程可知，由于网络的每层输出都是经激活函数计算所得，而目前常用的激活函数为 Sigmoid 或 Tanh 函数，其函数值和导数值均不超过 1。这使

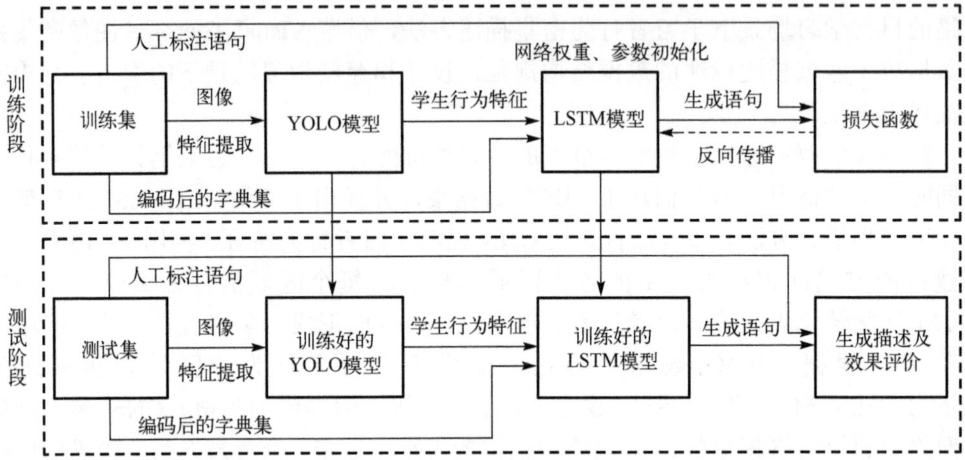

图 7.19　YOLOv3+LSTM 框架下的图像密集描述方法示意图

得在反向传播逐层计算梯度时，随着层数加深，计算所得梯度不断趋于 0，导致梯度消失。

残差层的思想是将深层神经网络的逐层训练改为逐阶段训练，对网络分组，每组包含较少的层数，然后通过“跨层”连接的方式求得每组的残差并以此进行训练，通过梯度下降算法使每组的损失值达到最小，最终使总损失值达到最小。残差连接的设计允许梯度直接从最后一层传递回前面的层，从而避免了在深层网络中梯度趋于 0，解决梯度消失问题。

经 Darknet53 网络后的特征图边长尺寸变为原图边长的 1/32。图 7.19 中输入图像尺寸为 256×256，对应输出为 8×8。本节构建的 CNN 模型中，为了尽可能提取详细的图像特征，将网络输入的大小设为 416×416，则经过 53 个卷积层后最终输出尺寸为 13×13。

接下来，在行为区域检测部分，YOLOv3 模型采取多尺度检测的思想，利用卷积神经网络的不同层输出不同大小的特征图进行区域预测。具体地，分别提取 Darknet 第 11 个残差卷积组输出的 52×52 大小的特征图、第 19 个残差卷积组输出的 26×26 大小的特征图以及最后一个卷积层输出的 13×13 大小的特征图对目标行为区域进行多尺度检测。为了利用不同尺度的先验框检测不同大小的行为区域，每种尺度的特征图设定三个锚框预设区域，共 9 种尺寸，如表 7.15 所示。

表 7.15　不同尺度特征图对应的锚框

特征图尺度	对应锚框大小
52×52	10×13，16×30，33×23
26×26	30×61，62×45，59×119
13×13	116×90，156×198，373×326

表 7.15 中，13×13 特征图的每个像素点映射回原图具有最大感受野，较大的 3 个锚框适合检测较大的行为区域，如“坐在椅子上、起立”等；对 26×26 特征图用中等尺寸的锚框，适合检测中等大小的行为区域，如只与头部和手部区域相关的“喝水、打电话”等；52×52 特征图用最小的锚框，检测较小的行为区域，如只有手部活动的“使用鼠标、记笔记”等。

此后，对锚框求置信度和边界回归并输出最高分的区域，通过非极大值抑制算法进行融合得到最终的区域特征向量。这些特征经过区域编码和两个全连接层整合输出包含不同区域特征的二维向量，输入 LSTM 模型。LSTM 模型与 7.4.2 节相同，不再赘述。

2) 方法实现的主要步骤

YOLOv3+LSTM 框架下的图像密集描述方法主要流程如图 7.20 所示。

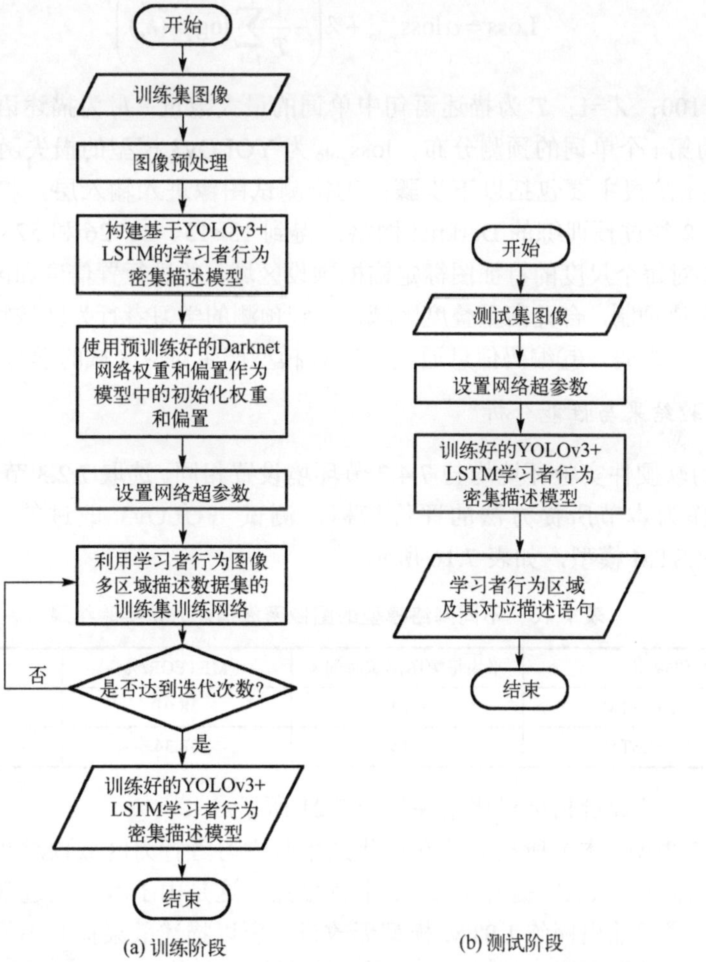

图 7.20　YOLOv3+LSTM 框架下的图像密集描述方法主要流程

我们用在 ImageNet 中预训练好的 Darknet 的权重和偏置来初始化 Darknet 网络，其他权重的初值来源于标准差为 0.01 的高斯分布。

(1) 训练阶段主要包括以下步骤：①待训练图像进入输入层，将尺寸归一化为 416×416；②经过预训练的 Darknet 网络，得到 13×13、26×26 和 52×52 三种尺度的学习者行为特征图；③对每个尺度的特征图标定锚框预设区域，并进行置信度和区域回归，之后进行非极大值抑制，合并高重叠度区域，得到预测的学习者行为区域特征；④对预测区域特征进行编码；⑤编码信息通过 LSTM 模型产生对应区域的学习者行为描述；⑥计算 YOLOv3 和 LSTM 加权组成的损失函数(式(7.6))，根据反向传播算法回传至步骤③，迭代优化 7.4.2 节中 LL 模型和 LSTM 模型的参数，最终得到训练好的改进 CNN+LL+LSTM 模型。

$$\mathrm{Loss} = \alpha \mathrm{loss}_{\mathrm{yolo}} + \lambda \left(-\frac{1}{T} \sum_{t=1}^{T} \log p_t(h_t) \right) \tag{7.6}$$

其中，α=100；λ=1；T 为描述语句中单词的最大数量；h_t 为描述语句中的第 t 个单词；p_t 为第 t 个单词的预测分布；$\mathrm{loss}_{\mathrm{yolo}}$ 为 YOLOv3 模型的损失函数。

(2) 测试阶段主要包括以下步骤：①待测试图像进入输入层，将尺寸归一化为 416×416；②经过预训练的 Darknet 网络，得到 13×13、26×26 和 52×52 三种尺度的特征图；③对每个尺度的特征图标定锚框预设区域，并进行置信度和区域回归，之后进行非极大值抑制，合并高重叠度区域，得到预测的学习者行为区域特征；④对预测区域特征进行编码；⑤编码信息通过 LSTM 模型产生对应区域的学习者行为描述。

2. 实验结果与性能分析

本节的软硬件实验环境均与 7.4.2 节环境设置相同。选取 7.2.3 节中的 METEOR 和 mAP 作为本节所提方法的评价指标，测试 YOLOv3 改进的 LSTM 模型和 CNN+LL+LSTM 模型，如表 7.16 所示。

表 7.16　不同网络模型的图像密集描述方法实验结果

网络模型	平均每幅图测试时间/s	METEOR/%	mAP/%
CNN+LL+LSTM	0.24	38.01	51.89
YOLOv3+LSTM	0.15	38.34	54.51

两个模型的评价指标对比结果如图 7.21 所示。

图 7.21 表明，本节所提方法在迭代结束时学习者行为区域预测和描述准确度方面均有小幅提升，mAP 提升了 2.62 个百分点。这是由于本节改进部分只涉及区域预测，对于描述输出网络 LSTM 模型无改进，所以描述效果提升不显著。但是从测试时间来看，本节所提方法从 0.24s/幅的速度提升至 0.15s/幅，时间缩短 37.5%。

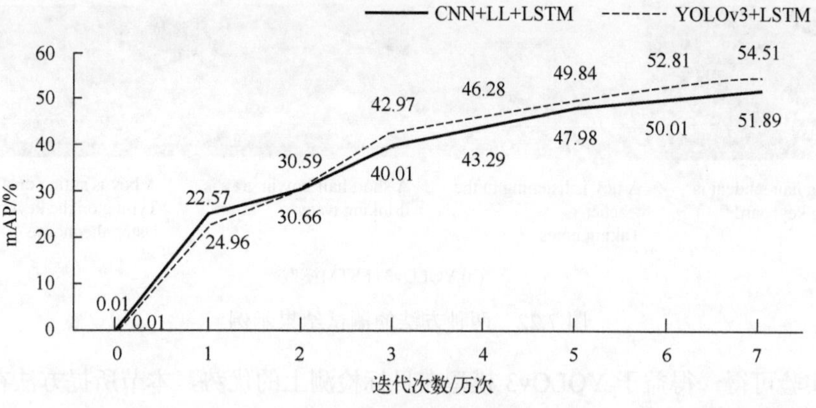

(a) mAP变化曲线

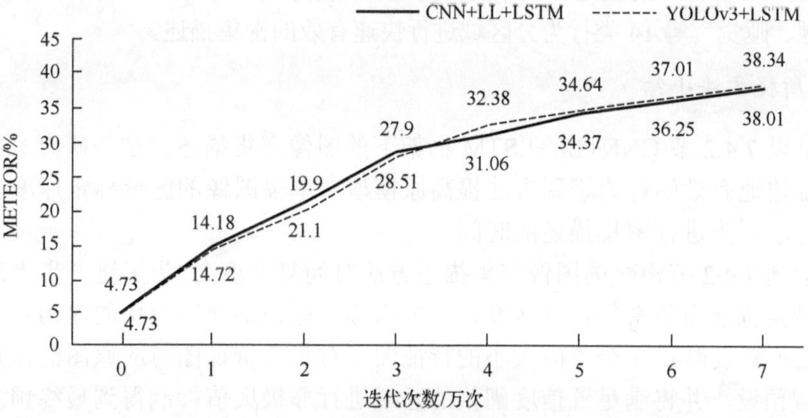

(b) METEOR变化曲线

图 7.21　两种方法所得结果的性能指标变化

两种方法的测试结果示例如图 7.22 所示。

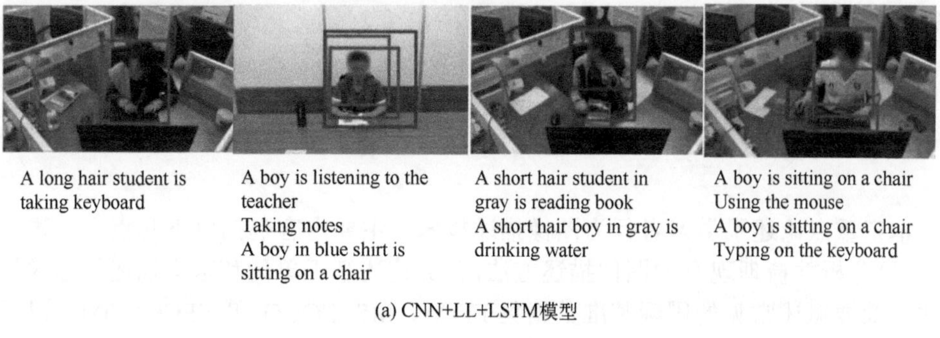

(a) CNN+LL+LSTM模型

(b) YOLOv3+LSTM模型

图 7.22 两种方法的测试结果示例

由实验可得，得益于 YOLOv3 模型在目标检测上的优势，本节所提方法在对学习者行为区域描述准确度不降低的前提下，速度明显提升，单幅图像测试时间由 0.24s 减少至 0.15s，可以在传统教室、计算机实验室等常见学习环境下对学习者“听课、举手、回答问题、睡觉”等 14 类行为分区域进行快速有效的密集描述。

3. 所提方法小结

本节以 7.4.2 节 CNN+LL+LSTM 框架下的图像密集描述方法为研究对象，探索结合更加快速有效的行为识别方法提高原模型对单幅图像的区域标定速度，从而缩短对学习者行为进行密集描述的时间。

考虑到 7.4.2 节构建的图像密集描述方法时间复杂度高，为了进一步提高学习者行为区域定位能力和密集描述速度，本节借鉴目标识别速度更快的 YOLOv3 模型，从 Darknet 提取得到 3 个不同大小的特征图，对每个特征图对应原图的像素点进行锚框区域预设，并将满足置信度阈值的区域进行非极大值抑制得到最终预测的行为区域，最后将区域特征编码后输入 LSTM 网络中生成对应的描述语句。在 7.4.1 节构建的 LBDC 数据集上进行实验并与 7.4.2 节所提的 CNN+LL+LSTM 方法进行对比。实验结果表明，与 7.4.2 节 CNN+LL+LSTM 框架下的图像密集描述方法相比，本节所提方法不仅能对传统教室和计算机实验室环境下的 14 类学习者行为进行有效的密集描述，而且将对单幅图像的预测时间由 0.24s 减少到 0.15s，相比原方法提速 37.5%。

7.5 小　结

本章重点论述了学习者行为图像描述技术，主要内容包括以下几点。

(1) 分析并梳理现有的图像描述方法，分类论述基于单句和密集描述的图像描述方法，简要概述常见的国际基准数据集 Flickr、MS COCO 和 YFCC100M，以及常用图像描述评价指标 BLEU、METEOR 和 ROUGE-L 的定义。

(2) 针对考试场景下的学习者行为，构建了 EBCD 和 LBDC 数据集，可用于支持基于深度神经网络的智能视觉计算任务中的学习者行为图像描述方法研究。

(3) 在所构建的两个数据集基础上，提出了 CNN+LSTM 框架下的图像单句描述方法和 CNN+LL+LSTM 框架下的图像密集描述方法、YOLOv3+LSTM 框架下的图像密集描述方法。实验初步结果表明，这些方法能够有效地对学习者行为图像进行内容描述，为后续的学习者行为分析与理解提供技术支持。

参考文献

[1] 高子昂. 学生行为的图像描述方法研究[D]. 西安: 陕西师范大学, 2020.

[2] Yang Y, Teo C, Daumé III H, et al. Corpus-guided sentence generation of natural images[C]//Proceedings of the Conference on Empirical Methods in Natural Language Processing, Edinburgh, 2011: 444-454.

[3] Mitchell M, Han X F, Dodge J, et al. Midge: Generating image descriptions from computer vision detections[C]//Proceedings of the Conference of the European Chapter of the Association for Computational Linguistics, Avignon, 2012: 747-756.

[4] Krishnamoorthy N, Malkarnenkar G, Mooney R, et al. Generating natural-language video descriptions using text-mined knowledge[C]//Proceedings of the AAAI Conference on Artificial Intelligence, Washington, 2013: 541-547.

[5] Kulkarni G, Premraj V, Ordonez V, et al. BabyTalk: Understanding and generating simple image descriptions[J]. IEEE Transactions on Pattern Analysis and Machine Intelligence, 2013, 35(12): 2891-2903.

[6] Farhadi A, Hejrati M, Sadeghi M A, et al. Every picture tells a story: Generating sentences from images[C]//Proceedings of the 11th European Conference on Computer Vision, Heraklion, 2010: 15-29.

[7] Ordonez V, Kulkarni G, Berg T L. Im2Text: Describing images using 1 million captioned photographs[J]. Advances in Neural Information Processing Systems, 2011, 24:1-9.

[8] Kuznetsova P, Ordonez V, Berg T L, et al. TreeTalk: Composition and compression of trees for image descriptions[J]. Transactions of the Association for Computational Linguistics, 2014, 2: 351-362.

[9] Hodosh M, Young P, Hockenmaier J. Framing image description as a ranking task: Data, models and evaluation metrics[J]. Journal of Artificial Intelligence Research, 2013, 47: 853-899.

[10] Vinyals O, Toshev A, Bengio S, et al. Show and tell: A neural image caption generator[C]//Proceedings of the IEEE Conference on Computer Vision and Pattern Recognition, Boston, 2015: 3156-3164.

[11] Karpathy A, Li F F. Deep visual-semantic alignments for generating image descriptions[C]//Proceedings of the IEEE Conference on Computer Vision and Pattern Recognition, Boston, 2015: 3128-3137.

[12] Donahue J, Hendricks L A, Guadarrama S, et al. Long-term recurrent convolutional networks for visual recognition and description[C]//Proceedings of the IEEE Conference on Computer Vision and Pattern Recognition, Boston, 2015: 2625-2634.

[13] Huang Y, Wang W, Wang L. Instance-aware image and sentence matching with selective multimodal LSTM[C]//Proceedings of the IEEE Conference on Computer Vision and Pattern Recognition, Las Vegas, 2016: 7254-7262.

[14] Ren Z, Wang X Y, Zhang N, et al. Deep reinforcement learning-based image captioning with embedding reward[C]//Proceedings of the IEEE Conference on Computer Vision and Pattern Recognition, Honolulu, 2017: 1151-1159.

[15] Wang Y F, Lin Z, Shen X H, et al. Skeleton key: Image captioning by skeleton-attribute decomposition[C]//Proceedings of the IEEE Conference on Computer Vision and Pattern Recognition, Honolulu, 2017: 7378-7387.

[16] Anderson P, He X D, Buehler C, et al. Bottom-up and top-down attention for image captioning and visual question answering[C]//Proceedings of the IEEE Conference on Computer Vision and Pattern Recognition, Salt Lake City, 2018: 6077-6086.

[17] Lu J S, Yang J W, Batra D, et al. Neural baby talk[C]//Proceedings of the IEEE Conference on Computer Vision and Pattern Recognition,Salt Lake City, 2018: 7219-7228.

[18] Cornia M, Baraldi L, Cucchiara R. Show, control and tell: A framework for generating controllable and grounded captions[C]//Proceedings of the IEEE Conference on Computer Vision and Pattern Recognition, Long Beach, 2019: 8307-8316.

[19] Wang J B, Wang W, Wang L, et al. Learning visual relationship and context-aware attention for image captioning[J]. Pattern Recognition, 2020, 98: 107075.

[20] Li X Y, Jiang S Q. Know more say less: Image captioning based on scene graphs[J]. IEEE Transactions on Multimedia, 2019, 21(8): 2117-2130.

[21] Pan Y W, Yao T, Li Y H, et al. X-linear attention networks for image captioning[C]//Proceedings of the IEEE Conference on Computer Vision and Pattern Recognition, Seattle, 2020: 10971-10980.

[22] Li Y H, Pan Y W, Yao T, et al. Comprehending and ordering semantics for image captioning[C]//Proceedings of the IEEE Conference on Computer Vision and Pattern Recognition, New Orleans, 2022: 17990-17999.

[23] Luo J J, Li Y H, Pan Y W, et al. Semantic-conditional diffusion networks for image captioning[C]//Proceedings of the IEEE Conference on Computer Vision and Pattern Recognition, Vancouver,

2023: 23359-23368.

[24] Johnson J, Karpathy A, Li F F. DenseCap: Fully convolutional localization networks for dense captioning[C]//Proceedings of the IEEE Conference on Computer Vision and Pattern Recognition, Las Vegas, 2016: 4565-4574.

[25] Yang L J, Tang K, Yang J C, et al. Dense captioning with joint inference and visual context[C]// Proceedings of the IEEE Conference on Computer Vision and Pattern Recognition, Honolulu, 2017: 1978-1987.

[26] Wu B Y, Jia F, Liu W, et al. Diverse image annotation[C]//Proceedings of the IEEE Conference on Computer Vision and Pattern Recognition, Honolulu, 2017: 6194-6202.

[27] He X W, Yang Y, Shi B G, et al. VD-SAN: Visual-densely semantic attention network for image caption generation[J]. Neurocomputing, 2019, 328: 48-55.

[28] Kim D J, Choi J, Oh T H, et al. Dense relational captioning: Triple-stream networks for relationship-based captioning[C]//Proceedings of the IEEE Conference on Computer Vision and Pattern Recognition, Long Beach, 2019: 6271-6280.

[29] Yin G J, Sheng L, Liu B, et al. Context and attribute grounded dense captioning[C]//Proceedings of the IEEE Conference on Computer Vision and Pattern Recognition, Long Beach, 2019: 6241-6250.

[30] Shao Z, Han J G, Marnerides D, et al. Region-object relation-aware dense captioning via transformer[J]. IEEE Transactions on Neural Networks and Learning Systems, 2022, doi: 10.1109/TNNLS.2022.3152990.

[31] Shao Z, Han J G, Debattista K, et al. Textual context-aware dense captioning with diverse words[J]. IEEE Transactions on Multimedia, 2023, 25: 8753-8766.

[32] Hare J S, Lewis P H. Automatically annotating the MIR Flickr dataset: Experimental protocols, openly available data and semantic spaces[C]//Proceedings of the ACM SIGMM International Conference on Multimedia Information Retrieval, Philadelphia, 2010: 547-556.

[33] Plummer B A, Wang L W, Cervantes C M, et al. Flickr30k entities: Collecting region-to-phrase correspondences for richer image-to-sentence models[J]. International Journal of Computer Vision, 2015, 123 (1) : 74-93.

[34] Lin T Y, Maire M, Belongie S, et al. Microsoft COCO: Common objects in context[C]// Proceedings of the 13th European Conference on Computer Vision, Zurich, 2014: 740-755.

[35] Ni K, Pearce R, Boakye K, et al. Large-scale deep learning on the YFCC100M dataset[DB/OL]. [2023-09-07]. https://arxiv.org/abs/1502.03409.

[36] Krishna R, Zhu Y K, Groth O, et al. Visual Genome: Connecting language and vision using crowdsourced dense image annotations[J]. International Journal of Computer Vision, 2017, 123 (1) : 32-73.

[37] Papineni K, Roukos S, Ward T, et al. BLEU: A method for automatic evaluation of machine

translation[C]//Proceedings of the Annual Meeting of the Association for Computational Linguistics, Pennsylvania, 2002: 311-318.

[38] Banerjee S, Lavie A. METEOR: An automatic metric for MT evaluation with improved correlation with human judgments[C]//Proceedings of the Association for Computational Linguistics Workshop, Ann Arbor Michigan, 2005: 228-231.

[39] Lin C Y, Och F J. Automatic evaluation of machine translation quality using longest common subsequence and skip-bigram statistics[C]//Proceedings of the 42nd Annual Meeting on Association for Computational Linguistics, Barcelona, 2004: 21-26.

[40] 胡小玲. 大学生课堂问题行为的调查与管理方法探索[J]. 广东职业技术教育与研究, 2018(2): 91-94.

[41] He K M, Zhang X Y, Ren S Q, et al. Deep residual learning for image recognition[C]//Proceedings of the IEEE Conference on Computer Vision and Pattern Recognition, Las Vegas, 2016: 770-778.

第 8 章　学习者行为视频描述

8.1　引　言

第 7 章重点探究了基于图像的学习者行为描述技术。与之类似，本章重点讨论基于视频的学习者行为描述技术，即如何把视频中的学习者行为以文本形式呈现出来。在此基础上，通过将学习者的学习过程转化为文本记录，为后续教学和管理提供直观的学情报告，使跨模态信息检索与分析成为可能。

本章聚焦课堂教学和实验环境中单个学习者行为视频描述方法，是学习者行为分析与理解的又一关键技术。由于智能视觉计算的行为描述技术是基于大样本数据分析的深度神经网络实现的，因此建立学习者行为视频描述基准数据集，为准确描述学习者行为的深度神经网络提供数据支撑是学习者行为分析与理解的重要环节。本章内容包括现有视频描述技术概述、学习者行为视频描述数据集构建和学习者行为视频描述的新方法研究三个部分[1,2]。

8.2　视频描述研究概述

8.2.1　常见方法与模型

视频描述技术的目的是让计算机根据视频信息自动生成自然语言形式的语义文本，在视频监控、人机交互和视觉辅助等领域具有广阔的应用前景。作为一种新兴技术，因涉及计算机视觉、自然语言处理、信号分析等多学科交叉，加上低级视觉特征和高级语义信息之间的精确映射关系较为复杂，相关研究充满挑战[3-5]。

视频描述研究主要分为单句描述和密集描述，其中单句描述包含基于语法规则的视频描述和基于深度学习的视频描述(图 1.4)。下面介绍基于语法规则的视频描述方法、基于深度学习的视频描述方法和基于深度学习的视频密集描述方法。

1. 基于语法规则的视频描述方法

基于语法规则的视频描述方法借助人工设计特征从视频中提取特征信息，然后运用检测、识别等技术获取人物、动作、场景等语义对象，按照事先预定义的语法规则将其填入相应位置，组合生成描述语句。

主要代表性工作有：Kojima 等提出基于动作概念层次结构的视频描述方法，通过建立对象或动作与特定概念之间的对应关系，确定动词、宾语等句法成分，最后组合为对头部、手部和身体的动作描述语句[6]；Lee 等提出对视觉事件进行自动语义标注的框架，利用图像解析、事件推理和语言生成三个连续阶段描述视觉内容，其重点关注视频中的目标及其相互关系[7]；Hanckmann 等提出自动描述一个或多个个体执行的涉及多个动作事件的方法，构建了用于检测并分类视频中动作的动作分类器及将动作与场景实体相关联的描述生成器[8]。

该类方法以固定语法规则生成描述，效果取决于预定义实体或事件，限制了语义的高效表达，生成语句在语法结构和语义表达方面灵活性不足，难以准确描述视频中的复杂事件。

2. *基于深度学习的视频描述方法*

基于深度学习的视频描述方法一般包括视频编码和视频解码两个阶段。在视频编码阶段，用深度卷积神经网络(deep convolutional neural network，DCNN)[9]、RNN[10]或 LSTM 等神经网络进行视觉特征编码；在视频解码阶段，利用不同 RNN[11,12]对视觉特征进行解码，进而生成描述语句。根据深度学习架构在视频编码阶段和视频解码阶段的不同组合，该类方法可大致分为基于 RNN-RNN 的视频描述方法、基于 CNN-RNN 的视频描述方法和基于 GCN 的视频描述方法。

在基于 RNN-RNN 的视频描述方法中，代表性工作包括：Venugopalan 等提出序列到序列-视频到文本(sequence to sequence-video to text，S2VT)模型，用 LSTM 分别作为编码器和解码器，并用光流图像获取时间信息[13]；Srivastava 等使用多层 LSTM 将输入序列映射为固定长度的特征，利用一个或多个解码器 LSTM 对其进行解码，并分析了多种设计选择[14]；Yu 等提出采用语句生成器和段落生成器的层级循环神经网络方法[15]，特点是对语句间的时间依赖性进行建模；Zhu 等提出多速率视觉循环模型探索视频中更灵活的时间结构，通过处理不同间隔的视频帧，从长视频序列中学习更好的特征[16]。

在基于 CNN-RNN 的视频描述方法中，代表性工作包括：Venugopalan 等设计端到端的网络模型生成视频描述，以 CNN 为编码器提取视频特征，以 LSTM 为解码器从特征向量中生成描述语句，其不足之处在于直接对所有帧特征应用均值池化获得视频特征，忽略了有序视频帧的时间信息[17]；Rohrbach 等用 CNN 提取 C3D 矩阵作为视频的三维特征，通过 LSTM 生成描述语句[18]；Zhang 等提出任务驱动的动态融合机制来降低视频描述中的模糊度，细化视频内容的描述程度[19]；Xu 等提出 SeqVLAD 方法对帧特征执行特征聚合，将可训练的局部聚合描述符(vector of locally aggregated descriptors，VLAD)算法纳入序列学习框架，以利用视频中的精细空间信息[20]；Pei 等提出的记忆参与循环网络(memory-attended recurrent network，MARN)

利用记忆结构在训练数据中获取单词与多种视觉环境间的关系[21]；Aafaq 等提出具有丰富视觉编码的门控递归单元(gated recurrent units with enriched visual encoding，GRU-EVE)方法，利用 2D、3D 卷积神经网络提取视频特征并分层应用短时傅里叶变换，将时间动态信息嵌入视频特征中，进一步地利用 YOLO 算法作为物体检测器提取语义信息[22,23]。Liu 等提出采取两分支体系结构对视频进行协作编码的 SibNet 方法，其内容分支通过自动编码器编码视觉信息，语义分支通过视觉-语义联合嵌入编码语义信息[24]。

在基于 GCN 的视频描述方法中，代表性工作包括：Pan 等提出基于知识蒸馏的时空图(spatio-temporal graph with knowledge distillation，STG-KD)方法，构建了知识蒸馏机制来抑制时空图网络中的嘈杂特征，利用时空目标的交互作用增强语义信息[25]；Zhang 等提出基于教师推荐学习的目标关系图(object relational graph with teacher-recommended learning，ORG-TRL)方法，使用目标关系图来编码交互特征，并设计教师推荐学习(teacher-recommended learning，TRL)方法利用语言知识[26]；Ryu 等提出语义分组网络(semantic grouping network，SGN)，通过设计词组编码器和语义组合模块，实现对每个词组和表示相应语义信息的视频帧映射，得到编码的语义组合特征[27]；Aafaq 等提出视觉和语义联合嵌入网络(visual-semantic joint modeling network，VSJM-Net)，用于检测建议以及学习视觉和语义空间[28]；Tu 等提出基于关系注意力机制的视频描述模型，通过两种图学习策略“语言到视觉异构图”和“视觉到视觉同构图”来增强视觉特征与语义特征之间的关系[29]。

3. 基于深度学习的视频密集描述方法

基于深度学习的视频密集描述方法与上述视频描述技术不同，其任务是对长视频生成多句描述或对视频中的复杂动作内容进行多句描述，可能涉及事件检测、定位等环节，技术更加复杂，成为近年来研究人员的关注重点。

主要代表性工作有：Krishna 等首次提出针对长视频的密集描述任务并给出解决方案[30]，其过程为首先通过 C3D 网络提取视频特征序列，然后将视频特征送入深度动作提议模块生成候选动作提议[31]，最后经文本描述生成模块，生成对应的文本描述；Wang 等提出基于双向注意力融合上下文门控机制的视频密集描述方法[32]，其思想是利用过去和未来的上下文信息进行双向动作提议生成，并设计一种上下文门控机制，动态平衡当前事件和上下文信息对描述生成的贡献；Xu 等在 R-C3D 的基础上，提出可以同时进行动作提议生成和描述生成的联合事件检测与描述网络(joint event detection and description network，JEDDi-Net)[33]，其过程为首先提出分级描述模块用于跟踪上下文信息以对视频中事件的视觉特征与对应描述之间的时序依赖关系进行建模，然后使用 C3D 网络编码连续地输入视频流并使用分段提议网络生成候选事件提议；为了解决视频密集描述模型中动作提议生成和描述生成两部分网络独立训练优化的问题，Zhou 等将 Transformer 模型用于视频密集描述任务，并通过掩码机制实现两部分网络的端到端训练[34,35]；为了解决视频密集描述中“文本描述冗余”和“未考虑事件之间的相关性”的问题，Mun 等通过构建事件序列生成网络自适应地选择事件，使用强化学习训练策略来提升视频密集描述效果，提高定量评价指标[36]；Lu 和 Fan 提出基于 Transformer 的视频密集描述模型，通过时间注意机制和环境感知适应模块以更加轻量级的方式构建事件之间的关系[37]。

除了上述方法，Pan 等利用基于 COCO 数据集的弱监督多实例学习的语义检测器，分别提取图像和视频的语义属性，将整合后的语义属性送入语义属性转移的长短期记忆网络（long short-term memory with transferred semantic attributes，LSTM-TSA），实现视频场景的语义描述[38]。Duan 等探究弱监督视频密集描述方法，其思路如下：假设“一句描述对应一个动作片段”，将生成弱监督视频密集描述抽象为一对对偶问题，通过交替训练文本描述生成网络与提议生成网络使文本描述生成的重构误差最小，从而进行弱监督视频密集描述[39]。Rahman 等在文献[39]的基础上进一步探究多模态特征对弱监督视频密集描述的影响[40]。Yang 等设计一个多模态单阶段的视频密集描述方法 Vid2Seq，通过使用特殊的时间标记增强语言模型功能，使其在同一输出序列中同时预测事件边界和生成文本描述[41]。

8.2.2 相关基准数据集

MSVD 数据集（https://paperswithcode.com/dataset/msvd）[42]：微软亚洲研究院于 2011 年发布的视频描述专用数据集，包括超过 218 种动作和 241 种目标，主题涉及运动、烹饪、动物、音乐和日常活动等[43]。该数据集包含 1970 个视频，80827 条英文描述语句，平均每个视频有 41 条英文人工标注语句，持续时间为 10～25s。

ActivityNet Captions 数据集（http://activity-net.org/challenges/2021/tasks/anet_captioning.html）[30]：视频密集描述的数据集，在 ActivityNet 数据集 2 万个视频的基础上进行了事件的重新标注，并为每个事件添加了一句文本描述。该数据集包含约 10 万句描述，平均每个视频约 3.65 句描述，13.48 个单词/句。训练集、验证集和测试集分别包含 10024 个、4926 个和 5044 个视频。由于数据集规模较大，且动作片段间允许存在重叠，所以描述任务充满挑战。

YouCook Ⅱ数据集（http://youcook2.eecs.umich.edu/download）[44]：包含 89 个烹饪食谱的 2000 个未经剪辑长视频。视频总时长约 176h，平均每个视频时长为 5.26min，约 7.7 句与美食烹饪关键操作相关的文本描述。2000 个视频按照 0.66∶0.23∶0.1 的比例划分为训练集、验证集和测试集。

8.2.3 性能评价指标

常用 BLEU[45]、METEOR[46]、ROUGE-L[47]和基于一致性的图像描述评估

(consensus-based image description evaluation，CIDEr)[48]等指标综合评价视频描述语句的生成质量。前三个指标的计算可参见 7.2.3 节。

CIDEr 指标重点评估生成语句与目标语句之间的一致性，其将每条语句视为一组包含 1～4 个单词的 *n*-gram，对每个 *n*-gram 进行词频逆文档频率(term frequency inverse document frequency，TF-IDF)权重计算，据此计算目标语句和生成语句之间的相似度，定义为

$$\text{CIDEr}_n(c,S)=\frac{1}{M}\sum_{i=1}^{M}\frac{g^n(c)\circ g^n(S_i)}{\left\|g^n(c)\right\|\times\left\|g^n(S_i)\right\|} \tag{8.1}$$

其中，符号“∘”表示点乘操作；S_i 表示第 i 个目标语句；c 为生成语句；S 为目标语句集合；n 表示评估的是 *n*-gram；M 为生成语句的数量；g^n 表示基于 *n*-gram 的 TF-IDF 向量。显然，CIDEr 分值越高，相似度越高，取值为 0～5，常用百分比表示。

动作提议生成评价指标评估对视频中多个事件的定位能力。常用的任务评价指标有平均动作提议数量下的平均召回率(AR@AN)和在固定提议数量 N 但不同 IoU 阈值下的平均召回率(AR-IoU@AN=N)。相关计算公式见 6.2.3 节。

一般情况下，可利用微软的 COCO 评估工具包来计算上述指标[49]。

8.3　学习场景下学习者行为视频描述

目前，视频描述研究主要依托于公开数据集，其中人物相关的行为、动作幅度均可能与学习场景下学习者行为存在较大差异，因此有必要先构建学习者行为视频数据集，再研究如何利用智能视觉计算技术完成对学习者行为视频的描述，为学习者行为的共同规律和个性化特征分析提供技术支撑。

8.3.1　学习者行为视频描述专用数据集

1. 学习者行为视频描述数据集的构建

根据学习场景下的学习者行为视频描述需要，采集视频并完成数据标注，构建学习者行为视频描述(learner behavior video captioning，LBVC)数据集[1]。

参考 MSVD 数据集的标注格式[42]，LBVC 数据集的标注信息为视频名称和对应的文本描述。通过长视频重划分、文本标注及重构视频标注等预处理工作，对 675 个分辨率为 1280×720、FPS 为 30 帧/s 的有效视频进行标注，得到适用于当前视频描述任务的学习者行为视频描述专用数据集 LBVC，其中，551 个视频用于训练，124 个视频用于测试。表 8.1 展示了 LBVC 数据集中的一个样本标注示例。

表 8.1　LBVC 数据集中的一个样本标注示例

人工标注结果	视频截图
"Video01": {　//视频名称 　"sentences": ["A woman in a pink scarf is looking at her computer carefully."]} //视频 01 对应的文本描述	 看计算机屏幕
"Video02": {　//视频名称 　"sentences": ["A girl in a pink scarf is flipping through a book and twirling a pen in her hand."]} //视频 02 对应的文本描述	 持笔翻书本

具体地，该数据集所有视频总时长为 2.82h，平均每个视频片段时长为 25.1s。675 个学习者行为视频时长分布统计结果如图 8.1 所示。

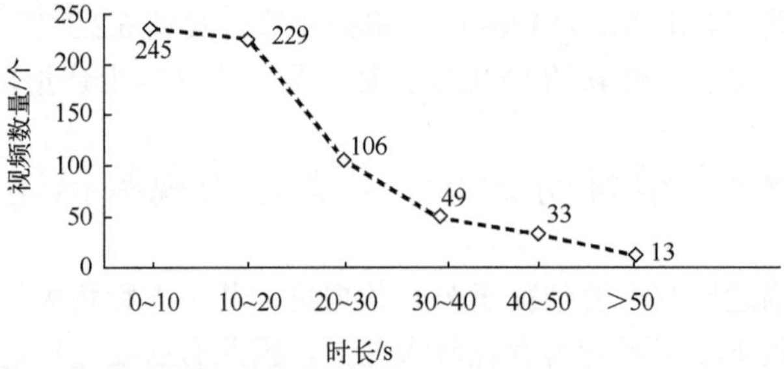

图 8.1　675 个学习者行为视频的时长分布

2. 学习者行为视频密集描述数据集的构建

1) 数据采集

在真实授课场景中，一般包含几十名学习者，每人的行为变化微弱且复杂多变，这使生成的视频密集描述语句质量不理想。为了降低描述方法的复杂度，考虑视频来源的版权保护和学习者隐私问题，我们以单一学习者行为为研究对象，在传统教室和实验室两种场景下采集学习者行为视频，并进一步构建学习者行为视频密集描述(learner behavior video dense captioning，LBVDC) 数据集[2]。

LBVDC 数据集共包括学习者常见的 14 类行为，行为类别及对应英文描述如表 8.2 所示。在数据集采集过程中，每一位学习者动作的顺序、幅度和持续时长是任意的，以确保数据的丰富性。构建的数据集由分辨率为 1280×720、FPS 为 30 帧/s、时长为 1～6min 的 78 个视频组成。

表 8.2　学习者 14 种潜在行为类型及英文描述

行为	对应英文描述	传统教室	计算机实验室
听课	attending lecture	√	×
看书	reading book	√	√
记笔记	taking notes	√	×
起立回答问题	standing up to answer a question	√	√
戴耳机听歌	listening to music through headphones	√	√
玩手机	playing on a mobile phone	√	√
打电话	talking on the phone	√	√
举手	raising one's hand	√	√
低头玩手机	playing with mobile phone and head down	√	√
吃东西	eating food	√	√
喝水	drinking water	√	√
趴在桌子上睡觉	sleeping on the desk	√	√
敲键盘	typing on the keyboard	×	√
使用鼠标	using the mouse	×	√

2) 数据标定

密集描述需要的标注信息有视频名称、时长、事件起止时间及对应的文本描述。本节数据集标注遵循 ActivityNet Captions 数据集的标注格式[30]，对 78 个有效视频进行标注，得到 LBVDC 数据集。其中，64 个视频用于训练，14 个视频用于测试。表 8.3 展示了实验室场景下的一个样本标注示例。

表 8.3　实验室场景下的一个样本标注示例

<table>
<tr><th>人工标注结果</th><th>关键动作帧截图</th></tr>
<tr><td>

```
"v_20190617_170630": {  //视频名称
    "duration": 83.075,  //视频时长
    "timestamps": [[0.128,
    4.126],  //事件 1 的起止时间
    …
    [65.912,
    70.136],  //事件 n 的起止时间
    …
],
    "sentences": ["A boy in a black shirt puts his left
hand on the keyboard and moves the mouse with his right.",
//事件 1 对应的文本描述
"A boy in a black shirt is raising his hand to answer
a question.",   //事件 n 对应的文本描述
      …
    ]
  },
```

</td><td>

敲键盘

举手回答问题

</td></tr>
</table>

该数据集的特点是：①视频总时长为 2.81h，平均 183.4s/视频；②包含 661 个有效动作片段，8.5 个有效动作实例/视频，14.1s/动作实例；③661 个动作实例的时长分布如图 8.2 所示。

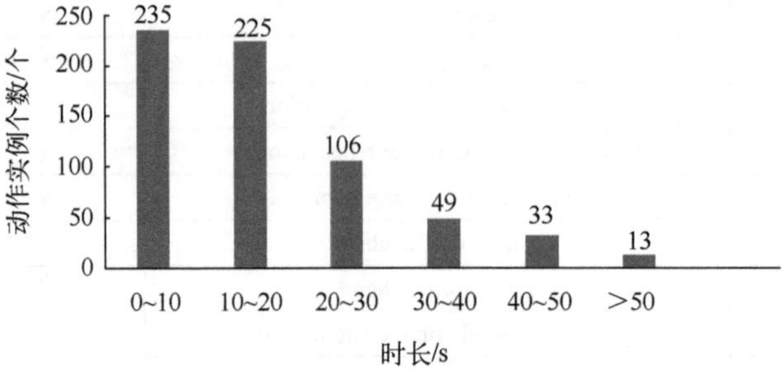

图 8.2　661 个动作实例的时长分布

8.3.2　基于多特征编码的视频描述方法

1. 视频描述方法设计

1) 网络结构

视频描述任务中，主流的编码-解码结构方法有 RNN-RNN 和 CNN-RNN 两类，前者使用 RNN 编码视频特征，可以提取视频的动态特征，但容易出现信息利用不充分、效率较低等问题。因此，目前的研究工作多使用 CNN 进行特征编码。本节研究基于 CNN-RNN 的视频描述方法，采用多个源域预训练的模型提取多种类型的特征联合编码视频特征与文本特征。

基于多特征编码的学习者行为视频描述(multi-feature encoding-based student behavior video captioning，MFE)方法[2]的网络结构主要包括全局特征、语义特征、词嵌入特征三类特征编码和门控循环单元(gate recurrent unit，GRU)解码四个部分(图 8.3)。

2) 多特征编码

对于给定的输入视频，通过二维卷积神经网络(2D CNN)和三维卷积神经网络(3D CNN)分别提取视频静态特征和视频动态特征。

首先，选用 ImageNet ILSVRC2012 数据集上[50]预训练的 2D CNN 模型 ResNeXt[51]，用 V_i 表示第 i 个视频，将每个视频平均截取 32 帧输入 ResNeXt 模型并输出其全局平均池化层提取得到的 2048 维特征向量，将各特征向量中对应位置元素取平均值得到视频静态特征 $F_{V_i}^{2D} \in \mathbb{R}^{2048\times 1}$；同时，选用 Kinetics-400 数据集[52]上预训练的 3D CNN 模型 ECO[53]，将视频输入 ECO 模型并输出其全局平均池化层提取得到的 1536 维特征向量，得到视频动态特征 $F_{V_i}^{3D} \in \mathbb{R}^{1536\times 1}$。

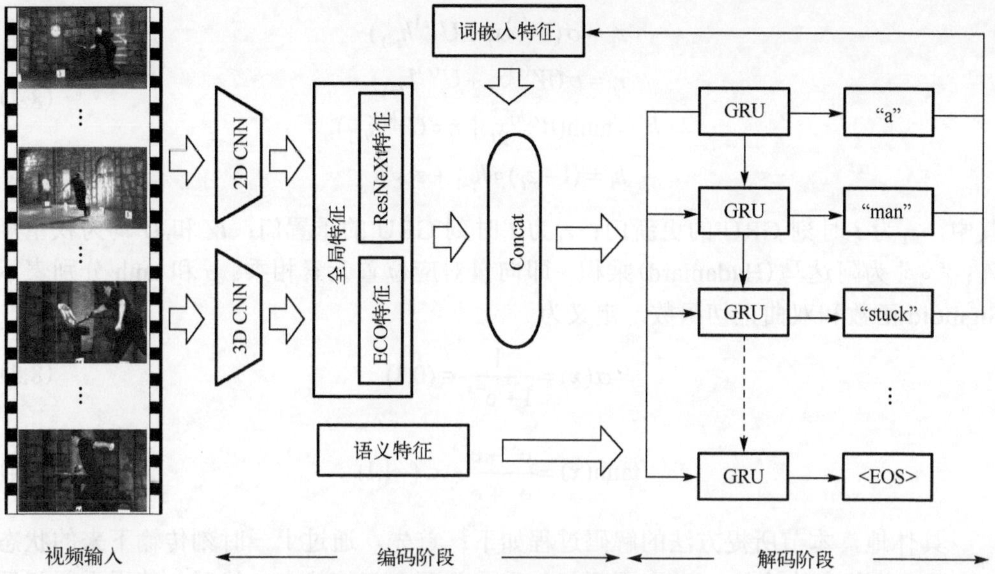

图 8.3 MFE 方法的网络结构示意图

其次，为了将文本转换成深度学习方法能够处理的数值型数据，需要通过词嵌入编码的方法把单词表达成由实数组成的向量，进而捕捉单词间的相似性、类比性等特征，计算单词之间的语义相似性。本节我们使用由 GloVe 方法预训练得到的词嵌入模型[54]处理视频描述语句，并对每个预测单词生成 300 维的词嵌入特征 $F_{V_i}^{\text{Embed}} \in \mathbb{R}^{300\times1}$。

接下来，将获取的视频静态特征、视频动态特征和词嵌入特征进行拼接(Concat)，经过全连接层映射得到 512 维的融合特征 $F_{V_i}^{\text{fusion}} \in \mathbb{R}^{512\times1}$。此外，为了提升视频描述的准确性，我们引入文献[13]提出的语义特征，统计数据集描述语句中的高频词汇，得到高频词汇集合 $S=\{s_1, s_2,\cdots, s_n\}$，将每个视频描述语句 $c=\{c_1, c_2,\cdots, c_m\}$的语义特征表示为 0-1 向量 $t=[t_1, t_2,\cdots, t_n]$，其中，$t_i=\begin{cases}1, & c_i \in S \\ 0, & \text{其他}\end{cases}$，经全连接层映射得到语义特征 $F_{V_i}^{\text{Semantic}} \in \mathbb{R}^{512\times1}$。

最后，将视频融合特征 $F_{V_i}^{\text{fusion}}$ 与语义特征 $F_{V_i}^{\text{Semantic}}$ 融合后输入解码器。

3) GRU 特征解码

本节使用 GRU[55]构造解码器，完成特征解码过程。与 LSTM 类似，GRU 可解决 RNN 因梯度消失导致不能长期依赖的问题，但 GRU 相对内存需求较低、收敛较快。它通过重置门(reset gate)和更新门(update gate)来捕获不同时间尺度上的依赖关系。

假设 t 时刻输入特征向量为 x_t，对应输入的前一时刻的信息为 h_{t-1}，则任意时刻 GRU 的定义为

$$
\begin{aligned}
z_t &= \sigma(W^{(z)}x_t + U^{(z)}h_{t-1}) \\
r_t &= \sigma(W^{(r)}x_t + U^{(r)}h_{t-1}) \\
\tilde{h}_t &= \tanh(W^{(h)}x_t + r_t \circ U^{(h)}h_{t-1}) \\
h_t &= (1-z_t)\circ h_{t-1} + z_t \circ \tilde{h}_t
\end{aligned} \tag{8.2}
$$

其中，z_t为 t 时刻 GRU 的更新门；r_t为 t 时刻 GRU 的重置门；W 和 U 均为权重矩阵；“∘”为阿达马(Hadamard)乘积，即向量对应位置元素相乘；σ 和 tanh 分别表示 Sigmoid 函数和双曲正切函数，定义为

$$
\sigma(x) = \frac{1}{1+\mathrm{e}^{-x}} \in (0,1) \tag{8.3}
$$

$$
\tanh(x) = \frac{\mathrm{e}^{x}-\mathrm{e}^{-x}}{\mathrm{e}^{x}+\mathrm{e}^{-x}} \in (-1,1) \tag{8.4}
$$

具体地，本节所提方法的解码过程如下：首先，通过上一时刻传输下来的状态 h_{t-1} 和当前节点的输入 x_t 获取更新门与重置门两个门控状态；然后，使用重置门调控上一时刻状态 h_{t-1}，并与当前输入 x_t 拼接，经过 tanh 激活函数得到 $\tilde{h}_t$；最后，GRU 通过更新门 z_t 遗忘上一阶段中的无用信息 h_{t-1}，引入当前节点的重要信息 $\tilde{h}_t$，生成包含 N 个单词的视频描述语句 $Y=\{y_1,y_2,\cdots,y_N\}$。

在视频描述语句生成过程中，使用交叉熵损失函数 L，定义为

$$
L = -\log P(Y \mid F_{V_i}^{\text{fusion}};\eta) \tag{8.5}
$$

其中，P 为视频描述网络输出预测语句的置信度；$F_{V_i}^{\text{fusion}}$ 为视频 V_i 对应的视频融合特征向量；η 为待训练的视频描述网络参数。

2. 实验结果与性能分析

1) 实验环境与参数设置

本节实验的硬件环境为 Intel Xeon E5-2637 v4 CPU @ 3.50GHz，NVIDIA GeForce GTX TITAN GPU，12GB 显存；软件环境为 Ubuntu 16.04 和 PyTorch。在 LBVC 和 MSVD[42]两个数据集上进行实验，并选取 8.2.3 节中的 BLEU-4、METEOR、ROUGE-L 和 CIDEr 作为本节所提方法的评价指标。

在网络模型中，采用 Xavier 方法初始化网络参数，选取改进的教师强制(teacher forcing)策略进行训练[56]，使用 Adam 作为模型的优化器。在参数设置方面，MSVD 公开数据集上的最大迭代次数为 50，批次大小为 64，学习率为 0.0004；在 LBVC 专用数据集上的最大迭代次数为 100，批次大小为 64，学习率为 0.0004。

对于 MSVD[42]数据集，我们将 1200 个视频用于模型训练，100 个视频用于模型验证，其余 670 个视频用于模型测试。另外，针对 MSVD 公开数据集构造视频描述字典，获得

大约 14000 个唯一的词汇，其中 12592 个用于预测，其余单词被<unk>取代。在每条语句的开头和末尾分别添加开始标识符<BOS>和结束标识符<EOS>。对于训练视频/语句对，过滤掉超过 20 个单词的长句，并采用零填充策略来补充小于 20 个单词的语句。

2) 方法性能分析

(1) 不同维度特征对方法性能影响实验。

本组实验比较 MFE 使用不同特征维度设置对方法性能的影响。具体来说，MFE 将视频静态特征、视频动态特征和词嵌入特征进行拼接并经全连接层映射为固定的特征维度，再进行后续操作。在两个数据集上的实验结果如表 8.4 和表 8.5 所示。

表 8.4　不同特征维度下所提方法的实验结果(LBVC 数据集)　(单位：%)

特征维度	BLEU-4	METEOR	ROUGE-L	CIDEr
128	15.3	10.4	40.7	88.9
256	18.8	17.7	43.7	120.9
512	21.5	20.9	44.9	126.1
1024	**24.7**	**21.9**	45.9	**143.8**
2048	23.6	19.2	**47.5**	136.5

表 8.5　不同特征维度下所提方法的实验结果(MSVD 数据集)　(单位：%)

特征维度	BLEU-4	METEOR	ROUGE-L	CIDEr
128	54.9	36.1	73.2	94.1
256	51.9	36.3	73.7	96.2
512	**55.5**	**36.7**	**74.8**	**96.8**
1024	51.3	36.2	73.7	94.2
2048	53.9	35.9	73.7	94.5

由表 8.4 可知，在 LBVC 数据集上，本节所提方法在特征维度为 1024 时，对应的 BLEU-4、METEOR 和 CIDEr 指标明显优于其余维度，ROUGE-L 指标次优于其他维度。经过分析，原因在于 LBVC 数据集规模较小，当编码的特征维度较低时，其编码信息量有限，易引起过拟合。

由表 8.5 可知，在 MSVD 数据集上，本节所提方法在特征维度为 512 时性能最优，对应的 BLEU-4、METEOR、ROUGE-L 和 CIDEr 指标分别达到 55.5%、36.7%、74.8%和 96.8%。因此，后续实验中，本节在 LBVC 数据集上将特征维度设置为 1024，在 MSVD 数据集上将特征维度设置为 512。

(2) 学习率设置对方法性能影响实验。

本组实验比较 MFE 方法在训练过程中使用不同大小的学习率对方法性能的影响，在两个数据集上的评价指标结果如表 8.6 和表 8.7 所示。

表 8.6 学习率不同时所提方法的实验结果(LBVC 数据集) (单位：%)

学习率	BLEU-4	METEOR	ROUGE-L	CIDEr
0.0001	22.9	21.3	46.2	134.4
0.0002	22.7	21.5	45.8	143.2
0.0003	23.4	20.5	45.5	140.7
0.0004	**24.7**	**21.9**	45.9	**143.8**
0.0005	23.2	16.9	**46.3**	139.5

表 8.7 学习率不同时所提方法的实验结果(MSVD 数据集) (单位：%)

学习率	BLEU-4	METEOR	ROUGE-L	CIDEr
0.0001	54.2	35.7	74.6	94.4
0.0002	**55.5**	36.7	**74.8**	**96.8**
0.0003	54.2	**36.9**	74.2	96.2
0.0004	54.2	36.7	74.3	95.1
0.0005	52.7	35.7	72.7	88.9

由表 8.6 可知，在 LBVC 数据集上，当学习率为 0.0004 时，方法性能优良，其 BLEU-4、METEOR 和 CIDEr 指标分别达到 24.7%、21.9%和 143.8%，明显优于其余学习率；ROUGE-L 指标次优于其他学习率。显然，学习率过低或过高分别会导致模型欠拟合或过拟合，因此后续实验在 LBVC 数据集上均令学习率为 0.0004。

由表 8.7 可知，在 MSVD 数据集上，当学习率为 0.0002 时，方法性能较优，对应的 BLEU-4、ROUGE-L 和 CIDEr 指标均最优，因此后续实验在 MSVD 数据集上均令学习率为 0.0002。

(3)特征融合方式对方法性能影响实验。

本组实验比较 MFE 方法使用不同特征融合方式对方法性能的影响，三种融合方式分别为：Add&Add，将视频静态特征、视频动态特征和词嵌入特征先相加融合并经全连接层映射后再与语义特征相加融合；Concat&Concat，将视频静态特征、视频动态特征和词嵌入特征先拼接融合并经全连接层映射后再与语义特征拼接融合；Concat&Add，将视频静态特征、视频动态特征和词嵌入特征先拼接融合并经全连接层映射后再与语义特征相加融合。

在两个数据集上的实验结果如表 8.8 和表 8.9 所示。

表 8.8 特征融合方式不同时所提方法的实验结果(LBVC 数据集) (单位：%)

特征融合方式	BLEU-4	METEOR	ROUGE-L	CIDEr
Add&Add	22.2	20.7	44.4	121.5
Concat&Concat	23.8	22.8	**46.8**	135.9
Concat&Add	**24.7**	**22.9**	45.9	**143.8**

表 8.9　特征融合方式不同时所提方法的实验结果(MSVD 数据集)　(单位：%)

特征融合方式	BLEU-4	METEOR	ROUGE-L	CIDEr
Add&Add	53.6	36.1	**75.1**	95.2
Concat&Concat	51.4	35.7	74.0	94.8
Concat&Add	**55.5**	**36.7**	74.8	**96.8**

由表 8.8 可知，在 LBVC 数据集上，当采用 Add&Add 特征融合策略时，对各特征对应位置数值直接相加，易破坏各特征内部信息，影响方法性能；当采用 Concat&Concat 特征融合策略时，对所有特征进行拼接融合，虽有利于维持各特征内部信息，但难以充分利用语义特征的特性；当采用 Concat&Add 特征融合策略时，既能保持各特征内部信息的完整性，又能以类注意力机制的形式应用语义特征，性能优良，对应的 BLEU-4、METEOR 和 CIDEr 指标分别为 24.7%、22.9%和 143.8%。

由表 8.9 可知，在 MSVD 数据集上，采用 Concat&Add 特征融合策略时，性能优良，对应的 BLEU-4、METEOR 和 CIDEr 指标分别为 55.5%、36.7%和 96.8%，因此后续实验均应用 Concat&Add 特征融合策略。

(4) 批次大小对方法性能影响实验。

本组实验比较 MFE 方法使用不同批次大小对方法性能的影响，在两个数据集上的评价指标结果如表 8.10 和表 8.11 所示。

表 8.10　批次大小不同时所提方法的实验结果(LBVC 数据集)　(单位：%)

批次大小	BLEU-4	METEOR	ROUGE-L	CIDEr
32	23.8	**23.6**	45.5	137.7
64	**24.7**	22.9	45.9	**143.8**
128	24.3	19.1	**47.5**	142.9
256	22.9	20.3	46.9	138.2

表 8.11　批次大小不同时所提方法的实验结果(MSVD 数据集)　(单位：%)

批次大小	BLEU-4	METEOR	ROUGE-L	CIDEr
32	55.1	36.6	74.8	**96.9**
64	**55.5**	**36.7**	**74.9**	96.8
128	52.3	35.4	73.7	94.6
256	52.9	35.5	74.1	92.1

在 LBVC 数据集上，当批次大小为 64 时，综合性能最优，其 BLEU-4 和 CIDEr 指标分别为 24.7%和 143.8%。显然，随着批次大小变大，方法性能先上升后下降，原因在于较小的批次大小易使本节所提方法陷入局部最优，而批次大小过大会降低训练中的随机性，导致泛化能力变差。

在 MSVD 数据集上，当批次大小为 64 时，综合性能最优，对应的 BLEU-4、METEOR 和 ROUGE-L 指标分别为 55.5%、36.7%和 74.9%，因此后续实验均令批次大小为 64。

(5) 不同解码器对方法性能影响实验。

本组实验比较 MFE 方法在特征解码阶段分别使用 RNN、LSTM 和 GRU 三种情况下的性能。在两个数据集上的评价指标结果如表 8.12 和表 8.13 所示。

表 8.12　不同解码器对应方法的实验结果(LBVC 数据集)　　(单位：%)

视频描述方法	BLEU-4	METEOR	ROUGE-L	CIDEr
MFE_with_RNN	23.2	21.5	45.1	127.9
MFE_with_LSTM	24.0	**23.1**	45.7	141.5
MFE_with_GRU	**24.7**	22.9	**45.9**	**143.8**

表 8.13　不同解码器对应方法的实验结果(MSVD 数据集)　　(单位：%)

视频描述方法	BLEU-4	METEOR	ROUGE-L	CIDEr
MFE_with_RNN	53.4	36.7	74.4	95.7
MFE_with_LSTM	54.4	36.6	74.7	**97.2**
MFE_with_GRU	**55.5**	**36.7**	**74.8**	96.8

在 LBVC 数据集上，鉴于 GRU 和 LSTM 解码器可缓解序列数据的长时间记忆问题，它们的性能远优于缺乏长时间记忆机制的 RNN 解码器。与 LSTM 解码器相比，GRU 解码器的结构更加简洁，收敛速度更快，且泛化能力更优，在 BLEU-4、ROUGE-L 和 CIDEr 指标上分别比 LSTM 提高 0.7 个百分点、0.2 个百分点和 2.3 个百分点。

在 MSVD 数据集上，GRU 解码器综合性能最优，对应的 BLEU-4、METEOR 和 ROUGE-L 指标分别比 LSTM 解码器提高 1.1 个百分点、0.1 个百分点和 0.1 个百分点。综上，本节所提方法选择 GRU 作为解码器。

(6) 不同视频描述方法的性能比较实验。

考虑到 LBVC 专用数据集的局限性，例如，数据规模小、文本标注相对单一以及视频行为多为仿真采集，加上目前流行的多数视频描述方法工作尚未开源，难以在 LBVC 专用数据集上和其他工作进行不同方法的性能比较实验。为此，对比分析本节所提方法与经典视频描述方法及当前最流行的视频描述方法在 MSVD 数据集上的性能差异，如表 8.14 所示。

表 8.14　在 MSVD 数据集上各视频描述方法的对比实验结果　　(单位：%)

视频描述方法	BLEU-4	METEOR	ROUGE-L	CIDEr
S2VT[13]	37.0	29.8	—	—

续表

视频描述方法	BLEU-4	METEOR	ROUGE-L	CIDEr
aLSTM[55]	44.9	30.4	—	60.1
mGRU[16]	53.8	34.5		81.2
SeqVLAD[20]	51.0	35.2	—	86.0
MARN[21]	48.6	35.1	71.9	92.2
GRU-EVE[23]	47.9	35.0	71.5	78.1
OA-BTG[57]	56.9	36.2	—	90.6
OSTG[58]	**57.5**	36.8	—	92.1
SibNet[24]	54.2	34.8	71.7	88.2
STG-KD[25]	52.2	**36.9**	**73.9**	93.0
ORG-TRL[26]	54.3	36.4	**73.9**	95.2
SGN[27]	52.8	35.5	72.9	94.3
MFE	52.6	36.4	73.5	**96.8**

结果表明，本节所提方法 MFE 在 MSVD 公开数据集上取得了良好的视频描述结果。与文献[21]、[27]等 9 种方法相比，MFE 方法在各项指标上的数值最高；与文献 [25]、[26]和[58]相比，MFE 方法在 CIDEr 指标上最优，其余三个指标上性能较优。

为了呈现本节所提方法生成描述语句的效果，我们可视化地对比了 MFE 方法在 LBVC 专用数据集和 MSVD 公开数据集上输出的视频描述语句和其对应参考语句真实值(GT)的情况。对于 LBVC 专用数据集，本节所提方法 MFE 可较准确地描述出学习场景中学习者姿态及所发生的事件，与参考描述含义基本一致，可较好地完成学习场景下的视频描述任务，如图 8.4 所示。

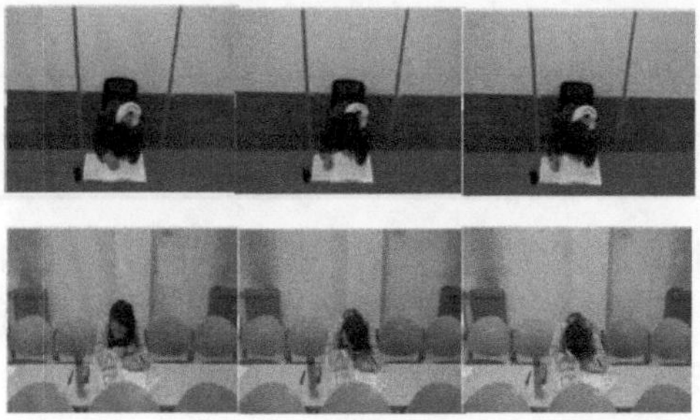

GT: a boy in a black T-shirt is sleeping with his head down
MFE: a boy in a black shirt lays down on his desk to sleep

GT: a girl in pink is sleeping with her head down
MFE: a girl in a pink coat is sleeping on the desk

图 8.4　在 LBVC 数据集上的视频描述结果对比

对于 MSVD 公开数据集，本节所提方法可描述出对应视频的大致内容，对行为的描述和参考描述基本一致，但在信息丰富度和视频描述内容细节方面仍有所欠缺，可能是对关键目标信息不敏感导致，如图 8.5 所示。

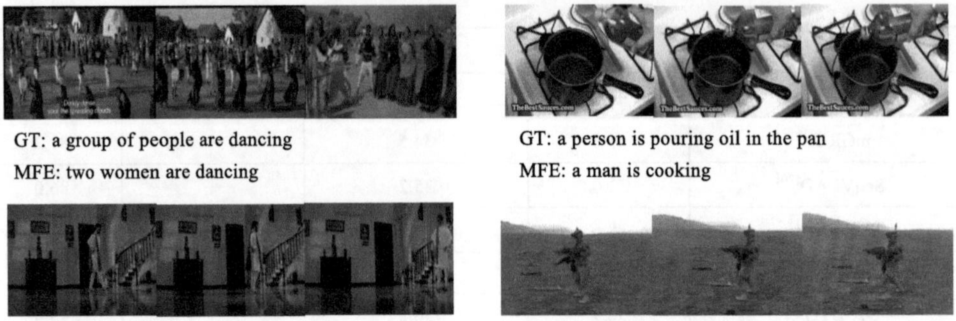

GT: a group of people are dancing
MFE: two women are dancing

GT: a person is pouring oil in the pan
MFE: a man is cooking

GT: a man is slowly pacing a large room
MFE: a man is walking

GT: a soldier is shooting a gun
MFE: a man is shooting a gun

图 8.5　在 MSVD 数据集上的视频描述结果对比

3) 消融实验

为了分析本节所提方法各部分对网络性能的影响，下面在两个数据集上进行消融实验，分别测试不使用语义特征(MFE without Tag)、不使用词嵌入特征(MFE without Word)情况下的方法性能，实验结果如表 8.15 和表 8.16 所示。

表 8.15　MFE 方法的消融实验(LBVC 数据集)　（单位：%）

视频描述方法	BLEU-4	METEOR	ROUGE-L	CIDEr
MFE without Tag	24.4	21.8	**46.1**	127.9
MFE without Word	18.9	20.4	45.8	97.7
MFE	**24.7**	**22.9**	45.9	**143.8**

表 8.16　MFE 方法的消融实验(MSVD 数据集)　（单位：%）

视频描述方法	BLEU-4	METEOR	ROUGE-L	CIDEr
MFE without Tag	49.8	33.9	72.3	86.6
MFE without Word	50.0	32.9	72.5	77.6
MFE	**55.5**	**36.7**	**74.8**	**96.8**

易知，在 LBVC 数据集上，当未使用语义特征时，本节所提方法的 BLEU-4、METEOR、ROUGE-L 和 CIDEr 指标分别为 24.4%、21.8%、46.1%和 127.9%。语义特征能够提高方法的用词准确度，缺乏该特征使方法整体性能偏低，但由于 ROUGE-L 指标主要与视频描述的召回率相关，所以 ROUGE-L 分数较高；当不使用词嵌入特征时，方法性能最低，原因在于丢失了上下文词语之间的关系信息，使方法仅能通过视觉特征预测当前词语；当同时使用语义特征和词嵌入特征时，方法性能达到最优。在 MSVD 数据集上，同时采用语义特征和词嵌入特征时，方法性能达到最优，BLEU-4、METEOR、ROUGE-L 和 CIDEr 指标分别为 55.5%、36.7%、74.8%和 96.8%。

3. 所提方法小结

本节针对微弱学习者行为视频描述进行研究，参考陕西师范大学视觉计算研究团队自建数据集和国际公开数据集的数据结构，构建了学习者行为视频描述专用数据集 LBVC，为学习场景下的学习者行为视频描述研究提供数据支撑；提出基于多特征编码的学习者行为视频描述方法，设计基于编解码结构的 MFE 网络，从多维度提取视频动态特征、视频静态特征、词嵌入特征和语义特征并融合实现视频编码，最后使用 GRU 进行解码并生成视频描述语句。

实验结果表明，本节所提方法在 LBVC 专用数据集和 MSVD 公开数据集上性能优良，能够满足学习场景下学习者行为视频描述任务的基本需要。

8.3.3　基于动态目标感知与二阶段融合的视频描述方法

1. 视频描述方法设计

1) 网络结构

在 MFE 方法的基础上，本节进一步优化学习者行为视频描述方法，提出基于动态目标感知与二阶段融合的视频描述(dynamic object perception and two stage fusion based video description，DOP-TSF)方法[2]，整体结构如图 8.6 所示。

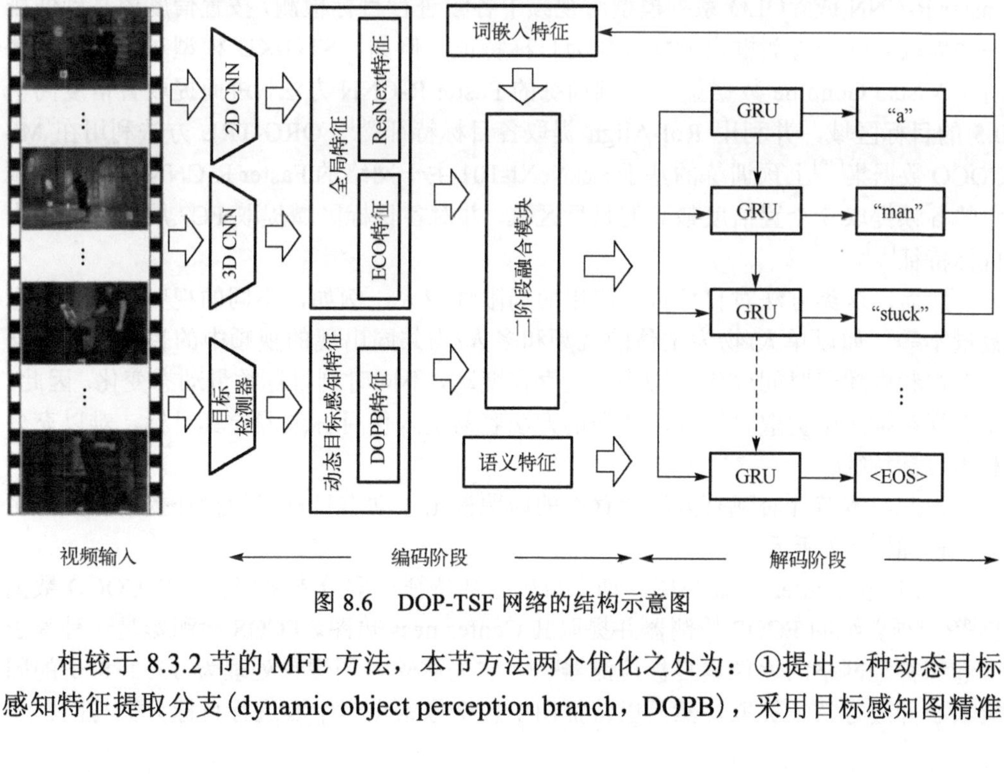

图 8.6　DOP-TSF 网络的结构示意图

相较于 8.3.2 节的 MFE 方法，本节方法两个优化之处为：①提出一种动态目标感知特征提取分支(dynamic object perception branch，DOPB)，采用目标感知图精准表示目标区域，无须人工设置固定的检测框数量，解决了现有方法中视频目标数量不确定且同一视频不同视频帧的目标数量不定引起的动态目标信息变化缺失问题；②提出一种二阶段融合模块(two stage fusion module，TSFM)，采用双线性融合策略对输入的多维度特征进行高阶特征交互，挖掘不同模态特征间隐含的关联关系，通过自适应特征融合模块对各特征进行加权融合，解决现有方法因特征向量简单拼接或求和的方式导致的各模态特征难以高效融合的问题。

DOP-TSF 的编码部分是在 8.3.2 节中采用的视频静态特征 $F_{V_i}^{2D} \in \mathbb{R}^{2048\times1}$、视频动态特征 $F_{V_i}^{3D} \in \mathbb{R}^{1536\times1}$、词嵌入特征 $F_{V_i}^{\text{Embed}} \in \mathbb{R}^{300\times1}$ 和语义特征的基础上引入了新视频目标特征。首先，通过目标检测器对视频各帧生成关键目标区域并处理得到目标感知图，将目标感知图进一步优化得到 256 维的动态目标感知特征 $F_{V_i}^{\text{Object}} \in \mathbb{R}^{256\times1}$；然后，将获取的视频静态特征、视频动态特征、动态目标感知特征及词嵌入特征输入二阶段融合模块中进行高阶自适应特征交互融合，得到 512 维的融合特征 $F_{V_i}^{\text{fusion}} \in \mathbb{R}^{512\times1}$；最后，将视频融合特征 $F_{V_i}^{\text{fusion}}$ 与语义特征相加融合输入解码器。解码阶段和 8.3.2 节类似，在此不再赘述。

2) 动态目标感知特征提取分支

目标特征因其表征视频关键信息的能力已成为视频描述任务中被使用的重要特征之一。基于目标特征的视频描述算法通常采用在大型目标检测数据集上预训练的 Faster R-CNN 或 YOLO 系列模型对视频中各帧进行目标检测，按置信度由高到低排序并提取若干个检测框内的特征作为目标特征。例如，STG-KD 模型对视频各帧使用在 Visual Genome 数据集[59]上预训练的 Faster R-CNN 方法，进而提取置信度高于 0.5 的目标区域，并利用 RoI-Align 提取各目标特征[60]。ORG-TRL 方法利用在 MS COCO 数据集[49]上预训练的基于 ResNeXt-101 主干网络的 Faster R-CNN 方法对视频中的各帧提取 5 个置信度最高的目标区域，并对各目标区域提取 FC7 层的特征作为目标特征[61]。

然而，这类方法对目标特征应用的局限性较大，例如，不同的视频中主要目标数量不等，如以单人/物为主体的视频和多人/物共同出现的视频中的目标数量；同一个视频内随着时间变化，人/物数量存在变动，不同时刻目标数量动态变化。因此，现有视频描述中提取目标检测特征的方法容易引入伪目标或漏检真目标，难以充分利用目标特征。

为此，本节针对现有方法中存在的问题提出了动态目标感知特征提取分支，主要过程如图 8.7 所示。

(1) 提取 Center-ness 热图。动态目标感知特征提取分支采用在 MS COCO 数据集[49]上预训练的 FCOS 检测器并提取其 Center-ness 热图。FCOS 检测器是一种基于全卷积神经网络的逐像素目标检测器[62]。它先将输入图像预处理为 1333×800 的固定大小并进行特征提取，然后以特征图中各个像素点为中心进行目标分类与回归。

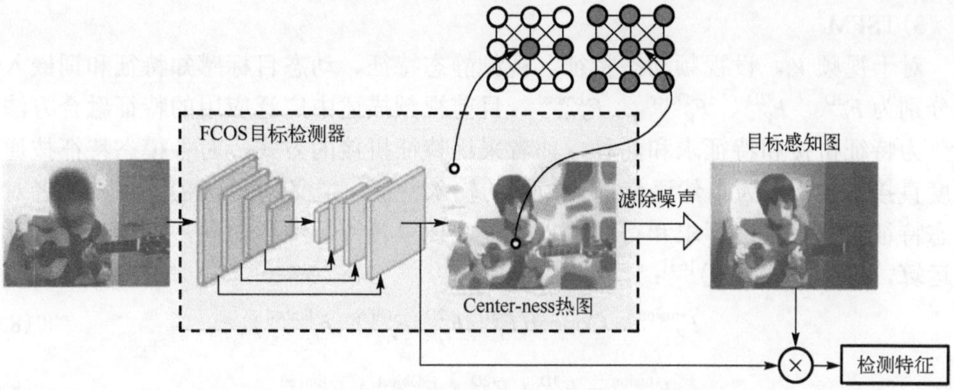

图 8.7　动态目标感知特征提取分支的示意图

其中，FCOS 使用 Center-ness 热图预测各点距所属目标中心点的距离，在训练阶段按式(3.12)生成真实标注。如图 3.23 所示，不同颜色分别表示 1、0 及它们之间的实数值，距离目标中心越近，其值越大。Center-ness 热图能够良好地定位目标区域，有效抑制低质量包围框且无须人工设置固定的检测框数量。

(2)优化 Center-ness 热图。采用 Center-ness 热图直接表征目标区域会引入噪声信息，加上 Center-ness 热图的通道数为 1，缺乏足够的语义信息。因此，采取以下方法对其进行优化。

八连通域检测法(eight connected-domain detection，ECD)优化 Center-ness 热图：关键目标常占据视频中的主要部分，因此使用八连通域检测法将小于 3 个像素点的连通区域视为无用噪声信息并滤除，保留较大的连通区域，避免获取关键目标区域时引入噪声信息，得到目标感知图 $\mathrm{Map}_{\mathrm{object}}$。

多尺度特征融合(multi-scale feature fusion，MFF)优化 Center-ness 热图：Center-ness 热图无法表征目标区域的高级语义，因此融合目标感知图与高级语义丰富的多尺度特征图，即将 $\mathrm{Map}_{\mathrm{object}}$ 与 FCOS 检测模型中特征金字塔网络的 P7 层特征图 Map_7 融合，再经全局平均池化得到单帧目标特征 f_k^{Object}，定义为

$$f_k^{\mathrm{Object}} = \mathrm{GAP}(\mathrm{Map}_{\mathrm{object}} \circ \mathrm{Map}_7) \tag{8.6}$$

其中，k 为视频 V_i 的帧数除以 20 所得到的数值向下取整；GAP 为全局平均池化操作。

(3)融合特征。将视频 V_i 中各单帧目标特征按式(8.7)计算动态目标感知特征 $F_{V_i}^{\mathrm{Object}}$：

$$F_{V_i}^{\mathrm{Object}} = \mathrm{GAP}(f_1^{\mathrm{Object}}, f_2^{\mathrm{Object}}, \cdots, f_k^{\mathrm{Object}}) \tag{8.7}$$

综上，DOPB 有望精准、灵活地感知目标所在区域，为视频描述任务提取准确的关键目标信息，解决目前视频描述方法利用目标特征不充分的问题，进一步提升视频描述的质量。

3) TSFM

对于视频 V_i，设视频动态特征、视频静态特征、动态目标感知特征和词嵌入特征分别为 $F_{V_i}^{3D}$、$F_{V_i}^{2D}$、$F_{V_i}^{Object}$、$F_{V_i}^{Embed}$。目前视频描述中广泛应用的特征融合方法主要分为特征拼接和特征求和两种，前者采用特征拼接的方式，对各模态特征按通道维度直接拼接，作为自然语言描述模块的输入特征，定义见式(8.8)[21,23]；后者对各模态特征数值直接进行求和得到输入特征，要求各特征维数相同，可以直接进行相加运算，定义见式(8.9)[63]：

$$F_{V_i}^{\text{fusion}} = \text{Concat}(F_{V_i}^{3D}, F_{V_i}^{2D}, F_{V_i}^{\text{Object}}, F_{V_i}^{\text{Embed}}) \tag{8.8}$$

$$F_{V_i}^{\text{fusion}} = F_{V_i}^{3D} + F_{V_i}^{2D} + F_{V_i}^{\text{Object}} + F_{V_i}^{\text{Embed}} \tag{8.9}$$

其中，Concat 表示从通道维度进行特征拼接。

显然，式(8.8)和式(8.9)忽略了特征间的内在联系，且无法实现多特征间的信息交互，难以衡量各特征对输入视频的重要程度，不利于充分发挥各类特征的优势。例如，在以人为中心的视频中，生成描述语句应更受目标特征影响，而以景物为主的视频描述技术则相反。

双线性池化(bilinear pooling)最早在 Lin 等的工作中用来研究细粒度的图像分类任务[64]。受其工作思想启发，下面提出 TSFM，利用视频动态特征、视频静态特征、动态目标感知特征和词嵌入特征间的关系来生成高质量特征，并通过自适应加权的方式进行多特征融合。

TSFM 由双线性特征交互和自适应特征融合两部分组成，首先通过对输入特征进行双线性交互计算，使不同特征信息充分交互，然后对得到的特征分别进行标准化处理，并将处理后的特征进行权值预测，进而预估当前各个特征的重要程度，最后对所有特征进行加权融合，得到最终特征。TSFM 结构如图 8.8 所示，其中 S 代表 Sigmoid 激活函数。

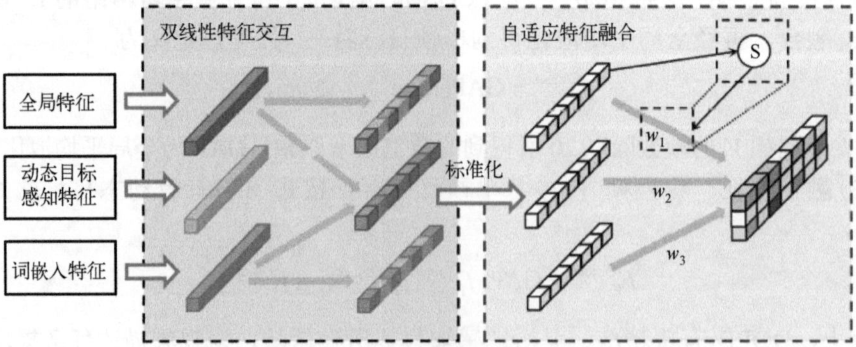

图 8.8　TSFM 结构示意图

首先，将各特征经全连接层统一映射至 512 维，然后利用双线性特征交互将不同特征在高阶空间融合，充分挖掘不同特征间的高阶交互信息，增强视觉信息与文本信息的跨模态内容理解。

具体地，设全局特征为 $F_{V_i}^{\text{Global}}=\text{Concat}(F_{V_i}^{\text{3D}},F_{V_i}^{\text{2D}})\in\mathbb{R}^{3584\times1}$，双线性特征交互定义为

$$\begin{cases}F_{V_i}^{\text{GO}}=\text{BilinearInteraction}(\text{FC}(F_{V_i}^{\text{Global}}),\text{FC}(F_{V_i}^{\text{Object}}))\\F_{V_i}^{\text{GE}}=\text{BilinearInteraction}(\text{FC}(F_{V_i}^{\text{Global}}),\text{FC}(F_{V_i}^{\text{Embed}}))\\F_{V_i}^{\text{OE}}=\text{BilinearInteraction}(\text{FC}(F_{V_i}^{\text{Object}}),\text{FC}(F_{V_i}^{\text{Embed}}))\end{cases}\tag{8.10}$$

其中，$F_{V_i}^{\text{GO}}$ 表示全局特征和动态目标感知特征进行双线性特征交互后的特征；$F_{V_i}^{\text{GE}}$ 表示全局特征和词嵌入特征进行双线性特征交互后的特征；$F_{V_i}^{\text{OE}}$ 表示动态目标感知特征和词嵌入特征进行双线性交互后的特征；FC 表示全连接层映射操作；BilinearInteraction 定义为

$$\text{BilinearInteraction}(X_1,X_2)=\text{Sign}(X_1\circ X_2)\circ\sqrt{|X_1\circ X_2+\varepsilon|}\tag{8.11}$$

其中，ε 是平滑项，通常是非常小的正数；开方运算使特征在高阶交互的同时，确保输出特征与输入特征的阶数一致；Sign 为符号函数，定义为

$$\text{Sign}(x)=\begin{cases}1, & x>0\\0, & x=0\\-1, & x<0\end{cases}\tag{8.12}$$

其次，由于不同视频内容间差异性较大，一些视频的主体目标明确，其目标特征会起到主要作用，而一些视频目标不明确，则全局特征具有更重要的作用，因此自适应特征融合方法能让网络自动调整各特征的重要程度，得到更优的性能。

具体地，将经双线性交互机制融合后的特征 $F_{V_i}^{\text{GO}},F_{V_i}^{\text{GE}},F_{V_i}^{\text{OE}}\in\mathbb{R}^{512\times1}$ 经标准化操作后输入权值预测部分，使网络学习各特征对视频描述任务的贡献度，各特征的权重 $W_{V_i}^{\text{GO}}$、$W_{V_i}^{\text{GE}}$ 和 $W_{V_i}^{\text{OE}}$ 分别定义为

$$\begin{aligned}W_{V_i}^{\text{GO}}&=\text{Sig}\left(\text{Conv}_{1\times1}\left(\frac{F_{V_i}^{\text{GO}}}{\|F_{V_i}^{\text{GO}}\|_2}\right)\right)\\W_{V_i}^{\text{GE}}&=\text{Sig}\left(\text{Conv}_{1\times1}\left(\frac{F_{V_i}^{\text{GE}}}{\|F_{V_i}^{\text{GE}}\|_2}\right)\right)\\W_{V_i}^{\text{OE}}&=\text{Sig}\left(\text{Conv}_{1\times1}\left(\frac{F_{V_i}^{\text{OE}}}{\|F_{V_i}^{\text{OE}}\|_2}\right)\right)\end{aligned}\tag{8.13}$$

其中，$\text{Conv}_{1\times1}$ 表示 1×1 卷积操作；Sig 表示 Sigmoid 激活函数操作；$\|\cdot\|_2$ 表示 L2 范数。

最后，将各特征与对应权重相乘并进行拼接，使用全连接层映射得到 512 维的融合特征 $F_{V_i}^{\text{fusion}}$，定义为

$$F_{V_i}^{\text{fusion}} = \text{FC}\left(\text{Concat}\left(W_{V_i}^{\text{GO}} \times \frac{F_{V_i}^{\text{GO}}}{\|F_{V_i}^{\text{GO}}\|_2}, \ W_{V_i}^{\text{GE}} \times \frac{F_{V_i}^{\text{GE}}}{\|F_{V_i}^{\text{GE}}\|_2}, \ W_{V_i}^{\text{OE}} \times \frac{F_{V_i}^{\text{OE}}}{\|F_{V_i}^{\text{OE}}\|_2}\right)\right) \tag{8.14}$$

综上，通过双线性交互计算和自适应特征融合两部分的操作，一方面有望得到高质量的多模态交互特征；另一方面，通过自适应调整各特征的权重，合理利用多模态特征，避免低效特征对模型学习的干扰，增强视频描述的准确性。

2. 实验结果与性能分析

1) 实验环境与参数设置

本节实验的软硬件环境、参数设置、数据集和评价指标均与 8.3.2 节相同。

2) 方法性能分析

本节分别在 LBVC 专用数据集和 MSVD 公开数据集上进行实验，分析不同模块设计对本节所提方法性能的影响，通过 BLEU-4、METEOR、ROUGE-L 和 CIDEr 四种评价指标测试本节所提方法的性能。

(1) 不同动态目标感知特征提取方式对方法性能影响实验。

本组实验比较 DOP-TSF 中不同动态目标感知特征提取方式对方法性能的影响，具体包括：DOPB 中未采用八连通域检测法优化和多尺度特征融合优化的情况 (without ECD&MFF)；DOPB 中未采用八连通域检测法优化的情况 (without ECD)；DOPB (DOP-TSF)。

不同动态目标感知特征提取方式对方法性能影响的实验结果如表 8.17 和表 8.18 所示。

表 8.17　LBVC 数据集上的实验结果　　(单位：%)

动态目标感知特征提取方式	BLEU-4	METEOR	ROUGE-L	CIDEr
without ECD&MFF	23.2	22.2	46.4	128.3
without ECD	26.9	23.4	48.3	174.9
DOP-TSF	**28.3**	**24.6**	**50.7**	**176.9**

表 8.18　MSVD 数据集上的实验结果　　(单位：%)

动态目标感知特征提取方式	BLEU-4	METEOR	ROUGE-L	CIDEr
without ECD&MFF	50.4	36.3	73.3	90.8
without ECD	54.9	37.5	74.9	100.8
DOP-TSF	**59.9**	**39.5**	**77.0**	**110.1**

以上结果表明，在 LBVC 数据集上，当 DOPB 未采用八连通域检测法和多尺度

特征融合进行优化时，包含较多噪声且缺乏高级语义信息，方法性能不佳；当未采用八连通域检测法优化但使用多尺度特征融合优化时，由于引入了高级语义信息，相比于未使用的结果，BLEU-4、METEOR、ROUGE-L、CIDEr 指标分别提高 3.7 个百分点、1.2 个百分点、1.9 个百分点和 46.6 个百分点；当同时添加八连通域检测法优化和多尺度特征融合优化时，相比于仅使用多尺度特征融合优化的结果，BLEU-4、METEOR、ROUGE-L、CIDEr 指标分别提高 1.4 个百分点、1.2 个百分点、2.4 个百分点和 2.0 个百分点，性能最优。

在 MSVD 数据集上，同时使用多尺度特征融合优化机制和八连通域检测法优化机制相比于未使用的结果，BLEU-4、METEOR、ROUGE-L、CIDEr 指标分别提高 9.5 个百分点、3.2 个百分点、3.7 个百分点和 19.3 个百分点，性能最优。

(2) 不同 TSFM 对方法性能影响实验。

本组实验比较 DOP-TSF 中 TSFM 不同设计方式对方法性能的影响。

具体地，TSFM 中在计算各特征的权重 $W_{V_i}^{GO}$ 、$W_{V_i}^{GE}$ 和 $W_{V_i}^{OE}$ 时采用 Sigmoid 激活函数，然后将各特征与对应权重相乘并使用拼接的方式得到融合特征。本组实验对比使用不同激活函数和不同特征融合方式的性能表现，包括：使用 Softmax 激活函数与相加的特征融合方式(Softmax&Add)；使用 Softmax 激活函数与拼接的特征融合方式(Softmax&Concat)；使用 Sigmoid 激活函数与相加的特征融合方式(Sigmoid&Add)；使用 Sigmoid 激活函数与拼接的特征融合方式(Sigmoid&Concat)。在两个数据集上的实验结果如表 8.19 和表 8.20 所示。

表 8.19　二阶段融合方式不同时所提方法的实验结果(LBVC 数据集)　(单位：%)

二阶段特征融合方式	BLEU-4	METEOR	ROUGE-L	CIDEr
Softmax&Add	24.9	21.2	48.3	160.0
Softmax&Concat	25.4	22.8	48.8	157.7
Sigmoid&Add	26.1	24.2	49.4	161.5
Sigmoid&Concat	**28.3**	**24.6**	**50.7**	**176.9**

表 8.20　二阶段融合方式不同时所提方法的实验结果(MSVD 数据集)　(单位：%)

二阶段特征融合方式	BLEU-4	METEOR	ROUGE-L	CIDEr
Softmax&Add	59.6	39.1	76.8	107.9
Softmax&Concat	58.7	38.8	76.4	106.5
Sigmoid&Add	**60.2**	38.9	76.8	105.1
Sigmoid&Concat	59.9	**39.5**	**77.0**	**110.1**

结果表明，在 LBVC 数据集上，当采用 Softmax 激活函数时，对各特征权重存在和为 1 的限制，各特征难以灵活融合，导致方法性能较低；当采用 Sigmoid&Add 方式时，该方法的 BLEU-4、METEOR、ROUGE-L 和 CIDEr 指标分别达到 26.1%、

24.2%、49.4%和 161.5%；当采用 Sigmoid&Concat 方式时，能够更好地对各特征进行自适应融合，方法性能最佳，其 BLEU-4、METEOR、ROUGE-L 和 CIDEr 指标相比 Sigmoid&Add 分别提高 2.2 个百分点、0.4 个百分点、1.3 个百分点和 15.4 个百分点。在 MSVD 数据集上，采用 Sigmoid&Concat 时，其 METEOR、ROUGE-L 和 CIDEr 指标均最优，分别为 39.5%、77.0%和 110.1%，即采用 Sigmoid&Concat 策略的 TSFM 效果最好。

(3)不同视频描述方法的性能比较实验。

下面对比分析 DOP-TSF 与经典视频描述方法、主流视频描述方法和 MFE 在 MSVD 公开数据集上的性能差异，结果如表 8.21 所示。

表 8.21　在 MSVD 数据集上各视频描述方法的对比实验结果　(单位：%)

视频描述方法	BLEU-4	METEOR	ROUGE-L	CIDEr
S2VT[13]	37.0	29.8	—	—
aLSTM[55]	44.9	30.4	—	60.1
mGRU[16]	53.8	34.5	—	81.2
SeqVLAD[20]	51.0	35.2	—	86.0
MARN[21]	48.6	35.1	71.9	92.2
GRU-EVE[23]	47.9	35.0	71.5	78.1
OA-BTG[57]	56.9	36.2	—	90.6
OSTG[58]	57.5	36.8	—	92.1
SibNet[24]	54.2	34.8	71.7	88.2
STG-KD[25]	52.2	36.9	73.9	93.0
ORG-TRL[26]	54.3	36.4	73.9	95.2
SGN[37]	52.8	35.5	72.9	94.3
MFE	52.6	36.4	73.5	96.2
DOP-TSF	**59.9**	**39.5**	**77.0**	**110.1**

表 8.21 显示，DOP-TSF 在 MSVD 公开数据集上所有指标均优于其他所有方法，具体分析如下。

①相比 S2VT、aLSTM、mGRU 和 SeqVLAD 四种经典方法，DOP-TSF 在 BLEU-4 和 METEOR 指标上比 S2VT 分别提高 22.9 个百分点和 9.7 个百分点；在 BLEU-4、METEOR 和 CIDEr 指标上比 aLSTM 分别提高 15.0 个百分点、9.1 个百分点和 50.0 个百分点；在 BLEU-4、METEOR 和 CIDEr 指标上比 mGRU 分别提高 6.1 个百分点、5.0 个百分点和 28.9 个百分点；在 BLEU-4、METEOR 和 CIDEr 指标上比 SeqVLAD 分别提高 8.9 个百分点、4.3 个百分点和 24.1 个百分点。这表明随着多类特征的高阶自适应交互，本节所提方法的视觉表达能力变强，有利于生成高质量的视频描述语句。

②相比采用目标特征的 STG-KD 方法，DOP-TSF 在 BLEU-4、METEOR、ROUGE-L 和 CIDEr 指标上分别提高 7.7 个百分点、2.6 个百分点、3.1 个百分点和 17.1 个百分点；相比采用目标特征的 ORG-TRL 方法，DOP-TSF 在 BLEU-4、

METEOR、ROUGE-L 和 CIDEr 指标上分别提高 5.6 个百分点、3.1 个百分点、3.1 个百分点和 14.9 个百分点。这表明本节所提方法合理地解决了现有方法中视频动态目标信息变化缺失的问题，能提供更准确的目标信息。

③相比主流的 6 种方法，DOP-TSF 在 BLEU-4、METEOR、ROUGE-L 和 CIDEr 指标上比 MARN 分别提高 11.3 个百分点、4.4 个百分点、5.1 个百分点和 17.9 个百分点；在 BLEU-4、METEOR、ROUGE-L 和 CIDEr 指标上比 GRU-EVE 分别提高 12.0 个百分点、4.5 个百分点、5.5 个百分点和 32.0 个百分点；在 BLEU-4、METEOR、ROUGE-L 和 CIDEr 指标上比 SibNet 分别提高 5.7 个百分点、4.7 个百分点、5.3 个百分点和 21.9 个百分点；在 BLEU-4、METEOR、ROUGE-L 和 CIDEr 指标上比 SGN 分别提高 7.1 个百分点、4.0 个百分点、4.1 个百分点和 15.8 个百分点；在 BLEU-4、METEOR 和 CIDEr 指标上比 OA-BTG 分别提高 3.0 个百分点、3.3 个百分点和 19.5 个百分点；在 BLEU-4、METEOR 和 CIDEr 指标上比 OSTG 分别提高 2.4 个百分点、2.7 个百分点和 18.0 个百分点。结果表明 DOP-TSF 的各指标值均有明显提升，尤其 CIDEr 指标最为明显。与其他指标相比，CIDEr 与人类共识得分的相关性更高，侧重衡量待评价方法是否抓取到关键信息，进一步表明了本节所提方法的优越性。

为了呈现本节所提方法描述语句的生成效果，我们可视化地对比 DOP-TSF 和 MFE 在 LBVC 数据集与 MSVD 数据集上输出的视频描述语句和其对应参考语句的情况，见图 8.9 和图 8.10。

GT: a boy with short white T-shirt and short hair picked up a book from the table and read it carefully

MFE: a girl with short white T-shirt and short hair is up a book from the table and read it carefully

DOP-TSF: a boy with short white T-shirt and short hair is up a book from the table and read it carefully

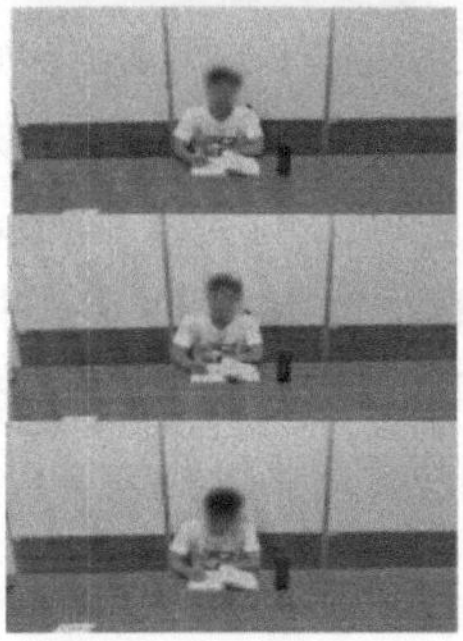

GT: a boy wearing white short T-shirt and glasses is looking ahead and listening carefully

MFE: a boy in blue short T-shirt and glasses is looking ahead and listening carefully

DOP-TSF: a boy in white short T-shirt and glasses is looking ahead and listening carefully

图 8.9　在 LBVC 数据集上的视频描述结果对比

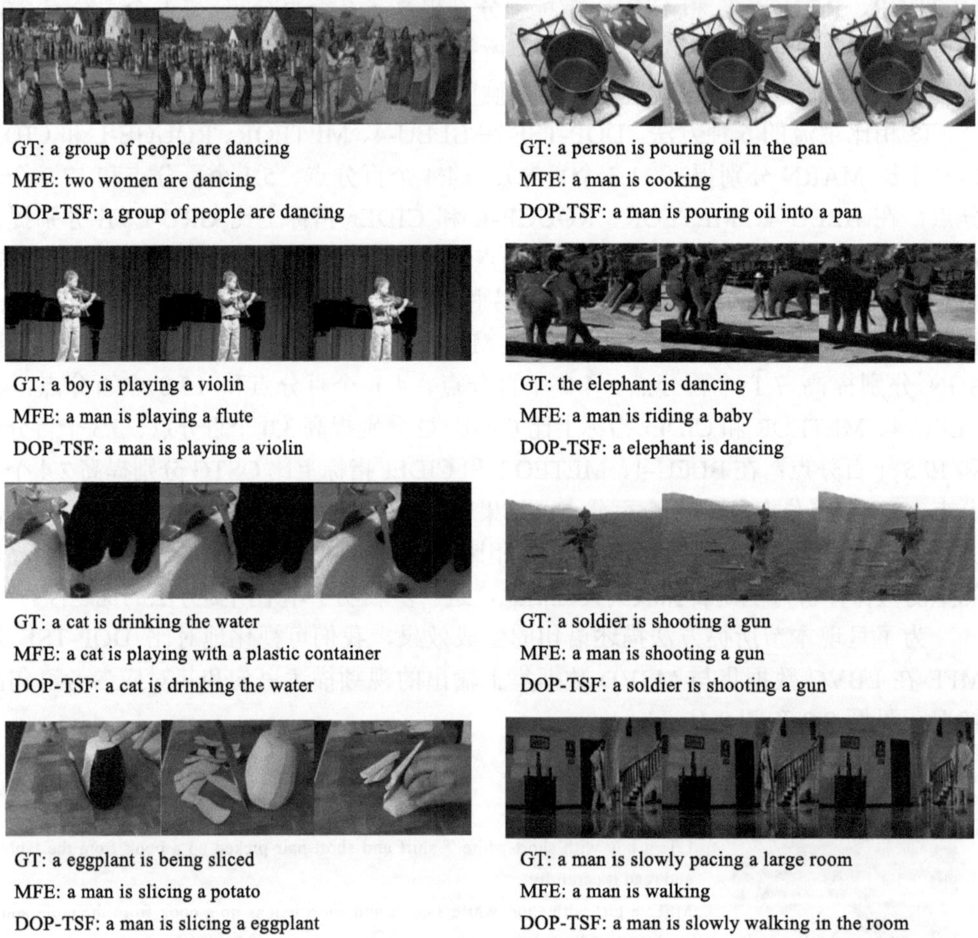

图 8.10　在 MSVD 数据集上的视频描述结果对比

结果表明，对于 LBVC 数据集，DOP-TSF 能够在准确描述出学习场景中学习者姿态及所发生事件的基础上，对关键目标的细节信息更敏感，对学习者的性别和衣服颜色辨别力增强；对于 MSVD 公开数据集，DOP-TSF 生成的字幕内容比 MFE 更准确，对目标类别的辨别力强，并且涉及更多的事件关联，预测语句与真实语句标注吻合程度最高。例如，DOP-TSF 准确生成描述第二行第一列中的视频信息“a man is playing a violin”，物体是 violin 而不是 flute；第一行第二列中的示例表明 DOP-TSF 能够准确地描述人的活动“a man is pouring oil into a pan”，也能够识别更详细的物体以及“人(person)”和 oil 之间的具体关系，甚至是 oil 的所在位置“in the pan”，而 MFE 只能提供视频中的基本信息。

3) 消融实验

下面测试本节所提的 DOPB 和 TSFM 各自对方法性能的影响，在两个数据集上进行消融实验，结果如表 8.22 和表 8.23 所示。

表 8.22　DOP-TSF 方法的消融实验(LBVC 数据集)　(单位：%)

视频描述方法	BLEU-4	METEOR	ROUGE-L	CIDEr
MFE	24.6	22.9	45.9	143.7
MFE+DOPB	25.6	24.0	47.5	152.4
MFE+$TSFM^{I}$	28.2	23.0	49.9	166.2
MFE+$TSFM^{II}$	27.7	24.1	50.2	174.6
DOP-TSF	**28.3**	**24.6**	**50.7**	**176.9**

表 8.23　DOP-TSF 方法的消融实验(MSVD 数据集)　(单位：%)

视频描述方法	BLEU-4	METEOR	ROUGE-L	CIDEr
MFE	55.5	36.7	74.8	96.8
MFE+DOPB	56.9	37.8	75.7	106.4
MFE+$TSFM^{I}$	58.7	38.5	76.5	107.0
MFE+$TSFM^{II}$	56.3	39.1	76.2	106.6
DOP-TSF	**59.9**	**39.5**	**77.0**	**110.1**

表 8.22 和表 8.23 中 MFE 表示仅采用编码器-解码器的基线策略；MFE+DOPB 方法表示仅采用动态目标感知特征的策略；MFE+$TSFM^{I}$ 方法表示 TSFM 中仅采用双线性特征交互机制策略；MFE+$TSFM^{II}$ 方法表示 TSFM 中仅采用自适应特征融合机制策略；DOP-TSF 表示本节所提出方法的全部组件，包括完整的 TSFM 和动态目标感知特征提取分支。

(1) LBVC 数据集。

①与 MFE 相比，DOP-TSF 在 LBVC 公开数据集的 4 个指标上均取得了明显提升，其 BLEU-4、METEOR、ROUGE-L 和 CIDEr 指标值分别提高 3.7 个百分点、1.7 个百分点、4.8 个百分点和 33.2 个百分点，充分表明本节所提方法的准确性。

②MFE+DOPB 方法在基线策略上引入了 DOPB，通过目标感知图为该方法引入目标特征，增强了该方法对视频中关键信息的捕获能力，BLEU-4、METEOR、ROUGE-L 和 CIDEr 指标比 MFE 方法分别提高 1.0 个百分点、1.1 个百分点、1.6 个百分点和 8.7 个百分点。

③MFE+$TSFM^{I}$ 方法在 MFE 方法设置中引入了 $TSFM^{I}$，即 TSFM 中的双线性特征交互机制。通过对所输入的视觉特征与词嵌入特征进行高阶交互融合，使 BLEU-4、METEOR、ROUGE-L 和 CIDEr 四个指标比 MFE 方法分别提高 3.6 个百分点、0.1 个百分点、4.0 个百分点和 22.5 个百分点。

④MFE+TSFM^{II}方法在 MFE 方法设置中引入了 TSFM^{II}，即 TSFM 中的自适应特征融合机制。通过对各类输入特征进行自适应地权重调整，使 BLEU-4、METEOR、ROUGE-L 和 CIDEr 四个指标相比 MFE 方法分别提高 3.1 个百分点、1.2 个百分点、4.3 个百分点和 30.9 个百分点。

(2) MSVD 数据集。

①与 MFE 相比，DOP-TSF 在 MSVD 公开数据集的四个指标上均取得了明显提升，其 BLEU-4、METEOR、ROUGE-L 和 CIDEr 指标值分别提高 4.4 个百分点、2.8 个百分点、2.2 个百分点和 13.3 个百分点，充分表明本节所提方法的准确性。

②MFE+DOPB 方法在基线策略中引入了 DOPB，通过目标感知图为该方法引入目标特征，增强了该方法对视频中关键信息的捕获能力，BLEU-4、METEOR、ROUGE-L 和 CIDEr 指标比 MFE 方法分别提高 1.4 个百分点、1.1 个百分点、0.9 个百分点和 9.6 个百分点。

③MFE+TSFM^{I}方法在 MFE 设置中引入了 TSFM^{I}，即 TSFM 中的双线性特征交互机制。通过对输入的视觉特征与词嵌入特征进行高阶交互融合，使方法的 BLEU-4、METEOR、ROUGE-L 和 CIDEr 四个指标比 MFE 方法分别提高 3.2 个百分点、1.8 个百分点、1.7 个百分点和 10.2 个百分点。

④MFE+TSFM^{II}方法在 MFE 方法设置中引入了 TSFM^{II}，即 TSFM 中的自适应特征融合机制。通过对各类输入特征进行自适应地权重调整，使 BLEU-4、METEOR、ROUGE-L 和 CIDEr 四个指标比 MFE 方法分别提高 0.8 个百分点、2.4 个百分点、1.4 个百分点和 9.8 个百分点。

由此可见，TSFM 与 DOPB 的引入既能通过目标特征掌握视频中的关键信息，又可使不同类别特征进行高阶特征融合，并进一步自适应调整各特征的重要程度，有效提高了视频内容的语义描述准确度。

3. 所提方法小结

本节针对现有视频描述技术中语句生成质量低的问题进行研究，在 MFE 的基础上，提出了基于动态目标感知与二阶段融合的学习者行为视频描述方法。

该方法的特点主要体现在：①充分考虑视频中目标特征的特点及场景变化性，提出动态目标感知特征提取分支，解决了现有方法中视频目标数量不定且同一视频不同视频帧的目标数量不定引起的动态目标信息变化缺失问题；②提出二阶段融合模块，对提取的多类特征进行交互式融合，充分互补利用各模态特征，解决了现有方法因特征向量简单拼接或求和的方式导致的各模态特征难以高效融合的问题，且该特征融合思想可用于任意类型特征融合的视频描述任务。实验结果表明，所提方法在 LBVC 数据集和 MSVD 数据集上性能提升明显，综合效果最优，能够为学习者行为分析提供有力的技术支持。

8.3.4　基于多模态特征的视频密集描述方法

1. 视频密集描述方法设计

1)方法整体框架

基于多模态特征的视频密集描述(video dense description based on multimodal features，VDD-MF)方法的主要过程如图 8.11 所示，主要包括以下步骤。

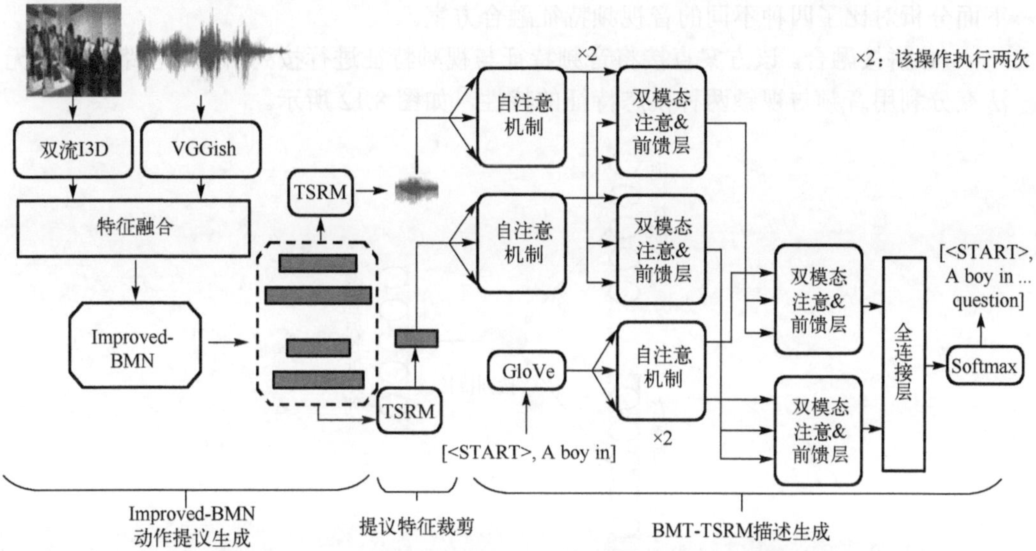

图 8.11　基于多模态特征的视频密集描述方法示意图[1]

(1)音视频特征提取。对视频信息，采用双流 I3D 网络进行特征提取；对音频信息，采用在 AudioSet 音频数据集上预训练的 VGGish 模型进行特征提取[65,66]。

(2)改进的边界匹配网络(improved boundary matching network，Improved-BMN)候选时序动作提议生成。以边界匹配网络为基础，构建 Improved-BMN[67]。具体操作为引入 Timeception 层增强原始 BMN 检测时长灵活且多变动作片段的性能，再对音频特征和视频特征进行融合。

(3)提议特征裁剪。基于 Transformer 的双模态时序语义关系模块(bi-modal transformer-temporal-semantic relation module，BMT-TSRM)网络的输入为经裁剪得到的动作提议对应的音视频特征序列。

(4)BMT-TSRM 描述生成。以双模态 Transformer 作为基础描述生成网络[68]。在此基础上进行改进，构建 BMT-TSRM 网络，具体操作为：生成描述前通过时序语义关系模块(temporal-semantic relation module，TSRM)对视频中多个事件间丰富的时间结构和语义信息进行建模，生成时序语义特征[69]。

值得注意的是，输入 BMT-TSRM 网络的特征为音视频特征与时序语义特征融合后的特征。对于“教室看书”或“低头玩手机”这类不发出声音的行为，本节并未进行特别区分，而是与其他行为同等对待，采用相同的音视频融合方案。

2) 音视频特征融合方案

由于音频和视频特征是两种不同模态的特征，如何将它们进行有效融合是至关重要的。对时序动作提议生成任务，在给定的视频特征 V 和音频特征 A 的基础上，下面分析对比了四种不同的音视频特征融合方案。

(1) 拼接融合。该方案直接将音频特征与视频特征进行按列拼接，思路简单但无法充分利用音频与视频两种模态特征的特性，如图 8.12 所示。

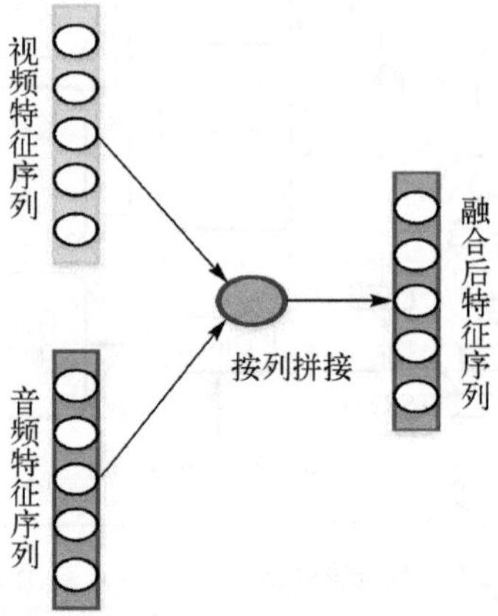

图 8.12　拼接融合方案

(2) 多模态融合。该方案首先将音频特征与视频特征分别进行元素级相加和相乘操作，然后将两种特征进行按列拼接操作后经全连接层编码，最后将三种处理后的特征进行按列拼接操作得到最终特征，如图 8.13 所示，定义为

$$C_{\text{final}} = (V + A) \,\|\, (V \cdot A) \,\|\, \text{FC}(V \,\|\, A) \tag{8.15}$$

其中，“+”和“||”分别表示元素级相加和按列拼接操作；“FC”表示全连接层。

(3) 乘性混合融合。该方案首先将两种特征进行元素级相加操作，然后再和原始特征进行按列拼接操作，得到最终特征，如图 8.14 所示[70]，定义为

$$C_{\text{final}} = (V + A) \,\|\, \text{FC}(V) \,\|\, \text{FC}(A) \tag{8.16}$$

其中，“+”和“||”分别表示元素级相加和按列拼接操作。乘性混合融合能自动聚焦更可靠的模态信息，减少对不可靠模态的关注。

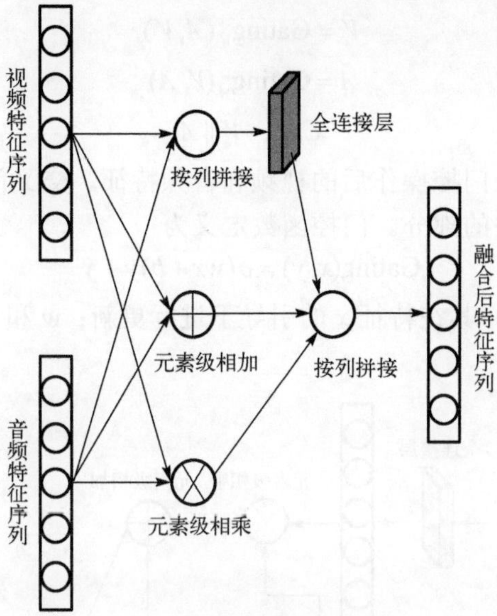

图 8.13　多模态融合方案

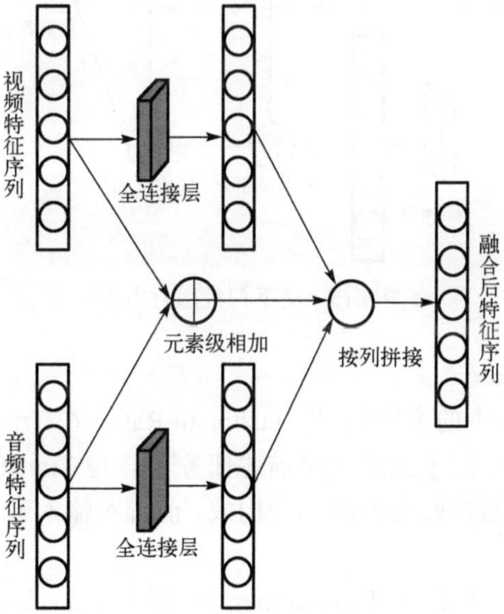

图 8.14　乘性混合融合方案

(4) 交叉门控融合。Wang 等针对视频描述任务首次提出了交叉门控策略，用于增强空间流和时序流特征中相互关联的信息[71]。

交叉门控融合方案如图 8.15 所示，定义为

$$
\begin{aligned}
\tilde{V} &= \mathrm{Gating}_V(A, V) \\
\tilde{A} &= \mathrm{Gating}_A(V, A) \\
C_{\text{final}} &= \tilde{V} \,\|\, \tilde{A}
\end{aligned}
\tag{8.17}
$$

其中，$\tilde{V}$ 和 $\tilde{A}$ 分别为经门控操作后的视频和音频特征。交叉门控方案能够增强音频特征和视频特征中相关的部分。门控函数定义为

$$
\mathrm{Gating}(x, y) = \delta(wx + b)y + y \tag{8.18}
$$

其中，y 代表目标特征，其在特征 x 的引导下进行更新；w 和 b 为待学习的参数；δ 为非线性激活函数。

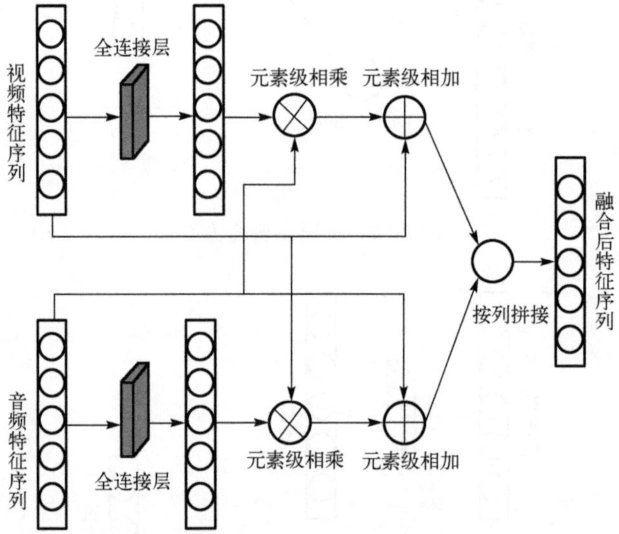

图 8.15　交叉门控融合方案

3) 双模态 Transformer

为了充分利用视频中的音频信息，Iashin 和 Rahtu 在 Transformer 模型的基础上提出双模态 Transformer 用于完成密集描述任务[68]。与 Transformer 模型类似，双模态 Transformer 由编码器和解码器两部分构成，前者对输入音视频进行编码，后者负责单词序列预测生成。

(1) 双模态编码器。相比于 Transformer，双模态 Transformer 在每个编码层的自注意层后增加了双模态注意层，用于对音视频特征进行编码融合。具体而言，对于第 n 层编码层，经过自注意层得到编码后的音频特征 A_n^{self} 和视频特征 V_n^{self}。双模态注意层对两种模态特征融合的过程定义为

$$
\begin{aligned}
A_n^{\text{mm}} &= \mathrm{MultiHead}(A_n^{\text{self}}, V_n^{\text{self}}, V_n^{\text{self}}) \\
V_n^{\text{mm}} &= \mathrm{MultiHead}(V_n^{\text{self}}, A_n^{\text{self}}, A_n^{\text{self}})
\end{aligned}
\tag{8.19}
$$

其中，MultiHead 代表多头注意力机制；A_n^{mm} 和 V_n^{mm} 分别为编码融合后的音视频特征。

(2) 双模态解码器。首先，对输入的前 t 个时刻的单词序列用 GloVe 模型将其编码为单词特征序列 $C_t=(c_1,c_2,\cdots,c_t)\in\mathbb{R}^{t\times D_c}$，其中，$t$ 为当前单词特征序列长度；D_c 为特征维度。然后，经自注意层编码得到单词上下文信息 C_n^{self}。其次，为了融合 C_n^{self} 与双模态编码器自注意层输出的音频特征 A^v 和视频特征 V^a，第 n 层解码层过程定义为

$$\begin{aligned}C_n^{A^v}&=\mathrm{MultiHead}(C_n^{\mathrm{self}},A^v,A^v)\\C_n^{V^a}&=\mathrm{MultiHead}(C_n^{\mathrm{self}},V^a,V^a)\end{aligned}\tag{8.20}$$

其中，$C_n^{A^v}$ 代表单词特征序列与音频特征融合后的特征；$C_n^{V^a}$ 代表单词特征序列与视频特征融合后的特征；MultiHead 代表多头注意力机制。最后，将最后一层解码层得到的特征 $C_n^{A^v}$ 和 $C_n^{V^a}$ 拼接，经全连接层编码得到最终解码器输出特征，定义为

$$C_n^{\mathrm{FC}}=\mathrm{FC}([C_n^{A^v},C_n^{V^a}])\tag{8.21}$$

其中，$[\cdot,\cdot]$ 表示特征拼接操作；FC 表示全连接层。

(3) 单词概率生成。对双模态解码器输出的前 t 个时间步的特征 $C_t^{av}\in\mathbb{R}^{t\times D_c}$，经过一层全连接层和 Softmax 归一化操作得到 t+1 时刻的单词预测概率向量，定义为

$$P_{t+1}=\mathrm{Softmax}(\mathrm{FC}(C_t^{av}))\tag{8.22}$$

其向量维度和字典大小一致，本节选用概率向量中最大概率位置对应的单词作为当前时刻的预测单词。

4) TSRM

如图 8.16 所示，在使用 BMT-TSRM 网络生成描述前，首先采用 TSRM 对多个事件之间丰富的时序结构和语义信息进行建模，得到时序语义特征[69]，并分别和音视频特征融合，得到输入 BMT-TSRM 网络的特征。

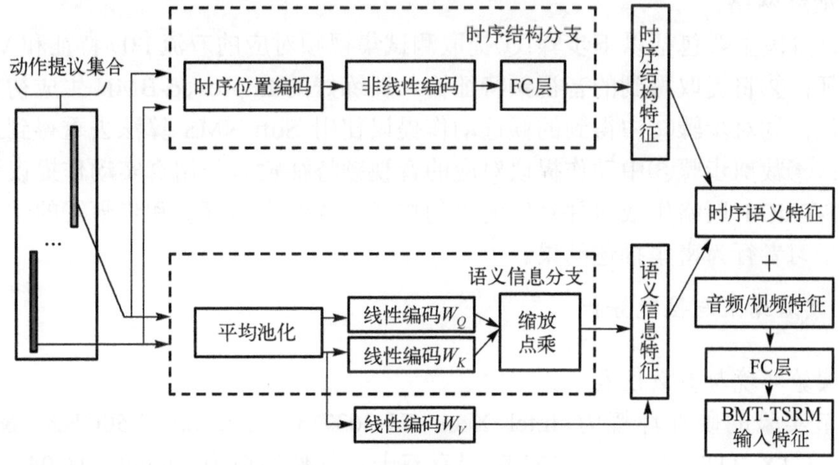

图 8.16　TSRM 模块结构与特征融合示意图

(1)时序结构建模。首先对于任意给定的动作提议对 (P_i,P_j)，$i \neq j \in \{1,2,\cdots,N_p\}$（$N_p$ 为动作提议数量）进行位置编码：

$$P_{ij} = \left[\frac{c_i - c_j}{l}, \log\frac{l_j}{l_i}\right] \tag{8.23}$$

其中，P_{ij} 为得到的时序位置编码向量；c_i 和 l_i 分别为提议 P_i 的中心位置和长度；$[\cdot,\cdot]$ 代表元素级拼接操作。接下来，通过 tanh 非线性激活函数和全连接层将 P_{ij} 嵌入高维特征空间，得到最终的时序结构特征。

(2)语义关系建模。以音频特征为例，语义关系建模过程分为三个环节：首先，将提议 P_i 对应的音频特征序列 $\{A_k\}_{k=1}^{K}$ 进行平均池化操作得到视频级特征表达 $\tilde{A}_i$；然后，通过点乘注意力机制计算每对提议间的语义相似度[69]，得到每个提议对应的语义信息特征；最后，将步骤(1)中得到的时序结构特征与之融合，得到最终的时序语义特征。

5)方法实现的主要步骤

基于多模态特征的视频密集描述方法主要流程如图 8.17 所示。

训练阶段主要包括以下步骤：①提取训练集视频对应的双流 I3D 特征和 VGGish 音频特征；②训练 Improved-BMN 前，将视频特征序列通过线性插值方式缩放到时序长度为 100，通道数为 400，将音频特征序列缩放到时序长度为 100，通道数为 128；③对于 Improved-BMN，将音视频特征输入后先进行特征融合再输入后续网络，训练过程中仅使用事件的起止时间信息，对于 BMT-TSRM 网络，根据真实提议裁剪对应的音视频特征输入后续网络；④分别计算两个网络的损失函数，并根据反向传播算法回传至步骤③，迭代优化两个网络，分别保存最优网络作为最终网络。

测试阶段主要包括以下步骤：①提取测试集视频对应的双流 I3D 特征和 VGGish 音频特征；②将提取得到的音视频特征输入训练好的 Improved-BMN 生成初始候选动作提议；③对步骤②中得到的候选动作提议使用 Soft-NMS 算法去重得到最终动作提议；④裁剪步骤③中动作提议对应的音视频特征输入使用真实动作提议训练好的 BMT-TSRM 网络生成事件对应的语句描述；⑤结合步骤③和步骤④的结果得到最终的学习者行为密集描述结果。

2. 实验结果与性能分析

1)实验环境与参数设置

本节实验的硬件环境为 Intel Xeon E5-2637 v4 CPU @ 3.50GHz，NVIDIA GeForce GTX TITAN GPU，12GB 显存双卡；软件环境为 Ubuntu 16.04，CUDA 10.2+Python 3.6，PyTorch 1.3.1。

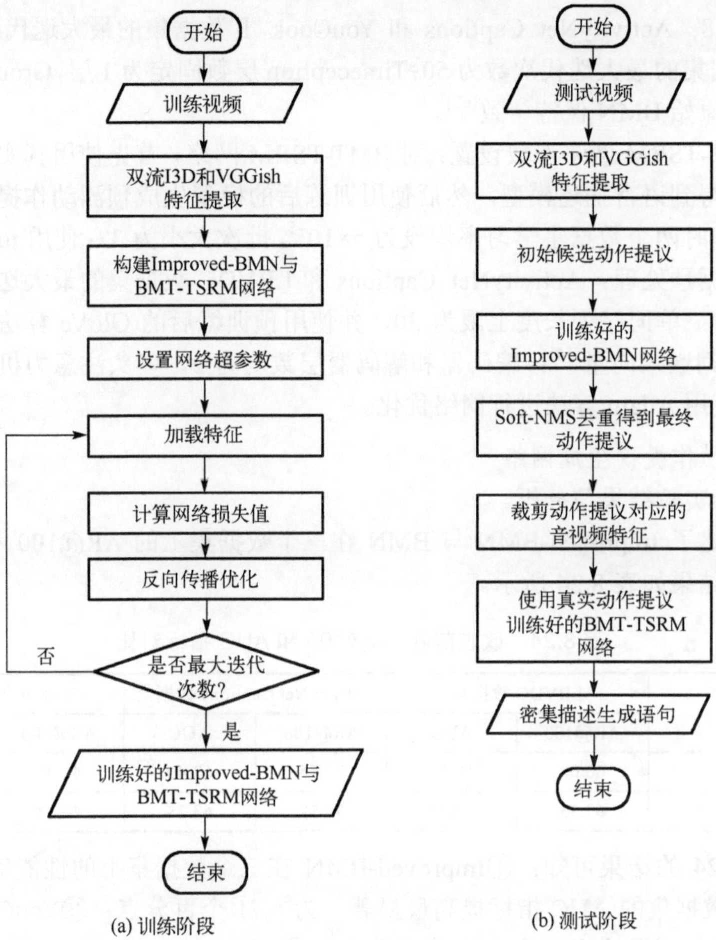

图 8.17　基于多模态特征的视频密集描述方法主要流程

为了检验所提方法的性能，分别在 LBVDC、ActivityNet Captions[30]和 YouCook Ⅱ[44]三个数据集上验证 Improved-BMN 的有效性；然后，在 LBVDC 和 ActivityNet Captions 两个数据集上验证 BMT-TSRM 网络的有效性。相关实验参数设置如下。

(1) 视频特征提取：由于 ActivityNet Captions 和 YouCook Ⅱ数据集的视频规模较大[30,44]，本节实验未专门提取这两个数据集的视频特征，而是直接采用文献[40]和文献[68]中提供的现有特征。对于 LBVDC 数据集，本节提取每个视频对应的双流 I3D 特征。在音频特征提取时，使用 VGGish 模型提取三个数据集对应的音频特征。在进行 Improved-BMN 实验时，由于视频时长限制，本节实验参考了 BSN 中的处理方式，将三个数据集中的视频特征序列通过线性插值方式缩放到时序长度为 100，通道数为 400[72]。同理，将音频特征序列缩放到时序长度为 100，通道数为 128。

(2) Improved-BMN 参数设置：在训练 Improved-BMN 时，设置学习率为 0.001，

批次大小为 8；ActivityNet Captions 和 YouCook Ⅱ数据集的最大迭代次数为 10，LBVDC 数据集的最大迭代次数为 50；Timeception 层数固定为 1 层，Group 数为 8[72]。其余参数和原始 BMN 保持一致[67]。

(3) BMT-TSRM 网络参数设置：对 BMT-TSRM 网络，首先使用真实提议对网络进行训练，得到语言描述模型，然后使用训练后的模型生成预测动作提议对应的文本描述。训练时两个数据集学习率均设为 5×10^{-5}，批次大小为 32；使用 torchtext 0.3.1 进行文本数据预处理；ActivityNet Captions 和 LBVDC 数据集的最大迭代次数分别为 30 和 100；单词序列长度上限为 30，并使用预训练后的 GloVe 算法将单词编码为 300 维的词嵌入向量[54]；编码器和解码器层数均为 2，多头注意力机制头数均为 4；训练时使用 Adam 算法进行网络优化。

2) 时序动作提议生成网络

(1) 基础实验结果与分析。

本节对比了 Improved-BMN 与 BMN 在三个数据集上的 AR@100 和平均 AUC 指标。实验结果如表 8.24 所示。

表 8.24　改进前后 AR@100 和 AUC 指标对比　　(单位：%)

方法	LBVDC 数据集		ActivityNet Captions 数据集		YouCook Ⅱ数据集	
	AR@100	AUC	AR@100	AUC	AR@100	AUC
BMN	60.08	50.54	72.76	62.40	46.91	32.09
Improved-BMN	**69.35**	**57.25**	**73.57**	**63.23**	**48.42**	**34.85**

由表 8.24 的结果可知：①Improved-BMN 在三个数据集上的性能优于 BMN；②LBVDC 数据集的 AUC 指标提高最显著，为 6.71 个百分点；③YouCook Ⅱ数据集的 AUC 指标提升次之，为 2.76 个百分点；④ActivityNet Captions 数据集的 AUC 指标提高不明显，仅为 0.83 个百分点。上述结果充分表明了两处改进的有效性。

图 8.18 分别展示了 LBVDC 和 ActivityNet Captions 数据集上 BMN 与 Improved-BMN 在不同 IoU 阈值下 AR 曲线与对应的 AUC 指标。

由图 8.18 可知，在不同 IoU 阈值下的 AUC 指标，Improved-BMN 均不同程度地优于 BMN。特别地，当 IoU 为 0.9 时，在 LBVDC 和 ActivityNet Captions 数据集上 AUC 指标仍有 5.94 个百分点和 0.84 个百分点的提高。这表明即使在 IoU 阈值要求较高的情况下，Improved-BMN 的性能优于 BMN。

(2) 改进点消融实验结果与分析。

为了进一步分析 BMN 两处改进的有效性，使用 Timeception 层作为基础网络层，并引入音频特征生成动作提议进行相关消融实验。表 8.25 展示了三个数据集上的实验结果。

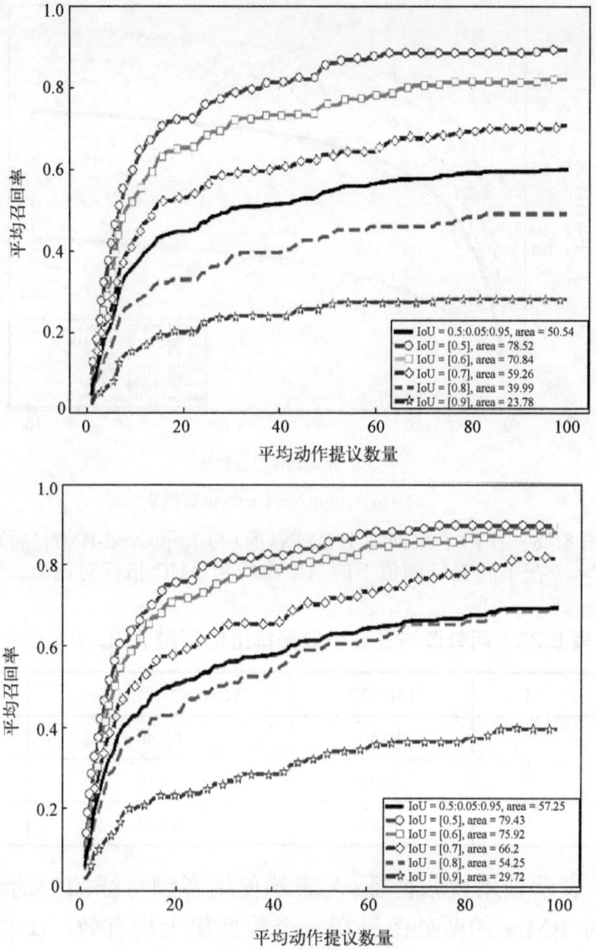
平均召回率
平均动作提议数量
IoU = 0.5:0.05:0.95, area = 50.54
IoU = [0.5], area = 78.52
IoU = [0.6], area = 70.84
IoU = [0.7], area = 59.26
IoU = [0.8], area = 39.99
IoU = [0.9], area = 23.78
平均召回率
平均动作提议数量
IoU = 0.5:0.05:0.95, area = 57.25
IoU = [0.5], area = 79.43
IoU = [0.6], area = 75.92
IoU = [0.7], area = 66.2
IoU = [0.8], area = 54.25
IoU = [0.9], area = 29.72

(a) LBVDC数据集

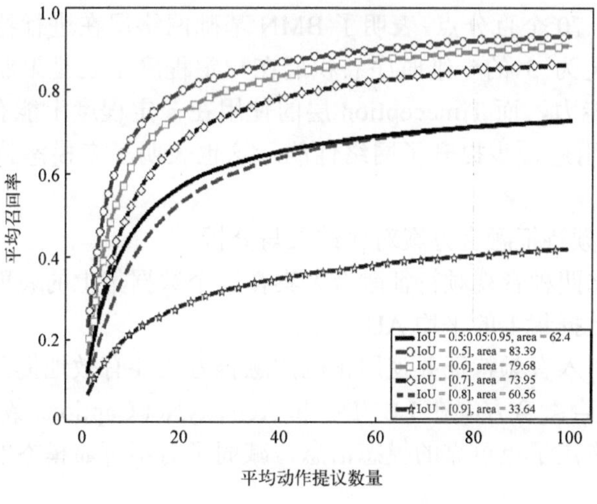
平均召回率
平均动作提议数量
IoU = 0.5:0.05:0.95, area = 62.4
IoU = [0.5], area = 83.39
IoU = [0.6], area = 79.68
IoU = [0.7], area = 73.95
IoU = [0.8], area = 60.56
IoU = [0.9], area = 33.64

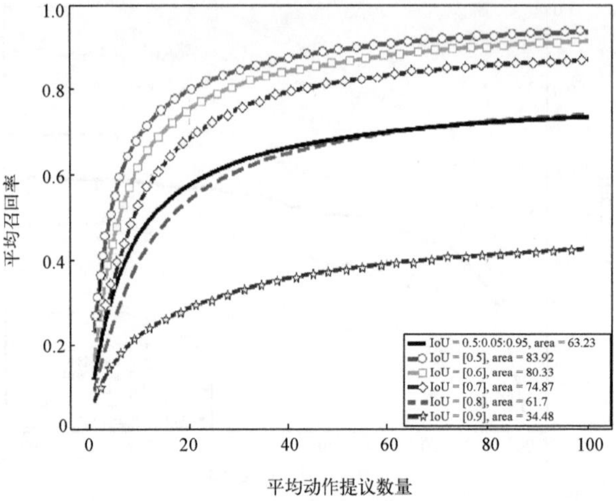

(b) ActivityNet Captions数据集

图 8.18　在两个数据集上 BMN(前)与 Improved-BMN(后)
在不同 IoU 阈值下的 AR 曲线和 AUC 指标对比

表 8.25　两处改进在三个数据集上的消融 AUC 实验结果　　(单位：%)

V	A	T	LBVDC	ActivityNet Captions	YouCook Ⅱ
√	×	×	50.54	62.40	32.09
√	×	√	54.98	63.16	33.79
√	√	√	**57.25**	**63.23**	**34.85**

表 8.25 中，V 表示使用视频特征；A 表示使用音频特征；T 表示使用 Timeception 层。结果表明，对 BMN 的两处改进在三个数据集上均有效：①将 BMN 的基础网络层替换为 Timeception 层在三个数据集上 AUC 指标分别提高 4.44 个百分点、0.76 个百分点和 1.70 个百分点，表明了 BMN 基础网络层在进行特征序列编码时采用卷积核尺寸固定为 3 的一维时序卷积层在一定程度上还是限制了网络适应不同时间跨度动作的能力，而 Timeception 层的使用在一定程度上能有效弥补该缺陷；② 音频特征的使用进一步提升了网络性能，这也表明了多模态特征对视频理解任务的重要性。

(3) 四种音视频特征融合方案对比结果与分析。

本节分析对比四种音视频特征融合方案在三个数据集上的表现。表 8.26 展示了不同方案在三个数据集上的平均 AUC 结果。

结果表明，引入音频特征并使用正确的融合方式能有效地提升时序动作提议生成的质量；乘性混合融合方案在 LBVDC 和 ActivityNet Captions 数据集上结果最优，这是因为其自动聚焦了更可靠的模态信息，减弱了对不可靠模态的关注；交叉门控融合方案则在 YouCook Ⅱ数据集上取得了较好的效果；多模态融合方式在三个数据集上效果均低于其他三种方式，尤其是在 ActivityNet Captions 数据集上，使用该方案反而导致性能下降。

表 8.26 四种音视频特征融合方案在三个数据集上的 AUC 实验结果 （单位：%）

融合类型	LBVDC	ActivityNet Captions	YouCook Ⅱ
拼接融合	57.04	63.15	34.40
多模态融合	55.21	61.55	33.28
乘性混合融合[70]	**57.25**	**63.23**	34.18
交叉门控融合[71]	56.15	63.15	**34.85**

3) 密集描述生成网络

首先，使用 Improved-BMN 生成的候选动作提议生成密集描述；然后，为了验证 BMT-TSRM 网络的有效性，本节在双模态 Transformer[68]动作提议的基础上，分析对比 BMT-TSRM 与其在 ActivityNet Captions 数据集上的结果。

(1) 基于 Improved-BMN 候选动作提议的密集描述实验。

首先，本节在 Improved-BMN 生成候选动作提议的基础上，对 LBVDC 和 ActivityNet Captions 数据集进行密集描述实验。

表 8.27 展示了 LBVDC 数据集不同 IoU 阈值下的密集描述结果，B@3、B@4、M 分别代表 BLEU-3、BLEU-4、METEOR 评价指标，以下含义类似。

结果表明，本节所提方法在 LBVDC 数据集上的密集描述结果良好。使用 GT 提议 (GT Proposals) 时平均 METEOR 为 28.28%，使用 Improved-BMN 生成的候选动作提议 (Candidate Action Proposals) 时平均 METEOR 为 17.48%。

表 8.27 LBVDC 数据集上的视频密集描述实验结果 （单位：%）

IoU	GT Proposals			Candidate Action Proposals		
	B@3	B@4	M	B@3	B@4	M
0.3	34.35	28.36	27.46	25.21	19.89	22.98
0.5	34.55	28.55	28.55	19.89	16.03	21.94
0.7	34.55	28.55	28.55	12.15	9.97	17.93
0.9	34.55	28.55	28.55	2.86	2.33	7.07
平均值	34.50	28.50	28.28	15.03	12.06	17.48

考虑到 LBVDC 数据集存在的局限性，例如，数据集规模较小，总视频数为 78；人工文本描述标注相对单一(一个动作实例对应一句描述)，标注丰富性和准确性还有待提高；视频中的行为由人为模拟产生，和真实学习场景下的行为存在很大不同。为了进一步验证本节所提方法的有效性，下面给出本节所提方法在密集描述基准数

据集 ActivityNet Captions 上的实验。表 8.28 为本节所提方法 VDD-MF 与目前主流方法在该数据集上的对比结果。

表 8.28　在 ActivityNet Captions 数据集上各方法的对比实验结果　（单位：%）

方法	RL	Full	GT Proposals			Candidate Action Proposals		
			B@3	B@4	M	B@3	B@4	M
文献[73]所提方法	是	是	4.55	1.62	10.33	2.27	0.73	6.93
文献[74]所提方法	是	是	—	—	—	2.84	1.24	7.08
文献[36]所提方法	是	是	4.41	1.28	13.07	2.94	0.93	8.82
文献[30]所提方法	否	是	4.09	1.60	8.88	1.90	0.71	5.69
文献[73]所提方法	否	是	4.51	1.71	9.31	2.05	0.74	6.14
文献[34]所提方法	否	是	5.76	2.71	11.16	2.91	1.44	6.91
文献[32]所提方法	否	是	—	—	10.89	2.27	1.13	6.10
文献[36]所提方法	否	是	—	—	—	—	—	6.92
文献[75]所提方法	否	否	4.52	1.98	11.07	2.53	1.01	7.46
文献[40]所提方法	否	否	3.04	1.46	7.23	1.85	0.90	4.93
双模态 Transformer[68]	否	否	4.63	1.99	10.90	3.84	1.88	8.44
VDD-MF	否	否	6.00	2.81	11.32	3.50	1.56	8.03

表 8.28 中，RL 表示是否在训练时使用强化学习方式提升定量评价指标；Full 表示数据集视频是否完整可得(ActivityNet Captions 数据集中的部分视频链接已经失效，导致了一小部分视频不可得)；GT Proposals 表示在生成描述时使用真实提议；Candidate Action Proposals 表示在生成描述时使用时序动作提议模型生成的提议。

结果表明，在 GT Proposals 的前提下，本节所提方法的 BLEU-3、BLEU-4 两个评价指标性能最佳，METEOR 指标优于强化学习[36]之外的所有方法。相比于双模态 Transformer，本节所提方法的三个评价指标分别提高 1.37 个百分点、0.82 个百分点和 0.42 个百分点。在 Candidate Action Proposals 的前提下，本节所提方法的 METEOR 为 8.03%，低于双模态 Transformer 0.41 个百分点，这是因为文献[68]采用了与 YOLO 类似的动作提议生成模块，其生成的动作提议质量高于本节所提方法，但本节所提方法仍优于文献[40]和[74]等主流方法。

(2) TSRM 有效性实验。

为了验证 TSRM 的有效性，本节对比双模态 Transformer 网络和 BMT-TSRM 网络在 LBVDC 和 ActivityNet Captions 数据集上的密集描述性能。

为了对比公平，对于 LBVDC 数据集，两个网络均使用 Improved-BMN 生成的动作提议；对于 ActivityNet Captions 数据集，两个网络均使用双模态 Transformer 网络生成的动作提议。对比结果如表 8.29 所示。

表 8.29　双模态 Transformer 与 BMT-TSRM 网络在两个数据集上的对比实验结果（单位：%）

方法	LBVDC			ActivityNet Captions		
	B@3	B@4	M	B@3	B@4	M
双模态 Transformer[68]	12.78	9.89	**18.28**	3.84	1.88	8.44
BMT-TSRM	**15.03**	**12.06**	17.48	**4.37**	**2.23**	**8.76**

结果表明，使用 TSRM 建模多个事件间丰富的时序结构和语义信息能在很大程度上提升密集描述性能。对于 ActivityNet Captions 数据集，使用双模态 Transformer 网络动作提议的前提下，BMT-TSRM 网络的 METEOR 得分提升至 8.76%，与表 8.28 中使用强化学习的文献[36]方法性能相当，但使用强化学习来提升定量评价指标，易使生成的描述结果不够自然流畅。

(3) 不同模态特征的使用对密集描述影响实验。

实验中的动作提议设定与(2)中一致，对比 BMT-TSRM 网络使用不同模态特征时的密集描述生成情况。表 8.30 为单用音频特征(A)、单用视频特征(V)和两者融合(A+V)的实验结果。

表 8.30　使用不同模态特征对视频密集描述方法的影响　（单位：%）

模态			LBVDC			ActivityNet Captions		
A	V	A+V	B@3	B@4	M	B@3	B@4	M
√	×	×	8.25	5.86	11.02	3.02	1.44	6.84
×	√	×	14.13	11.40	**18.08**	4.12	2.12	8.55
×	×	√	**15.03**	**12.06**	17.48	**4.37**	**2.23**	**8.76**

结果表明，仅使用音频特征进行密集描述效果较差，这是因为音频中缺乏视觉和运动信息，仅根据音频信息很难对视频中的事件进行准确描述；仅使用视频特征较单独使用音频特征有很大的性能提升，表明了视觉和运动信息对密集描述的重要性；两种模态特征融合能取得较优异的结果，说明了使用多模态特征进行密集描述任务的正确性；通过对比单独使用视频特征和融合后的结果，可发现性能得分差距并不明显。这说明密集描述任务在很大程度上依赖于视频中的视觉和运动信息，音频特征多起到辅助作用。

(4) 模型结果可视化。

对 LBVDC 和 ActivityNet Captions 数据集上的部分密集描述结果进行可视化，结果如图 8.19 所示，其中，最上方为采样的帧图像，用于展示对应时刻的视频内容；实线双箭头和虚线双箭头分别表示真实动作提议和预测动作提议对应的时序区间；底部分别是真实动作提议和预测动作提议对应的文本描述。

如图 8.19(a) 所示，对于 LBVDC 数据集，本节所提方法可准确定位视频中潜在的动作片段并进行文本描述。观察生成的文本描述，本节所提方法对行为的描述和参考描述基本一致，但在衣服颜色等视频内容细节描述方面仍不理想，这主要是一维特征序列缺乏细粒度信息造成的。

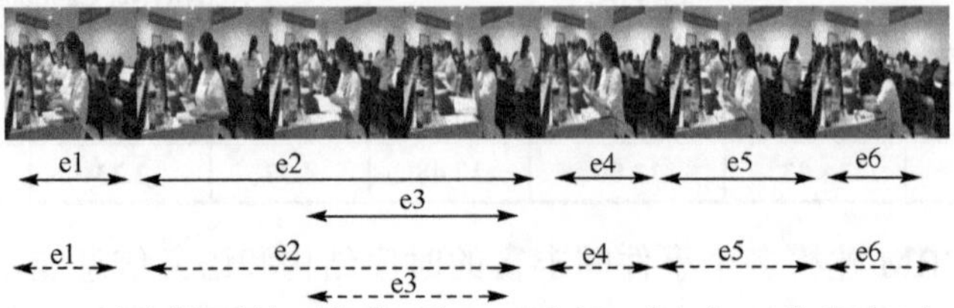

真实描述语句

e1: A little girl in white short sleeves and glasses is typing on the keyboard
e2: A little girl in white short sleeves and glasses is reading a book
e3: A girl with glasses and short sleeves was drinking water and reading with her head down
e4: A little girl in white short sleeves and glasses is playing on the phone with her head down
e5: A girl in white short sleeves and glasses is talking on the phone
e6: A little girl in white short sleeves and glasses is sleeping on the desk

预测描述语句

e1: A little girl in black short sleeves and glasses is **typing on the keyboard**
e2: A little girl in black short sleeves and glasses is **reading a book**
e3: A little girl in a black short sleeves and glasses is **drinking water**
e4: A little girl in a white short sleeves and glasses is **playing on his mobile phone with his head down**
e5: A little girl in a white shirt and glasses is **talking on the phone**
e6: A little girl in black short sleeves and glasses is **sleeping on the desk**

(a) LBVDC数据集

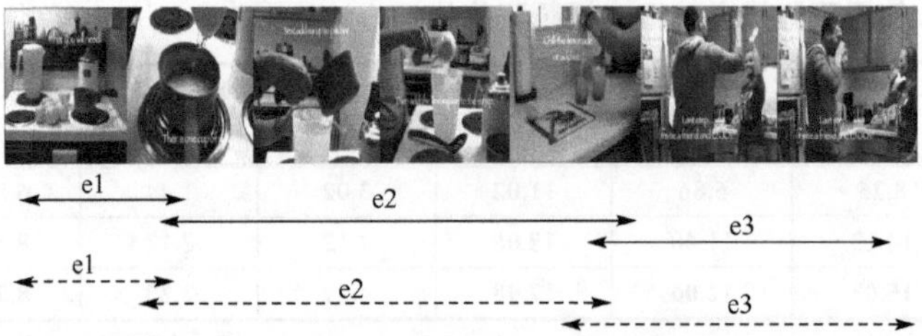

真实描述语句

e1: A picture of lemons are shown followed by various ingredients laid out on a pan
e2: A person mixing ingredients into a container while also putting ice inside
e3: The two take a drink from the container and nod to one another

预测描述语句

e1: A person is seen standing in a kitchen and leads into a person cutting up a plate
e2: A person is seen speaking to the camera and leads into a person **mixing ingredients into a bowl**
e3: The man then **takes a drink and puts it in the glass** and the end

(b) ActivityNet Captions数据集

图 8.19　不同数据集上所提方法的密集描述结果可视化

如图 8.19(b)所示，对于 ActivityNet Captions 数据集，本节所提方法可准确定位存在重叠的动作片段并进行文本描述。通过对生成的文本描述观察发现，本节所提方法可对其中发生的多数关键事件进行准确描述(黑色加粗部分)且生成的语句语义信息也较为丰富。

3. *所提方法小结*

本节针对密集描述任务进行研究，提出了基于多模态特征的视频密集描述方法。首先，参考现有公开数据集的数据组织结构建了学习者密集描述数据集 LBVDC；

其次，在 BMN 和双模态 Transformer 网络的基础上进行改进，分别提出了 Improved-BMN 和 BMT-TSRM 网络，前者在 BMN 的基础上引入了音频特征进行动作提议生成并使用 Timeception 层作为基础网络以更好地适应不同时间跨度的动作；后者引入了 TSRM 对多个事件间丰富的时序结构和语义信息进行建模。

实验结果表明，本节所提方法在 LBVDC 数据集上的动作提议生成平均 AUC 为 57.25%，较 BMN 有 6.71 个百分点的提高；进行密集描述时使用 Improved-BMN 生成的提议在 LBVDC 数据集上平均 METEOR 为 17.48%；ActivityNet Captions 数据集上使用真实提议平均 METEOR 为 11.32%，优于双模态 Transformer 网络 0.42 个百分点，使用 Improved-BMN 生成的提议平均 METEOR 为 8.03%，优于文献[40]和文献[74]等主流方法密集描述方法。

8.4 小　结

本章重点论述了学习者行为视频描述技术，主要内容包括以下几点。

(1) 分析并梳理现有的视频描述方法，分类论述基于单句和密集描述的视频描述方法，简要概述常见的国际基准数据集 MSVD、ActivityNet Captions 和 YouCook Ⅱ，以及常用视频描述评价指标 BLEU、METEOR、ROUGE-L 和 CIDEr 的定义。

(2) 针对考试场景下的学习者行为，构建学习者行为单句视频描述专用数据集 LBVC 和学习者行为视频密集描述专用数据集 LBVDC，用于支持基于深度神经网络的智能视觉计算任务中的学习者行为视频描述。

(3) 在构建的数据集的基础上，提出基于多特征编码的行为视频描述方法、基于动态目标感知与二阶段融合的视频描述方法和基于多模态特征的视频密集描述方法。实验结果初步表明，这些方法能够有效地对学习者行为视频进行内容描述，为后续的学习者行为分析与理解提供技术支持。

参 考 文 献

[1] 田卓钰. 学生多目标检测与行为描述方法研究[D]. 西安: 陕西师范大学, 2022.

[2] 陈小秋. 基于视频理解的学生行为检测与描述方法研究[D]. 西安:陕西师范大学, 2021.

[3] 汤鹏杰, 王瀚漓. 从视频到语言: 视频标题生成与描述研究综述[J]. 自动化学报, 2022, 48(2): 375-397.

[4] Aafaq N, Mian A, Liu W, et al. Video description: A survey of methods, datasets, and evaluation metrics[J]. Association for Computing Machinery Computing Surveys, 2019, 52(6): 1-37.

[5] Li S, Tao Z Q, Li K, et al. Visual to text: Survey of image and video captioning[J]. IEEE Transactions on Emerging Topics in Computational Intelligence, 2019, 3(4): 297-312.

[6] Kojima A, Tamura T, Fukunaga K. Natural language description of human activities from video images based on concept hierarchy of actions[J]. International Journal of Computer Vision, 2002, 50(2): 171-184.

[7] Lee M W, Hakeem A, Haering N, et al. SAVE: A framework for semantic annotation of visual events[C]//Proceedings of the IEEE Computer Society Conference on Computer Vision and Pattern Recognition Workshops, Anchorage, 2008: 1-8.

[8] Hanckmann P, Schutte K, Burghouts G J. Automated textual descriptions for a wide range of video events with 48 human actions[C]//Proceedings of the 12th European Conference on Computer Vision, Florence, 2012: 372-380.

[9] Krizhevsky A, Sutskever I, Hinton G. ImageNet classification with deep convolutional neural networks[C]//Proceedings of the International Conference on Neural Information Processing Systems, Lake Tahoe, 2012: 1097-1105.

[10] Elman J L. Finding structure in time[J]. Cognitive Science, 1990, 14(2): 179-211.

[11] Hochreiter S, Schmidhuber J. Long short-term memory[J]. Neural Computation, 1997, 9(8): 1735-1780.

[12] Chung J, Gulcehre C, Cho K H, et al. Empirical evaluation of gated recurrent neural networks on sequence modeling[C]//Proceedings of the Neural Information Processing Systems Deep Learning and Representation Learning Workshop, Montreal, 2014: 1-9.

[13] Venugopalan S, Rohrbach M, Donahue J, et al. Sequence to sequence: Video to text[C]//Proceedings of the IEEE International Conference on Computer Vision, Santiago, 2015: 4534-4542.

[14] Srivastava N, Mansimov E, Salakhudinov R. Unsupervised learning of video representations using LSTMs[C]//Proceedings of the International Conference on Machine Learning, Lille, 2015: 843-852.

[15] Yu H N, Wang J, Huang Z H, et al. Video paragraph captioning using hierarchical recurrent neural networks[C]//Proceedings of the IEEE Conference on Computer Vision and Pattern Recognition, Las Vegas, 2016: 4584-4593.

[16] Zhu L C, Xu Z W, Yang Y. Bidirectional multirate reconstruction for temporal modeling in videos[C]//Proceedings of the IEEE Conference on Computer Vision and Pattern Recognition, Honolulu, 2017: 2653-2662.

[17] Venugopalan S, Xu H J, Donahue J, et al. Translating videos to natural language using deep recurrent neural networks[C]//Proceedings of the Conference of the North American Chapter of the Association for Computational Linguistics: Human Language Technologies, Denver, 2015: 1494-1504.

[18] Rohrbach A, Torabi A, Rohrbach M, et al. Movie description[J]. International Journal of

Computer Vision, 2017, 123 (1): 94-120.

[19] Zhang X S, Gao K, Zhang Y D, et al. Task-driven dynamic fusion: Reducing ambiguity in video description[C]//Proceedings of the IEEE Conference on Computer Vision and Pattern Recognition, Honolulu, 2017: 6250-6258.

[20] Xu Y J, Han Y H, Hong R C, et al. Sequential video VLAD: Training the aggregation locally and temporally[J]. IEEE Transactions on Image Processing: A Publication of the IEEE Signal Processing Society, 2018, 27 (10): 4933-4944.

[21] Pei W J, Zhang J Y, Wang X R, et al. Memory-attended recurrent network for video captioning[C]//Proceedings of the IEEE Conference on Computer Vision and Pattern Recognition, Long Beach, 2019: 8339-8348.

[22] Girshick R, Donahue J, Darrell T, et al. Rich feature hierarchies for accurate object detection and semantic segmentation[C]//Proceedings of the IEEE Conference on Computer Vision and Pattern Recognition, Columbus, 2014: 580-587.

[23] Aafaq N, Akhtar N, Liu W, et al. Spatio-temporal dynamics and semantic attribute enriched visual encoding for video captioning[C]//Proceedings of the IEEE Conference on Computer Vision and Pattern Recognition, Long Beach, 2019: 12479-12488.

[24] Liu S, Ren Z, Yuan J S. SibNet: Sibling convolutional encoder for video captioning[J]. IEEE Transactions on Pattern Analysis and Machine Intelligence, 2021, 43 (9): 3259-3272.

[25] Pan B X, Cai H Y, Huang D A, et al. Spatio-temporal graph for video captioning with knowledge distillation[C]//Proceedings of the IEEE Conference on Computer Vision and Pattern Recognition, Seattle, 2020: 10867-10876.

[26] Zhang Z Q, Shi Y Y, Yuan C F, et al. Object relational graph with teacher-recommended learning for video captioning[C]//Proceedings of the IEEE Conference on Computer Vision and Pattern Recognition, Seattle, 2020: 13275-13285.

[27] Ryu H, Kang S, Kang H, et al. Semantic grouping network for video captioning[C]//Proceedings of the AAAI Conference on Artificial Intelligence, Vancouver, 2021: 2514-2522.

[28] Aafaq N, Mian A, Akhtar N, et al. Dense video captioning with early linguistic information fusion[J]. IEEE Transactions on Multimedia, 2022, 25: 2309-2322.

[29] Tu Y B, Zhou C, Guo J J, et al. Relation-aware attention for video captioning via graph learning[J]. Pattern Recognition, 2023, 136: 109204.

[30] Krishna R, Kenji H T, Ren F, et al. Dense-captioning events in videos[C]//Proceedings of the IEEE International Conference on Computer Vision, Venice, 2017: 706-715.

[31] Escorcia V, Caba Heilbron F, Niebles J C, et al. DAPs: Deep action proposals for action understanding[C]//Proceedings of the 14th European Conference on Computer Vision, Amsterdam, 2016: 768-784.

[32] Wang J W, Jiang W H, Ma L, et al. Bidirectional attentive fusion with context gating for dense video captioning[C]//Proceedings of the IEEE Conference on Computer Vision and Pattern Recognition, Salt Lake City, 2018: 7190-7198.

[33] Xu H J, Li B Y, Ramanishka V, et al. Joint event detection and description in continuous video streams[C]//Proceedings of the IEEE Winter Conference on Applications of Computer Vision, Waikoloa, 2019: 396-405.

[34] Zhou L W, Zhou Y B, Corso J J, et al. End-to-end dense video captioning with masked transformer[C]//Proceedings of the IEEE Conference on Computer Vision and Pattern Recognition, Salt Lake City, 2018: 8739-8748.

[35] Vaswani A, Shazeer N, Parmar N, et al. Attention is all you need[C]//Proceedings of the International Conference on Neural Information Processing Systems, Long Beach, 2017: 6000-6010.

[36] Mun J, Yang L J, Ren Z, et al. Streamlined dense video captioning[C]//Proceedings of the IEEE Conference on Computer Vision and Pattern Recognition, Long Beach, 2019: 6581-6590.

[37] Lu C H, Fan G Y. Environment-aware dense video captioning for IoT-enabled edge cameras[J]. IEEE Internet of Things Journal, 2022, 9(6): 4554-4564.

[38] Pan Y W, Yao T, Li H Q, et al. Video captioning with transferred semantic attributes[C]//Proceedings of the IEEE Conference on Computer Vision and Pattern Recognition, Honolulu, 2017: 6504-6512.

[39] Duan X, Huang W, Gan C, et al. Weakly supervised dense event captioning in videos[C]//Proceedings of the International Conference on Neural Information Processing Systems, Montreal, 2018: 3063-3073.

[40] Rahman T, Xu B C, Sigal L. Watch, listen and tell: Multi-modal weakly supervised dense event captioning[C]//Proceedings of the IEEE International Conference on Computer Vision, Seoul, 2019: 8907-8916.

[41] Yang A, Nagrani A, Seo P H, et al. Vid2Seq: Large-scale pretraining of a visual language model for dense video captioning[C]//Proceedings of the IEEE Conference on Computer Vision and Pattern Recognition, Vancouver, 2023: 10714-10726.

[42] Chen D L, Dolan W B. Collecting highly parallel data for paraphrase evaluation[C]//Proceedings of the Annual Meeting of the Association for Computational Linguistics: Human Language Technologies, Portland, 2011: 190-200.

[43] 汤鹏杰，王瀚漓. 从视频到语言：视频标题生成与描述研究综述[J]. 自动化学报，2022, 48(2): 375-397.

[44] Zhou L, Xu C, Corso J. Towards automatic learning of procedures from web instructional videos[C]//Proceedings of the AAAI Conference on Artificial Intelligence, New Orleans, 2018,

7590-7598.

[45] Papineni K, Roukos S, Ward T, et al. BLEU: A method for automatic evaluation of machine translation[C]///Proceedings of the Annual Meeting of the Association for Computational Linguistics, Philadelphia, 2002: 311-318.

[46] Banerjee S, Lavie A. METEOR: An automatic metric for MT evaluation with improved correlation with human judgments[C]//Proceedings of the Association for Computational Linguistics Workshop, Ann Arbor, 2005: 228-231.

[47] Lin C Y, Och F J. Automatic evaluation of machine translation quality using longest common subsequence and skip-bigram statistics[C]//Proceedings of the 42nd Annual Meeting on Association for Computational Linguistics, Barcelona, 2004: 21-26.

[48] Vedantam R, Zitnick C L, Parikh D. CIDEr: Consensus-based image description evaluation[C]// Proceedings of the IEEE Conference on Computer Vision and Pattern Recognition, Boston, 2015: 4566-4575.

[49] Lin T Y, Maire M, Belongie S, et al. Microsoft COCO: Common objects in context[C]// Proceedings of the 13th European Conference on Computer Vision, Zurich, 2014: 740-755.

[50] Deng J, Dong W, Socher R, et al. ImageNet: A large-scale hierarchical image database[C]// Proceedings of the IEEE Conference on Computer Vision and Pattern Recognition, Miami, 2009: 248-255.

[51] Xie S N, Girshick R, Dollár P, et al. Aggregated residual transformations for deep neural networks[C]//Proceedings of the IEEE Conference on Computer Vision and Pattern Recognition, Honolulu, 2017: 5987-5995.

[52] Kay W, Carreira J, Simonyan K, et al. The kinetics human action video dataset[EB/OL]. [2017-05-19]. https://arxiv.org/abs/1705.06950.

[53] Zolfaghari M, Singh K, Brox T. ECO: Efficient convolutional network for online video understanding[C]//Proceedings of the 15th European Conference on Computer Vision, Munich, 2018: 713-730.

[54] Pennington J, Socher R, Manning C. GloVe: Global vectors for word representation[C]// Proceedings of the 2014 Conference on Empirical Methods in Natural Language Processing, Doha, 2014: 1532-1543.

[55] Guo Z, Gao L L, Song J K, et al. Attention-based LSTM with semantic consistency for videos captioning[C]//Proceedings of the 24th ACM International Conference on Multimedia, Amsterdam, 2016: 357-361.

[56] Chen H R, Lin K, Maye A, et al. A semantics-assisted video captioning model trained with scheduled sampling[J]. Frontiers in Robotics and AI, 2020, 7: 475767.

[57] Zhang J C, Peng Y X. Object-aware aggregation with bidirectional temporal graph for video

captioning[C]//Proceedings of the IEEE Conference on Computer Vision and Pattern Recognition, Long Beach, 2019: 8327-8336.

[58] Zhang J, Peng Y. Video captioning with object-aware spatio-temporal correlation and aggregation[J]. IEEE Transactions on Image Processing, 2020, 29(99): 6209-6222.

[59] Krishna R, Zhu Y K, Groth O, et al. Visual Genome: Connecting language and vision using crowdsourced dense image annotations[J]. International Journal of Computer Vision, 2017, 123(1): 32-73.

[60] Zhou X Y, Zhuo J C, Krähenbühl P. Bottom-up object detection by grouping extreme and center points[C]//Proceedings of the IEEE Conference on Computer Vision and Pattern Recognition, Long Beach, 2019: 850-859.

[61] Huang L C, Yang Y, Deng Y F, et al. DenseBox: Unifying landmark localization with end to end object detection[EB/OL]. [2015-09-19].http://arxiv.org/abs/1509.04874v3.

[62] Tian Z, Shen C H, Chen H, et al. FCOS: Fully convolutional one-stage object detection[C]// Proceedings of the IEEE International Conference on Computer Vision, Seoul, 2019: 9626-9635.

[63] Pasunuru R, Bansal M. Multi-task video captioning with video and entailment generation[C]// Proceedings of the 55th Annual Meeting of the Association for Computational Linguistics, Vancouver, 2017: 1273-1283.

[64] Lin T Y, RoyChowdhury A, Maji S. Bilinear CNN models for fine-grained visual recognition[C]//Proceedings of the IEEE International Conference on Computer Vision, Santiago, 2015: 1449-1457.

[65] Gemmeke J F, Ellis D P W, Freedman D, et al. Audio Set: An ontology and human-labeled dataset for audio events[C]//Proceedings of the IEEE International Conference on Acoustics, Speech and Signal Processing, New Orleans, 2017: 776-780.

[66] Hershey S, Chaudhuri S, Ellis D P W, et al. CNN architectures for large-scale audio classification[C]//Proceedings of the IEEE International Conference on Acoustics, Speech and Signal Processing, New Orleans, 2017: 131-135.

[67] Lin T W, Liu X, Li X, et al. BMN: Boundary-matching network for temporal action proposal generation[C]//Proceedings of the IEEE International Conference on Computer Vision, Seoul, 2019: 3889-3898.

[68] Iashin V, Rahtu E. A better use of audio-visual cues: Dense video captioning with bi-modal transformer[EB/OL]. [2020-08-11].http://arxiv.org/abs/2005.08271v2.

[69] Wang T, Zheng H C, Yu M J. Dense-captioning events in videos: SYSU submission to ActivityNet challenge 2020[EB/OL]. [2020-08-12].http://arxiv.org/abs/2006.11693v2.

[70] Liu K, Li Y N, Xu N, et al. Learn to combine modalities in multimodal deep learning[EB/OL]. [2018-05-29].http://arxiv.org/abs/1805.11730v1.

[71] Wang B R, Ma L, Zhang W, et al. Controllable video captioning with POS sequence guidance based on gated fusion network[C]//Proceedings of the IEEE International Conference on Computer Vision, Seoul, 2019: 2641-2650.

[72] Lin T W, Zhao X, Su H S, et al. BSN: Boundary sensitive network for temporal action proposal generation[C]//Proceedings of the 15th European Conference on Computer Vision, Munich, 2018: 3-21.

[73] Li Y H, Yao T, Pan Y W, et al. Jointly localizing and describing events for dense video captioning[C]//Proceedings of the IEEE Conference on Computer Vision and Pattern Recognition, Salt Lake City, 2018: 7492-7500.

[74] Xiong Y L, Dai B, Lin D H. Move forward and tell: A progressive generator of video descriptions[C]//Proceedings of the 15th European Conference on Computer Vision, Munich, 2018: 489-505.

[75] Lashin V, Rahtu E. Multi-modal dense video captioning[C]//Proceedings of the IEEE Conference on Computer Vision and Pattern Recognition Workshops, Seattle, 2020: 958-959.

第 9 章　总结与展望

9.1　研究工作总结

本书从学习者行为分析入手，探究基于智能视觉计算的学习者行为分析与视频理解关键技术，建立了关于学习者在不同场景下的系列专用数据集，提出了基于智能视觉计算的目标检测、身份认证、行为识别、时序动作检测和视觉场景描述的新技术、新模型和新方法，如表 9.1 所示，并在学习场景和考试场景下进行系统仿真和验证，对于推动现代教育科学发展中学习者的个性化分析、科学化评价和精细化管理等教育数智化应用有重要的理论意义和参考价值。

表 9.1　主要研究成果

关键技术	构建的数据集	所在章节	新方法、新技术与新模型
学习者目标检测	EOD 1.0 EOD 2.0	3	基于单次多框检测器网络及其改进的目标检测(SSD/IM-SSD)方法(3.3.2 节) 基于级联注意力的全卷积目标检测(FCCA)方法(3.3.3 节) 基于瓶颈注意模块的小样本目标检测(SS-BAM)方法(3.3.4 节)
学习者身份认证	IAFF	4	基于人脸检测的身份认证(IAFDL)方法(4.3.2 节) 基于人脸识别的身份认证(IAFRL)方法(4.3.3 节) 基于人脸识别及类别平衡的身份认证(IAFRB)方法(4.3.4 节)
学习者行为识别	BRL LDBR	5	基于解耦注意力和多特征融合的行为识别(DA-MFF)方法(5.3.2 节) 基于尺度感知目标检测器的行为识别(AR-SAD)方法(5.3.3 节) 基于姿态估计器的行为识别(ARPE)方法(5.3.4 节)
学习者动作检测	LBD LTAD	6	基于增强解耦的单阶段时序动作检测(ED-SSAD)方法(6.3.2 节) 基于 Timeception 与超事件的时序动作检测(TS-TAD)方法(6.3.3 节) 基于双流完整性建模的弱监督时序动作检测(TSCM)方法(6.3.4 节)
学习者行为图像描述	EBCD LBDC	7	CNN+LSTM 框架下的图像单句描述(IDCL)方法(7.3.2 节) CNN+LL+LSTM 框架下的图像密集描述(IDCLL)方法(7.4.2 节) YOLOv3+LSTM 框架下的图像密集描述(IDYL)方法(7.4.3 节)
学习者行为视频描述	LBVC LBVDC	8	基于多特征编码的学习者行为视频描述(MFE)方法(8.3.2 节) 基于动态目标感知与二阶段融合的视频描述(DOP-TSF)方法(8.3.3 节) 基于多模态特征的视频密集描述(VDD-MF)方法(8.3.4 节)

主要工作是以教育教学过程中的学习者为研究对象，利用目标检测、身份认证、行为识别、时序动作检测和视觉场景描述等智能视觉技术，探讨传统教室、实验室、计算机机房等真实学习场景和考试场景中的学习者行为 5 要素，即“Where”“Who”

"What""When"和"How"，分别解决"学习者在哪里""学习者是哪位""学习者什么行为""学习者行为时间"和"学习者行为描述"的问题，如图9.1所示。

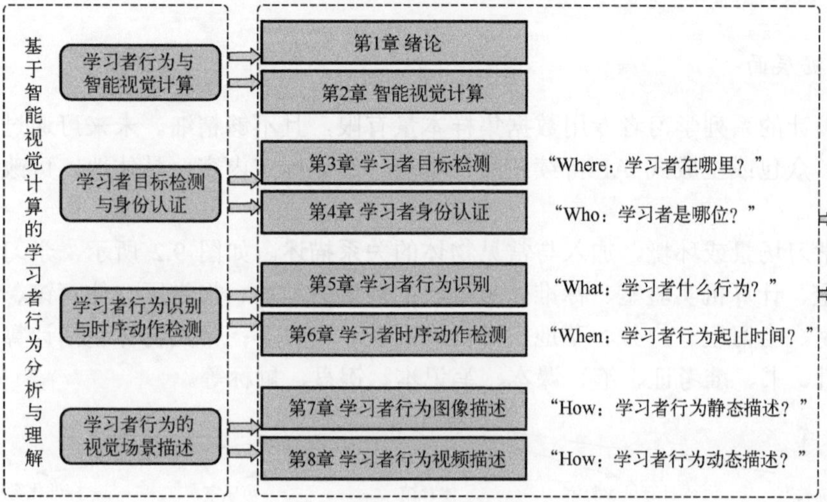

图9.1　主要内容

(1)论述了学习者行为分析研究的背景、意义，重点从学习者行为表征、学习者目标检测与行为分析和行为动作的描述三个方面归纳总结了国内外的研究现状。简述了计算机视觉和机器视觉与人类视觉的区别和特点，然后论述了智能视觉计算的定义、组成和应用领域，接下来梳理了学习者行为分析相关的智能视觉计算技术，最后给出了与视觉相关的国内外科技名企及代表性产品(见第1～2章)。

(2)针对学习者目标检测与身份认证的问题，论述了常见方法与模型、相关基准数据集和评价指标，构建了目标检测、人脸检测及识别等三个学习场景下的学习者专用数据集，分别提出了三种学习者目标检测方法和三种身份认证方法(见第3～4章)。

(3)针对学习者行为识别与时序动作检测的问题，论述了常见方法与模型、相关基准数据集和评价指标，构建了一个学习者行为识别数据集、两个学习者时序动作检测专用数据集，在此基础上，分别提出了三种行为识别方法、两种时序动作检测方法和一种弱监督的时序动作检测方法(见第5～6章)。

(4)针对学习者行为的视觉场景描述问题，分别论述了图像描述和视频描述的常见方法与模型、相关基准数据集和评价指标，构建了四个学习者行为描述(图像/单句、图像/密集、视频/单句、视频/密集)专用数据集，在此基础上，分别提出了三种图像描述方法和三种视频描述方法(见第7～8章)。

(5)对本书的研究工作进行总结，提出未来需要进一步深入研究的相关问题和未来挑战(见第9章)。

9.2　未来研究展望

1. 数据层面

目前设计的系列学习者专用数据集样本量有限，且不够精细。未来可通过大模型提示词、众包或生成式 AI 持续拓展样本量，细化标定内容。具体地，可改进的措施如下。

细分学习场景或环境，加入与常见物体的关系描述。如图 9.2 所示，学习场景从传统教室、计算机实验室、标准化考场，扩展到运动场、报告厅、体育馆、图书馆、声乐室、自习室、户外、草地、车内、高铁、飞机等；常见物体包括计算机、PAD、手机、书、准考证、笔、课本、笔记本、键盘、鼠标等。

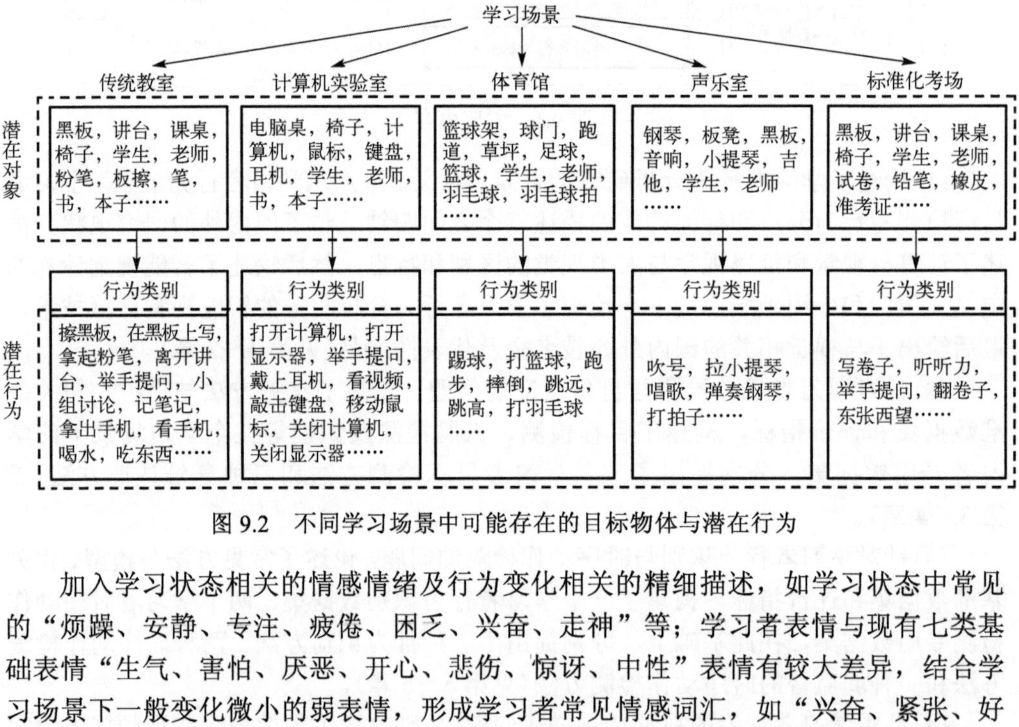

图 9.2　不同学习场景中可能存在的目标物体与潜在行为

加入学习状态相关的情感情绪及行为变化相关的精细描述，如学习状态中常见的“烦躁、安静、专注、疲倦、困乏、兴奋、走神”等；学习者表情与现有七类基础表情“生气、害怕、厌恶、开心、悲伤、惊讶、中性”表情有较大差异，结合学习场景下一般变化微小的弱表情，形成学习者常见情感词汇，如“兴奋、紧张、好奇、挫败、失望、劳累、困倦”等；学习者某动作行为发生的“快、慢、持续一段时间”及程度变化的“稍纵即逝、不易察觉、突然改变、轻微变化”等细粒度描述。

另外，如何在现有的各类数据集中定制部分样本使之适用于学习者环境，如何参考先进的数据集结构并结合无监督的方法快速完成自动标定以及如何通过生成式人工智能扩容样本量、增加样本多样性等均属于基于教育大数据的学习者行为分析与理解需要解决的问题。

2. 技术层面

生成式人工智能取得突破性进展，其与各类大模型、多模态分析技术不断融合，有力推动了学习者行为分析与理解技术的发展，呈现了越来越多的跨模态分析的新方法、新模型和新技术，举例如下。

基于大语言模型的学习者文本数据分析技术：利用大语言模型的强大自然语言处理能力，对学习者的论坛讨论、作业、笔记等文本数据进行深入分析，通过情感分析、主题模型、关键词提取等技术，挖掘学习者的兴趣、需求、困惑等特征。在此基础上，构建学习者模型和数字画像，为个性化学习和精细化教学提供全面可靠的依据。

基于多模态数据的学习者分析与理解技术：综合利用学习者的行为动作、面部表情、在线数据、语音语调、作业笔记、生理信号等多模态数据，全面捕捉学习者在学习过程中的表现，刻画学习者的情绪状态、专注程度、互动情况等，准确地判断学习者的学习状态。类似地，开展教师的课堂教学行为的智能理解、分析和评价，全方位多角度地呈现教师个性化特征，建立教师的数字画像，也成为智能教育的研究内容之一。

基于生成式人工智能的学习者个性化资源推荐：运用数据挖掘技术发现学习者行为与学习效果之间的关联规律，通过知识图谱构建和跟踪，根据学习者的兴趣、需求和薄弱环节，利用生成式人工智能自动生成针对性强的教学资源，减少学习时长，提高效率。

3. 应用层面

学习者行为分析与理解的下游任务涵盖了教育智能化的教、学、管、评、测等环节。通过事件描述和数据分析，理解学习者的行为模式，可以为个性化的教与学提供有力的支持，相关应用举例如下。

学习者行为可视化呈现：直观地呈现学习者的学习成绩、参与度、学习时间等，帮助学习者更好地理解自己的学习状况和需求，同时为施教者及时调整教学策略，以更好地满足学习者的学习需求提供依据。

学习者学习效果预测与预警：通过分析学习者在课堂上的参与情况，如提问、讨论、小组活动等预测其学习效果，分析学习者在课后作业、测试和项目中的表现，揭示其学习行为与成绩之间的映射关系，为学生管理提供预测及预警功能。

学习者与施教者的互动分析：通过事件描述和数据分析了解施教者行为与学习者的学习积极性、学习注意力和学习效果等学习行为之间的关联关系，为教师的授课方式、课堂组织、师生互动等教学设计提供可靠依据。

学习者之间的协作与角色划分：通过学习者的学习行为和学习成效分析进行学习者群体分析，组织灵活的小组协作学习模式，例如，课堂上参与度高的学习者可以进行更多的强化练习和深度思考，课后作业和成绩优异的学习者安排更有挑战性的学习任务，以及推荐表现出色的学习者担任团队的领导角色等。

科技的飞速发展，尤其是人工智能、物联网、云计算、大数据等新一代信息技术的广泛应用与生成式人工智能的不断整合，正重塑学习者行为方式、学习习惯和学习形态，尤其是随着国内外对人工智能与教育教学的深度融合，教育数字化、智能化已成为当代教育发展的必然趋势。我们相信，以大规模个性化教与学为标志的新型教育范式必将助力 2035 年教育强国战略目标的实现。

彩　　图

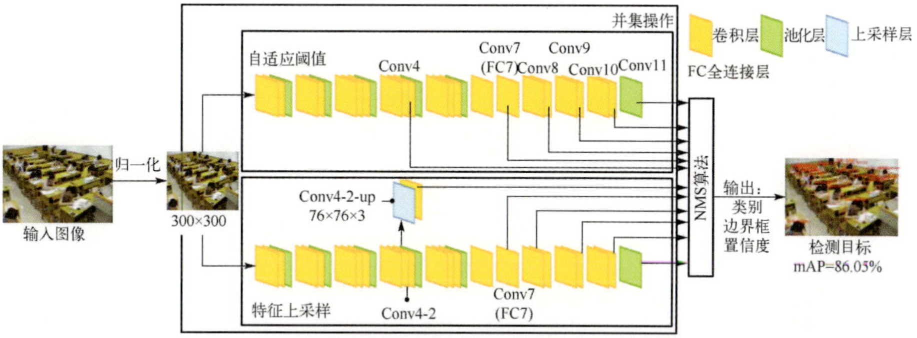

图 3.12　基于 IM-SSD 网络的目标检测方法示意图

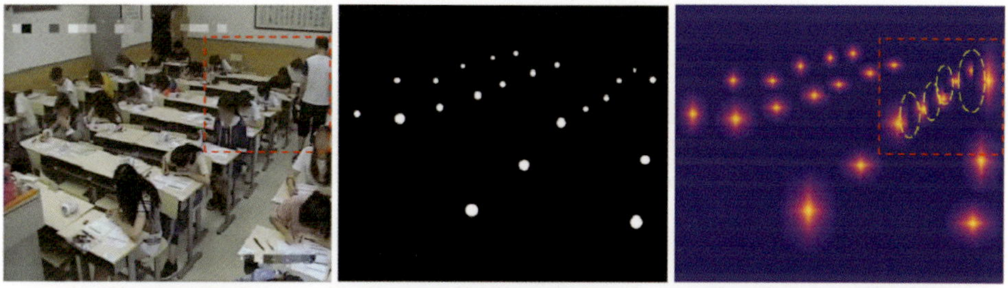

(a) 考生遮挡区域较大　　(b) PSM 的训练类标　　(c) Center-ness 的训练类标

图 3.26　考试场景下 PSM、Center-ness 分支类标对比图

(a)本节所提方法　　(b)RetinaNet[17]　　(c)Faster R-CNN-Ⅱ[44]

图 3.28　三种不同检测方法在部分考场的检测结果

(a) 未使用 CAM 的可视化特征图

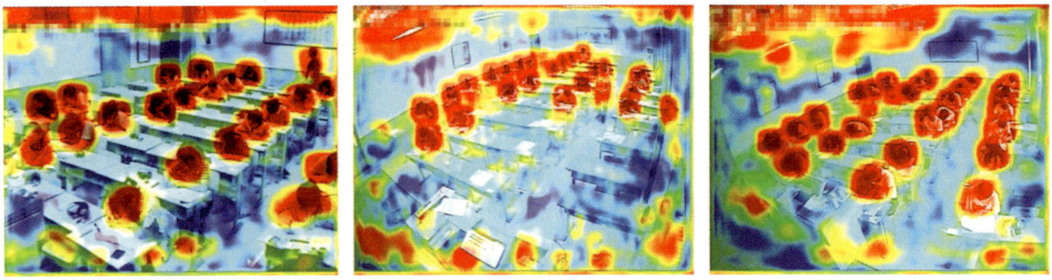

(b) 使用CAM的可视化特征图

图 3.29　关于 CAM 有效性的可视化对比实验

图 5.17　含“喝水”动作的热图可视化结果

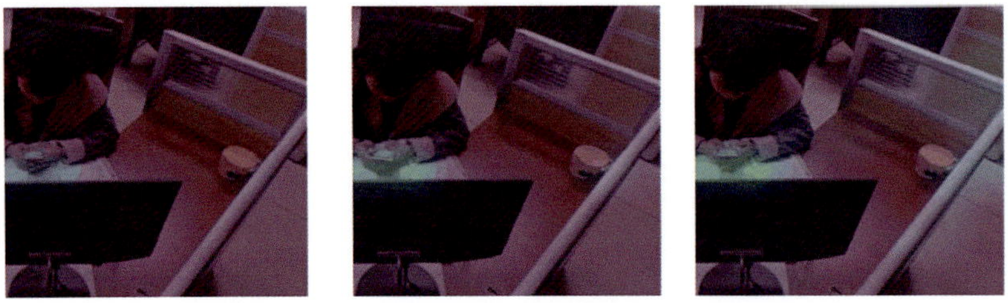

图 5.18　含“玩手机”动作的热图可视化结果

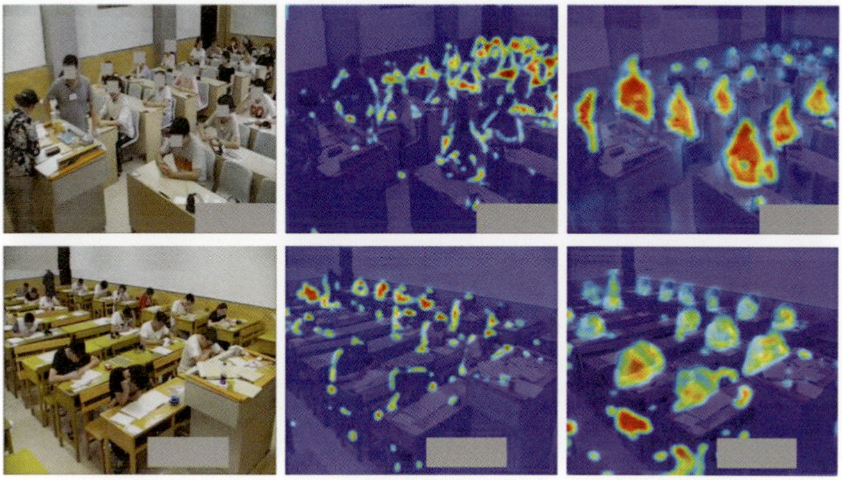

(a) 原图　　(b) 检测颈低层　　(c) 检测颈高层

图 5.22　SAM 处理后学习者特征图的可视化结果

图 5.26　SAD 在 LDBR 数据集上的检测结果

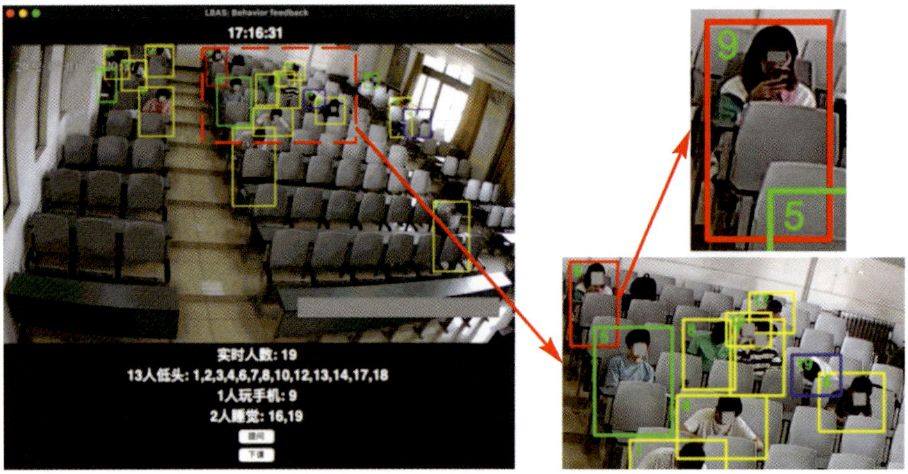

图 5.36　学习者实时行为分析

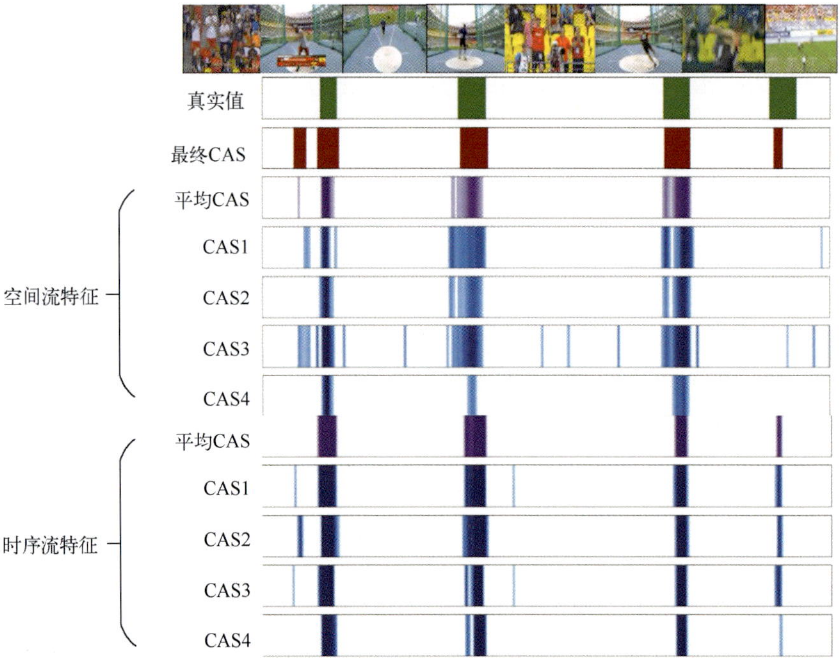

(a) THUMOS14数据集

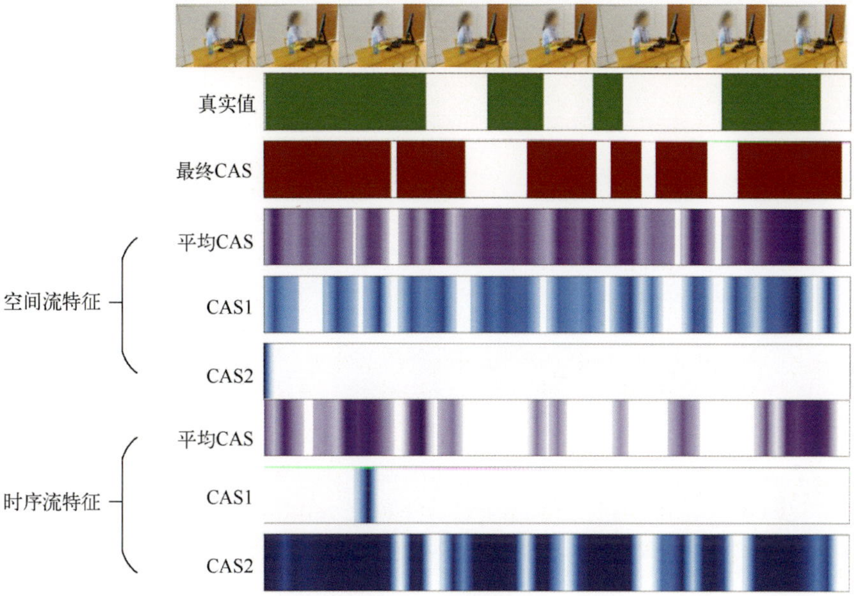

(b) LTAD数据集

图 6.24　THUMOS14 和 LTAD 数据集上某动作类别激活序列的可视化

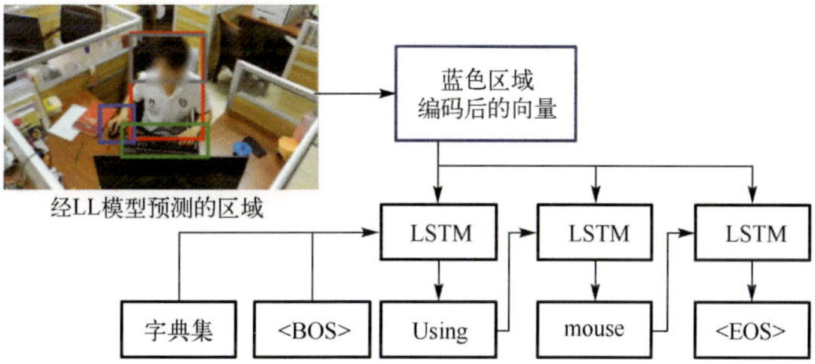

图 7.13　LSTM 模型图像描述示意图